MANUEL
DE
MATHEMATIQUES

Cours et exercices

Classes préparatoires au haut enseignement commercial

- première année -

MANUEL DE MATHEMATIQUES

Cours et exercices

Jean-Luc FARGIER

Professeur en classe préparatoire HEC
au lycée Sainte-Geneviève à Versailles
Agrégé de mathématiques

ISBN 2-7298-5545-9

© ellipses / édition marketing S.A., 1996
  32 rue Bargue, Paris (15e).

La loi du 11 mars 1957 n'autorisant aux termes des alinéas 2 et 3 de l'Article 41, d'une part, que les « copies ou reproductions strictement réservées à l'usage privé du copiste et non destinées à une utilisation collective », et d'autre part, que les analyses et les courtes citations dans un but d'exemple et d'illustration, « toute représentation ou reproduction intégrale, ou partielle, faite sans le consentement de l'auteur ou de ses ayants droit ou ayants cause, est illicite ». (Alinéa 1er de l'Article 40).
Cette représentation ou reproduction, par quelque procédé que ce soit, sans autorisation de l'éditeur ou du Centre français d'Exploitation du Droit de Copie (3, rue Hautefeuille, 75006 Paris), constituerait donc une contrefaçon sanctionnée par les Articles 425 et suivants du Code pénal.

AVANT-PROPOS

Ce manuel, plus particulièrement destiné aux étudiants de première année des classes préparatoires au haut enseignement commercial, est conforme aux nouveaux programmes de ces classes applicables à la rentrée 95. Il contient l'exposé du cours et un grand nombre d'exercices avec indications et résultats. Enfin un certain nombre de thèmes sont abordés sous forme de T.P. Ils permettent de donner des prolongements utiles du cours.

L'étudiant avisé commencera par étudier sérieusement le cours avant d'aborder T.P. et exercices. Il n'oubliera pas que sécher sur un exercice est souvent plus utile que lire ou apprendre un corrigé. C'est l'occasion de reprendre le cours, d'étudier les exemples, de bien comprendre le sens d'une définition ou l'intérêt d'un théorème.

Ce travail est le fruit d'une déjà longue expérience de l'enseignement en classes préparatoires. Il doit beaucoup à mes collègues de Franklin et de Ginette et, en particulier, à Alain Droguet, Fabienne Pochez, Michel Appert et Marcel Perfettini (✝ 1993).

Qu'ils en soient ici tous remerciés.

Jean-Luc FARGIER

TABLE DES MATIERES

ESPACES PROBABILISES FINIS

CHAPITRE 1 : GENERALITES

1 Langage et raisonnement mathématiques	13
2 Ensembles	15
3 Applications	17
4 Suites numériques	20
5 Calculs de sommes finies	23
6 Bases de numération	24
T.P. : Algorithmes et méthodes numériques	25
Exercices	27

CHAPITRE 2 : DENOMBREMENT

1 Ensembles finis	29
2 Nombre de p-listes - Arrangements	31
3 Nombre de parties - Combinaisons	34
4 Combinaisons avec répétition	38
T.P. : Points et parcours du plan	41
Exercices	43

CHAPITRE 3 : ESPACES PROBABILISES FINIS

1 Le langage des probabilités	45
2 Probabilités et espaces probabilisés finis	47
3 Probabilités conditionnelles	50
4 Indépendance	54
T.P. : Détection de pannes	57
Exercices	59

CHAPITRE 4 : VARIABLES ALEATOIRES DISCRETES FINIES

1 Généralités	61
2 Loi de probabilité	62
3 Espérance et variance	65
4 Indépendance des variables aléatoires	67
5 Lois discrètes finies usuelles	69
T.P. : Fonctions génératrices	73
Exercices	75

CHAPITRE 5 : VECTEURS ALEATOIRES DISCRETS FINIS

1 Couple de variables aléatoires	77
2 Somme et produit de variables aléatoires : moments	80
3 Corrélation linéaire	84
4 Vecteurs aléatoires	85
T.P. : Lois conditionnelles	88
Exercices	89

ALGEBRE

CHAPITRE 6 : NOMBRES COMPLEXES - POLYNOMES

1 Rappels d'algèbre	91
2 Ensemble K[X] des polynômes à coefficients dans K	94
3 Racines d'un polynôme	98
4 Dérivation - Formule de Taylor	101
Algorithme de Hörner	102
T.P. : Polynômes de Tchebychev	103
Exercices	105

CHAPITRE 7 : ESPACES VECTORIELS

1 Structure d'espace vectoriel	107
2 Sous-espaces vectoriels	110
3 Familles génératrices, familles libres, bases	114
4 Espaces vectoriels de dimension finie	117
Exercices	121

CHAPITRE 8 : APPLICATIONS LINEAIRES

1 Généralités	123
2 Espaces d'applications linéaires	127
3 Applications linéaires en dimension finie	131
T.P. : Suites récurrentes linéaires	136
Exercices	137

CHAPITRE 9 : CALCUL MATRICIEL

1 Espace vectoriel $M_{n,p}(K)$	139
2 Applications linéaires et matrices	143
3 Inversibilité et transposition	149
4 Opérations élémentaires sur les lignes d'une matrice	153
Exercices	155

CHAPITRE 10 : SYSTEMES LINEAIRES

1 Généralités	157
2 Systèmes à matrices diagonales ou triangulaires	159
3 La méthode du pivot de Gauss	162
4 Application : détermination de l'inverse d'une matrice	164
Exercices	167

CHAPITRE 11 : REDUCTION DES ENDOMORPHISMES

1 Changements de bases	169
2 Valeurs propres et vecteurs propres	173
3 Réduction d'un endomorphisme	176
T.P. : Recherche des valeurs propres d'un endomorphisme	180
Exercices	181

DU DISCRET AU CONTINU

CHAPITRE 12 : CONVERGENCE DES SUITES ET DES SERIES

1 Convergence d'une suite numérique	183
2 Convergence et ordre	186
3 Comparaisons de suites	188
4 Séries numériques	190
T.P. : Suites $U_{n+1} = f(U_n)$	195
Exercices	197

CHAPITRE 13 : ESPACES PROBABILISES : LE CAS DISCRET INFINI

1 Espaces probabilisés : le cas général 199
2 Variables aléatoires discrètes 203
3 Lois discrètes infinies usuelles 207
   Tableau des lois discrètes usuelles 210
Exercices   211

CHAPITRE 14 : FONCTIONS NUMERIQUES : LIMITES ET CONTINUITE

1 Limite et continuité d'une fonction en un point 213
2 Comparaisons de fonctions 218
3 Etude globale des fonctions 220
4 Propriétés des fonctions continues 222
T.P. : Branches infinies 224
Exercices 225

CHAPITRE 15 : DERIVATION

1 Dérivabilité 227
2 Propriétés des fonctions dérivables 232
3 Fonctions convexes 236
T.P. : Résolutions d'équations 239
Exercices 241

CHAPITRE 16 : ETUDES DE FONCTIONS - DEVELOPPEMENTS LIMITES

1 Fonctions usuelles 243
2 Développements limités 249
3 Applications des D.L. à l'étude locale des fonctions 253
Exercices 255

CHAPITRE 17 : INTEGRATION

1 Primitives et intégrales 257
2 Propriétés 260
3 Sommes de Riemann 262
4 Méthodes de calcul d'une intégrale 264
5 Formules de Taylor 267
6 Intégrales généralisées 269
T.P. : Fonctions définies par une intégrale 273
Exercices 275

ELEMENTS D'ANALYSE DES DONNEES

CHAPITRE 18 : STATISTIQUES ET APPROXIMATIONS

1 Analyse statistique élémentaire d'une variable	277
2 Analyse statistique élémentaire de deux variables	283
3 Convergences et approximations	287
T.P. : Approximation d'une série statistique par une distribution de Gauss	290
Exercices	291

MEMENTO TURBO-PASCAL

1 Les concepts de base	293
2 Types et structures de base	297
3 Procédures et fonctions	301
4 Exemples de programmes	304

EXERCICES : INDICATIONS ET RESULTATS 305

TABLES ET TABLEAUX 357

INDEX 365

GENERALITES

1 LANGAGE ET RAISONNEMENT MATHEMATIQUES

1-1 Le raisonnement

Une *théorie* est un ensemble de règles et de lois systématiquement organisées qui servent de base à un domaine d'étude : citons, en mathématiques, la théorie des ensembles, la théorie des nombres, la théorie des fonctions, etc.

Elle utilise des *notions premières* qui ne se définissent pas mais dont le sens est supposé intuitivement immédiat. Ainsi les notions d'ensemble et d'élément sont des notions premières qui servent de base à la théorie des ensembles.

Elle se fonde sur un système d'*axiomes* (ou *postulats*), énoncés supposés vrais. Il existe deux systèmes essentiels dans l'histoire des mathématiques :

. Les 20 *axiomes de Hilbert* donnant une description parfaitement rigoureuse de la géométrie euclidienne.

. Les 5 *axiomes de Peano* donnant une description de l'ensemble N des entiers naturels. Ils reposent sur les notions premières de 0, d'entier naturel et de successeur :
1. 0 est un entier naturel ;
2. Tout entier naturel a un successeur ;
3. Deux entiers naturels ayant même successeur sont égaux ;
4. 0 n'est le successeur d'aucun entier naturel ;
5. Une partie P de N contenant 0 et telle que le successeur de tout élément de P appartienne à P est égale à N tout entier.

A partir d'un système d'axiomes on peut, à l'aide du *raisonnement déductif*, démontrer d'autres résultats : *lemmes, propositions, théorèmes, corollaires*. Les énoncés obtenus ne sont "vrais" que relativement à l'axiomatique choisie. Ainsi le mathématicien russe Nicolas Lobatchevski (19ème siècle) est le fondateur des géométries non euclidiennes dont les postulats et les corrélats sont parfois contradictoires avec ceux de Hilbert.

1-2 Les éléments du langage

Les quantificateurs :

  . $\forall$: quel que soit   . $\exists$: il existe (au moins)   . $\exists!$: il existe un unique

Les variables : éléments identifiés d'un ensemble; on peut leur affecter une valeur.

Les expressions : unités syntaxiques comprenant des nombres, des variables, des opérateurs (+, -, x, :), des fonctions, des parenthèses. Par exemple : $2x^2 - 4\ln(x)$.

Les propositions : ce sont des énoncés pouvant comporter des variables ou des expressions, mais prenant nécessairement, dans une situation donnée (affectation de valeurs aux variables par exemple) l'une des valeurs de vérité *Vrai* ou *Faux*.
Par exemple : $x^2 < 3$ ou : $(1+a)^n \geq 1 + na$.

Les connecteurs : à placer selon les cas devant ou entre deux propositions.
  . **"non"** : la proposition **non P** (parfois notée $\overline{P}$) est *vraie* dans le seul cas où P est *fausse*.
  . **"et"** : la proposition **P et Q** (parfois notée P$\wedge$Q) est *vraie* dans le seul cas où P et Q sont simultanément *vraies*.
  . **"ou"** : la proposition **P ou Q** (parfois notée P$\vee$Q) est *vraie* dans le seul cas où l'une au moins des propositions P, Q est vraie.
  . **"$\Rightarrow$"** : la proposition **P $\Rightarrow$ Q** (P implique Q) est identique à **(non P) ou Q**. P est une *condition suffisante* de Q et Q est une *condition nécessaire* de P.
  . **"$\Leftrightarrow$"** : la proposition **P $\Leftrightarrow$ Q** (P est équivalente à Q) est identique à **(P $\Rightarrow$ Q) et (Q $\Rightarrow$ P)**.

Remarques :

 . non (non P) = P.
 . Les connecteurs **et, ou,** $\Leftrightarrow$ sont commutatifs.
 . (P $\Rightarrow$ Q) est donc identique à (Q ou (non P)). Q étant la négation de (non Q) cela s'écrit encore : (non(non Q) ou (non P)), c'est-à-dire : (non Q) $\Rightarrow$ (non P).
 Les deux propositions (P $\Rightarrow$ Q) et (non Q) $\Rightarrow$ (non P) sont donc identiques (principe du *raisonnement par contraposée*).

Négations de propositions :

$$\boxed{\begin{array}{l} \overline{P \wedge Q} = \overline{P} \vee \overline{Q} \\ \overline{P \vee Q} = \overline{P} \wedge \overline{Q} \\ \overline{P \Rightarrow Q} = \overline{\overline{P} \vee Q} = P \wedge \overline{Q} \\ \overline{\forall x, P(x)} = \exists x, \overline{P(x)} \\ \overline{\exists x, P(x)} = \forall x, \overline{P(x)} \end{array}}$$

2 ENSEMBLES

2-1 Préliminaires
. Les notions d'ensemble et d'élément sont des notions premières qui ne se définissent pas.
. Il existe un ensemble ne contenant aucun élément. On le note : $\varnothing$ (*ensemble vide*).
. Un ensemble ne contenant qu'un élément a est appelé *singleton*. On le note : $\{a\}$.
. Un ensemble contenant deux éléments a et b est appelé une *paire*. On le note $\{a,b\}$.
. Plus généralement un ensemble peut être défini *en extension* par la liste de ses éléments ou *en compréhension* par une propriété caractéristique.
Exemple : $E = \{0, 1, 4, 9, 16, 25, 36, 49\}$ (E défini en extension)
   $E = \{ x\ ;\ x$ est le carré d'un entier $\leq 7\ \}$ (E défini en compréhension).
. Si I désigne un ensemble on peut construire une *famille* d'ensembles A_i indexés par les éléments de I. On la note $(A_i)_{i \in I}$. Si $I = \{1,2,...,n\}$ on obtient : $A_1, A_2,..., A_n$.

2-2 Appartenance et inclusion
. Pour signifier que x est un élément de l'ensemble E on écrit : $\mathbf{x \in E}$ (on lit : x *appartient* à E). La négation de cette proposition se note : $\mathbf{x \notin E}$.
. On dit que l'ensemble X est *inclus* dans l'ensemble Y (et on note $X \subset Y$) si tout élément de X appartient à Y. On dit aussi : X est une *partie* de Y. Cela se traduit par :
$$(X \subset Y) \Leftrightarrow (\forall x, x \in X \Rightarrow x \in Y)$$
De même : $(X \not\subset Y) \Leftrightarrow (\exists x, x \in X\ et\ x \notin Y)$
. L'ensemble des parties d'un ensemble E se note $\mathcal{P}(E)$.
Ainsi si $E = \{a, b, c\}$, $\mathcal{P}(E) = \{\varnothing, \{a\}, \{b\}, \{c\}, \{a,b\}, \{a,c\}, \{b,c\}, \{a,b,c\}\}$.
Si A est une partie non vide de E et si $A \neq E$ on dit que A est une *partie propre* de E.
Soit A une partie d'un ensemble E. On appelle *complémentaire* de A dans E l'ensemble noté $C_E(A)$ (ou $\overline{A}$ s'il n'y a pas d'ambiguïté sur l'ensemble E) défini par :
$$C_E(A) = \{ x \in E\ ;\ x \notin A \}.$$
remarque : $C_E[C_E(A)] = A$.

2-3 Réunion et intersection
Soient A et B deux parties d'un ensemble E. On définit :
. $A \cap B$ est l'ensemble des éléments de E qui appartiennent aux deux ensembles A et B (*intersection* de A et B).
   Si $A \cap B = \varnothing$ on dit que A et B sont *disjoints*.
. $A \cup B$ est l'ensemble des éléments de E qui appartiennent à l'un au moins des ensembles A et B (*réunion* de A et B).
Plus généralement si $(A_i)_{i \in I}$ désigne une famille d'ensembles on définit :
$$\bigcap_{i \in I} A_i = \{ x \in E\ ;\ \forall i \in I, x \in A_i \}\ ;\ \bigcup_{i \in I} A_i = \{ x \in E\ ;\ \exists i \in I, x \in A_i \}.$$

Propriétés : $A \cap B = B \cap A\ ;\ A \cup B = B \cup A$
$A \cap (B \cap C) = (A \cap B) \cap C\ ;\ A \cup (B \cup C) = (A \cup B) \cup C$
$A \cap (B \cup C) = (A \cap B) \cup (A \cap C)\ ;\ A \cup (B \cap C) = (A \cup B) \cap (A \cup C)$
$C_E(A \cap B) = C_E(A) \cup C_E(B)\ ;\ C_E(A \cup B) = C_E(A) \cap C_E(B)$
$C_E(\bigcap_{i \in I} A_i) = \bigcup_{i \in I} C_E(A_i)\ ;\ C_E(\bigcup_{i \in I} A_i) = \bigcap_{i \in I} C_E(A_i)$

2-4 Différence et différence symétrique

. Soient A et B deux parties d'un ensemble E. On définit :
$$A \setminus B = A \cap C_E(B) = \{ x \in A ; x \notin B \} \quad \text{(différence de A et B)}$$
$$A \Delta B = (A \cup B) \setminus (A \cap B) = (A \setminus B) \cup (B \setminus A)$$
(*différence symétrique* de A et B).

remarque : On remarque (exercice) que :
- $A \Delta B = B \Delta A$ (on dit que la loi Δ est *commutative* dans $\mathcal{P}(E)$);
- $(A \Delta B) \Delta C = A \Delta (B \Delta C)$ (on dit que la loi Δ est *associative* dans $\mathcal{P}(E)$).

2-5 Partition

> *définition :* On appelle **partition** d'un ensemble E toute famille $(P_i)_{i \in I}$ de parties de E telle que :
> - $\forall i \in I, P_i \neq \emptyset$
> - $\forall i, j \in I, i \neq j \Rightarrow P_i \cap P_j = \emptyset$
> - $\bigcup_{i \in I} P_i = E$.

Tout élément de E appartient donc à une et une seule de ces parties P_i.

Exemple : si A est une partie non vide de E, A et $C_E(A)$ forment une partition de E.

Exercice : Combien existe-t'il de partitions distinctes d'un ensemble à 3 éléments ? à 4 éléments ?

2-6 produit cartésien

. Soient E et F deux ensembles. On appelle *produit cartésien* de E par F, et on note E x F (E croix F) l'ensemble des *couples* (x, y) tels que $x \in E$ et $y \in F$.
Un *couple* est une écriture (x, y) caractérisée par :
$$(x, y) = (x', y') \Leftrightarrow (x = x' \text{ et } y = y')$$

Remarque : L'ordre des termes est important : $(x, y) \neq (y, x)$ si $x \neq y$.
x et y s'appellent respectivement *première* et *seconde coordonnée* du couple (x, y).
. Plus généralement :
$$E_1 \times ... \times E_k = \{(x_1, ..., x_k); \forall i \in \{1,...,k\}, x_i \in E_i\}.$$
Si $E_1 = ... = E_k = E$, $E \times ... \times E$ se note E^k.

2-7 Les ensembles de nombres

- **N** : ensemble des entiers naturels
- **Q** : ensemble des nombres rationnels
- **C** : ensemble des nombres complexes.
- **Z** : ensemble des entiers relatifs
- **R** : ensemble des nombres réels

3 APPLICATIONS

3-1 Définitions

. Soient E et F deux ensembles et G une partie de E x F telle que, pour tout élément x de E, il existe au plus un élément y de F tel que le couple (x, y) appartienne à G. Le triplet (E, F, G) est appelé *fonction* de E vers F.

E s'appelle l'*ensemble de départ* , F l'*ensemble d'arrivée* et G le *graphe* de f.

Dans la pratique f est souvent donnée par la *relation fonctionnelle* liant x et y.

Par exemple :   f : R→R
$$x \mapsto y = 1 - x^2$$

. Si (x, y) appartient à G y se note f (x) et est appelé *image* de x par f. Cette image est unique. x est un *antécédent* de y.

Dans l'exemple précédent :   0 a pour image 1   (f (0) = 1)
                              0 a pour antécédents -1 et 1 (f (-1) = f (1) = 0).

. L'ensemble des éléments de E admettant une image par f est l'*ensemble de définition de f*. On le note souvent D_f.

. On appelle *application* de E dans F une fonction de E vers F telle que tout élément de E admette une image par f. Cette image est alors unique.

Si E est une application de E dans F , E = D_f.

On note $\mathcal{A}$ (E, F) l'ensemble des applications de E dans F.

3-2 Opérations

Soient f et g deux applications définies sur le même ensemble E et soit λ un réel. On définit les applications f + g, λ.f (ou λf), f x g (ou f g) par :
$$\forall x \in E, (f + g) (x) = f (x) + g (x)$$
$$\forall x \in E, (\lambda.f) (x) = \lambda.f (x)$$
$$\forall x \in E, (f \times g) (x) = f (x) \times g (x).$$

composition : Soient f et g deux applications définies respectivement sur E et F, telles que : $\forall x \in E, f (x) \in F$. On définit gof par :
$$\forall x \in E, (gof) (x) = g [f (x)].$$

remarque importante : La composition des applications est *associative* dans l'ensemble des applications de E dans E, c'est à dire :
$$(f o g) o h = f o (g o h).$$

3-3 Restriction et prolongement d'une application

Soient f une application d'un ensemble E dans un ensemble F, et P une partie non vide de E. La restriction g de f à P est l'application de P dans F coïncidant avec f en tout point de P. L'application g se note f_P ou f | P.

Soit g une application définie sur une partie P d'un ensemble E, à valeurs dans un ensemble F. Une application f de E dans F est un prolongement de g à E si sa restriction à P est g :
$$f_P = g.$$

3-4 Image directe et image réciproque d'un ensemble

> **définitions** : *Soient E et F deux ensembles et f une application de E vers F.*
> *Pour toute partie A de E on appelle **image directe** de A par f, et on note f (A), l'ensemble défini par:*
> $$f(A) = \{ y \in F;\ \exists\, x \in A,\ y = f(x) \}$$
> *Pour toute partie B de F on appelle **image réciproque** de B par f, et on note $f^{-1}(B)$, l'ensemble défini par :*
> $$f^{-1}(B) = \{ x \in E;\ f(x) \in B \}$$

Ainsi $f(A)$ est l'ensemble des *images* des éléments de A par f et $f^{-1}(B)$ est l'ensemble des *antécédents* des éléments de B par f.

Attention : La notation f^{-1} utilisée ici (avec un ensemble) ne désigne pas l'application réciproque de f (f n'est pas supposée bijective).

3-5 Equations - Injections et surjections

Equations : Soient f et g deux applications d'un ensemble E dans un ensemble F. La relation
$$f(x) = g(x) \qquad (1)$$
s'appelle *équation*, et l'élément x de E *inconnue*. Dans le cas où g est constante et égale à y_0 l'équation (1) s'écrit alors sous la forme : $f(x) = y_0$.

Injections et surjections :

> **définitions** : *Soient E et F deux ensembles et f une application de E dans F. f est dite :*
> . **injective** *si tout élément de F admet au plus un antécédent par f;*
> . **surjective** *si tout élément de F admet au moins un antécédent par f.*

Autres formulations :

. f est injective si et seulement si :

pour tout élément y de F, l'équation $f(x) = y$ admet au plus une solution x dans E;
ou :
$$\forall\, (x,y) \in E^2,\ (f(x) = f(y)) \Rightarrow (x = y);$$
ou :
$$\forall\, (x,y) \in E^2,\ (x \neq y) \Rightarrow (f(x) \neq f(y)).$$

Exemples : *application identique et injection canonique*

Soit E un ensemble. L'application : $\begin{array}{l} id_E : E \to E \\ x \mapsto x \end{array}$ est appelée *application identique sur E*.

Si $A \subset E$ la restriction de id_E à A est une application trivialement injective. On l'appelle *injection canonique de A dans E*.

. f est surjective si et seulement si :

pour tout élément y de F, l'équation f (x) = y admet au moins une solution x dans E ;
ou :
$$\forall y \in F, \exists x \in E, y = f(x).$$

Remarque : $f : E \to F$ est surjective si et seulement si $f(E) = F$.

3-6 Bijections

Définition : Soient E et F deux ensembles. Une application f de E dans F est une bijection de E sur F si f est à la fois injective et surjective c'est à dire si tout élément de F admet un unique antécédent dans E par f.

Cela peut s'écrire : $\forall y \in F, \exists! x \in E, y = f(x).$

Exemple : $id_E : x \to x$ est une bijection sur E (c'est à dire de E sur E).

Remarque : . L'assertion *f est bijective* n'a pas de sens sans la donnée des ensembles E et F. Ainsi l'application définie par $f(x) = x^2$ est une bijection de $\mathbf{R}^+$ sur $\mathbf{R}^+$ mais n'est plus bijective de $\mathbf{R}$ sur $\mathbf{R}$ (4 a deux antécédents : 2 et -2).

*Proposition 1 : f est une bijection de E sur F si et seulement s'il existe une application g de F sur E vérifiant $fog = id_F$ et $gof = id_E$. L'application g est alors définie de manière unique par ces égalités. On l'appelle **application réciproque** de f et on la note f^{-1}. Elle est définie par : $\forall (x, y) \in E \times F, x = f^{-1}(y) \Leftrightarrow y = f(x).$*

Preuve : On justifie d'abord la condition nécessaire et suffisante :

$\Rightarrow$: Si f est une bijection de E sur F, l'application g qui à tout élément de F associe son unique antécédent par f vérifie les deux égalités.

$\Leftarrow$: On montre (voir partie exercices) que (fog surjective) $\Rightarrow$ (f surjective) et (fog injective) $\Rightarrow$ (g injective).
Ici : (fog = id_F) $\Rightarrow$ (f est surjective). En effet id_F est bijective donc surjective de F sur F.
De même (gof = id_E) $\Rightarrow$ (f est injective). On en déduit que f est bijective de E sur F.
L'*unicité* de g vient de la seconde égalité : pour tout y appartenant à F il existe un unique x appartenant à E tel que y = f (x). On a alors : g (y) = g [f (x)] = x.

Proposition 2 : Soient $f: E \to F$, $g: F \to G$. Si f et g sont bijectives alors gof est bijective et on a :
$$(gof)^{-1} = f^{-1} o\, g^{-1}.$$

4 SUITES NUMERIQUES

4-1 Notion de suite

> **Définition :** *Une **suite** est une application d'une partie de **N** dans un ensemble E.*

Si $E = \mathbf{R}$ ou $E = \mathbf{C}$ on parle de *suite numérique*.

Notations : Si u désigne une suite définie sur une partie P de **N**, l'image de l'entier n se note u_n. La suite u se note $(u_n)_{n \in P}$ ou simplement (u_n) si P est connu sans ambiguïté. On peut donc assimiler une suite à une famille $(u_n)_{n \in P}$ d'éléments de E indexée par une partie P de l'ensemble **N** des entiers naturels.

Une suite peut être définie par son *terme général* u_n ou une *relation de récurrence* liant u_n et des termes d'indices inférieurs à n.

Exemples :

1°) La suite définie sur **N** par son terme général $u_n = e^{\frac{2in\pi}{5}}$ est une suite à valeurs complexes. Ses 5 premiers termes sont les 5 racines cinquièmes de l'unité dans **C**. Nous verrons plus loin que cette suite est *périodique* et *géométrique*.

2°) La suite définie par : $\begin{cases} u_1 = -1 \\ \forall n \geq 2, u_n = u_{n-1} + \dfrac{(-1)^n}{n} \end{cases}$

est une suite à valeurs réelles. Lorsque n devient grand u_n prend des valeurs proches de $-\ln 2$.

3°) La suite définie par : $\begin{cases} u_0 = 1; u_1 = 1 \\ \forall n \in N, u_{n+2} = u_{n+1} + u_n \end{cases}$

est une suite dite *birécurrente*. On l'appelle suite de Fibonacci.

4-2 Définitions

> *La suite $(u_n)_{n \in P}$ est dite :*
>
> ***constante :*** *s'il existe une constante c telle que, $\forall n \in P, u_n = c$;*
> ***stationnaire :*** *s'il existe un rang $n_0 \in P$ tel que, $\forall n \geq n_0, u_n = u_{n_0}$;*
> ***périodique :*** *s'il existe $p \in \mathbf{N}^*$ tel que, $\forall n \in P, u_{n+p} = u_n$ (p est une période);*
> ***croissante :*** *si $\forall n \in P, u_{n+1} \geq u_n$ (strictement croissante si $u_{n+1} > u_n$);*
> ***décroissante :*** *si $\forall n \in P, u_{n+1} \leq u_n$ (strictement décroissante si $u_{n+1} < u_n$);*
> ***monotone :*** *si (u_n) est croissante ou décroissante;*
> ***majorée :*** *s'il existe un réel M tel que, $\forall n \in P, u_n \leq M$;*
> ***minorée :*** *s'il existe un réel m tel que, $\forall n \in P, u_n \geq m$;*
> ***bornée :*** *si (u_n) est majorée et minorée.*

Remarque : *les 6 dernières définitions ne concernent que les suites réelles. En effet la relation d'ordre $\leq$ n'a pas de sens dans **C**.*

4-3 Raisonnement par récurrence

Théorème de récurrence : *Soit P(n) une proposition dépendant de l'entier naturel n; si P(0) est vraie, et si, pour tout n ∈ N, la proposition (P(n) ⇒ P(n+1)) est vraie, alors P(n) est vraie pour tout entier naturel n.*

Preuve : Considérons l'ensemble E des entiers n pour lesquels la propriété P(n) est vérifiée.
E est une partie de **N** contenant 0.
De plus, le successeur n+1 d'un élément n appartenant à E appartient encore à E.
On en déduit, par l'axiome 5 de Peano (voir **1-1**) que E = **N**.

Variante : *soit P(n) une proposition telle que P(0) soit vraie et que la conjonction des propositions P(0), P(1),...,P(n) implique P(n+1). Alors P(n) est vraie pour tout entier naturel n.*

Exercice : Montrer par récurrence les propriétés suivantes :
1°) $\forall n \in \mathbf{N}^*$, la somme des n premiers entiers naturels impairs est égale à n^2.
2°) $\forall a \in \mathbf{R}^+, \forall n \in \mathbf{N}, (1+a)^n \geq 1 + na$.
3°) $\forall n \in \mathbf{N}, 2 \times 11^n + 5 \times 4^n$ est un multiple de 7.

4-4 Suites arithmétiques- Suites géométriques.

Définitions : *Une suite $(u_n)_{n \in N}$ est dite :*
arithmétique *s'il existe $r \in R$ (ou à C) tel que $\forall n \in N, u_{n+1} = u_n + r$;*
géométrique *s'il existe $q \in R$ (ou à C) tel que $\forall n \in N, u_{n+1} = q u_n$.*

Remarques : . Si r = 0 ou q = 1 la suite (u_n) est constante.
. (u_n) est arithmétique si et seulement si :

$$\forall n \in N^*, u_n = \frac{u_{n+1} + u_{n-1}}{2}.$$

termes généraux :

On peut exprimer le terme u_n en fonction de n'importe quel autre terme u_i :
Si (u_n) est arithmétique : $u_n = u_i + (n-i) r$;
Si (u_n) est géométrique : $u_n = q^{n-i} u_i$.

Exemples : Si (u_n) est arithmétique : $u_n = u_o + n r = u_1 + (n-1) r$;
Si (u_n) est géométrique : $u_n = q^n u_o = q^{n-1} u_1$.

convergence :

Proposition : *Une suite géométrique de raison q converge si et seulement si $|q| < 1$ ou q = 1. Si $|q| < 1$ la suite converge vers 0.*

4-5 Suites arithmético-géométriques

. Elles sont définies par leur premier terme u_0 et une relation de récurrence de la forme :
$u_{n+1} = a\, u_n + b$ où a et b sont des constantes réelles ou complexes ($a \neq 1$).
. Elles admettent un *point fixe* ℓ vérifiant $\ell = a\,\ell + b$ c'est à dire : $\ell = b / (1-a)$.
. On montre que la suite de terme général $v_n = u_n - \ell = u_n - b/(1-a)$ est géométrique de raison a (exercice).
. On en déduit : $v_n = a^n v_0$, c'est à dire :

$$\boxed{u_n = a^n (u_0 - \frac{b}{1-a}) + \frac{b}{1-a}}$$

4-6 Suites récurrentes linéaires d'ordre 2

On appelle *suite linéaire d'ordre 2* toute suite (u_n) définie par :
  . ses deux premiers termes u_0 et u_1 (par exemple)
  . une relation de récurrence : $u_{n+2} = a\, u_{n+1} + b\, u_n$.
On utilise l'*équation caractéristique* de la suite (u_n) : $x^2 = a\,x + b$.
Son discriminant est : $\Delta = a^2 + 4b$.
Nous étudierons ces suites dans le **chapitre 8** (T.P.). On obtient :

---

cas d'une suite complexe :

. **Si $\Delta \neq 0$** : l'équation caractéristique admet deux racines x_1 et x_2; le terme général u_n s'écrit :
$$u_n = \alpha\, x_1^n + \beta\, x_2^n$$
(α et β sont déterminés par la donnée de u_0 et u_1).

. **Si $\Delta = 0$** : l'équation caractéristique admet une racine double x_1; le terme général u_n s'écrit :
$$u_n = (\alpha + \beta\, n)\, x_1^n.$$

---

cas d'une suite réelle :

On suppose que a et b sont des réels.

. **Si $\Delta > 0$ ou $\Delta = 0$** les résultats sont les mêmes que dans le cas complexe.

. **Si $\Delta < 0$** : l'équation caractéristique admet deux racines complexes conjuguées x_1 et x_2.
Soient $x_1 = \rho\, e^{i\theta}$, $x_2 = \rho\, e^{-i\theta}$. Le terme général u_n s'écrit :
$$u_n = \rho^n (\alpha \cos n\theta + \beta \sin n\theta).$$

Exercice : *Ecrire le terme général d'une suite de Fibonacci (voir plus haut).*

5 CALCULS DE SOMMES FINIES

5-1 Notation $\sum u_i$

Pour toute suite (u_n) et pour tout couple (k, n) d'entiers naturels tels que $k \leq n$ on définit : $\sum_{i=k}^{n} u_i = u_k + u_{k+1} + \ldots + u_n$. Cette somme comporte $n - k + 1$ termes.

> **Propriétés :** *Soient deux suites (u_n), (v_n) et soit α une constante :*
> $$\sum_{i=k}^{n} \alpha = (n-k+1)\alpha \;;\; \sum_{i=k}^{n}(u_i + v_i) = \sum_{i=k}^{n} u_i + \sum_{i=k}^{n} v_i \;;\; \sum_{i=k}^{n} \alpha u_i = \alpha \sum_{i=k}^{n} u_i$$

5-2 Sommes finies usuelles

$$\sum_{i=1}^{n} i = \frac{n(n+1)}{2} \;;\; \sum_{i=1}^{n} i^2 = \frac{n(n+1)(2n+1)}{6} \;;\; \sum_{i=1}^{n} i^3 = \frac{n^2(n+1)^2}{4}$$

$$\sum_{i=0}^{n} q^i = n+1 \text{ si } q=1 \;;\; \sum_{i=0}^{n} q^i = \frac{1-q^{n+1}}{1-q} \text{ si } q \neq 1$$

5-3 Suites arithmétiques - Suites géométriques

Exemple : *Calcul de $S_n = u_0 + u_1 + \ldots + u_n$.*

Si (u_n) est arithmétique :

$$\begin{array}{rcl} S_n &=& u_0 + u_1 + \ldots + u_n \\ S_n &=& u_n + u_{n-1} + \ldots + u_0 \\ \hline 2S_n &=& (u_0+u_n) + (u_1+u_{n-1}) + \ldots + (u_n+u_0) \end{array}$$

c'est à dire : $2S_n = (n+1)(u_0 + u_n)$ car, pour tout i, $u_i + u_{n-i} = u_0 + u_n$ (exercice).

On en déduit :
$$\boxed{S_n = (n+1)\frac{u_0 + u_n}{2} = (n+1)\left(u_0 + \frac{nr}{2}\right)}$$

Si (u_n) est géométrique :

$$\begin{array}{rcl} S_n &=& u_0 + u_1 + \ldots + u_n \\ qS_n &=& u_1 + u_2 + \ldots + u_{n+1} \\ \hline (1-q)S_n &=& u_0 - u_{n+1} = u_0(1-q^{n+1}) \end{array}$$

Donc, *si $q \neq 1$:*
$$\boxed{S_n = \frac{u_0 - u_{n+1}}{1-q} = u_0 \frac{1-q^{n+1}}{1-q}}$$

En particulier : *si $x \neq 1$,* $1 + x + x^2 + \ldots + x^n = \dfrac{1-x^{n+1}}{1-x}$.

5-4 Doubles sommations

Pour tous intervalles finis d'entiers I et J :

$$\sum_{i \in I} \sum_{j \in J} u_{ij} = \sum_{j \in J} \sum_{i \in I} u_{ij} \ ; \ \sum_{i \in I} \sum_{j \in J} u_i v_j = \sum_{i \in I} u_i \sum_{j \in J} v_j \ ; \ \sum_{i=1}^{n} \sum_{j=1}^{i} u_{ij} = \sum_{j=1}^{n} \sum_{i=j}^{n} u_{ij}.$$

6 BASES DE NUMERATION

Un *système de numération* permet de représenter les nombres à l'aide de symboles appelés *chiffres*.

Exemples :
 . système décimal : 0, 1, 2, 3, 4, 5, 6, 7, 8, 9
 . système binaire : 0, 1 (ces 2 symboles sont appelés des *bits*)
 . système octal : 0, 1, 2, 3, 4, 5, 6, 7
 . système hexadécimal : 0, 1, 2, 3, 4, 5, 6, 7, 8, 9, A, B, C, D, E, F

En système décimal : **645** = 600 + 40 + 5 = $6.10^2 + 4.10^1 + 5.10^0$.
En système binaire : **110101** = $1.2^5 + 1.2^4 + 0.2^3 + 1.2^2 + 0.2^1 + 1.2^0$ = 53.

> *Définition :* La **base** d'un système de numération est le nombre de symboles utilisés pour représenter les nombres.

Principe de numération :

> *Théorème :* Soit b un entier ≥ 2 (base du système de numération). Tout entier naturel se décompose de manière unique sous la forme :
> $$a_n b^n + a_{n-1} b^{n-1} + \ldots + a_1 b^1 + a_0 b^0$$
> où $a_0, a_1, \ldots, a_n$ sont des entiers naturels $< b$.

. Cet entier se note alors : $\overline{a_n a_{n-1} \ldots a_2 a_1 a_0}^b$.

Pour convertir un nombre de base b en nombre décimal il suffit donc d'utiliser la *représentation polynomiale* de ce nombre.

Exemple : $\overline{32A1E}^{16} = 3.16^4 + 2.16^3 + 10.16^2 + 1.16^1 + 14.16^0$
  $= 196608 + 8192 + 2560 + 16 + 14 = 207390$.

Inversement écrire un nombre en binaire revient à l'exprimer comme une somme de puissances de 2.

Exemple : $61 = 32 + 29 = 32 + 16 + 13 = 32 + 16 + 8 + 5 = 32 + 16 + 8 + 4 + 1$
  $= 1.2^5 + 1.2^4 + 1.2^3 + 1.2^2 + 0.2^1 + 1.2^0 = \overline{111101}^2$.

Le processus peut être très long.

Autre méthode : on effectue des divisions par 2 successives:

61	30	15	7	3	1	0
/////////	1	0	1	1	1	1

On lit : 61 divisé par 2 donne 30 reste 1
 puis : 30 divisé par 2 donne 15 reste 0 etc.
On s'arrête lorsque le quotient (1ère ligne) devient nul. L'écriture du nombre en base 2 se lit en reprenant la suite de chiffres 0,1 de la seconde ligne *en partant de la droite !*

T.P. : Algorithmes et méthodes numériques

Un *algorithme* est la description précise d'une suite d'étapes de caluls (algorithmes numériques) ou d'un procédé pratique de traitement (algorithmes de tris ou de recherches par exemple) permettant l'élaboration d'une tâche par ailleurs clairement définie.

1 Algorithmes numériques

Exemple 1 : Calcul de la somme $\sum_{i=0}^{100}(-1)^i \frac{1}{2i+1} = 1 - \frac{1}{3} + \frac{1}{5} - \frac{1}{7} + ... + \frac{1}{201}$

algorithme	sur calculatrice

. définir S = 1 (*somme*); Sg = -1 (*signe*)
. pour i variant de 1 à 100 faire :
   1) T ← 1/(2i+1) (*terme suivant*)
   2) S ← S + Sg x T
   3) Sg ← -Sg
. écrire S
	1→S:1→I:-1→G:
	Lbl 1 : 1/(2 I+1) → T:
	S + GxT → S:
	-G → G:
	I+1 → I:
	I≤100 ⇒ Goto 1 : S ♦

Remarque : Le résultat obtenu à la calculatrice est une valeur approchée de $\pi / 4$.

> *Exercice* : Après avoir écrit les algorithmes correspondants donner à l'aide de la calculatrice programmable des valeurs aprochées de $\sum_{n\geq 1}\frac{(-1)^n}{n}$ et $\sum_{n\geq 1}\frac{1}{n^2}$. On doit trouver respectivement : $-\ln(2)$ et $\pi^2/6$.

Exemple 2 : *Un entier naturel est dit* **parfait** *s'il est égal à la somme de ses diviseurs sauf lui-même. Par exemple 6 = 3 + 2 + 1. Les trouver entre 1 et 500.*

algorithme	sur la calculatrice

. pour i variant de 2 à 500 faire :
   1) définir S = 1 (*somme des diviseurs*)
   2) pour j variant de 2 à Ent (i /2) faire :
     si j divise i **alors** S ← S + j
 	
   3) **si** S = i **alors** écrire i (*nbre parfait*)
. terminer
	2 → I
	Lbl 1 : 1 → S : 2 → J :
	Lbl 2 : Frac (I/J) = 0 ⇒ S + J → S :
	J + 1 → J :
	J ≤ Int (I/2) ⇒ Goto 2 :
	S = I ⇒ I ♦
	I + 1 → I :
	I ≤ 500 ⇒ Goto 1 : "FIN" ♦

Le programme est très lent.

2 Les méthodes itératives et récursives

Dans une méthode *itérative* (ou *récurrente*) on décrit ce que l'on veut faire au premier rang, puis comment passer d'un rang au suivant.

La *récursivité* est la faculté pour une procèdure ou une fonction de s'appeler elle-même. Un algorithme récursif doit toujours comporter un ou plusieurs cas triviaux.

Exemple 1 : Calcul de $n! = 1 \times 2 \times \ldots \times n$:

méthode itérative	*méthode récursive*

. fact $\leftarrow$ 1
. pour i variant de 2 à n faire :
    fact $\leftarrow$ fact $\times$ i
. n! = fact
	. si n = 0 alors fact (n) = 1
	    sinon fact (n) = n $\times$ fact (n-1)

> *Exercice : Après avoir écrit un algorithme construire un programme permettant de calculer la somme :* $\sum_{i=0}^{n} \frac{1}{i!}$ *(par définition 0! = 1). Que se passe-t'il quand n devient très grand ?*

En général c'est la méthode itérative qui est la plus efficace. Cependant certains problèmes peuvent admettre une solution récursive élégante et économique (nombre d'opérations) :

Exemple 2 : Calcul de x^n :

méthode itérative	*méthode récursive*
. puiss $\leftarrow$ x . pour i variant de 2 à n faire : puiss $\leftarrow$ puiss $\times$ x . x^n = puiss	. si n = 1 alors x^n = x sinon $\begin{cases} si\ n\ est\ pair\ x^n = (x^{n/2})^2 \\ si\ n\ est\ impair\ x^n = x.(x^{(n-1)/2})^2 \end{cases}$

Comparons les deux méthodes : soit à calculer x^{100}.

La méthode itérative nécessite 99 opérations élémentaires (multiplications).

Par la méthode récursive il faudra :
.pour calculer x^{100} élever x^{50} au carré (1 opération)
.pour calculer x^{50} élever x^{25} au carré (1 opération)
.pour calculer x^{25} élever x^{12} au carré et multiplier le résultat par x (2 opérations) etc., soit, au total seulement 8 opérations!

La méthode récursive est donc, ici, beaucoup plus économique.

> *Remarque :* Plus généralement la *complexité* d'un algorithme est mesurée par le nombre d'opérations élémentaires nécessaires à sa réalisation.

- *EXERCICES* -

Ensembles - Applications

1- Application caractéristique

Soit E un ensemble. Pour toute partie A de E on désigne par φ_A *l'application caractéristique de A*. Cette application est définie sur E par :
$$\forall x \in A, \varphi_A(x) = 1$$
$$\forall x \in C_E(A), \varphi_A(x) = 0.$$

1°) Montrer que : $\forall (A, B) \in (P(E))^2, (A = B) \Leftrightarrow (\varphi_A = \varphi_B)$.

2°) Montrer que $\varphi_{\overline{A}} = 1 - \varphi_A$ et $\varphi_{A \cap B} = \varphi_A \cdot \varphi_B$.
En déduire l'expression de φ_{A-B}, $\varphi_{A \cup B}$, $\varphi_{A \Delta B}$ en fonction de φ_A et φ_B.

3°) Utiliser ce qui précède pour justifier les égalités :
$$A \cap (B \cup C) = (A \cap B) \cup (A \cap C)$$
$$A \cup (B \cap C) = (A \cup B) \cap (A \cup C)$$
$$(A \Delta B) \Delta C = A \Delta (B \Delta C)$$

2- Soient f une application de E dans F, A et B deux parties de F, C et D deux parties de E. Montrer que :

$f^{-1}(A \cap B) = f^{-1}(A) \cap f^{-1}(B)$ $\qquad f(C \cap D) \subset f(C) \cap f(D)$

$f^{-1}(A \cup B) = f^{-1}(A) \cup f^{-1}(B)$ $\qquad f(C \cup D) = f(C) \cup f(D)$

$f^{-1}(\overline{A}) = \overline{f^{-1}(A)}$ $\qquad f(f^{-1}(A)) \subset A$

3- Soient $f : E \to F$ et $g : F \to G$ des applications. Montrer que :
  a) (gof injective) $\Rightarrow$ (f injective)
  b) (gof surjective) $\Rightarrow$ (g surjective).

Suites - Sommes finies

4- Montrer par récurrence les propriétés suivantes :

1°) $\forall n \in \mathbf{N}^*, 2 \times 6 \times 10 \times ... \times (4n - 2) = (n + 1)(n + 2) ... 2n$.

2°) $\forall n \in \mathbf{N}^*, 3 \times 5^{2n-1} + 2^{3n-2}$ est divisible par 17.

3°) $\forall n \in \mathbf{N}^*, \sum_{i=1}^{n} i(i!) = (n+1)! - 1$.

5- Soit f la fonction définie sur $\mathbf{R}$ par $f(x) = \sum_{i=0}^{n} x^i = 1 + x + ... + x^n$.

1°) Calculer de deux façons différentes $f'(x)$ pour $x \neq 1$.

2°) En déduire : $\sum_{i=1}^{n} i x^{i-1}$ puis $\sum_{i=1}^{n} i x^i$.

3°) En utilisant $f''(x)$ calculer : $\sum_{i=2}^{n} i(i-1)x^{i-2}$ puis $\sum_{i=1}^{n} i^2 x^i$.

6- Pour chacune des suites récurrentes suivantes donner l'expression du terme général u_n et calculer la somme des $n+1$ premiers termes :
$$S_n = u_0 + u_1 + \ldots + u_n.$$

1°) (u_n) est arithmétique; $u_0 = 1$ et $u_6 = 3$.
2°) (u_n) est géométrique; $u_3 = 625$ et $u_8 = -0,2$.
3°) $u_0 = 1$ et $\forall n \in \mathbb{N}, u_{n+1} = -2u_n + 1$.
4°) $u_0 = 1, u_1 = 1$ et $\forall n \in \mathbb{N}, u_{n+2} = u_{n+1} + 2u_n$.
5°) $u_0 = 1, u_1 = 1$ et $\forall n \in \mathbb{N}\ u_{n+2} = 4u_{n+1} - 4u_n$.

7- Soit $n \in \mathbb{N}^*$; calculer les sommes suivantes :

1°) $\displaystyle\sum_{0 \leq i \leq j \leq n} \frac{i}{j+1}$ 2°) $\displaystyle\sum_{i=1}^{n}\sum_{j=i}^{n} ij$ 3°) $\displaystyle\sum_{i=1}^{n}\sum_{j=0}^{i} x^{i-j}$ ($x \in \mathbb{R} - \{0,1\}$)

Numération

8- Soit $k \in \mathbb{N}^*$. Un entier x s'écrit à l'aide de k chiffres en base b, le premier chiffre étant non nul. Donner un encadrement de x.

9- 1°) Ecrire le nombre 10^5 en base 2.
  2°) Ecrire le nombre binaire $101010\ldots0101$ ($2n+1$ chiffres) en fonction de n.

10- Soit $n \in \mathbb{N}$. Déterminer le nombre de chiffres dans l'écriture binaire du nombre 10^n.

Algorithmes

11- Construire un algorithme permettant de déterminer, pour un entier n donné, les n premiers termes des suites définies par :

a) $\begin{cases} u_0 = 1 \\ \forall n \in \mathbb{N}, u_{n+1} = \dfrac{u_n + 1}{3u_n + 1} \end{cases}$ b) $\begin{cases} u_0 = u_1 = 1 \\ \forall n \in \mathbb{N}, u_{n+2} = u_{n+1} + u_n \end{cases}$

12- Construire un algorithme permettant de déterminer, pour un entier n donné, les sommes suivantes :

a) $S_n = \displaystyle\sum_{k=1}^{n} \frac{1}{k^2+1}$ b) $S_n = \displaystyle\sum_{k=1}^{n} \frac{(-1)^k}{k^3}$ c) $S_n = \displaystyle\sum_{k=0}^{n} \frac{1}{k!}$ d) $S_n = \dfrac{1}{n}\displaystyle\sum_{k=1}^{n} \ln\left(1 + \frac{k}{n}\right)$

13- Soit $p \in \mathbb{N}^*$ et $n \in \mathbb{N}$.
1°) Déterminer les solutions dans $\mathbb{N}^2$ de l'équation : $x + py = n$.
2°) Ecrire un algorithme permettant d'obtenir l'ensemble de ces solutions.
3°) Déterminer le nombre de solutions dans $\mathbb{N}^3$ de l'équation : $x + 3y + z = n$.

2-3 Nombre de p-listes d'éléments distincts

> **Définition** : Etant donnés un ensemble E à n éléments et p un entier naturel vérifiant $1 \leq p \leq n$, on appelle **arrangement d'ordre p de E**, une suite à p éléments de E, chaque élément ne pouvant figurer qu'une seule fois.
> Un arrangement d'ordre p sur E est donc une p-liste d'**éléments distincts** de E.

Exemple : $E = \{a,b,c\}$.

(a,b); (a,c); (b,a); (b,c); (c,a); (c,b) sont les arrangements d'ordre 2 sur E.

Notation : On désigne par A_n^p le nombre de ces arrangements.

> **Théorème** : Le nombre de p-listes d'éléments distincts (arrangements d'ordre p) d'un ensemble E à n éléments ($1 \leq p \leq n$) est : $A_n^p = n(n-1)\ldots(n-p+1)$.

Preuve :

Soit E un ensemble à n éléments. Si n = 1 le nombre de 1-liste d'éléments (distincts) de E est égal à 1. Cela s'écrit : $A_1^1 = 1$. L'égalité est vérifiée.

Dans le cas où $n \geq 2$ on justifie le résultat par récurrence sur $p \in [1, n] \cap \mathbf{N}$.

. Le nombre de 1-liste d'éléments (distincts) de E est égal à n. La proposition est vérifiée au rang p = 1.

. Supposons la proposition vérifiée à un certain rang p fixé appartenant à $[1, n-1] \cap \mathbf{N}$.
Pour construire une liste de p + 1 éléments distincts de E il faut se donner une p-liste d'éléments distincts et la compléter par un élément distinct de ceux figurant dans cet arrangement.

Il y a A_n^p arrangements d'ordre p dans E et, pour chacun de ces arrangements, n - p façons de le compléter par un élément distinct des p premiers.

Cela donne $A_n^{p+1} = A_n^p \times (n-p) = n(n-1)\ldots(n-p+1)(n-p)$ arrangements d'ordre p+1.

La proposition est vérifiée au rang p + 1.

On conclut par le théorème de récurrence.

2 NOMBRE DE P-LISTES - ARRANGEMENTS

2-1 Nombre de p-listes

Définition : *Etant donnés un ensemble E à n éléments et p un entier naturel non nul, on appelle **p-liste** d'éléments de E une suite à p éléments de E.*

Exemple : $E = \{a,b,c\}$.
(a,a); (a,b); (a,c); (b,a); (b,b); (b,c); (c,a); (c,b); (c,c) sont les 2-listes d'éléments de E.

Remarques : . L'ordre des éléments est important.
. Chaque élément peut figurer plus d'une fois. On appelle *occurrence* d'un élément dans cette liste le nombre de fois où cet élément apparaît.
. L'ensemble de ces p-listes est $E^p = E \times E \times ... \times E$ (p termes). On en déduit :

Théorème : *Soient E un ensemble à n éléments et $p \in \mathbb{N}^*$, le nombre de p-listes d'éléments de E est : card $(E^p) = n^p$.*

Exemples : 1°) Capacité d'un réseau téléphonique, un numéro d'appel étant constitué de 8 chiffres : 10^8.
2°) b^k nombres à k chiffres dans le système de numération de base $b > 2$.

Remarque : *nombre d'applications*
Soient E et F deux ensembles finis comportant respectivement p et n éléments :
$$E = \{a_1, a_2, ..., a_p\} \text{ et } F = \{b_1, b_2, ..., b_n\}.$$
Se donner une application de E dans F revient à se donner une p-liste d'éléments de F formée par les images respectives de $a_1, a_2, ..., a_p$ (on peut montrer qu'il existe une bijection entre $\mathcal{A}(E,F)$ et F^p). On en déduit :

Corollaire : *Le nombre d'applications d'un ensemble E à p éléments dans un ensemble F à n éléments est n^p.*

2-2 Nombre de parties d'un ensemble

Théorème : *Soit E un ensemble fini à n éléments, $\mathcal{P}(E)$ est fini et card $(\mathcal{P}(E)) = 2^n$.*

<u>Preuve</u> : L'application qui, à toute partie A de E, associe son application caractéristique φ_A (voir **ex. 1, Chap1**) définit une bijection de $\mathcal{P}(E)$ sur l'ensemble des applications de E dans $\{0, 1\}$ (exercice). On en déduit : card $\mathcal{P}(E)$ = card $\mathcal{A}(E, \{0,1\}) = 2^n$ (d'après 2-1).

> **P4** : *Si E et F sont deux ensembles finis* :
> $$\text{card}(E \times F) = \text{card}(E) \cdot \text{card}(F).$$
> *Plus généralement* : $\text{card}(E_1 \times E_2 \times \ldots \times E_n) = \text{card}(E_1) \times \ldots \times \text{card}(E_n)$.
> *En particulier* : pour tout $k \in \mathbb{N}^*$, $\text{card}(E^k) = (\text{card}(E))^k$.

<u>Preuve</u> : Soit $E = \{a_1, a_2, \ldots, a_n\}$ et $F = \{b_1, b_2, \ldots, b_p\}$. Pour dénombrer les couples de E x F on les range dans l'ordre suivant :
$$(a_1, b_1), (a_1, b_2), \ldots, (a_1, b_p), (a_2, b_1), \ldots, (a_2, b_p), \ldots, (a_n, b_1), \ldots, (a_n, b_p)$$
c'est à dire : à tout couple (a_i, b_j) on associe le rang : $(i-1)p + j$.
Il est facile de vérifier que l'application ainsi construite définit une bijection de E x F sur $\{1, 2, \ldots, np\}$. (Quel est l'antécédent de l'entier $k \leq np$?). On en déduit que :
card (E x F) = np = card (E).card (F).
Le procédé se généralise à une famille de n ensembles $E_1, \ldots, E_n$.

> **P5** : *Si A et B sont deux parties d'un ensemble fini E* :
> $$\text{card}(A \cup B) = \text{card}(A) + \text{card}(B) - \text{card}(A \cap B).$$

<u>Preuve</u> : Notons n = card (A) et p = card (B). Il existe une bijection f de A sur $\{1, 2, \ldots, n\}$ et une bijection g de B sur $\{n+1, n+2, \ldots, n+p\}$.
. **Si A et B sont disjoints**, l'application qui, à tout élément de $A \cup B$ associe son image par f ou g définit une bijection de $A \cup B$ sur $\{1, 2, \ldots, n+p\}$. Donc, dans ce cas :
$$\textit{card } (A \cup B) = \textit{card } (A) + \textit{card } (B)$$
. En appliquant ce résultat aux ensembles disjoints $A \setminus B$ et $A \cap B$ de réunion A on obtient : card (A) = card (A \ B) + card (A ∩ B) c'est à dire :
$$\textit{card } (A \setminus B) = \textit{card } (A) - \textit{card } (A \cap B)$$
. Il reste à décrire $A \cup B$ comme la réunion des deux ensembles disjoints $A \setminus B$ et B pour obtenir : card (A ∪ B) = card (A \ B) + card (B) = card(A) - card(A ∩ B) + card(B).

Plus généralement, si $(A_i)_{1 \leq i \leq n}$ désigne une famille d'ensembles finis on montre, par récurrence sur l'entier n, le résultat suivant :

> **Formule de Poincaré (ou du crible)** :
> $$\text{card}\left(\bigcup_{i=1}^{n} A_i\right) = \sum_{j=1}^{n}\left[(-1)^{j+1} \sum_{1 \leq i_1 < i_2 < \ldots < i_j \leq n} \text{card}\left(\bigcap_{k=1}^{j} A_{i_k}\right)\right].$$

Exemple : Si n = 3 on obtient :

$$\text{card}(A \cup B \cup C) = \text{card}(A) + \text{card}(B) + \text{card}(C) - \text{card}(A \cap B) - \text{card}(A \cap C)$$
$$- \text{card}(B \cap C) + \text{card}(A \cap B \cap C)$$

DÉNOMBREMENT

Le dénombrement est l'ensemble des techniques qui servent, en mathématiques, à *compter* ou à *énumérer* certaines structures finies.

1 ENSEMBLES FINIS

1-1 Définitions

Ensembles finis : *Un ensemble E est dit **fini** si E est vide ou s'il existe une bijection entre E et $\{1,2,...,n\}$, $n \in \mathbb{N}^*$.*
*.Dans ce dernier cas l'entier n s'appelle **cardinal** de E et se note card (E) ou $|E|$.*
.Si $E = \varnothing$ on définit card (E) = 0.

Ensembles dénombrables : *Un ensemble E est dit **dénombrable** s'il existe une bijection entre E et une partie de N.*

Exemples : . **N, Z, Q** et toutes les parties de ces ensembles sont dénombrables.
. **R** et **C** ne sont pas dénombrables.

1-2 Propriétés du cardinal

P1 : *Si E et F sont deux ensembles finis :*
$$(E \subset F) \Rightarrow (card\ (E) \leq card\ (F))$$
$$(E \subset F\ et\ card\ (E) = card\ (F)) \Leftrightarrow (E = F).$$

P2 : *Si E et F sont deux ensembles finis non vides on a :*
$$(card\ (E) = card\ (F)) \Leftrightarrow il\ existe\ une\ bijection\ de\ E\ sur\ F.$$

P3 : *Si f est une application d'un ensemble fini E dans un ensemble fini F tel que card (E) = card (F) on a :*
$$(f\ injective) \Leftrightarrow (f\ surjective) \Leftrightarrow (f\ bijective).$$

Exemple : Il y a $A_{15}^3 = 15 \times 14 \times 13 = 2730$ tiercés dans l'ordre possibles pour 15 chevaux partants.

Remarque : nombre d'injections

Soient E et F deux ensembles finis comportant respectivement p et n éléments :
$$E = \{a_1, a_2, ..., a_p\} \text{ et } F = \{b_1, b_2, ..., b_n\}.$$

Se donner une injection de E dans F revient à se donner une p-liste d'éléments distincts de F formée par les images des éléments de E (images 2 à 2 distinctes par définition d'une injection).

Par conséquent *le nombre d'injections de E dans F est A_n^p*.

2-4 Nombre de permutations

*Définition : On appelle **permutation** d'un ensemble E à n éléments un arrangement d'ordre n de E.*

Exemple : E = {a, b, c}.
Les permutations de E sont : (a, b, c); (a, c, b); (b, a, c); (b, c, a); (c, a, b); (c, b, a).

Notation : On note n ! (*factorielle n*) le nombre des permutations d'un ensemble E à n éléments.

*Théorème : le nombre des permutations d'un ensemble E à n éléments ($n \in \mathbb{N}^*$) est
$$n! = n \times (n-1) \times ... \times 2 \times 1.$$*

Remarques : . Par convention on pose : **0! = 1**.
Pour tout entier p tel que $0 \leq p \leq n$, on peut alors écrire : $A_n^p = \dfrac{n!}{(n-p)!}$.

. Se donner une bijection d'un ensemble E à n éléments sur un ensemble F de même cardinal revient à se donner la permutation de F formée par les images des éléments de E.

Le nombre de bijections de E sur F est : n !.

En particulier, si E est un ensemble fini non vide de cardinal n, on peut identifier les bijections de E sur E à des permutations de E.
On note souvent $S_n(E)$ l'ensemble des permutations de E = {1, 2, ..., n}.

3 NOMBRE DE PARTIES - COMBINAISONS

3-1 Nombre de parties à p éléments

Définition : *Etant donnés un ensemble E à n éléments et p un entier naturel on appelle combinaison d'ordre p dans E toute partie de E à p éléments.*

Remarque : Dans un arrangement l'ordre des éléments intervient, dans une combinaison on n'en tient pas compte.

Notations : L'ensemble des combinaisons d'ordre p de E se note $\mathcal{P}_p(E)$. On note C_n^p ou $\binom{n}{p}$ le nombre de combinaisons d'ordre p dans un ensemble à n éléments.

Théorème : *Soit E un ensemble à n éléments et soit p un entier vérifiant : $1 \leq p \leq n$. Le nombre de parties de E à p éléments (combinaisons d'ordre p) est :*
$$C_n^p = \frac{n!}{p!(n-p)!} = \frac{n(n-1)(n-2)\ldots(n-p+1)}{p!}.$$

Preuve : A toute partie A à p éléments de E correspond p! listes (ordonnées) de p éléments distincts obtenues en *permutant* les éléments de A. Donc : $C_n^p = \frac{A_n^p}{p!}$.

Cas particuliers :
$C_n^0 = 1$: il y a en effet une seule partie contenant 0 élément : $\varnothing$.
$C_n^1 = n$: il y a en effet n singletons dans un ensemble à n éléments.
$C_n^n = 1$: il y a en effet une seule partie pleine.

Remarque : La formule $C_n^p = \frac{n!}{p!(n-p)!}$ est donc valable pour $0 \leq p \leq n$;
pour $p < 0$ ou $p > n$, $C_n^p = A_n^p = 0$.

Exemple : Dans une course à laquelle participent 15 chevaux il y a $C_{15}^3 = 455$ tiercés dans le désordre possibles.

Exercice : Il y a n candidats à un concours; il y a r places ($r \leq n$). Combien y a-t-il de listes d'admis possibles
    a) en tenant compte du classement ?   b) sans tenir compte du classement ?

3-2 Nombre d'applications strictement croissantes

Soient E et F deux ensembles finis de nombres réels comportant respectivement p et n éléments ($1 \leq p \leq n$) : $E = \{a_1, a_2, ..., a_p\}$ et $F = \{b_1, b_2, ..., b_n\}$.

On suppose $a_1 < a_2 < ... < a_p$. Se donner une application strictement croissante de E dans F revient à se donner une partie à p éléments de F formée par les images des éléments de E. L'ordre des éléments n'intervient pas : considérons, par exemple, la partie $P = \{b_{i_1}, b_{i_2}, ..., b_{i_p}\}$ avec $b_{i_1} < b_{i_2} < ... < b_{i_p}$. L'application associée étant strictement croissante, elle sera nécessairement définie par :
$$f(a_1) = b_{i_1}, f(a_2) = b_{i_2}, ..., f(a_p) = b_{i_p}.$$
On en déduit :

> **Corollaire :** *Soient E et F deux ensembles de réels comportant respectivement p et n éléments. Le nombre d'applications strictement croissantes de E dans F est C_n^p.*

3-3 Formule de Pascal

> **Formule de Pascal :** *Pour tous entiers naturels n et p :*
> $$C_{n+1}^{p+1} = C_n^p + C_n^{p+1}.$$

On en déduit la construction du *triangle de Pascal* donnant les coefficients C_n^p :

p \ n	0	1	2	3	4	5	.....
0	1						
1	1	1					
2	1	2	1				
3	1	3	3	1			
4	1	*4* +	*6* =	4	1		
5	1	5	***10***	10	5	1	
.....	.....	.....	.....	.....	.....	.....	.....

Chaque coefficient du tableau est la somme du coefficient situé au-dessus de lui et de celui situé au-dessus et à gauche.

Sur notre exemple : $C_5^2 = C_4^2 + C_4^1$ c'est à dire : 10 = 6 + 4.

3-4 Formule du binôme de Newton

Pour tous nombres réels ou complexes a et b et pour tout entier naturel n :

$$(a+b)^n = \sum_{p=0}^{n} C_n^p a^{n-p} b^p.$$

C'est à dire, sous forme développée :
$(a+b)^n = a^n + C_n^1 a^{n-1} + C_n^2 a^{n-2} + \ldots + C_n^p a^{n-p} b^p + \ldots + C_n^{n-1} a b^{n-1} + b^n$.
Les coefficients C_n^p intervenant sont ceux de la ligne n du tableau de Pascal.

Preuve : Dans le développement de $(a + b)^n = (a + b)(a + b)\ldots(a + b)$ on obtient, par distributivité de la multiplication par rapport à l'addition, une somme de termes $a^i b^j$ avec $i + j = n$. Pour un couple (i, j) donné il y a C_n^j façons de choisir les j facteurs a + b (parmi les n) qui produiront $b.b\ldots b = b^j$; les n-j autres facteurs a + b fourniront a^{n-j}. Donc il y a bien C_n^j termes $a^{n-j} b^j$.

Remarque : avec a = 1, b = x, on obtient : $\boxed{(1+x)^n = \sum_{j=0}^{n} C_n^j x^j}$.

3-5 Autres propriétés

P1 : *Pour $0 \leq p \leq n$, $C_n^p = C_n^{n-p}$.*

Preuve : $C_n^{n-p} = \dfrac{n!}{(n-p)![n-(n-p)]!} = \dfrac{n!}{(n-p)!p!} = C_n^p$.

P2 : *Pour tout $n \in \mathbb{N}^*$ et pour tout $p \in \mathbb{N}^*$ tel que $p \leq n$:*
$$C_n^p = \frac{n}{p} C_{n-1}^{p-1}.$$

Preuve : $C_n^p = \dfrac{n!}{p!(n-p)!} = \dfrac{n \times (n-1)!}{p \times (p-1)!(n-p)!} = \dfrac{n}{p} \times \dfrac{(n-1)!}{(p-1)!(n-p)!} = \dfrac{n}{p} C_{n-1}^{p-1}$.

P3 : *Pour tout $n \in \mathbb{N}$: $\sum_{p=0}^{n} C_n^p = 2^n$.*

Preuve :

Cette propriété peut se démontrer de deux façons :

Par la formule du binôme : $2^n = (1+1)^n = \sum_{p=0}^{n} C_n^p 1^{n-p} 1^p = \sum_{p=0}^{n} C_n^p$.

Par le dénombrement : les ensembles $P_p(E)$ formés des parties de E à p éléments constituent, quand p varie entre 0 et n, une partition de $\mathcal{P}(E)$. Donc :

$$\text{card}(\mathcal{P}(E)) = 2^n = \sum_{p=0}^{n} \text{card}(P_p(E)) = \sum_{p=0}^{n} C_n^p.$$

P4 : *Pour tout $n \in \mathbb{N}$ et pour tout $p \in \mathbb{N}$ tel que $p \leq n$:* $\sum_{r=p}^{n} C_r^p = C_{n+1}^{p+1}$.

Preuve : On le montre par récurrence sur $n \in \mathbb{N}$.

. Au rang n = 0 l'égalité s'écrit : $C_0^0 = C_1^1$. Elle est vérifiée.

. Supposons qu'à un certain rang n fixé appartenant à $\mathbb{N}$ on ait, pour tout $p \leq n$:
$$\sum_{r=p}^{n} C_r^p = C_{n+1}^{p+1}.$$

Alors $\sum_{r=p}^{n+1} C_r^p = \sum_{r=p}^{n} C_r^p + C_{n+1}^p = C_{n+1}^{p+1} + C_{n+1}^p$, soit, en utilisant la formule de Pascal :
$$\sum_{r=p}^{n+1} C_r^p = C_{n+2}^{p+1}$$

(l'égalité reste valable pour p = n+1, elle s'écrit alors : $C_{n+1}^{n+1} = C_{n+2}^{n+2}$).
La proposition est donc vérifiée au rang n + 1.

On conclut par le théorème de récurrence.

P5 : *Formule de Vandermonde*
Pour tous entiers naturels p, q, n tels que $n \leq p$ et $n \leq q$:
$$\sum_{k=0}^{n} C_p^k C_q^{n-k} = C_{p+q}^n.$$

Preuve : On utilise le dénombrement : soit E un ensemble à p + q éléments et soit E_1 une partie de E à p éléments. Notons $P_n(E)$ l'ensemble des parties de E à n éléments. On a : card($P_n(E)$) = C_{p+q}^n.

D'autre part, $P_n(E)$ est la réunion disjointe des ensembles :
$$P_n^k(E) = \{A \in P_n(E); \text{card}(A \cap E_1) = k\}, 0 \leq k \leq n.$$

Pour construire un élément A de $P_n^k(E)$ il faut :
1°) choisir les k éléments de A appartenant à E_1 : il y a C_p^k possibilités;

2°) pour chacun des choix précédents il reste à choisir les n-k éléments n'appartenant pas à E_1 : il y a C_q^{n-k} possibilités.

Donc $card\big(P_n^k(E)\big) = C_p^k C_q^{n-k}$ et

$$card\big(P_n(E)\big) = \sum_{k=0}^{n} card\big(P_n^k(E)\big) = \sum_{k=0}^{n} C_p^k C_q^{n-k}.$$

On avait : card $(P_n(E)) = C_{p+q}^n$. Le résultat s'en déduit.

P6 : *Pour tout* $n \in N$: $\sum_{k=0}^{n}\big(C_n^k\big)^2 = C_{2n}^n$.

Preuve : c'est un cas particulier de la formule de Vandermonde avec p = q = n. En effet, dans ce cas : $C_p^k C_q^{n-k} = C_n^k C_n^{n-k} = C_n^k C_n^k$ d'après la propriété : $C_n^k = C_n^{n-k}$ (voir *P1*).

4 COMBINAISONS AVEC REPETITION

4-1 Définition

---

*Définition : Etant donné un ensemble E à n éléments, on appelle **combinaison d'ordre p avec répétition** une collection de p objets, ces objets étant des éléments de E, éventuellement répétés, l'ordre d'énumération n'intervenant pas.*

Notation : Nous utiliserons la notation $[a_1, a_2, ..., a_p]$ pour ne confondre ni avec un ensemble, ni avec une suite.

Exemple : E = {a,b,c}, p = 2 :

[a,a], [a,b], [a,c], [b,b], [b,c], [c,c] sont les combinaisons d'ordre 2 avec répétition de E.

Remarque : On peut avoir p > n.

4-2 Dénombrement

On note Γ_n^p le nombre de combinaisons d'ordre p avec répétition d'un ensemble E à n éléments. On a : $\Gamma_n^p > C_n^p$. Plus précisément :

Théorème : *Le nombre de combinaisons d'ordre p avec répétition d'un ensemble E à n éléments est* : $\Gamma_n^p = C_{n+p-1}^p$.

Preuve : Soit $E = \{a_1, a_2, ..., a_n\}$. Il y a Γ_n^p combinaisons avec répétition de p éléments de E donc l'ensemble des écritures de ces combinaisons comporte p Γ_n^p éléments.

Chaque élément est donc répété $\dfrac{p}{n}\Gamma_n^p$ fois.

On obtient toutes les combinaisons d'ordre p contenant a_1 en considérant toutes les combinaisons d'ordre p-1 et en plaçant un élément a_1 supplémentaire. Il y en a donc Γ_n^{p-1}.

Or, dans les combinaisons d'ordre p-1, l'élément a_1 est répété $\dfrac{p-1}{n}\Gamma_n^{p-1}$ fois (voir début du raisonnement). Donc l'élément a_1 figure $\Gamma_n^{p-1} + \dfrac{p-1}{n}\Gamma_n^{p-1}$ fois.

D'où $\dfrac{p}{n}\Gamma_n^p = \dfrac{n+p-1}{n}\Gamma_n^{p-1}$, soit : $\Gamma_n^p = \dfrac{n+p-1}{p}\Gamma_n^{p-1}$.

On en déduit : $\Gamma_n^p = \dfrac{(n+p-1)(n+p-2)...(n+1)}{p(p-1)...2}\Gamma_n^1 = C_{n+p-1}^p$ (*car* $\Gamma_n^1 = n$).

Exemple 1 : Un domino est une combinaison d'ordre 2 avec répétition de l'ensemble $E = \{0,1,2,3,4,5,6\}$. En effet, dans le domino [a,b], l'ordre des chiffres a et b n'intervient pas (on peut retourner le domino !), et on peut avoir a = b (double).
Il y a donc $\Gamma_7^2 = 28$ dominos dans un jeu de dominos.

Exemple 2 : Combien y a-t-il de façons de placer p boules *indiscernables* dans n cases discernables ? (*Réponse* : Γ_n^p).

Par exemple, avec 6 boules et 4 cases :

a	b	c	d
OOO		O	OO

Cette distribution correspond à la combinaison [a,a,a,c,d,d] (combinaison d'ordre 6 avec répétition dans l'ensemble $E = \{a,b,c,d\}$).

4-3 Suites de n entiers dont la somme vaut p

> **Théorème :**
> Pour tout entier naturel p, il existe Γ_n^p suites $(x_1, x_2, ..., x_n) \in N^n$ vérifiant : $\sum_{i=1}^{n} x_i = p$.

Preuve : Soit $S_n^p = \left\{ (x_1, x_2, ..., x_n) \in N^n ; \sum_{i=1}^{n} x_i = p \right\}$.

A tout élément $(x_1, x_2, ..., x_n)$ de S_n^p on peut associer, de manière unique, la combinaison d'ordre p avec répétition de l'ensemble E = {1,2,...,n} constituée de x_1 chiffres 1, x_2 chiffres 2, ..., x_n chiffres n.

Par exemple, à la suite (2,1,0,3,2) vérifiant 2+1+0+3+2 = 8 on associe la combinaison d'ordre 8 : [1,1,2,4,4,4,5,5].

Réciproquement, à toute combinaison d'ordre p de l'ensemble E correspond un unique élément de S_n^p (à vérifier).

On a donc construit une bijection entre S_n^p et l'ensemble des combinaisons d'ordre p avec répétition de l'ensemble E. On en déduit : $card(S_n^p) = \Gamma_n^p$.

Application : Nombre de termes dans le développement de $(a_1 + a_2 + ... + a_n)^p$?

4-4 Nombre d'applications croissantes

> **Théorème :** Soient E et F deux ensembles de nombres réels comportant respectivement p et n éléments. Le nombre d'applications croissantes de E dans F est Γ_n^p.

Preuve : A toute application croissante de E dans F on peut associer, de manière unique, la combinaison d'ordre p avec répétition de l'ensemble F formée par les images des éléments de E, en comptant chacune de ces images un nombre de fois égal au nombre de ses antécédents. Ainsi, si E = {1,2,3,4,5}, F = {1,2,3} et si f est définie par : f(1) = 1, f(2) = 1, f(3) = 2, f(4) = 3, f(5) = 3 on obtient la combinaison d'ordre 5 : [1,1,2,3,3].

Réciproquement, à toute combinaison d'ordre p avec répétition de l'ensemble F, correspond une unique application croissante de E dans F (à vérifier). On a donc construit une bijection entre l'ensemble des applications croissantes de E dans F et l'ensemble des combinaisons d'ordre p avec répétition de F. Le résultat s'en déduit.

T.P. : POINTS ET PARCOURS DU PLAN

Problème :

On considère le plan rapporté à un repère orthonormé.
Soit n un entier naturel.
On note A, B et C les points de coordonnées : A(n, 0), B(n, n), C(0, n).

Soit E l'ensemble des points M du plan dont l'abscisse x et l'ordonnée y vérifient :

$$\begin{cases} (x,y) \in \mathbb{N} \times \mathbb{N} \\ 0 \leq x \leq n \\ 0 \leq y \leq n \end{cases}$$

Partie I :

1°) a) *Déterminer le nombre d'éléments de E.*
    b) *Déterminer le nombre de segments (non réduits à un point) du plan dont les extrémités sont des points de E.*

2°) *Déterminer le nombre de rectangles (non aplatis ni réduits à un point) à côtés parallèles aux axes dont les sommets sont des points de E.*

3°) a) *Déterminer le nombre de carrés (non réduits à un point) à côtés parallèles aux axes dont les sommets sont des points de E.*
    b) *Calculer la somme des périmètres de ces carrés.*

Partie II :

Soit p un entier naturel; on appelle parcours toute suite finie $(M_k)_{0 \leq k \leq p}$ de p+1 points de E telle que : pour tout entier k de [0, p-1], on passe de M_k à M_{k+1} en augmentant ou bien l'abscisse ou bien l'ordonnée d'une unité.
On appelle longueur du parcours l'entier p.

1°) *Soit M un point de E de coordonnées (x, y).*
    a) *Déterminer la longueur d'un parcours reliant O à M.*
    b) *Montrer que le nombre de parcours reliant O à M est C_{x+y}^{x}.*

2°) a) *Pour tout entier $p \leq n$ déterminer le nombre de parcours de longueur p partant de O.*
    b) *Pour tout entier $p > n$, donner une expression du nombre de parcours de longueur p partant de O.*

3°) a) Soit M un point de E de coordonnées (x, y). Calculer le nombre K_x^y de parcours allant de O à B et passant par M.

b) Soit k un entier de $[0, 2n]$.
Soit S_k l'ensemble des points M de E dont les coordonnées vérifient $x+y = k$.
Calculer la somme des nombres K_x^y lorsque le point $M(x, y)$ décrit S_k.

En déduire la valeur de la somme $\sum_{x=0}^{n}\left(C_n^x\right)^2$.

4°) Calculer la somme des aires des régions délimitées par les segments $[OA]$, $[AB]$ et les parcours reliant O à B.

5°) Soient x et y deux entiers vérifiant : $0 \leq x \leq n-1$ et $0 \leq y \leq n$.
Calculer le nombre L_x^y de parcours allant de O à B et passant par les points $M(x,y)$ et $N(x+1,y)$.

L'entier x étant fixé, calculer la somme $\sum_{y=0}^{n} L_x^y$.

- EXERCICES -

1- Calculer les sommes suivantes ($n \in \mathbb{N}^*$) :

a) $\sum_{k=0}^{n} C_n^k$ b) $\sum_{k=0}^{n} (-1)^k C_n^k$ c) $\sum_{0 \leq 2k \leq n} C_n^{2k}$ et $\sum_{0 \leq 2k+1 \leq n} C_n^{2k+1}$ d) $\sum_{k=0}^{n} k C_n^k$ e) $\sum_{k=0}^{n} k^2 C_n^k$ f) $\sum_{k=0}^{n} \frac{C_n^k}{k+1}$

2- Combien existe-til de nombres de trois chiffres formés de trois chiffres différents. Quelle est leur somme ?

3- Déterminer le nombre de numéros de téléphone à 8 chiffres tels que :
1°) Le numéro est formé avec un 0, deux 4, trois 5, un 6 et un 9 ;
2°) Le numéro est formé avec huit chiffres distincts ;
3°) Le numéro comporte exactement deux 6.

4- On veut former un comité de 5 personnes dans une assemblée de 20 personnes (12 hommes et 8 femmes).
Chaque comité doit comprendre au moins deux hommes et deux femmes.
1°) Combien peut-on former de comités ?
2°) Combien peut-on former de comités sachant que Monsieur X et Madame Y refusent de siéger ensemble ?

5- Une urne contient n boules *distinctes* numérotées 1,2,...,n. On effectue un tirage de p boules, $p \leq n$.

1°) On suppose dans cette question que boules sont extraites *simultanément* ?
   a) Combien y a-t-il de tirages possibles ?
   b) Soit k un entier vérifiant : $p \leq k \leq n$. Déterminer le nombre de tirages tels que :
      - toutes les boules obtenues ont un numéro inférieur ou égal à k;
      - le plus grand numéro obtenu est k.
   c) En déduire : $\sum_{k=p}^{n} C_{k-1}^{p-1} = C_n^p$.

2°) On suppose dans cette question que les tirages sont *successifs* et *sans remise*.
   a) Combien y a-t-il de tirages possibles ?
   b) Combien y a-t-il de tirages commençant par la boule n° 2 ?

3°) On suppose dans cette question que les tirages sont *successifs* et *avec remise*.
   a) Combien y a-t-il de tirages possibles ? Combien parmi ces tirages sont tels que le premier numéro obtenu soit strictement inférieur au dernier ?
   b) Combien y a-t-il de tirages pour lesquels la somme des numéros tirés est p+2 ?
   c) combien de tirages pour lesquels deux numéros exactement sont apparus ?

6- Soit E un ensemble de cardinal n, n ∈ **N***. Dénombrer :
1°) les partitions de E en 2 parties ;
2°) les couples $(X,Y) \in (\mathcal{P}(E))^2$ tels que $X \cup Y = E$;
3°) les triplets $(X,Y,Z) \in (\mathcal{P}(E))^3$ tels que $X \cup Y \cup Z = E$;

7- Soit E = {1,2,...,n}. On appelle *dérangement* de E toute bijection f de E sur E (identifiée à une *permutation de E*) ne laissant aucun point fixe, c'est à dire :
$$\forall x \in E, f(x) \neq x.$$
1°) Pour i appartenant à E, quel est le nombre de permutations f de E telles que f(i) = i ?
2°) Quel est le nombre de permutations de E admettant au moins un point fixe ?
En déduire le nombre de dérangements de E.
3°) Quel est le nombre de façons de mettre n lettres dans n enveloppes de sorte que :
    a) au moins une lettre arrive à son destinataire ?
    b) aucune lettre n'arrive ?

8- E et F sont deux ensembles finis tels que card (E) = n, card (F) = k et n > k. On désigne par $S_{n,k}$ le nombre d'applications surjectives de E dans F.
1°) Calculer $S_{n,2}$.
2°) Montrer que, pour tout n > 1 et pour tout k > 0, $S_{n,k} = k(S_{n-1,k} + S_{n-1,k-1})$.
3°) Construire un tableau donnant $S_{n,k}$ pour tous n, k compris entre 1 et 5.
4°) Dénombrer, à l'aide de la formule de Poincaré, l'ensemble des applications non surjectives de E dans F. En déduire la formule :
$$S_{n,k} = \sum_{i=0}^{k} (-1)^i C_k^i (k-i)^n.$$

PROBLEME

9- On considère l'ensemble **N*** x **N***. On range ses éléments (p,q) = r de la façon suivante: on les réunit par classes dans chacune desquelles la somme s = p + q est constante, puis dans chaque classe on les range dans l'ordre des premières composantes croissantes depuis p = 1 jusqu'à p = s - 1. On obtient une liste :
$$L = \{(1,1), (1,2), (2,1), (1,3), (2,2), (3,1), ... \}$$

1°) Donner un algorithme qui donnera le n-ième couple (p,q). Le tester sur votre calculatrice avec n = 10 000.
2°) Quel est le nombre de couples r correspondant à une valeur donnée s ?
3°) Un couple r étant donné, combien existe-t-il dans L de couples r avant la classe dont r fait partie ? Combien existe-t-il de couples r depuis le début de la liste L jusqu'à la fin de la classe dont r fait partie ?
4°) r étant connu, indiquer son rang n en fonction de p et q. Quels sont les rangs de (10,36) et de (11,36) ?
5°) n étant connu, comment peut-on en déduire s, puis p et q ?
Quels sont dans L le 10 000 ième et le 100 000 ième couple ?

ESPACES PROBABILISES FINIS

1 LE LANGAGE DES PROBABILITES

1-1 Expérience aléatoire

Une *expérience aléatoire* est une expérience dont le résultat ne peut être prévu exactement a priori (expérience dépendant du hasard).
Une expérience aléatoire se décrit mathématiquement par la donnée de l'ensemble des résultats possibles de l'expérience. On appelle *éventualité* tout résultat possible (a priori) de cette expérience.
On désigne par Ω l'ensemble des éventualités. Ω s'appelle l'*univers des possibles*.

Exemples :

1°) Lancer de deux dés discernables : $\Omega = \{1,2,3,4,5,6\}^2$.

2°) Tirage de p objets parmi n, *avec remise* (il peut y avoir répétition) : $\Omega = \{1,2,...,n\}^p$.

3°) Tirage de p objets parmi n, *sans remise* ($p \leq n$) : Ω est l'ensemble des parties à p éléments dans l'ensemble E des n objets. On notera : $\Omega = \mathcal{P}_p(E)$.

4°) Jeu de "pile ou face" en n coups : en notant P l'éventualité "pile" et F l'éventualité "face", $\Omega = \{P,F\}^n$.

5°) Jeu de "pile ou face" qui se poursuit indéfiniment : Ω est l'ensemble des suites définies sur $\mathbf{N}^*$ à valeurs dans $\{P,F\}$.

6°) Observation de la durée de vie d'un individu dans une population ou de la durée de fonctionnement d'une machine dans une usine : Ω est une partie de $\mathbf{R}^+$ ou de $\mathbf{N}$.

7°) Observation du stock d'un magasin ou de la pression atmosphérique chaque jour de l'année : Ω est considéré comme une partie de $\mathbf{R}^n$.

8°) L'ensemble des épreuves de l'expérience aléatoire qui consiste à répéter indéfiniment une expérience aléatoire élémentaire décrite par Ω_0 est l'ensemble des suites définies sur $\mathbf{N}^*$ à valeurs dans Ω_0 : $\Omega = \mathcal{A}(\mathbf{N}^*, \Omega_0)$.

Remarque : Il faut noter une certaine idéalisation dans la description mathématique d'un univers Ω.

1-2 Evénement aléatoire

Un *événement aléatoire* est un événement lié à une expérience aléatoire. On le représente par l'ensemble des éventualités qui le réalisent.

La théorie des probabilités s'intéresse aux événements aléatoires du point de vue de leur réalisation ou de leur non-réalisation qui dépend du résultat de l'expérience à laquelle il est lié.

Exemple : On désigne par A l'événement : "Obtenir un total de points supérieur ou égal à 10 lors du lancer de deux dés discernables".
A = {(4,6), (5,5), (5,6), (6,4), (6,5), (6,6)}.

Terminologie probabiliste	*Terminologie ensembliste*
univers des possibles	ensemble Ω
éventualité ω	élément ω de Ω
événement A	partie A de Ω ($A \in \mathcal{P}(\Omega)$)
événement élémentaire	singleton $\{\omega\}$
événement certain	ensemble Ω
événement impossible	ensemble vide : $\varnothing$
événement contraire de A : $\overline{A}$	complémentaire de A dans Ω : $\overline{A}$
événement : (A ou B)	$A \cup B$
événement : (A et B)	$A \cap B$
les événements A et B sont incompatibles	A et B sont disjoints : $A \cap B = \varnothing$
l'événement A implique l'événement B	$A \subset B$

Remarques :

. L'événement impossible et l'événement certain sont deux événements contraires l'un de l'autre : $\overline{\Omega} = \varnothing$.

. Deux événements contraires sont incompatibles.

. On peut aussi définir les événements :

$A \setminus B = A \cap \overline{B}$ ($A \setminus B$ est réalisé si et seulement si A est réalisé et B ne l'est pas).

$A \Delta B = (A \setminus B) \cup (B \setminus A) = (A \cup B) \setminus (A \cap B)$ ($A \Delta B$ est réalisé si et seulement si l'un seulement des deux événements A et B est réalisé).

Système complet d'événements :

Définition : *Une famille dénombrable $(A_i)_{i \in I}$ d'événements non vides de $\mathcal{P}(\Omega)$ est un système complet d'événements lorsqu'elle constitue une partition de Ω, c'est à dire:*

$. \forall (i,j) \in I^2, (i \neq j) \Rightarrow (A_i \cap A_j = \varnothing)$

$. \Omega = \underset{i \in I}{\cup} A_i$

2 PROBABILITES ET ESPACES PROBABILISES FINIS

Dans la suite du chapitre on se limite au cas où Ω **est fini**. Une expérience aléatoire se représente alors par un couple $(\Omega, \mathcal{P}(\Omega))$ appelé *espace probabilisable fini*.

2-1 Définitions

Définition : *On appelle probabilité sur un espace probabilisable fini $(\Omega, \mathcal{P}(\Omega))$ toute application P de $\mathcal{P}(\Omega)$ dans [0,1] telle que :*
  (i) $P(\Omega) = 1$;
  (ii) $\forall (A, B) \in (\mathcal{P}(\Omega))^2, (A \cap B = \emptyset) \Rightarrow (P(A \cup B) = P(A) + P(B))$
  (σ- additivité).

On dit que $(\Omega, \mathcal{P}(\Omega), P)$ est un *espace probabilisé fini*.

2-2 Propriétés

P1 : $(A \subset B) \Rightarrow (P(A) \leq P(B))$ *(P est croissante)*

Preuve : $P(B) = P[A \cup (B\backslash A)] = P(A) + P(B\backslash A)$, A et B\A étant disjoints. Or P est à valeurs dans [0,1] donc $P(B\backslash A) \geq 0$ et $P(B) \geq P(A)$.

P2 : $P(\overline{A}) = 1 - P(A)$

Preuve : $P(\Omega) = 1 = P(A \cup \overline{A}) = P(A) + P(\overline{A})$.

P3 : $P(\emptyset) = 0$

Preuve : $P(\emptyset) = P(\overline{\Omega}) = 1 - P(\Omega) = 0$.

P4 : *Pour deux événements quelconques A et B :*
$$P(A \cup B) = P(A) + P(B) - P(A \cap B)$$

Preuve : $A \cup B$ est la réunion disjointe de A et B\A donc $P(A \cup B) = P(A) + P(B\backslash A)$.
B est la réunion disjointe de B\A et $A \cap B$ donc $P(B) = P(B\backslash A) + P(A \cap B)$.
Par différence on obtient : $P(A \cup B) - P(B) = P(A) - P(A \cap B)$ ce qui est une autre écriture de l'égalité étudiée. Plus généralement, on a :

Formule de Poincaré (ou du crible) :
Pour toute famille $(A_i)_{1 \leq i \leq n}$ d'événements, on a :
$$P\left(\bigcup_{i=1}^{n} A_i\right) = \sum_{j=1}^{n}\left((-1)^{j+1} \sum_{1 \leq i_1 < i_2 < \ldots < i_j \leq n} P\left(\bigcap_{k=1}^{j} A_{i_k}\right)\right).$$

Cette formule se démontre par récurrence sur $n \in \mathbb{N}^*$.

2-3 Construction d'une probabilité

Théorème : Soit $\Omega = \{x_1, ..., x_n\}$ un ensemble fini. Soient $a_1, ..., a_n$ n réels positifs tels que $\sum_{i=1}^{n} a_i = 1$. Alors il existe une unique probabilité P sur $(\Omega, \mathcal{P}(\Omega))$ telle que:
$$\forall i \in \{1, ..., n\}, \quad P(\{x_i\}) = a_i.$$
Réciproquement, si $(\Omega, \mathcal{P}(\Omega), P)$ est un espace probabilisé alors :
$$\sum_{i=1}^{n} P(\{x_i\}) = 1.$$

Preuve : Montrons d'abord la réciproque :
$$\Omega = \bigcup_{i=1}^{n} \{x_i\} \text{ et } \forall (i,j) \in \{1,2,...,n\}^2, i \neq j \Rightarrow \{x_i\} \cap \{x_j\} = \emptyset.$$
Donc $$P(\Omega) = 1 = \sum_{i=1}^{n} P(\{x_i\}).$$

. Montrons l'unicité : supposons qu'il existe une probabilité P vérifiant nos hypothèses. Soit $A \in \mathcal{P}(\Omega)$. On peut noter $A = \{x_i ; i \in I\}$, où $I \subset \{1, ..., n\}$. Comme $A = \bigcup_{i \in I} \{x_i\}$, nécessairement : $P(A) = \sum_{i \in I} P(\{x_i\}) = \sum_{i \in I} a_i$.
Ceci prouve l'unicité de la probabilité P vérifiant les hypothèses du théorème.

. Montrons l'existence. Pour tout $A \in \mathcal{P}(\Omega)$, on note $I_A \subset \{1, ..., n\}$ l'ensemble tel que $A = \{x_i ; i \in I_A\}$. On définit $P : \mathcal{P}(\Omega) \longrightarrow \mathbb{R}_+$ par :
$$\forall A \in \mathcal{P}(\Omega), P(A) = \sum_{i \in I_A} a_i.$$
Il est immédiat que $P(\Omega) = \sum_{i \in \{1,...,n\}} a_i = 1$.
Soient A et B deux événements incompatibles. Il est clair que $I_{A \cup B} = I_A \cup I_B$, cette réunion étant disjointe. Alors :
$$P(A \cup B) = \sum_{i \in I_{A \cup B}} a_i = \sum_{i \in I_A} a_i + \sum_{i \in I_B} a_i = P(A) + P(B).$$
P est bien une probabilité sur $(\Omega, \mathcal{P}(\Omega))$.

Remarque : Ainsi, dans le cas où l'univers est fini, la connaissance de la probabilité des événements élémentaires détermine entièrement cette probabilité. Bien entendu le choix de P dépendra du phénomène que l'on veut modéliser.

Exemple : $\Omega = \{a,b,c,d\}$.
Il existe une unique probabilité P sur $(\Omega, \mathcal{P}(\Omega))$ telle que :
$$P(\{a\})=1/4 \, , \quad P(\{b\})=1/2 \, , \quad P(\{c\})=1/4 \, , \quad P(\{d\})=0.$$

Remarque : On peut noter que l'événement $A = \{a, b, c\}$ n'est pas l'événement certain bien que $P(A) = 1$. On dit que A est un événement ***quasi-certain*** (ou *presque certain*).
De même, l'événement $B = \{d\}$ est dit ***quasi-impossible*** (ou *presque impossible*).

2-4 Cas de l'équiprobabilité

> **Proposition :** Soit $\Omega = \{x_1,...,x_n\}$ un ensemble fini de cardinal n. Il existe une unique probabilité P sur $(\Omega, \mathcal{P}(\Omega))$, appelée probabilité uniforme, telle que tous les événements élémentaires $\{x_i\}$ soient équiprobables. Elle est définie par :
>
> $$\forall i \in \{1,...,n\}, P(\{x_i\}) = 1/n.$$

Preuve :

D'après le théorème précédent, il suffit de vérifier que $\sum_{i=1}^{n} \frac{1}{n} = 1$ ce qui est évident.

Conséquence : Soit $A = \{x_i ; i \in I\}$ où $I \subset \{1,...,n\}$.

$$P(A) = P\left(\bigcup_{i \in I}\{x_i\}\right) = \sum_{i \in I} P(\{x_i\}) = \frac{Card(I)}{n}.$$

Or card (I) = card (A) donc $P(A) = \frac{Card(A)}{Card(\Omega)}$.

On écrit parfois cette formule sous une forme imagée :

$$P(A) = \frac{\text{nombre de cas favorables à A}}{\text{nombre de cas possibles}}.$$

Exemple : En supposant l'équiprobabilité, quelle est la probabilité d'obtenir un total de points supérieur ou égal à 10 dans un lancer de deux dés discernables ?

Si on désigne par A l'événement considéré on a : P(A) = 6/36 = 1/6.

Remarque : Choix d'un modèle

Dans la construction d'un modèle associé à l'expérience aléatoire étudiée, il peut y avoir un choix au niveau de la définition d'un résultat et donc de l'univers. Par exemple si les deux dés ne sont plus discernables un résultat peut être considéré de façon naturelle comme une combinaison d'ordre 2 avec répétition : [2,2], [1,3], [3,5] etc. Cependant l'expérience prouve que, lorsqu'on effectue un grand nombre de lancers, la fréquence de chacun de ces résultats n'est pas identique : elle est deux fois plus faible dans le cas d'un double. C'est pourquoi on préférera associer à l'expérience étudiée le modèle uniforme $(\Omega, \mathcal{P}(\Omega), P)$ où $\Omega = \{1,2,...,6\}^2$ et P est la probabilité uniforme sur $\mathcal{P}(\Omega)$.

Ainsi, si l'on considère un événement A lié à une expérience, pour des modèles différents les nombres card (A) et card (Ω) vont être différents mais, heureusement, P(A) sera identique.

3 PROBABILITES CONDITIONNELLES

3-1 Introduction

Considérons le lancer de deux dés discernables et l'événement A : " la somme des points obtenus est supérieure ou égale à 10 ". Supposons que le point amené par le premier dé soit connu mais que le second dé soit encore à lancer.

En présence de cette information, il n'est plus possible d'attribuer la probabilité 1/6 à l'événement A.

En effet : . si le premier dé a amené le point 3, l'événement A est devenu irréalisable
. si le premier dé a amené le point 5, l'événement A sera réalisé si le point amené par le deuxième dé est au moins égal à 5; il y a donc deux cas favorables à la réalisation de A et six cas possibles. On dit que la probabilité conditionnelle de l'événement A sachant que le premier dé a amené le point 5 est égale à 2/6 ou 1/3.

Plus généralement, soient A et B deux événements d'un espace probabilisable fini $(\Omega, \mathcal{P}(\Omega))$. On suppose l'équiprobabilité et card $(A) \neq 0$.

On note P(B/A) la probabilité de B quand A est réalisé.

Les "cas possibles" sont ceux qui réalisent A; les "cas favorables" sont ceux qui réalisent A et B d'où : $P(B/A) = \dfrac{Card(A \cap B)}{Card(A)}$

soit : $P(B/A) = \dfrac{Card(A \cap B)}{Card(\Omega)} \times \dfrac{Card(\Omega)}{Card(A)} = \dfrac{P(A \cap B)}{P(A)}$.

3-2 Probabilité conditionnelle

> **Définition :** Etant donnés un espace probabilisé fini $(\Omega, \mathcal{P}(\Omega), P)$ et deux événements A et B de $\mathcal{P}(\Omega)$ tels que $p(A) \neq 0$, la probabilité conditionnelle de B sachant que A est réalisé, notée P(B/A) ou $P_A(B)$, est définie par :
> $$P(B/A) = \dfrac{P(A \cap B)}{P(A)}.$$

> **Proposition :** L'application $P_A : \mathcal{P}(\Omega) \longrightarrow [0,1]$
> $$B \mapsto P_A(B) = P(B/A)$$
> définit une probabilité sur l'espace probabilisable $(\Omega, \mathcal{P}(\Omega))$.

Preuve : Il faut vérifier $P_A(\Omega) = 1$ et $P_A(E \cup F) = P_A(E) + P_A(F)$ si $E \cap F = \emptyset$.

. $P_A(\Omega) = P(\Omega / A) = \dfrac{P(\Omega \cap A)}{P(A)} = \dfrac{P(A)}{P(A)} = 1.$

. Si $E \cap F = \emptyset$, $P_A(E \cup F) = P(E \cup F / A) = \dfrac{P[(E \cup F) \cap A]}{P(A)}$

$P_A(E \cup F) = \dfrac{P[(E \cap A) \cup (F \cap A)]}{P(A)} = \dfrac{P(E \cap A) + P(F \cap A)}{P(A)}$;

(en effet si $E \cap F = \emptyset$ les événements $E \cap A$ et $F \cap A$ sont également incompatibles).

On en déduit : $P_A(E \cup F) = \dfrac{P(E \cap A)}{P(A)} + \dfrac{P(F \cap A)}{P(A)} = P_A(E) + P_A(F).$

Remarque : On connaît souvent $P(B/A)$ et on en déduit $P(A \cap B) = P(A) \times P(B/A)$.

Exemple : *On considère deux urnes U_1 et U_2 contenant chacune a boules blanches et b boules noires. On tire au hasard une boule de l'urne U_1, on note sa couleur et on la met dans l'urne U_2. On tire à nouveau, de façon aléatoire, une boule de l'urne U_2. Quelle est la probabilité que les deux boules obtenues soient blanches ?*

Notons B_i l'événement : la boule sortie de l'urne U_i est blanche. On cherche $P(B_1 \cap B_2)$.

On a : $P(B_1) = \dfrac{a}{a+b}$ et $P(B_2 / B_1) = \dfrac{a+1}{a+b+1}$. On en déduit :

$$P(B_1 \cap B_2) = P(B_1) \times P(B_2 / B_1) = \dfrac{a}{a+b} \times \dfrac{a+1}{a+b+1}.$$

3-3 Formule des probabilités composées

En généralisant la remarque précédente on obtient :

Proposition : *Soient $A_1,...,A_n$ n événements ($n \geq 2$) définis sur un même espace probabilisé $(\Omega, \mathcal{P}(\Omega), P)$ et tels que : $\forall i \in \{1,..., n-1\}$, $P(A_1 \cap ... \cap A_i) \neq 0$. Alors :*
$$P(A_1 \cap ... \cap A_n) = P(A_1) \, P(A_2 / A_1) \, P(A_3 / A_1 \cap A_2)...P(A_n / A_1 \cap ... \cap A_{n-1})$$

Preuve : Cette formule se démontre par récurrence sur n ($n \geq 2$), en utilisant la relation $P(A_1 \cap ... \cap A_n) = P(A_1 \cap ... \cap A_{n-1}) \times P(A_n / A_1 \cap ... \cap A_{n-1})$.

Exemple : *Une urne contient 3 boules blanches et 2 boules noires; trois boules sont tirées successivement et sans remise. Quelle est la probabilité que la première boule tirée soit blanche, la deuxième noire et la troisième noire ?*

Notons B_i l'événement : " la i-ème boule tirée est blanche " et N_i : " la i-ème boule tirée est noire ". On cherche : $P(B_1 \cap N_2 \cap N_3)$. Par la formule précédente :

$$P(B_1 \cap N_2 \cap N_3) = P(B_1)\, P(N_2/B_1)\, P(N_3/B_1 \cap N_2) = \frac{3}{5} \times \frac{2}{4} \times \frac{1}{3} = \frac{1}{10}.$$

3-4 Formule des probabilités totales

> **Théorème** : Soit $(A_i)_{i \in I}$ un système complet d'événements d'un espace probabilisé $(\Omega, \mathcal{P}(\Omega), P)$ tels que : $\forall i \in I, P(A_i) \neq 0$.
> Alors, pour tout $B \in \mathcal{P}(\Omega)$:
> $$P(B) = \sum_{i \in I} P(B \cap A_i) = \sum_{i \in I} P(A_i).P(B/A_i).$$

Preuve : On a : $B = B \cap \left(\bigcup_{i \in I} A_i\right) = \bigcup_{i \in I}(A_i \cap B)$. Cette dernière réunion étant disjointe on en déduit : $P(B) = \sum_{i \in I} P(B \cap A_i)$.

La deuxième égalité du théorème résulte de : $P(B \cap A_i) = P(A_i) . P(B/A_i)$.

Remarque : Si $I = \{1, ..., n\}$, la formule s'écrit :

> $$P(B) = P(A_1).P(B/A_1) + P(A_2).P(B/A_2) + ... + P(A_n).P(B/A_n).$$

En particulier : Si A et B sont deux événements de $\mathcal{P}(\Omega)$ tels que $P(A) \in]0,1[$ on a :
$$P(B) = P(A).P(B/A) + P(\overline{A}).P(B/\overline{A}).$$

Exemple : *Un dé est choisi au hasard dans un lot contenant une proportion* $p \in]0,1[$ *de dés pipés (pour un dé pipé la probabilité d'apparition du 6 est 1/2). On lance le dé choisi. Quelle est la probabilité d'obtenir 6 ?*

Désignons par B l'événement "le dé lancé fait apparaître 6". On lui applique la formule des probabilités totales avec le système complet d'événements $\{A, \overline{A}\}$, où A est l'événement "le dé choisi est pipé". On obtient :

$$\begin{aligned} P(B) &= P(A)P(B/A) + P(\overline{A})P(B/\overline{A}) \\ &= p.\frac{1}{2} + (1-p).\frac{1}{6} = \frac{2p+1}{6} \end{aligned}$$

(en effet $P(B/\overline{A}) = \frac{1}{6}$ car, si le dé n'est pas pipé, il a une chance sur 6 de faire apparaître la face 6).

3-5 Formule de Bayes

Un problème : *On considère deux urnes U_1 et U_2 extérieurement semblables.*
U_1 contient 3 boules blanches et 7 boules noires;
U_2 contient 5 boules blanches et 3 noires.
On choisit au hasard une urne et on extrait une boule. Cette boule est blanche. Quelle est la probabilité que cette boule provienne de l'urne U_1 ?

Notons (abusivement) U_i l'événement : " On choisit l'urne U_i " (i = 1 ou i = 2).
Soit B l'événement : " La boule tirée est blanche ". On cherche $P(U_1/B)$:

$$P(U_1/B) = \frac{P(U_1 \cap B)}{P(B)} = \frac{P(U_1)P(B/U_1)}{P(B)}.$$

Par la formule des probabilités totales : $P(B) = P(U_1).P(B/U_1) + P(U_2).P(B/U_2)$ donc

$$P(U_1/B) = \frac{P(U_1)P(B/U_1)}{P(U_1)P(B/U_1) + P(U_2)P(B/U_2)} = \frac{\frac{1}{2} \times \frac{3}{10}}{\frac{1}{2} \times \frac{3}{10} + \frac{1}{2} \times \frac{5}{8}} = \frac{12}{37}$$

Plus généralement :

Théorème (Formule de Bayes) : *Soit $(A_i)_{i \in I}$ un système complet d'événements d'un espace probabilisé $(\Omega, \mathcal{P}(\Omega), P)$ tel que $P(A_i) \neq 0$ pour tout $i \in I$. Pour tout événement B de $\mathcal{P}(\Omega)$ de probabilité non nulle et pour tout $k \in I$ on a :*

$$P(A_k/B) = \frac{P(B/A_k)P(A_k)}{\sum_{i \in I} P(B/A_i)P(A_i)}.$$

Preuve : $P(A/B) = \frac{P(A \cap B)}{P(B)} = \frac{P(B/A)P(A)}{P(B)}$. Il reste à décomposer P(B) au dénominateur par la formule des probabilités totales.

Remarque : Si I = {1,...,n} et $k \in I$ la formule s'écrit :

$$P(A_k/B) = \frac{P(B/A_k)P(A_k)}{P(B/A_1)P(A_1) + P(B/A_2)P(A_2) + ... + P(B/A_n)P(A_n)}$$

En particulier : lorsque le système complet d'événements est réduit à $(A, \overline{A})$ on a :

$$\boxed{P(A/B) = \frac{P(B/A)P(A)}{P(B/A)P(A) + P(B/\overline{A})P(\overline{A})}}$$

4 INDEPENDANCE

4-1 Définition

Définition : Soit $(\Omega, \mathcal{P}(\Omega), P)$ un espace probabilisé. On dit que deux événements A et B de $\mathcal{P}(\Omega)$ sont **indépendants (ou stochastiquement indépendants)** si :
$$P(A \cap B) = P(A).P(B).$$

En particulier : si $P(A) \neq 0$, A et B sont indépendants si et seulement si :
$$P(B/A) = P(B).$$

(La réalisation de l'événement A n'influe en rien sur la probabilité de B).

Remarque 1 : Pour tout événement A appartenant à $\mathcal{P}(\Omega)$:
- A et $\emptyset$ sont indépendants : $P(A \cap \emptyset) = P(A) P(\emptyset) = 0$.
- A et Ω sont indépendants : $P(A \cap \Omega) = P(A) P(\Omega) = P(A)$.

Remarque 2 : L'indépendance de deux événements dépend de la probabilité P :

Exemple : On lance un dé ($\Omega = \{1,2,3,4,5,6\}$).
Soit A l'événement : " le résultat obtenu est supérieur ou égal à 3 " (A = {3,4,5,6})
et soit B l'événement : " le résultat obtenu est impair ". (B = {1,3,5}).

. *Si P est la probabilité uniforme sur $(\Omega, \mathcal{P}(\Omega))$:* tous les événements élémentaires sont équiprobables. On a : $P(A) = 2/3$; $P(B) = 1/2$; $P(A \cap B) = 1/3$.
Donc $P(A \cap B) = P(A).P(B)$ et A et B sont indépendants pour P.

. *Si P' est la probabilité définie par :* $\forall\ 1 \leq i \leq 6$, $P'(\{i\}) = i/21$:
On a : $P(A) = 6/7$; $P(B) = 3/7$; $P(A \cap B) = 8/21$ et $P(A \cap B) \neq P(A).P(B)$.
A et B ne sont pas indépendants pour la probabilité P'.

4-2 Exemple

Considérons une famille de n enfants. On suppose l'équiprobabilité de la répartition des sexes (garçon ou fille). Etudions l'indépendance des événements A : "la famille a des enfants des deux sexes" et B : "la famille a au plus un garçon" dans les cas n=2 et n=3.

Le modèle associé à cet exemple doit permettre de rendre compte de l'équiprobabilité de la répartition des sexes : choisissons $\Omega = \{G, F\}^n$.

<u>si n = 2</u> : $\Omega = \{(F,F),(F,G),(G,F),(G,G)\}$; $P(A) = \dfrac{2}{4}$; $P(B) = \dfrac{3}{4}$; $P(A \cap B) = P(A) = \dfrac{2}{4}$.
$P(A \cap B) \neq P(A).P(B)$: A et B ne sont pas indépendants.

<u>si n = 3</u> : $P(A) = \dfrac{6}{8}$; $P(B) = \dfrac{4}{8}$; $P(A \cap B) = \dfrac{3}{8} = P(A)P(B)$.
A et B sont indépendants.

4-3 Indépendance et incompatibilité

Les notions d'indépendance et d'incompatibilité sont des notions bien distinctes à ne pas confondre. On a même :

. *Si A et B sont deux événements indépendants, de probabilités non nulles, alors A et B ne sont pas incompatibles.*

(En effet si A et B étaient incompatibles alors $A \cap B = \varnothing$ et $P(A \cap B) = 0$; or $P(A).P(B) \neq 0$ puisque P(A) et P(B) sont non nulles. Donc $P(A \cap B) \neq P(A).P(B)$ ce qui contredit l'hypothèse d'indépendance de A et B)..

En particulier : A *et* $\overline{A}$ *sont indépendants si et seulement si A est quasi-certain ou quasi-impossible* ($P(A) = 0$ ou $P(A) = 1$).

. *L'indépendance de deux événements dépend de la probabilité P ; l'incompatibilité n'en dépend pas.*

4-4 Complémentaires

Proposition : *Si A et B sont deux événements indépendants alors A et $\overline{B}$ sont indépendants, $\overline{A}$ et B sont indépendants, $\overline{A}$ et $\overline{B}$ sont indépendants.*

Preuve : $A = (A \cap \overline{B}) \cup (A \cap B)$ (réunion disjointe). Donc

$$P(A) = P(A \cap \overline{B}) + P(A \cap B).$$

Si A et B sont indépendants on a $P(A \cap B) = P(A).P(B)$ et :

$$P(A \cap \overline{B}) = P(A) - P(A \cap B) = P(A) - P(A).P(B)$$
$$= P(A).(1 - P(B))$$

Or $1 - P(B) = P(\overline{B})$ donc $P(A \cap \overline{B}) = P(A).P(\overline{B})$ ce qui justifie l'indépendance des événements A et $\overline{B}$.

Ce résultat s'applique aux événements indépendants B et A : on prouve ainsi l'indépendance de B et $\overline{A}$.

Enfin, en l'appliquant aux événements indépendants $\overline{A}$ et B on obtient l'indépendance de $\overline{A}$ et $\overline{B}$.

4-5 Indépendance d'une famille d'événements

Définition 1 : Soit $(A_i)_{i \in I}$ une famille d'événements d'un espace probabilisé $(\Omega, \mathcal{P}(\Omega), P)$. On dit que ces événements sont **deux à deux indépendants** si :
pour tout $(i, j) \in I^2$ tel que $i \neq j$, A_i et A_j sont indépendants.

Définition 2 : Soit $(A_i)_{i \in I}$ une famille d'événements d'un espace probabilisé $(\Omega, \mathcal{P}(\Omega), P)$. On dit que ces événements sont **indépendants** (ou **mutuellement indépendants**) si pour toute partie J finie (et non vide) de I on a :
$$P\left(\bigcap_{i \in J} A_i\right) = \prod_{i \in J} P(A_i).$$

Attention : La condition $P(A_1 \cap ... \cap A_n) = P(A_1)...P(A_n)$ n'est pas suffisante pour démontrer que les événements de la famille $(A_i)_{1 \leq i \leq n}$ sont (mutuellement) indépendants !!

Remarque 1 : Des événements (mutuellement) indépendants sont évidemment indépendants deux à deux. Attention, la réciproque est fausse :

Exemple : Au lancer de deux dés discernables on associe les événements suivants :
A = " le premier dé donne un point pair " ;
B = " le second dé donne un point impair " ;
C = " la somme des points obtenus est impaire ".
On vérifie que les événements A, B, C sont donc deux à deux indépendants.

Mais $P(A \cap B \cap C) = 1/4 \neq P(A).P(B).P(C)$: les événements A, B, C ne sont pas (mutuellement) indépendants.

Remarque 2 : Si $A_1, ..., A_n$ sont n événements (mutuellement) indépendants on a :
$$P(A_1 \cup ... \cup A_n) = 1 - \prod_{i=1}^{n}(1 - P(A_i)).$$

En effet :

$$P(A_1 \cup ... \cup A_n) = 1 - P(\overline{A_1 \cup ... \cup A_n}) = 1 - P(\overline{A_1} \cap ... \cap \overline{A_n}) = 1 - \prod_{i=1}^{n} P(\overline{A_i}) = 1 - \prod_{i=1}^{n}(1 - P(A_i))$$

Remarque 3 : On peut généraliser la proposition **4-4** sous la forme :

Proposition : Soient $A_1, ..., A_n$ n événements d'un espace probabilisé $(\Omega, \mathcal{P}(\Omega), P)$, $n \geq 2$. Soient $B_1, ..., B_n$ n événements tels que : $\forall i \in \{1,...,n\}, B_i = A_i$ ou $B_i = \overline{A_i}$.
Si les événements A_i sont indépendants, alors les événements B_i le sont également.

T.P. : DETECTION DE PANNES

PROBLEME (d'après HEC II, 1986, partie I) :

L'objet du problème est de décrire et comparer deux méthodes de détection de pannes. On se place dans la situation suivante : on considère un ordinateur comprenant un ensemble C de n circuits intégrés, où $n \geq 2$, et on suppose qu'une panne a endommagé un circuit (et un seul).

On note $c_1, ..., c_n$ ces circuits, où c_n est le circuit défectueux.
On note Ω l'ensemble des parties de C.
On tire au hasard et de façon équiprobable, par un procédé adéquat, des parties de C, c'est à dire des éléments de Ω (y compris la partie vide). Pour tout élément G de Ω (paquet de circuits), on note $\overline{G}$ le complémentaire de G dans C.

1°) Soit A une partie de C de cardinal r, où $0 \leq r \leq n$.

  a) Déterminer le nombre de parties de C ne rencontrant pas A.

  b) Déterminer le nombre de parties de C contenant A.

2°) On tire un élément G de Ω.

  a) Calculer la probabilité d'obtenir une partie donnée B de C.

  b) Soit A une partie de C de cardinal r, où $0 \leq r \leq n$. Calculer la probabilité pour que G contienne A.

  c) Soit c_j un élément de C distinct de c_n. On suppose que c_n appartient à G; calculer la probabilité conditionnelle pour que c_j appartienne à G.

3°) Soit Ω_n l'ensemble des parties de C contenant l'élément c_n. Soit $h \in \mathbb{N}^*$. On tire, successivement et avec remise, h éléments $B_1, ..., B_h$ de Ω. Un procédé permet de tester un ensemble de circuits et de savoir si le circuit défectueux se trouve parmi eux. Pour chaque entier i appartenant à l'intervalle [1,h], on teste le paquet B_i. On pose $G_i = B_i$ si B_i contient le circuit défectueux; dans le cas contraire, on pose $G_i = \overline{B_i}$. Ainsi G_i est un élément de Ω_n. On désigne enfin par D_h l'intersection des parties G_i.

  a) Montrer que, pour tout $j \in \{1,..., n-1\}$, $P(c_j \in D_h) = 1/2^h$.

  b) Plus généralement, soit E une partie de C de cardinal r ne contenant pas l'élément c_n. Calculer la probabilité pour que D_h contienne E.

c) *En déduire que les événements $(c_j \in D_h)$, où $j \in \{1, ..., n-1\}$, sont mutuellement indépendants et qu'il en est de même pour les événements $(c_j \notin D_h)$.*

d) *Prouver que :* $P(D_h = \{c_n\}) = \left(1 - \dfrac{1}{2^h}\right)^{n-1}$.

4°) On désigne par N le nombre de tests nécessaires pour détecter le circuit défectueux.

a) *Montrer que, pour tout $k \in \mathbb{N}^*$: $P(N \leq k) = (1 - 1/2^k)^{n-1}$.*

b) *Ecrire un algorithme permettant de déterminer le nombre de tests minimum nécessaires pour localiser la panne avec un risque d'erreur inférieur à 5%.*

5°) On teste maintenant les circuits c_j un par un, en les tirant de manière équiprobable et sans remise. On désigne par N' le nombre de tests nécessaires pour détecter le circuit défectueux.

Déterminer $P(N' = k)$ puis $P(N' \leq k)$ pour tout $k \in \{1,...,n\}$. Comparer les deux méthodes de test dans les cas $n = 100$, puis $n = 1000$ (voir 4°) b)).

- EXERCICES -

1- Soient A, B, C trois événements d'un même espace probabilisable $(\Omega, \mathcal{P}(\Omega))$.
1°) Exprimer en fonction de A, B et C les événements suivants :
 - un au moins des trois événements se réalise ;
 - un et un seul des événements se réalise ;
 - deux au moins des événements se réalisent ;
 - deux des événements exactement se réalisent.
2°) Montrer que si les événements A et $\overline{B} \cup C$ sont incompatibles la réalisation de A entraîne celle de B et de $\overline{C}$.

2- On compose au hasard un numéro de téléphone à 8 chiffres. Déterminer les probabilités des événements suivants :
 A : " les chiffres sont tous distincts " ;
 B : " le produit des chiffres est divisible par trois " ;
 C : " les chiffres forment une suite strictement croissante " ;
 D : " les chiffres forment une suite monotone au sens large ".

3- Une grille de LOTO comporte 49 numéros (les 49 premiers entiers naturels non nuls). Le jeu consiste à cocher 6 numéros sur cette grille et à comparer ces numéros avec ceux d'un tirage aléatoire.
Un tel tirage est effectué. Déterminer les probabilités des événements suivants :
 A : " le plus grand numéro sorti est inférieur ou égal à 45 " ;
 B : " un joueur donné a coché au moins 3 des numéros sortis " ;
 C : " la somme des numéros obtenus est impaire " ;
 D : " le tirage a fourni 6 entiers non consécutifs ".
(On donnera les résultats sous forme décimale à 10^{-3} près au plus près).

4- Soit E un ensemble fini de cardinal n. On choisit au hasard et indépendamment l'une de l'autre deux parties A et B.
1°) Quelle est la probabilité que A et B soient disjointes ?
2°) Quelle est la probabilité que A et B recouvrent E ($A \cup B = E$) ?

5- Soit X un ensemble de cardinal n et soit A une partie donnée de X à k éléments. On tire, dans X, une "poignée" aléatoire d'éléments notée B (B est une partie de X). Toutes les poignées ont la même probabilité d'être tirées (y compris $\emptyset$ et X).
1°) Calculer P(B = A).
2°) Calculer P($B \subset A$), P($A \subset B$) et P($A \cap B = \emptyset$).
3°) Les événements ($B \subset A$) et ($A \subset B$) sont-ils indépendants ?

6- Un jeu consiste à associer à n auteurs n oeuvres données (une oeuvre, un auteur). On gagne si au moins un résultat est exact. Un joueur inculte décide de répondre au hasard. Quelle est alors sa probabilité de gagner ? Expliciter le cas n = 5.

Indépendance et conditionnement

7- Montrer qu'une condition nécessaire et suffisante pour que deux événements A et B de probabilités non nulles soient indépendants est :
$$P(A\cap B).P(\overline{A}\cap\overline{B}) = P(A\cap\overline{B}).P(\overline{A}\cap B).$$

8- Une urne contient b boules blanches et r boules rouges.
On tire n boules en remettant la boule après tirage si elle est rouge et en ne la remettant pas si elle est blanche.
Quelle est la probabilité de tirer exactement une boule blanche en n tirages ?

9- On considère n urnes numérotées 1, 2, ..., n (n ≥ 2). L'urne numéro k contient k boules blanches et n - k boules noires. On choisit une urne au hasard puis on tire successivement deux boules de cette urne.
1°) Quelle est la probabilité d'obtenir deux boules blanches si le tirage se fait *avec remise*.
2°) Même question si le tirage se fait *sans remise*.

10- Formule de Bayes

1°) On considère un lot de 10 dés dont un est pipé. La probabilité d'obtenir 6 avec le dé pipé vaut 1/2. On choisit un dé et on le lance : on obtient 6. Quelle est la probabilité que le dé lancé soit le dé pipé ?

2°) Une population est formée de 40% d'hommes et de 60% de femmes. 50% des hommes et 30% des femmes fument.
Un individu fume. Quelle est la probabilité que cet individu soit un homme ?

3°) Pour détecter une maladie touchant un individu sur 1000 on dispose d'un test. La probabilité d'avoir un résultat positif est de 0,9995 pour un patient malade et de 0,0002 pour un patient sain. Un individu a un résultat positif. Quelle est la probabilité qu'il soit malade ?

PROBLEME

11- On dispose de deux urnes U et V. L'urne U contient a boules blanches et b boules noires, l'urne V b boules blanches et a boules noires.
On choisit l'une des deux urnes puis on tire une boule de cette urne :
- si elle est blanche on la remet dans l'urne et on tire la boule suivante dans l'urne U;
- si elle est noire on la remet dans l'urne et on tire la boule suivante dans l'urne V.
On continue en suivant la même règle. On désigne par : B_n l'événement : " la $n^{ème}$ boule tirée est blanche " et on note $p_n = P(B_n)$.
1°) Trouver une relation de récurrence entre p_n et p_{n+1}.
2°) En déduire p_n lorsque le premier tirage s'effectue dans U puis lorsqu'il s'effectue dans V. Déterminer la limite de (p_n).

VARIABLES ALEATOIRES DISCRETES FINIES

Dans tout le chapitre les univers seront finis.

1 GENERALITES

1-1 Exemples

Exemple 1 : On considère le lancer de deux dés : $\Omega = \{1,2,3,4,5,6\}^2$.
Soit X l'application de Ω dans **R** qui, à chaque couple de points, associe la somme de ces points.
On dit que X est une variable aléatoire réelle sur l'espace probabilisable $(\Omega, \mathcal{P}(\Omega))$.

Exemple 2 : On lance une pièce trois fois de suite : $\Omega = \{P,F\}^3$.
Le joueur gagne 1 Franc si Pile apparaît sinon il perd 1 Franc.
Soit G l'application de Ω dans **R** qui, à chaque triplet de résultats, associe le gain du joueur. G est une variable aléatoire sur l'espace $(\Omega, \mathcal{P}(\Omega))$.

1-2 Définition

*Définition : Soit $(\Omega, \mathcal{P}(\Omega))$ un espace probabilisable fini. On appelle variable aléatoire réelle définie sur $(\Omega, \mathcal{P}(\Omega))$ toute application X de Ω dans **R**.*

Remarque : L'ensemble des valeurs prises par X est $X(\Omega)$. Dans tout le chapitre $X(\Omega)$ sera fini (puisque Ω est fini).

Plus généralement, si Ω désigne un *ensemble quelconque*, on appelle *variable aléatoire discrète* sur $(\Omega, \mathcal{P}(\Omega))$ toute application X de Ω dans **R** telle que $X(\Omega)$ soit *dénombrable*. En particulier toute variable aléatoire à valeurs entières est discrète.

Exemple : variables indicatrices

Etant donnée une partie A de Ω, l'application caractéristique de A est une variable aléatoire réelle sur $(\Omega, \mathcal{P}(\Omega))$. On l'appelle parfois *variable indicatrice* de A et on la note $\mathbf{1}_A$. Elle est définie sur Ω par :
$$\mathbf{1}_A(x) = 1 \text{ si } x \in A \quad ; \quad \mathbf{1}_A(x) = 0 \text{ si } x \in C_\Omega(A).$$

1-3 Opérations

Proposition : *Soient X et Y deux variables réelles aléatoires définies sur l'espace probabilisable fini $(\Omega, \mathcal{P}(\Omega))$ et soit λ un nombre réel.*
$X + Y$, λX et XY sont des variables aléatoires réelles définies sur $(\Omega, \mathcal{P}(\Omega))$.

Cela résulte des définitions des opérations sur les fonctions (voir **chapitre 1**).

1-4 Notations

. Pour $x \in \mathbf{R}$ on note $(X = x)$ l'événement défini par :
$$(X = x) = X^{-1}(\{x\}) = \{\omega \in \Omega\,;\, X(\omega) = x\}\,;$$

. Pour $x \in \mathbf{R}$ on note : $(X < x) = X^{-1}(]-\infty, x[) = \{\omega \in \Omega\,;\, X(\omega) < x\}$.
On définit de même $(X \leq x)$, $(X \geq x)$, $(a \leq X < b)$, ...

. Plus généralement, pour toute partie A de **R**, on a : $X^{-1}(A) = \{\omega \in \Omega\,;\, X(\omega) \in A\}$; $X^{-1}(A)$ est un événement de $\mathcal{P}(\Omega)$.

2 LOI DE PROBABILITE

2-1 Définition

Définition : *Soit X une variable aléatoire réelle sur l'espace probabilisé $(\Omega, \mathcal{P}(\Omega), P)$ telle que $X(\Omega) = \{x_1, ..., x_n\}$. On appelle **loi de probabilité** (ou **distribution**) de la variable aléatoire X l'ensemble des couples $(x_i, p_i)_{1 \leq i \leq n}$ où :*
$$\begin{cases} x_i \in X(\Omega) \text{ et} \\ p_i = P(X = x_i) \end{cases}$$

Remarque : La loi d'une variable aléatoire discrète finie X vérifie : $\sum_{x_i \in X(\Omega)} P(X = x_i) = 1$.
En effet les événements $(X = x_i)$ sont deux à deux incompatibles et de réunion Ω.

2-2 Exemples

On représente souvent la loi d'une variable aléatoire discrète finie sous forme d'un tableau. Reprenons les exemples du début de chapitre :

Exemple 1 : $X(\Omega) = \{2, 3, 4, 5, 6, 7, 8, 9, 10, 11, 12\}$.

x_i	2	3	4	5	6	7	8	9	10	11	12	Total
$P(X = x_i)$	1/36	2/36	3/36	4/36	5/36	6/36	5/36	4/36	3/36	2/36	1/36	1

Exemple 2 : $X(\Omega) = \{-3, -1, 1, 3\}$.

x_i	-3	-1	1	3	Total
$P(X = x_i)$	1/8	3/8	3/8	1/8	1

2-3 Caractérisation

Théorème : *$\{(x_i, p_i) ; 1 \leq i \leq n\}$ est la loi de probabilité d'une variable aléatoire réelle si et seulement si :* $\begin{cases} \forall i \in \{1,...,n\}, p_i \geq 0 \\ \sum_{i=1}^{n} p_i = 1 \end{cases}$

" ***Vérifier la loi de X*** " c'est s'assurer que ces deux conditions sont satisfaites.

2-4 Fonction de répartition

Définition : *Soit X une variable aléatoire réelle sur un espace probabilisé $(\Omega, \mathcal{P}(\Omega), P)$. On appelle fonction de répartition F de X l'application de **R** dans [0,1] qui, à tout nombre réel x, associe $P(X \leq x)$.*

Soit $X(\Omega) = \{x_1, ..., x_n\}$ où $x_1 < x_2 < ... < x_n$ et, pour tout $i \in \{1,...,n\}$, $p_i = P(X = x_i)$.
. Pour $x < x_1$ on a $F(x) = 0$;
. pour $x_k \leq x < x_{k+1}$ on a : $(X \leq x) = \bigcup_{i=1}^{k}(X = x_i)$ d'où $F(x) = \sum_{i=1}^{k} p_i$;
. pour $x_n \leq x$ on a $F(x) = 1$.

Propriétés :

P1 : $\forall (a, b) \in \mathbf{R}^2$ tel que $a < b$, $P(a < X \leq b) = F(b) - F(a)$.

Preuve : On a : $(X \leq b) = (X \leq a) \cup (a < X \leq b)$. Ces deux événements étant incompatibles on en déduit : $P(X \leq b) = P(X \leq a) + P(a < X \leq b)$ ou encore :
$P(a < X \leq b) = P(X \leq b) - P(X \leq a) = F(b) - F(a)$.

P2 : *F est une fonction croissante, en escalier, continue à droite et admettant une limite à gauche en tout point de $X(\Omega)$.*

La croissance se justifie à l'aide de ***P1*** : si $a < b$, $F(b) - F(a) = P(a < X \leq b) \geq 0$.

Exemple : Considérons l'exemple 2 de l'introduction :

x	$]-\infty, -3[$	$[-3, -1[$	$[-1, 1[$	$[1, 3[$	$[3, +\infty[$
F	0	1/8	1/2	7/8	1

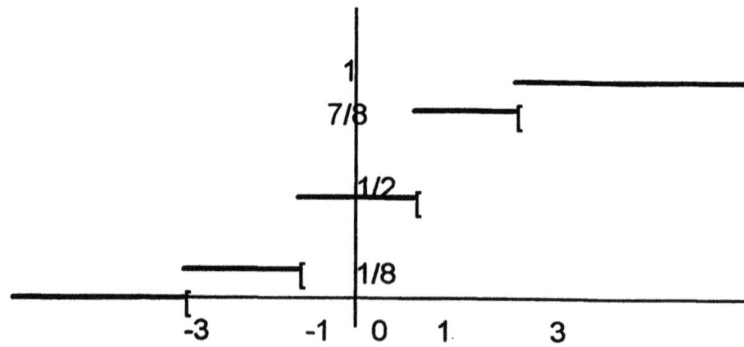

Remarque *: Caractérisation de la loi d'une variable aléatoire discrète finie à l'aide de sa fonction de répartition*

La connaissance de la fonction de répartition F de X détermine la loi de probabilité de cette variable. En effet, si $X(\Omega) = \{x_1, ..., x_n\}$, alors pour tout $i \in \{2, ..., n\}$ l'événement $(X \leq x_i)$ est la réunion disjointe des événements $(X \leq x_{i-1})$ et $(X = x_i)$. On en déduit :
- $P(X = x_1) = P(X \leq x_1) = F(x_1)$
- $\forall i \in \{2, ..., n\}, P(X = x_i) = P(X \leq x_i) - P(X \leq x_{i-1}) = F(x_i) - F(x_{i-1})$.

Exercice *: Déterminer $X(\Omega)$ et la loi de probabilité de la variable aléatoire réelle X dont la fonction de répartition F est définie par : $F(x) = 0$ pour $x < -1$; $F(x) = 1/2$ pour $-1 \leq x < 1$; $F(x) = 3/4$ pour $1 \leq x < 2$ et $F(x) = 1$ pour $x \geq 2$.*

(<u>Rep</u> : $X(\Omega) = \{-1, 1, 2\}$; $P(X = -1) = F(-1) = 1/2$; $P(X = 1) = P(X = 2) = 1/4$).

2-5 Loi de Y = g (X)

Soit X une v.a.r. discrète définie sur l'espace probabilisé fini $(\Omega, \mathcal{P}(\Omega), P)$ et soit g une fonction définie sur $X(\Omega)$. La fonction $g \circ X$ est une application de Ω dans $\mathbf{R}$: c'est une variable aléatoire souvent notée $Y = g(X)$.

Si $Y(\Omega) = (g \circ X)(\Omega) = \{y_1, ..., y_k\}$, la loi de Y est définie par l'ensemble des couples $\left(y_i, P(Y = y_i)\right)_{1 \leq i \leq k}$ où, pour tout $i \in \{1, ..., k\} : P(Y = y_i) = P[X \in g^{-1}(\{y_i\})]$.

Exemple : Avec les données de l'exemple 2 de l'introduction, les lois des variables $Y = \dfrac{1}{2}(X+3)$ et $Z = X^2$ sont respectivement définies par les tableaux suivants :

y_i	0	1	2	3
$P(Y = y_i)$	1/8	3/8	3/8	1/8

z_i	1	9
$P(Z = z_i)$	3/4	1/4

3 ESPERANCE ET VARIANCE

3-1 Espérance mathématique

Définition : *Soit X une variable aléatoire réelle sur l'espace probabilisé $(\Omega, \mathcal{P}(\Omega), P)$ telle que $X(\Omega) = \{x_1, ..., x_n\}$ et, pour tout $i \in \{1, ..., n\}$, $p_i = P(X = x_i)$. On appelle* **espérance mathématique** *(ou valeur moyenne) de X le nombre réel :*
$$E(X) = \sum_{i=1}^{n} x_i p_i.$$

Remarque : L'espérance de X est la **moyenne** des valeurs prises par X (pondérées par leurs probabilités). Si $E(X) = 0$ on dit que la variable X est **centrée**.

Exemple : Soit X une v.a.r. telle que $P(X = 1) = p$ et $P(X = 0) = 1 - p$; on a $E(X) = p$.
En particulier $E(1_A) = P(A)$ pour tout A appartenant à $\mathcal{P}(\Omega)$.

Exercice : *Calculer l'espérance des v.a.r. définies dans l'introduction.*

Propriétés :

P1 : *S'il existe un réel k tel que $\forall \omega \in \Omega$, $X(\omega) = k$ (v.a. constante) on a $E(X) = k$.*

P2 : *Si, pour tout $i \in \{1,...,n\}$, $a \leq x_i \leq b$, on a : $a \leq E(X) \leq b$.*
En particulier si X est une v.a.r. positive ($\forall i \in \{1,...,n\}$, $x_i \geq 0$) alors $E(X) \geq 0$.
Si X est une v.a.r. positive telle que $E(X) = 0$ alors $P(X = 0) = 1$; on dit que X est **presque sûrement nulle**.

P3 (linéarité) : *L'application qui, à toute v.a.r. associe son espérance est une* **forme linéaire** *c'est à dire, pour tout réel λ :*
$$E(X + Y) = E(X) + E(Y)$$
$$E(\lambda X) = \lambda E(X)$$

Ce résultat sera justifié dans le chapitre suivant.

P4 : *Si X est une variable aléatoire discrète finie et $g : \mathbb{R} \to \mathbb{R}$ une fonction réelle définie sur $X(\Omega)$, alors $Y = g \circ X$ est une variable aléatoire d'espérance :*
$$E(Y) = E(g \circ X) = \sum_{x_i \in X(\Omega)} g(x_i) \cdot p_i$$

Ce résultat sera admis. On a, en particulier :

$$\bullet \ E(aX + b) = \sum_{x_i \in X(\Omega)} (ax_i + b) p_i = a \sum_{x_i \in X(\Omega)} x_i p_i + b \sum_{x_i \in X(\Omega)} p_i = aE(X) + b$$
$$\bullet \ E(X^k) = \sum_{x_i \in X(\Omega)} (x_i)^k \cdot p_i.$$

3-2 Variance - Ecart-type

L'espérance mathématique donne une indication sur la variable X (valeur moyenne). On peut lui adjoindre deux autres paramètres qui indiquent la "dispersion" autour de cette moyenne. Plus ces paramètres sont faibles, plus X est proche de son espérance.

> **Définitions** : *Soit X une variable aléatoire réelle sur l'espace probabilisé fini* $(\Omega, \mathcal{P}(\Omega), P)$. *On appelle **variance** de X le nombre réel* :
> $$V(X) = E[(X - E(X))^2].$$
> *On appelle **écart-type** (ou écart quadratique moyen) de X le nombre réel* :
> $$\sigma(X) = \sqrt{V(X)}.$$

Remarques :
. La variance V(X) d'une variable aléatoire discrète finie X est la moyenne des carrés des écarts entre X et E(X) (pondérés par les p_i). D'après la propriété *P4* du paragraphe **3-1** on peut l'écrire sous la forme : $V(X) = \sum_i (x_i - E(X))^2 \, p_i$.

. $(X - E(X))^2$ étant une variable positive, $V(X) \geq 0$ donc $\sigma(X)$ existe.

. Si V(X) = 1 on dit que la variable aléatoire X est *réduite*.

Exemple : Soit X une v.a.r. telle que $P(X = 1) = p$, $P(X = 0) = 1 - p$.
On a : $V(X) = p(1 - p)$.

Propriétés :

> **P1** : *Si X = k (v.a. constante) alors V(X) = 0.*

Preuve : Si X = k alors E(X) = k donc Y = X - E(X) est la variable constante nulle et
$$V(X) = E[(X - E(X))^2] = E(0) = 0.$$

Remarque : Réciproquement, si V(X) = 0 alors, d'après la propriété *P2* du paragraphe précédent : $P[(X - E(X))^2 = 0] = P(X = E(X)) = 1$; on dit que X est une *v.a.r. quasi-certaine* (il existe $a \in \mathbb{R}$ tel que $P(X = a) = 1$).
On a donc : *V(X) = 0 si et seulement si X est une v.a.r. quasi-certaine*.

> **P2** : $\quad\quad\quad\quad\quad\quad V(X) = E(X^2) - E(X)^2.$

Preuve : Notons m = E(X).
$V(X) = E[(X - m)^2] = E(X^2 - 2mX + m^2) = E(X^2) - 2m E(X) + E(m^2)$
(par linéarité de l'espérance).
E(X) = m et E(m²) = m² (v.a. constante) donc $V(X) = E(X^2) - 2m^2 + m^2 = E(X^2) - m^2$
c'est à dire : $V(X) = E(X^2) - E(X)^2$.

Remarque : Dans la pratique on préfère cette formule (parfois appelée *formule de Koenig-Huygens*) à celle de la définition.

Exercice : Calculer la variance de chacune des v.a.r. définies dans l'introduction.

> **P3** : *Pour toute v.a.r. X et pour tout couple (a, b) de réels* :
> $$V(aX + b) = a^2 V(X) \quad ; \quad \sigma(aX + b) = |a| \, \sigma(X).$$

Preuve : On rappelle que : $E(aX + b) = a E(X) + b$ (voir paragraphe **3-1**).

$V(aX + b) = E[(aX + b - E(aX + b))^2] = E[(aX + b - a E(X) - b)^2]$
$\qquad\quad = E[a^2(X - E(X))^2] = a^2 V(X).$

3-3 Variable aléatoire centrée réduite

> **Définition** : *Soit X une variable aléatoire admettant une espérance et une variance non nulle. On appelle **variable centrée réduite** associée à X la variable :*
> $$X^* = \frac{X - E(X)}{\sigma(X)}.$$

Remarque : L'intérêt de la variable X^* réside dans les valeurs particulières de son espérance et de sa variance : $E(X^*) = 0$ (variable *centrée*) et $V(X^*) = 1$ (variable *réduite*).

3-4 Moments

> **. Moment d'ordre r** : Pour $r \in \mathbb{N}^*$, on appelle moment d'ordre r de la variable X le réel :
> $$m_r(X) = E(X^r) = \sum_{x_i \in X(\Omega)} (x_i)^r P(X = x_i)$$

Remarque : L'espérance de X est le moment d'ordre 1 de cette variable.

> **. Moment centré d'ordre r** : Pour $r \in \mathbb{N}^*$, on appelle moment centré d'ordre r de la variable X le réel :
> $$\mu_r(X) = E[(X - E(X))^r] = \sum_{x_i \in X(\Omega)} [x_i - E(X)]^r P(X = x_i)$$

Remarque : La variance de X est le moment centré d'ordre 2 de cette variable.

4 INDEPENDANCE DES VARIABLES ALEATOIRES DISCRETES

4-1 Définition

> **Définition** : *On dit que deux variables aléatoires réelles discrètes X et Y définies sur le même espace probabilisé $(\Omega, \mathcal{P}(\Omega), P)$ sont indépendantes si :*
> $$\forall x \in X(\Omega), \ \forall y \in Y(\Omega), \ P[(X = x) \cap (Y = y)] = P(X = x) \cdot P(Y = y).$$

Exemple : Considérons le lancer d'un dé : $\Omega = \{1,2,3,4,5,6\}$.

Soit X la v.a.r. définie par $\begin{cases} X(\omega) = 0 \text{ si } \omega \text{ est pair} \\ X(\omega) = 1 \text{ si } \omega \text{ est impair} \end{cases}$

Soit Y la v.a.r. définie par $\begin{cases} Y(\omega) = 0 \text{ si } \omega \text{ est divisible par } 3 \\ Y(\omega) = 1 \text{ si } \omega \text{ n'est pas divisible par } 3 \end{cases}$

On a : $P(X=0) = P(X=1) = 1/2$, $P(Y=0) = 1/3$ et $P(Y=1) = 2/3$.
De plus : $P(X=0 \cap Y=0) = P(\omega=6) = 1/6 = P(X=0).P(Y=0)$.
De même : $P(X=0 \cap Y=1) = P(\omega \in \{2,4\}) = 1/3 = P(X=0).P(Y=1)$;
$P(X=1 \cap Y=0) = P(\omega=3) = 1/6 = P(X=1).P(Y=0)$;
$P(X=1 \cap Y=1) = P(\omega \in \{1,5\}) = 1/3 = P(X=1).P(Y=1)$.
Ces égalités justifient l'indépendance des v.a.r. X et Y.

Remarque : La probabilité choisie est la probabilité uniforme sur $(\Omega, \mathcal{P}(\Omega))$ car on peut supposer le dé non pipé. Si on change de probabilité sur $(\Omega, \mathcal{P}(\Omega))$, X et Y peuvent ne plus être indépendantes.

4-2 Convolution

Théorème : *Soient X et Y deux v.a.r. discrètes indépendantes définies sur l'espace probabilisé $(\Omega, \mathcal{P}(\Omega), P)$. Alors la loi de X + Y est donnée par :* $\forall z \in (X+Y)(\Omega)$,
$$P(X+Y=z) = \sum_{x \in X(\Omega)} P(X=x).P(Y=z-x).$$

Preuve : En effet, pour $z \in (X+Y)(\Omega)$:
$$(X+Y=z) = \bigcup_{x \in X(\Omega)} [(X=x) \cap (Y=z-x)].$$
Les événements $[(X=x) \cap (Y=z-x)]$ étant deux à deux incompatibles et les v.a.r. X et Y indépendantes, le résultat est immédiat.

Cas particulier : Si X et Y sont à valeurs dans $\mathbb{N}$, on obtient :
$$\forall n \in (X+Y)(\Omega), P(X+Y=n) = \sum_{i=0}^{n} P(X=i).P(Y=n-i) = \sum_{i=0}^{n} P(X=n-i).P(Y=i)$$

Remarque : En général on ne peut pas déduire la loi d'une somme de v.a.r. discrètes de celles de ces v.a.r.. L'hypothèse d'indépendance est fondamentale.

4-3 Famille de variables aléatoires indépendantes

Définition : *On dit que n v.a.r. $X_1, ..., X_n$ sont **indépendantes** (ou **mutuellement indépendantes**) si :*
$$\forall (x_1, ..., x_n) \in \mathbb{R}^n, P\left(\bigcap_{i=1}^{n} (X_i = x_i)\right) = \prod_{i=1}^{n} P(X_i = x_i).$$

Remarque : L'indépendance (mutuelle) de n v.a. implique l'indépendance deux à deux. La réciproque est fausse.

On admet le résultat suivant :

Proposition : *Si $X_1,...,X_n$ sont indépendantes, toute variable aléatoire fonction de p de ces variables ($p \leq n$) est indépendante de toute variable aléatoire fonction des n - p autres variables.*

Exemple : Soient X, Y, Z trois v.a.r. discrètes indépendantes. Alors X + Y et Z^2 sont indépendantes mais on ne peut rien dire, à priori, de X + Y et Y - Z.

5 LOIS DISCRETES FINIES USUELLES

5-1 Loi de Bernoulli

Préliminaire : Une *épreuve de Bernoulli* est une expérience aléatoire n'ayant que deux issues possibles (*succès* ou *échec*) et effectuée en une seule fois. On peut lui associer une v.a.r. X définie par X = 1 si l'issue est un succès, X = 0 sinon (X est la *variable indicatrice* de l'événement A associé à un succès).

Exemple : On considère une urne contenant des boules blanches et des boules noires. La proportion de boules blanches est p, $p \in [0,1]$. Soit X la v.a.r. qui vaut 1 si la boule tirée est blanche, 0 si elle est noire. Il est clair que :
$$\begin{cases} X(\Omega) = \{0,1\} \\ P(X=1) = p \text{ et } P(X=0) = 1-p \end{cases}$$

Définition : *On dit qu'une v.a.r. X définie sur l'espace probabilisé $(\Omega, \mathcal{P}(\Omega), P)$ suit la loi de Bernoulli de paramètre p, $p \in [0,1]$, si :*
$$\begin{cases} X(\Omega) = \{0,1\} \\ P(X=1) = p \text{ et } P(X=0) = 1-p \end{cases}$$

Notation : On note : $X \hookrightarrow \mathcal{B}(p)$.

Moments : *Si X suit la loi de Bernoulli de paramètre p alors :*
$$E(X) = p \quad ; \quad V(X) = p(1-p).$$

5-2 Loi binomiale

Modèle (tirages avec remise) :
On reprend l'urne précédente. On effectue n tirages de boules avec remise (les tirages sont donc indépendants). Pour $0 \leq k \leq n$ la probabilité de tirer, dans un ordre donné, k boules blanches et n - k boules noires est : $p^k q^{n-k}$ (où q = 1-p).

Or il y a C_n^k façons de positionner les k boules blanches (et donc les n-k boules noires) dans l'ensemble des n tirages. Par conséquent, si X désigne le nombre de boules blanches tirées au cours des n tirages, on a : $\forall k \in \{0,...,n\}, P(X = k) = C_n^k p^k q^{n-k}$.

Vérification :
. $\forall k \in \{0, ..., n\}, P(X = k) \geq 0$.
. $\sum_{k=0}^{n} P(X = k) = \sum_{k=0}^{n} C_n^k p^k q^{n-k} = (p+q)^n = 1$ (par la formule du binôme de Newton).

Définition : *On dit qu'une v.a.r. X définie sur un espace probabilisé $(\Omega, \mathcal{P}(\Omega), P)$ suit la loi binomiale de paramètres n et p, $p \in [0, 1]$, si :*
$$\begin{cases} X(\Omega) = \{0,...,n\} \\ \forall k \in \{0,...,n\}, P(X = k) = C_n^k p^k q^{n-k} \end{cases}$$

Interprétation : On considère une suite de n épreuves de Bernoulli, identiques et indépendantes ; lors d'une épreuve, l'événement A (succès) a la probabilité p de se réaliser. Associons à chacune de ces épreuves la variable indicatrice X_i de l'événement A. La variable aléatoire X égale au nombre de réalisations de l'événement A au cours de ces n épreuves est la somme des n variables de Bernoulli $X_1, X_2, ..., X_n$ indépendantes et de même paramètre p. $X = X_1 + ... + X_n$ suit alors une loi binomiale de paramètres n et p.

Notation : On note : $X \hookrightarrow \mathcal{B}(n, p)$.

Remarque : La proposition $X \hookrightarrow \mathcal{B}(p)$ équivaut à $X \hookrightarrow \mathcal{B}(1, p)$.

Espérance et variance :

Proposition : *Si $X \hookrightarrow \mathcal{B}(n, p)$ alors $E(X) = np$ et $V(X) = np(1 - p)$.*

Preuve :
. $E(X) = \sum_{k=0}^{n} k P(X = k) = \sum_{k=0}^{n} k C_n^k p^k q^{n-k}$.
Or, pour k et n appartenant à $\mathbb{N}^*$, $k C_n^k = n C_{n-1}^{k-1}$ donc :
$E(X) = \sum_{k=1}^{n} n C_{n-1}^{k-1} p^k q^{n-k} = n \sum_{k'=0}^{n-1} C_{n-1}^{k'} p^{k'+1} q^{n-k'-1} = np \sum_{k'=0}^{n-1} C_{n-1}^{k'} p^{k'} q^{n-1-k'} = np (p+q)^{n-1}$.
$p + q = 1$ donc $E(X) = np$.

. $V(X) = E(X^2) - E(X)^2 = E[X(X-1) + X] - E(X)^2 = E[X(X-1)] + E(X) - E(X)^2$.

$E[X(X-1)] = \sum_{k=0}^{n} k(k-1) C_n^k p^k q^{n-k} = \sum_{k=2}^{n} n(n-1) C_{n-2}^{k-2} p^k q^{n-k}$
$= n(n-1) \sum_{k'=0}^{n-2} C_{n-2}^{k'} p^{k'+2} q^{n-2-k'} = n(n-1) p^2 (p+q)^{n-2} = n(n-1) p^2$.

Par suite, $V(X) = n(n-1)p^2 + np - n^2 p^2 = np - np^2 = np(1-p)$.

Stabilité de la loi binomiale par la somme

Proposition : *Soient X, Y deux v.a.r. indépendantes définies sur* $(\Omega, \mathcal{P}(\Omega), P)$ *telles que* $X \hookrightarrow \mathcal{B}(n, p)$ *et* $Y \hookrightarrow \mathcal{B}(m, p)$; $(n, m \in \mathbb{N}^* \text{ et } p \in [0,1])$.
Alors : $\quad\quad\quad\quad X + Y \hookrightarrow \mathcal{B}(n+m, p)$.

Preuve : Il est clair que $(X + Y)(\Omega) = \{0, 1, ..., n+m\}$. Appliquons la formule de convolution :

$$\forall k \in \{0,...,n+m\}, P(X+Y=k) = \sum_{i=0}^{k} P(X=i)P(Y=k-i) = \sum_{i=0}^{k} C_n^i \cdot C_m^{k-i} p^k q^{n+m-k}.$$

Or, par la formule de Vandermonde : $\sum_{i=0}^{k} C_n^i \cdot C_m^{k-i} = C_{n+m}^k$. On en déduit :

$$\forall k \in \{0,...,n+m\}, P(X+Y=k) = C_{n+m}^k p^k q^{n+m-k}.$$

Remarque : Il est nécessaire que X et Y soient indépendantes et que le deuxième paramètre soit le même pour X et Y.

Plus généralement, on démontre par récurrence sur $n \in \mathbb{N}$:

Corollaire : *Soient* $X_1, ..., X_n$ *n v.a.r. indépendantes définies sur* $(\Omega, \mathcal{P}(\Omega), P)$ *telles que : pour tout* $i \in \{1, ..., n\}$, X_i *suit une loi binomiale de paramètres* k_i *et* p $(p \in [0,1])$.
Alors : $\quad\quad\quad\quad X = \sum_{k=1}^{n} X_k \hookrightarrow \mathcal{B}(k_1 + ... + k_n, p)$.

5-3 Loi hypergéométrique

Modèle (tirages sans remise) :

On considère une urne contenant N boules, Np boules blanches et Nq boules noires ($p + q = 1$). On tire sans remise une poignée de n boules, $n \in \{1,...,N\}$. On désigne par X la v.a.r. désignant le nombre de boules blanches obtenues. On a (exercice) :

$$X(\Omega) = [\max\{0, n - Nq\}, \min\{Np, n\}] \cap \mathbb{N} \subset \{0,...,n\}.$$

(En fait la connaissance exacte de $X(\Omega)$ n'est pas indispensable).
Il y a C_N^n tirages distincts, tous équiprobables. Pour obtenir une poignée comportant k boules blanches il faut d'abord choisir k boules blanches parmi les Np boules blanches de l'urne (il y a C_{Np}^k possibilités) puis, pour chacun de ces choix, il reste à compléter le tirage par le choix de n-k boules noires parmi les Nq boules noires de l'urne (il y a C_{Nq}^{n-k} possibilités). Finalement : $\forall k \in \{0,...,n\}, P(X=k) = \dfrac{C_{Np}^k \cdot C_{Nq}^{n-k}}{C_N^n}$.

Vérification :

. $\forall k \in \{0,...,n\}, P(X=k) \geq 0$.

. Par la formule de Vandermonde (voir **chap.2**)
$\sum_{k=0}^{n} \dfrac{C_{Np}^k \cdot C_{Nq}^{n-k}}{C_N^n} = \dfrac{1}{C_N^n} \sum_{k=0}^{n} C_{Np}^n \cdot C_{Nq}^{n-k} = \dfrac{1}{C_N^n} C_{Np+Nq}^n = 1$ (car $Np + Nq = N(p+q) = N$).

Définition : *On dit qu'une v.a.r. X définie sur un espace probabilisé* $(\Omega, \mathcal{P}(\Omega), P)$ *suit la **loi hypergéométrique** de paramètres N, n et p* ($N \in \mathbb{N}$, $n \in \{1,...,N\}$ *et* $p \in]0, 1[$) *si :*
$$\begin{cases} X(\Omega) \subset \{0,...,n\} \\ \forall k \in \{0,...n\}, P(X=k) = \dfrac{C_{Np}^k \cdot C_{Nq}^{n-k}}{C_N^n} \end{cases} ; \quad (q = 1-p).$$

Notation : On note : $X \hookrightarrow \mathcal{H}(N, n, p)$.

Espérance et variance :

Proposition : *Si* $X \hookrightarrow \mathcal{H}(N, n, p)$ *alors :*
$$E(X) = np \quad ; \quad V(X) = np(1-p)\frac{N-n}{N-1}.$$

Preuve : $E(X) = \sum_{k=0}^{n} k \dfrac{C_{Np}^k \cdot C_{Nq}^{n-k}}{C_N^n} = \dfrac{1}{C_N^n} \sum_{k=1}^{n} Np \, C_{Np-1}^{k-1} \cdot C_{Nq}^{n-k} = \dfrac{Np}{C_N^n} \sum_{k'=0}^{n-1} C_{Np-1}^{k'} \cdot C_{Nq}^{n-k'-1}.$

Par la formule de Vandermonde : $\sum_{k'=0}^{n-1} C_{Np-1}^{k'} \cdot C_{Nq}^{n-k'-1} = C_{Np+Nq-1}^{n-1} = C_{N-1}^{n-1}.$

Il reste à constater que : $C_{N-1}^{n-1} = \dfrac{n}{N} C_N^n$ pour obtenir la formule de l'énoncé.

Pour le calcul de la variance on peut utiliser $V(X) = E[X(X-1)] + E(X) - E(X)^2$.

5-4 Loi uniforme

Définition : *Soit A une partie finie non vide de* $\mathbb{R}$ *de cardinal n. On dit que la v.a.r. X définie sur l'espace probabilisé* $(\Omega, \mathcal{P}(\Omega), P)$ *suit la **loi uniforme** sur A si :*
$$\begin{cases} X(\Omega) = A; \\ \forall a \in A, P(X=a) = 1/n. \end{cases}$$

Notation : On note : $X \hookrightarrow \mathcal{U}(A)$.

Exemples :
. Si X est une v.a.r. constante (X = k), X suit la loi uniforme sur A = {k}.
. On choisit au hasard un nombre entier compris entre 1 et 10. Si X désigne la v.a.r. représentant le nombre choisi il est immédiat que $X \hookrightarrow \mathcal{U}(\{1,...,10\})$.

Moments : *Si X suit la loi uniforme sur* $A = [1, n] \cap \mathbb{N}$ *alors :*
$$E(X) = \frac{n+1}{2} \quad ; \quad V(X) = \frac{n^2-1}{12}.$$

(exercice).

T.P. : FONCTIONS GENERATRICES

Problème (d'après ESSEC II, 1992) :

On considère un entier naturel p et une variable aléatoire X à valeurs dans $\{0,1,...,p\}$. On lui associe la fonction suivante, dite **fonction génératrice** de X :

$$t \mapsto G_X(t) = \sum_{k=0}^{p} P(X=k) t^k .$$

1°) Déterminer la fonction génératrice de X lorsque

a) X suit une loi de Bernoulli de paramètre λ (λ réel tel que $0 < \lambda < 1$).

b) X suit une loi binomiale de paramètres n et λ (λ réel tel que $0 < \lambda < 1$).

2°) Montrer que deux v.a.r. discrètes finies X et Y ont même loi si et seulement si $G_X = G_Y$.

3°) Montrer que : $E(X) = G'_X(1)$ et $E(X^2) - E(X) = G''_X(1)$. En déduire $V(X)$.
Retrouver ainsi l'espérance et la variance de la loi binomiale $\mathscr{B}(n, p)$.

4°) On considère des entiers naturels $p_1,...,p_n$ et des v.a.r. $X_1, ..., X_n$ définies sur un même espace probabilisé, indépendantes et à valeurs dans $\{0,...,p_1\},\{0,...,p_2\},...,\{0,...,p_n\}$ respectivement. On note $Y_n = X_1 + ... + X_n$.

a) Etablir que la fonction génératrice de Y_2 est le produit des fonctions génératrices de X_1 et X_2.

b) Exprimer la fonction génératrice de Y_n à l'aide des fonctions génératrices de $X_1, X_2, ..., X_n$.
Retrouver le résultat obtenu en 1°)b) à partir du résultat obtenu en 1°) a).

c) Soient X et Y deux v.a.r. indépendantes suivant respectivement les lois binomiales $\mathscr{B}(n, p)$ et $\mathscr{B}(m, p)$. Retrouver, à l'aide des fonctions génératrices, la loi de $Z = X + Y$.

5°) Application à l'étude d'un algorithme :

a) On considère une liste L de n réels distincts ($n \geq 2$). Que fait l'algorithme suivant ?
. $x := L[n]$;
. pour i décroissant de $n-1$ à 1 faire
    si $x < L[i]$ alors $x := L[i]$;

b) Quel est le nombre de comparaisons effectuées au cours de l'algorithme ?

c) On note X_n la v.a.r. égale au nombre d'affectations ($:=$) effectuées au cours de l'algorithme. Quelles sont les valeurs minimales et maximales de X_n ?

d) Soit $p_{n,k}$ la probabilité de l'événement ($X_n = k$). Montrer que :
$$P_{n,k} = \frac{1}{n} p_{n-1,k-1} + \frac{n-1}{n} p_{n-1,k}.$$
En déduire une relation entre les fonctions génératrices de X_n et X_{n-1}.

e) Déterminer $E_n = E(X_n)$. Donner un algorithme permettant de calculer E_n sur la calculatrice. Que représente E_n ?

- EXERCICES -

1- Soit n un élément de $\mathbb{N}^*$ et a un nombre réel. Soit X une v.a.r. à valeurs dans $\{0,...,n\}$ telle que : $\forall\ k \in \{0,...,n\}$, $P(X = k) = a\ C_n^k$.
1°) Déterminer a, puis calculer $E(X)$ et $V(X)$.
2°) Quelle loi usuelle suit X ? Retrouver $E(X)$ et $V(X)$.

2- Soit X une v.a.r. suivant une loi binomiale de paramètres n et p. Calculer $E\left[\dfrac{1}{X+1}\right]$.

3- Une urne contient n jetons numérotés de 1 à n (n > 2). On effectue deux tirages successifs et sans remise; soit X le plus grand des numéros obtenus et Y le plus petit. Déterminer les lois de X et Y ainsi que leurs espérances.

4- On tire une poignée de p jetons dans une boîte en contenant n ($0 \le p \le n$).
Pour $0 \le k \le n$ on désigne par X_k la v.a.r. définie par : $X_k = k$ si le jeton numéro k est dans la poignée, $X_k = 0$ sinon.
1°) Déterminer la loi et l'espérance de chacune des v.a.r. X_k.
2°) Soit S la somme des numéros tirés. Déterminer $E(S)$. Que représente ce nombre ?

5- Soient n et p deux entiers naturels non nuls tels que $p \le n$. On tire simultanément p boules dans une urne en contenant n, numérotées de 1 à n. Soit X la variable aléatoire correspondant au plus grand des p numéros tirés.
1°) Déterminer la fonction de répartition de X. En déduire la loi de cette variable.
2°) Calculer l'espérance de X.

6- On considère n urnes numérotées de 1 à n. Pour tout $k \in \{1, ..., n\}$ l'urne n° k contient k boules numérotées de 1 à k. On choisit une urne au hasard, puis on tire une boule dans l'urne choisie.
On désigne par X la variable aléatoire égale au numéro de la boule tirée.
Déterminer la loi et l'espérance de X.

7- 1°) Soit X une variable aléatoire à valeurs dans $\{0,...,n\}$, $n \in \mathbb{N}^*$. Montrer que :

$$E(X) = \sum_{k=1}^{n} P(X \ge k).$$

2°) Une urne contient des boules numérotées de 1 à n. On tire les boules une à une et avec remise. On s'arrête lorsque, pour la première fois, le numéro tiré est supérieur ou égal au numéro précédent. Soit X la v.a.r. égale au nombre de tirages effectués.
Déterminer l'espérance de X.

8- Coïncidences

On choisit au hasard une permutation σ dans l'ensemble S_n des permutations de $E = \{1,...,n\}$ ($n \geq 2$). Soit X la v.a.r. égale au nombre d'éléments invariants de σ (éléments i de E tels que $\sigma(i) = i$).

1°) Déterminer la loi de X. Que vaut $P(X = n - 1)$? Comment l'interpréter ?

2°) Montrer que, pour tout entier $n \geq 2$: $E(X) = 1$.

9- Le problème du fumeur (loi géométrique tronquée)

Un fumeur dispose de n allumettes pour allumer sa pipe. La probabilité pour qu'une allumette s'éteigne avant d'allumer la pipe est α ($0 < \alpha < 1$). Le fumeur utilise ses allumettes l'une après l'autre jusqu'à ce que la pipe soit allumée ou qu'il n'ait plus d'allumettes. Soit S l'événement " Le fumeur allume sa pipe ".

1°) Déterminer P(S).

2°) Soit X le nombre d'allumettes utilisées. Déterminer la loi de X ?

3°) Calculer E(X).

PROBLEME

10- Tests sanguins (technique du poolage)

On se propose d'analyser le sang de N individus pour déceler la présence éventuelle (résultat +) d'un certain virus dont on sait qu'il atteint un individu donné avec la probabilité p. Pour cela on dispose de deux méthodes :

Méthode A : On analyse le sang des N individus;

Méthode B : On partage les N individus en g groupes de n individus (N = ng). On réunit alors dans une même éprouvette le sang des n personnes de chaque groupe et on analyse le sang de chacune des g éprouvettes. Si le résultat d'un groupe est positif on analyse alors séparément le sang des n individus le composant. (Au total on effectue donc g + nx analyses si x désigne le nombre de groupes positifs).

1°) Quelle est la loi de la variable X égale au nombre de groupes positifs ?

2°) Soit Y la variable aléatoire égale au nombre d'analyses dans la seconde méthode. Calculer en fonction de N, n et p l'espérance de Y.

3°) Comparer les deux méthodes dans le cas où : N = 1000, n = 100, p = 0,01.

VECTEURS ALÉATOIRES DISCRETS FINIS

Dans tout le chapitre les univers seront finis

1 COUPLE DE VARIABLES ALÉATOIRES

1-1 Loi de probabilité

Définition : *La **loi conjointe** du couple de variables aléatoires réelles (X,Y) définies sur le même espace probabilisé fini $(\Omega, \mathcal{P}(\Omega), P)$ et telles que $X(\Omega) = \{x_1,...,x_n\}$ et $Y(\Omega) = \{y_1,...,y_p\}$, est l'ensemble des couples $((x_i, y_j), p_{ij})(i, j) \in \{1,...,n\}\times\{1,...,p\}$ où :*
$$\begin{cases} x_i \in X(\Omega), y_j \in Y(\Omega) \text{ et} \\ p_{i,j} = P[(X = x_i) \cap (Y = y_j)] \end{cases}$$

Exemple : *Une urne contient 4 boules blanches, 2 boules noires et 4 boules rouges. On extrait simultanément 3 boules au hasard et sans remise. Soit X le nombre de boules blanches et Y le nombre de boules noires obtenues.*
Déterminer la loi conjointe du couple (X,Y).

. L'univers Ω associé à l'expérience est l'ensemble des parties à 3 éléments de l'ensemble des 10 boules : card $(\Omega) = C_{10}^3 = 120$.

. $X(\Omega) = \{0, 1, 2, 3\}$ et $Y(\Omega) = \{0, 1, 2\}$.

. Pour tout $(x_i, y_j) \in X(\Omega) \times Y(\Omega)$: $p_{i,j} = \dfrac{\text{card}(X = x_i \cap Y = y_j)}{120}$

On représente la loi du couple (X,Y) par un tableau à double entrée donnant les valeurs de $p_{ij} = P(X = x_i \cap Y = y_j)$:

Y \ X	0	1	2	3	Total
0	$\dfrac{4}{120}$	$\dfrac{24}{120}$	$\dfrac{24}{120}$	$\dfrac{4}{120}$	$\dfrac{7}{15}$
1	$\dfrac{12}{120}$	$\dfrac{32}{120}$	$\dfrac{12}{120}$	0	$\dfrac{7}{15}$
2	$\dfrac{4}{120}$	$\dfrac{4}{120}$	0	0	$\dfrac{1}{15}$
Total	$\dfrac{5}{30}$	$\dfrac{15}{30}$	$\dfrac{9}{30}$	$\dfrac{1}{30}$	1

Par exemple l'événement $(X=2) \cap (Y = 1)$ est l'événement : " on a tiré deux boules blanches et une boule noire ". Il y a $C_4^2 = 6$ façons de choisir les 2 boules blanches et 2 façons de tirer la boule noire.

Donc $P[(X=2) \cap (Y = 1)] = \dfrac{6 \times 2}{120} = \dfrac{12}{120}$.

1-2 Caractérisation

Théorème : $\{((x_i, y_j), p_{ij}); 1 \le i \le n, 1 \le j \le p\}$ est la loi de probabilité d'un couple de variables aléatoires réelles si et seulement si :
$$\begin{cases} \forall (i,j) \in \{1,...,n\} \times \{1,...,p\},\ p_{ij} \ge 0, \\ \sum_{i=1}^{n} \sum_{j=1}^{p} p_{ij} = 1. \end{cases}$$

Vérifier la loi du couple (X, Y) c'est s'assurer que ces deux conditions sont satisfaites.

Exemple : Vérifions la loi du couple (X, Y) défini au paragraphe précédent :
$$\begin{cases} \forall (i,j) \in \{0,1,2,3\} \times \{0,1,2\},\ p_{ij} = P[(X=i) \cap (Y=j)] \ge 0, \\ \sum_{i=0}^{3} \sum_{j=0}^{2} P[(X=i) \cap (Y=j)] = \frac{4}{120} + \frac{12}{120} + \frac{4}{120} + \frac{24}{120} + \frac{32}{120} + \frac{4}{120} + \frac{24}{120} + \frac{12}{120} + \frac{4}{120} = 1. \end{cases}$$

1-3 Lois marginales

Définition : *Soit (X, Y) un couple de variables aléatoires réelles définies sur le même espace probabilisé fini $(\Omega, \mathcal{P}(\Omega), P)$. Les lois de probabilité de X et Y sont appelées **lois marginales** du couple (X, Y).*

Proposition : *Les lois marginales du couple (X, Y) où $X(\Omega) = \{x_1,...,x_n\}$ et $Y(\Omega) = \{y_1,...,y_p\}$ sont définies par :*
$$\forall i \in \{1,...,n\},\ P(X=x_i) = \sum_{j=1}^{p} P[(X=x_i) \cap (Y=y_j)] = \sum_{j=1}^{p} p_{ij}$$
$$\forall j \in \{1,...,p\},\ P(Y=y_j) = \sum_{i=1}^{n} P[(X=x_i) \cap (Y=y_j)] = \sum_{i=1}^{n} p_{ij}$$

Preuve : Les événements $(Y=y_j)_{1 \le j \le p}$ forment un système complet d'événements donc
$$\forall i \in \{1,...,n\},\ (X=x_i) = (X=x_i) \cap \left(\bigcup_{j=1}^{p} (Y=y_j) \right)$$
$$= \bigcup_{j=1}^{p} [(X=x_i) \cap (Y=y_j)].$$

Les événements $[(X=x_i) \cap (Y=y_j)]$ étant deux à deux incompatibles on a :
$$P(X=x_i) = \sum_{j=1}^{p} P[(X=x_i) \cap (Y=y_j)] = \sum_{j=1}^{p} p_{ij}.$$

De même : $P(Y=y_j) = \sum_{i=1}^{n} P[(X=x_i) \cap (Y=y_j)] = \sum_{i=1}^{n} p_{ij}.$

Remarque : Les lois marginales peuvent être déterminées à l'aide du tableau de la loi conjointe. Ainsi, dans l'exemple précédent, la loi de X correspond à la dernière ligne du tableau de la loi conjointe; la loi de Y correspond à la dernière colonne.

x_i	0	1	2	3
$P(X = x_i)$	5/30	15/30	9/30	1/30

y_j	0	1	2
$P(Y = y_j)$	7/15	7/15	1/15

1-4 Lois conditionnelles

Définition : Soit X une variable aléatoire réelle définie sur l'espace probabilisé fini $(\Omega, \mathcal{P}(\Omega), P)$ et soit A un événement de $\mathcal{P}(\Omega)$ de probabilité non nulle. On appelle loi de X conditionnée par l'événement A l'ensemble des couples $[x_i, P((X = x_i)/A)]$ où x_i décrit $X(\Omega)$.

Remarque : On peut représenter la loi de X conditionnée par l'événement A sous la forme d'un tableau :

x_i	x_1	x_2	...	...	x_n	Total
$P(X=x_i / A)$	$P(X=x_1 / A)$	...	...	...	$P(X=x_n / A)$	1

Les événements $(X = x_i)_{1 \leq i \leq n}$ formant un système complet d'événements on a :
$$\sum_{i=1}^{n} P(X = x_i / A) = 1.$$
(La probabilité conditionnelle P_A est σ-additive).

Exemple : Reprenons les données de l'exemple précédent et désignons par A l'événement "Le tirage contient une boule rouge". La loi de X conditionnée par l'événement A est donnée par l'ensemble des couples (i , P [(X = i) / A]) lorsque i décrit {0, 1, 2, 3}.

On a : $P(A) = \dfrac{C_4^1 \times C_6^2}{120} = \dfrac{4 \times 15}{120} = \dfrac{1}{2}$ et $P[(X=i)/A] = \dfrac{P[(X=i) \cap A]}{P(A)} = 2[P(X=i) \cap A]$.

i	0	1	2	3	Total
$P[(X=i)/A]$	$2\dfrac{C_4^0 C_2^2 C_4^1}{120} = \dfrac{1}{15}$	$2\dfrac{C_4^1 C_2^1 C_4^1}{120} = \dfrac{8}{15}$	$2\dfrac{C_4^2 C_2^0 C_4^1}{120} = \dfrac{6}{15}$	0	1

2 SOMME ET PRODUIT DE V.A.R. : MOMENTS

2-1 Espérance de $Z = g(X, Y)$

Proposition : *Soient X, Y deux variables aléatoires réelles définies sur le même espace probabilisé fini $(\Omega, \mathcal{P}(\Omega), P)$ et soit g une fonction définie sur l'ensemble des valeurs prises par le couple (X, Y) de variables aléatoires.*
La variable aléatoire $Z = g(X, Y)$ admet une espérance définie par :
$$E(Z) = \sum_{\substack{x_i \in X(\Omega) \\ y_j \in Y(\Omega)}} g(x_i, y_j) p_{ij} = \sum_{\substack{x_i \in X(\Omega) \\ y_j \in Y(\Omega)}} g(x_i, y_j) P[(X = x_i) \cap (Y = y_j)].$$

Preuve : Soit Z la variable aléatoire définie par $Z = g(X, Y)$. Pour tout z appartenant à $\mathbb{R}$, l'événement $(Z = z)$ est la réunion disjointe des événements $[(X = x_i) \cap (Y = y_j)]$ avec $g(x_i, y_j) = z$. D'où :
$$P(Z = z) = \sum_{x_i, y_j / g(x_i, y_j) = z} P[(X = x_i) \cap (Y = y_j)].$$

On a alors, avec les notations usuelles :
$$E(Z) = \sum_{z \in Z(\Omega)} z P(Z = z) = \sum_{z \in Z(\Omega)} z \sum_{x_i, y_j / g(x_i, y_j) = z} P[(X = x_i) \cap (Y = y_j)]$$
$$= \sum_{z \in Z(\Omega)} \sum_{x_i, y_j / g(x_i, y_j) = z} z p_{ij} = \sum_{z \in Z(\Omega)} \sum_{x_i, y_j / g(x_i, y_j) = z} g(x_i, y_j) p_{ij}.$$

Or $\{(x_i, y_j); g(x_i, y_j) = z, z \in Z(\Omega)\} = \{(x_i, y_j); x_i \in X(\Omega), y_j \in Y(\Omega)\}$. Donc :
$$E(Z) = \sum_{x_i \in X(\Omega)} \sum_{y_j \in Y(\Omega)} g(x_i, y_j) p_{ij}.$$

2-2 Linéarité de l'espérance

Nous avons déjà énoncé la propriété suivante (voir **chapitre 4**) :

Propriété : *Si X et Y sont deux variables aléatoires réelles définies sur le même espace probabilisé fini $(\Omega, \mathcal{P}(\Omega), P)$ alors pour tout réel λ :*
$$E(X + Y) = E(X) + E(Y) ;$$
$$E(\lambda X) = \lambda E(X).$$
(linéarité de l'espérance).

Preuve :

. $E(\lambda X) = \sum_{x_i \in X(\Omega)} \lambda x_i P(X = x_i) = \lambda \sum_{x_i \in X(\Omega)} x_i P(X = x_i)$, c'est à dire : $E(\lambda X) = \lambda E(X)$.

. Soit Z la variable définie par $Z = X + Y$; d'après l'étude faite au paragraphe précédent :
$$E(X+Y) = E(Z) = \sum_{x_i \in X(\Omega)} \sum_{y_j \in Y(\Omega)} (x_i + y_j) p_{ij} = \sum_{x_i \in X(\Omega)} \sum_{y_j \in Y(\Omega)} x_i p_{ij} + \sum_{x_i \in X(\Omega)} \sum_{y_j \in Y(\Omega)} y_j p_{ij}$$
$$= \sum_{x_i \in X(\Omega)} x_i \sum_{y_j \in Y(\Omega)} p_{ij} + \sum_{y_j \in X(\Omega)} y_j \sum_{x_i \in Y(\Omega)} p_{ij}$$

Par propriété (voir paragraphe **1-3**) :

$$\sum_{y_j \in Y(\Omega)} p_{ij} = P(X = x_i) \text{ et } \sum_{x_i \in X(\Omega)} p_{ij} = P(Y = y_j).$$

On en déduit :
$$E(X+Y) = \sum_{x_i \in X(\Omega)} x_i P(X = x_i) + \sum_{y_j \in Y(\Omega)} y_j P(Y = y_j)$$

c'est à dire :
$$E(X + Y) = E(X) + E(Y).$$

2-3 Espérance du produit de deux variables aléatoires

Propriété 1 : *Si X et Y sont deux variables aléatoires réelles définies sur le même espace probabilisé fini $(\Omega, \mathcal{P}(\Omega), P)$ on a :*
$$E(XY) = \sum_{x_i \in X(\Omega)} \sum_{y_j \in Y(\Omega)} x_i y_j p_{ij}.$$

Cela résulte de la proposition 2-1 (on l'applique à la variable $Z = XY$).

Propriété 2 : *Si X et Y sont deux variables aléatoires discrètes **indépendantes** définies sur le même espace probabilisé fini $(\Omega, \mathcal{P}(\Omega), P)$ on a :*
$$E(XY) = E(X) E(Y).$$

Preuve : On a : $E(XY) = \sum_{x_i \in X(\Omega)} \sum_{y_j \in Y(\Omega)} x_i y_j p_{ij}$.

Si X et Y sont indépendantes alors $p_{ij} = P[(X = x_i) \cap (Y = y_j)] = P(X = x_i) P(Y = y_j)$.

D'où
$$E(XY) = \sum_{x_i \in X(\Omega)} \sum_{y_j \in Y(\Omega)} x_i y_j P(X = x_i) P(Y = y_j) = \sum_{x_i \in X(\Omega)} x_i P(X = x_i) \sum_{y_j \in Y(\Omega)} y_j P(Y = y_j)$$

c'est à dire :
$$E(XY) = E(X) E(Y).$$

Remarque importante : L'indépendance des variables aléatoires réelles X et Y n'est pas une condition nécessaire pour avoir $E(XY) = E(X) E(Y)$.

Exemple : Considérons le couple de v.a.r. (X,Y) dont la loi conjointe est donnée par le tableau :

X \ Y	1	2	3	4	5	P_X
-1	0	0	1/3	0	0	1/3
0	0	2/9	0	2/9	0	4/9
3	1/9	0	0	0	1/9	2/9
P_Y	1/9	2/9	1/3	2/9	1/9	1

$P[(X = 0) \cap (Y = 3)] = 0$; $P(X = 0) \times P(Y = 3) = 4/27$;   donc X et Y ne sont pas indépendantes.

Or $E(X) = 1/3$, $E(Y) = 3$ et $E(XY) = -1 \times 3 \times 1/3 + 3 \times 1 \times 1/9 + 3 \times 5 \times 1/9 = 1$ d'où :
E(XY) = E(X) E(Y) bien que X et Y ne soient pas indépendantes.

2-4 Covariance

Définition *: Soient X et Y deux variables aléatoires réelles sur le même espace probabilisé fini $(\Omega, \mathcal{P}(\Omega), P)$. On appelle **covariance** de X et de Y et l'on note cov (X, Y), le réel défini par :*
$$cov(X, Y) = E[(X - E(X))(Y - E(Y))].$$

Remarque *: Si $X = Y$ on obtient : $cov(X, X) = V(X)$.*

Propriétés *:*

P1 : $cov(X, Y) = E(XY) - E(X) E(Y) = \sum_{i,j} x_i y_j p_{ij} - E(X)E(Y)$

Preuve : Notons $m = E(X)$ et $p = E(Y)$. On a :
$$cov(X, Y) = E[(X - m)(Y - p)] = E(XY - pX - mY + mp).$$
Par linéarité de l'espérance :
$$cov(X, Y) = E(XY) - pE(X) - mE(Y) + E(mp).$$
Or : $E(X) = m$, $E(Y) = p$, $E(mp) = mp$. En remplaçant :
$$cov(X, Y) = E(XY) - pm - mp + mp = E(XY) - mp$$
c'est à dire : $cov(X, Y) = E(XY) - E(X) E(Y)$.

Remarque : Cette propriété généralise la formule de Koenig-Huygens. Dans la pratique on la préfère à celle de la définition.

P2 : *La covariance est une **forme bilinéaire symétrique** :*
$$cov(X, Y) = cov(Y, X) ;$$
$$cov(\lambda X + \mu Y, Z) = \lambda \, cov(X, Z) + \mu \, cov(Y, Z)$$
$$cov(X, \lambda Y + \mu Z) = \lambda \, cov(X, Y) + \mu \, cov(X, Z)$$

Preuve : La première propriété (symétrie) résulte de la définition.

Démontrons la bilinéarité :

$cov(\lambda X + \mu Y, Z) = E[((\lambda X + \mu Y) - E(\lambda X + \mu Y))(Z - E(Z))]$
$= E[(\lambda(X - E(X)) + \mu(Y - E(Y)))(Z - E(Z))]$
$= E[\lambda(X - E(X))(Z - E(Z))] + E[\mu(Y - E(Y))(Z - E(Z))]$
$= \lambda \, cov(X, Z) + \mu \, cov(Y, Z)$.

La dernière égalité se déduit de la précédente par symétrie.

Exemple : Soit (X, Y) un couple de v.a.r. Simplifier l'écriture de : $\text{cov}(2X - Y, X + Y)$.

. Par linéarité par rapport à la première variable :
$\text{cov}(2X - Y, X + Y) = 2\,\text{cov}(X, X + Y) - \text{cov}(Y, X + Y)$.

. Par linéarité par rapport à la seconde variable :
$\text{cov}(2X - Y, X + Y) = 2\,\text{cov}(X, X) + 2\,\text{cov}(X, Y) - \text{cov}(Y, X) - \text{cov}(Y, Y)$.

. Remarquons que : $\text{cov}(X, X) = V(X)$; $\text{cov}(Y, Y) = V(Y)$ et $\text{cov}(X, Y) = \text{cov}(Y, X)$.
On en déduit : $\text{cov}(2X - Y, X + Y) = 2V(X) + \text{cov}(X, Y) - V(Y)$.

P3 : *Si les variables aléatoires réelles X et Y sont **indépendantes** alors*
$$\text{cov}(X, Y) = 0.$$

Preuve : Par la propriété **P1** : $\text{cov}(X, Y) = E(XY) - E(X)E(Y)$. Or on sait que si X et Y sont indépendantes alors $E(XY) = E(X)E(Y)$ (propriété 2, paragraphe **2-3**). Le résultat s'en déduit.

Attention, la réciproque est fausse : La nullité de la covariance n'entraîne pas nécessairement l'indépendance des v.a.r. X et Y (voir exemple du paragraphe **2-3**).

2-5 Variance de la somme de deux variables aléatoires

Proposition 1 : *Soient X et Y deux variables aléatoires réelles sur le même espace probabilisé fini $(\Omega, \mathcal{P}(\Omega), P)$. On a :*
$$V(X + Y) = V(X) + V(Y) + 2\,\text{cov}(X, Y).$$

Preuve :
$$\begin{aligned}
V(X + Y) &= E[(X+Y)^2] - [E(X+Y)]^2 \\
&= E(X^2 + 2XY + Y^2) - [E(X) + E(Y)]^2 \\
&= E(X^2) + 2E(XY) + E(Y^2) - E(X)^2 - 2E(X)E(Y) - E(Y)^2 \\
&= E(X^2) - E(X)^2 + E(Y^2) - E(Y)^2 + 2[E(XY) - E(X)E(Y)] \\
&= V(X) + V(Y) + 2\,\text{cov}(X, Y).
\end{aligned}$$

Remarque : $V(X - Y) = V(X + (-Y)) = V(X) + V(-Y) + 2\,\text{cov}(X, -Y)$, c'est à dire, à l'aide des propriétés de la variance et de la covariance :
$$\boxed{V(X - Y) = V(X) + V(Y) - 2\,\text{cov}(X, Y)}$$

Indépendance :

Proposition 2 : *Soient X et Y deux variables aléatoires réelles **indépendantes** définies sur le même espace probabilisé fini $(\Omega, \mathcal{P}(\Omega), P)$. On a :*
$$V(X + Y) = V(X) + V(Y).$$

Ceci résulte de la propriété **P3** du paragraphe précédent.

3 CORRELATION LINEAIRE

3-1 Inégalité de Cauchy-Schwarz

> **Proposition 1** : Soient X et Y deux variables aléatoires réelles sur le même espace probabilisé fini $(\Omega, \mathcal{P}(\Omega), P)$. On a :
> $$|\text{cov}(X,Y)| \leq \sqrt{V(X)}.\sqrt{V(Y)}.$$

Remarque : Cette inégalité, dite *de Cauchy-Schwarz* s'écrit, de manière équivalente :
$$|\text{cov}(X, Y)| \leq \sigma(X).\sigma(Y).$$
($\sigma(X)$ désignant l'écart-type de X).

Preuve : Pour tout réel λ on a : $V(\lambda X + Y) \geq 0$ (la variance d'une v.a.r. est toujours positive). D'après les propriétés de la variance et de la covariance on a donc :
$$\forall \lambda \in \mathbb{R},\ 0 \leq V(\lambda X + Y) = V(\lambda X) + 2\,\text{cov}(\lambda X, Y) + V(Y)$$
$$= \lambda^2 V(X) + 2\lambda\,\text{cov}(X, Y) + V(Y).$$
$V(X)$, $\text{cov}(X,Y)$ et $V(Y)$ étant des constantes on obtient un polynôme de la variable λ. En désignant par P ce polynôme on a montré :
$$\forall \lambda \in \mathbb{R},\ P(\lambda) = \lambda^2 V(X) + 2\lambda\,\text{cov}(X, Y) + V(Y) \geq 0.$$

• *Si $V(X) = 0$* : P est un binôme de degré ≤ 1 (fonction affine) toujours positif. Le coefficient de λ est donc nul, c'est à dire : $\text{cov}(X, Y) = 0$. Dans ce cas, l'inégalité est vérifiée.

• *Si $V(X) \neq 0$* : P est un trinôme de degré 2 en λ, toujours positif. Le signe de P étant constant, son discriminant simplifié Δ' est négatif. On obtient donc :
$$\Delta' = [\text{cov}(X, Y)]^2 - V(X).V(Y) \leq 0$$
c'est à dire :
$$[\text{cov}(X, Y)]^2 \leq V(X).V(Y)$$
ou encore :
$$|\text{cov}(X,Y)| \leq \sqrt{V(X)}.\sqrt{V(Y)}.$$
Dans les deux cas l'inégalité est vérifiée.

Cas d'égalité :

> **Proposition 2** : Soient X et Y deux variables aléatoires réelles sur le même espace probabilisé fini $(\Omega, \mathcal{P}(\Omega), P)$ telles que $V(X) \neq 0$. On a :
> $$|\text{cov}(X,Y)| = \sqrt{V(X)}.\sqrt{V(Y)}$$
> si et seulement si il existe deux réels a et b tels que $P(Y = aX + b) = 1$ (on dit que Y est une fonction (quasi)-affine de X).

Preuve : Si $V(X) \neq 0$ l'égalité de l'énoncé est vérifiée si et seulement si le discriminant Δ' du polynôme P (notations précédentes) est nul c'est à dire si et seulement si P admet une racine double λ_0 : $P(\lambda_0) = V(\lambda_0 X + Y) = 0$.

$V(\lambda_0 X + Y) = 0$ si et seulement si il existe un réel μ_0 tel que $P(\lambda_0 X + Y = \mu_0) = 1$, c'est à dire : $P(Y = -\lambda_0 X + \mu_0) = 1$ soit, avec d'autres notations $P(Y = aX + b) = 1$.

3-2 Coefficient de corrélation linéaire

> **Définition :** Soient X et Y deux variables aléatoires réelles définies sur le même espace probabilisé fini $(\Omega, \mathcal{P}(\Omega), P)$ et admettant des variances non nulles.
> Le nombre $\rho(X, Y)$ défini par : $\rho(X,Y) = \dfrac{\operatorname{cov}(X,Y)}{\sigma(X).\sigma(Y)}$ est appelé **coefficient de corrélation linéaire** des deux variables aléatoires X et Y.

> **Propriété :** Pour tout couple (X, Y) de variables aléatoires réelles définies sur le même espace probabilisé fini $(\Omega, \mathcal{P}(\Omega), P)$ et de variances non nulles on a : $|\rho(X, Y)| \leq 1$.
> De plus $|\rho(X, Y)| = 1$ si et seulement si Y est une fonction quasi-affine de X (c'est à dire s'il existe $(a, b) \in \mathbb{R}^2$ tel que : $P(Y = aX + b) = 1$).

Cela résulte de l'inégalité de Cauchy-Schwarz et du cas particulier de l'égalité.

Remarques :
- Le coefficient de corrélation linéaire mesure (grossièrement) la dépendance linéaire des variables X et Y : plus $|\rho(X, Y)|$ est proche de 1 plus la probabilité qu'il existe une relation de dépendance affine ($Y = aX + b$) entre X et Y est grande.
- Si les variables X et Y sont indépendantes alors $\operatorname{cov}(X, Y) = 0$ donc $\rho(X, Y) = 0$. La réciproque est fausse.
- Si $\rho(X, Y) = 0$ les variables aléatoires sont dites *non corrélées*.
- Le nombre $\rho(X, Y)$ peut se calculer sous la forme :

$$\rho(X,Y) = \dfrac{\displaystyle\sum_{i,j} x_i y_j p_{ij} - E(X)E(Y)}{\sqrt{\displaystyle\sum_i x_i^2 p_{i.} - E(X)^2}\sqrt{\displaystyle\sum_j y_j^2 p_{.j} - E(Y)^2}}.$$

Remarque : Ce coefficient est surtout utilisé en statistiques.

4 VECTEURS ALEATOIRES

On peut généraliser les résultats précédents au cas d'un n-uplet de variables aléatoires réelles $(X_1, ..., X_n)$ appelé *vecteur aléatoire*.

4-1 Loi de probabilité

> **Définition :** Soient $X_1, ..., X_n$ n variables aléatoires réelles définies sur le même espace probabilisé fini $(\Omega, \mathcal{P}(\Omega), P)$.
> La loi conjointe du vecteur aléatoire $(X_1, ..., X_n)$ est l'ensemble des couples :
> $$[(x_1, ..., x_n), P(X_1 = x_1 \cap ... \cap X_n = x_n)]$$
> où $x_1, ..., x_n$ décrivent respectivement $X_1(\Omega), ..., X_n(\Omega)$.

Caractérisation :

Théorème : $\left\{\left((x_{i_1},...,x_{i_n}), p_{i_1...i_n}\right); 1 \le i_1 \le k_1, ..., 1 \le i_n \le k_n\right\}$ *est la loi de probabilité d'un n-uplet de variables aléatoires réelles si et seulement si :*
$$\begin{cases} \forall (i_1,...,i_n) \in \{1,...,k_1\} \times ... \times \{1,...,k_n\}, \, p_{i_1...i_n} \ge 0, \\ \sum_{i_1=1}^{k_1} ... \sum_{i_n=1}^{k_n} p_{i_1...i_n} = 1. \end{cases}$$

4-2 Lois marginales

Définition : *Soient $X_1, ..., X_n$ n variables aléatoires réelles définies sur le même espace probabilisé fini $(\Omega, \mathcal{P}(\Omega), P)$.*
*Les lois de probabilité de chacune des variables aléatoires réelles $X_1, ..., X_n$ sont appelées **lois marginales** du vecteur $(X_1,...,X_n)$.*

Proposition : *Soit $(X_1, ..., X_n)$ un vecteur aléatoire. Pour tout i appartenant à $\{1,...,n\}$ la loi de probabilité de la variable aléatoire réelle X_i est définie par :*
$$\forall x_i \in X_i(\Omega),\; P(X_i = x_i) = \sum_{x_1 \in X_1(\Omega)} ... \sum_{x_{i-1} \in X_{i-1}(\Omega)} \sum_{x_{i+1} \in X_{i+1}(\Omega)} ... \sum_{x_n \in X_n(\Omega)} P\left[\bigcap_{i=1}^{n}(X_i = x_i)\right]$$

4-3 Indépendance

Rappel : $X_1, ..., X_n$ sont dites *indépendantes* (ou *mutuellement indépendantes*) si :
$$\forall (x_1,...,x_n) \in \mathbf{R}^n,\; P\left[\bigcap_{i=1}^{n}(X_i = x_i)\right] = \prod_{i=1}^{n} P(X_i = x_i).$$
(On dit que *la loi conjointe est le produit des lois marginales*).
Si $X_1, ...,X_n$ sont des variables aléatoires réelles mutuellement indépendantes, toute variable aléatoire réelle fonction de p variables X_i est indépendante de toute variable aléatoire réelle fonction des (n - p) autres variables (chapitre 4, paragraphe **5-3**).

Propriété : *Toute sous-famille $X_{i_1}, ..., X_{i_k}$ d'une famille $X_1, ..., X_n$ de v.a.r. indépendantes est une famille de v.a.r. indépendantes.*

Cas d'une suite infinie de variables aléatoires discrètes :

Définition : *Soit $(X_n)_{n \in \mathbb{N}}$ une suite de variables aléatoires discrètes définies sur le même espace probabilisé fini $(\Omega, \mathcal{P}(\Omega), P)$. On dit que cette suite est une **suite de variables aléatoires indépendantes** si toute sous-suite finie est formée de variables aléatoires mutuellement indépendantes.*

Exemple : Considérons une urne contenant des boules blanches (proportion p) et des boules noires (proportion 1 - p). On effectue des tirages successifs avec remise dans cette urne. Pour tout entier i on note X_i la variable aléatoire réelle qui vaut 1 si le $i^{ème}$ tirage amène une boule blanche et 0 sinon. Il est clair que X_i suit une loi de Bernoulli de paramètre p. La suite (X_n) est une suite de v.a.r. (mutuellement) indépendantes.

lien entre indépendance de v.a.r. et indépendance d'événements :

On vérifie aisément :

Proposition : *Soient A_1, ..., A_n des événements d'un même espace probabilisé fini $(\Omega, \mathcal{P}(\Omega), P)$. Ces événements sont mutuellement indépendants si et seulement si leurs variables indicatrices le sont.*

4-4 Linéarité de l'espérance

On peut généraliser la propriété énoncée au **paragraphe 2** (récurrence) :

Propriété : *Si X_1, ..., X_n sont n variables aléatoires réelles définies sur le même espace probabilisé fini $(\Omega, \mathcal{P}(\Omega), P)$ alors, pour tout $(\lambda_1, ..., \lambda_n) \in R^n$:*
$$E\left(\sum_{i=1}^{n}\lambda_i X_i\right) = \sum_{i=1}^{n}\lambda_i E(X_i)$$

4-5 Variance de la somme de n variables

Proposition : *Soient X_1, ..., X_n des variables aléatoires réelles définies sur le même espace probabilisé fini $(\Omega, \mathcal{P}(\Omega), P)$. On a :*
$$V(X_1+...+X_n) = V(X_1)+...+V(X_n) + 2\sum_{1\leq i<j\leq n}\text{cov}(X_i, X_j).$$

Preuve : On le montre par récurrence sur l'entier n, $n \geq 2$.
La propriété est vérifiée au rang 2 (voir paragraphe 2-5).
Supposons la propriété vérifiée à un certain rang $n \geq 2$. On a :
$V(X_1 + ... + X_n + X_{n+1}) = V(X_1 + ... + X_n) + V(X_{n+1}) + 2 \text{ cov }(X_1 +...+ X_n, X_{n+1})$
Or $\text{cov }(X_1 + ... + X_n, X_{n+1}) = \text{cov }(X_1, X_{n+1}) + ... + \text{cov}(X_n, X_{n+1})$.
En remplaçant $V(X_1 + ... + X_n)$ par l'expression donnée par l'hypothèse de récurrence on obtient l'égalité attendue au rang $n + 1$.
La propriété est vérifiée au rang 2; elle est héréditaire. Par le théorème de récurrence elle est vraie à tout rang $n \geq 2$.

En particulier : Si les v.a.r. X_1, ..., X_n sont deux à deux indépendantes on a :
$$V(X_1 + ... + X_n) = V(X_1) + ... + V(X_n).$$

T.P. : LOIS CONDITIONNELLES

Problème

I Soit n un entier supérieur ou égal à 2.

1°) Calculer : $S_1 = \sum_{k=0}^{n} C_n^k$; $S_2 = \sum_{k=1}^{n} k C_n^k$; $S_3 = \sum_{k=1}^{n} k^2 C_n^k$.

2°) On dispose de morceaux de papier identiques au toucher. Sur chacun d'eux est inscrit un ensemble de nombres entiers deux à deux distincts et compris entre 1 et n, de manière à ce que les ensembles de nombres inscrits soient tous distincts et que toutes les possibilités d'ensembles soient représentées, y compris un morceau de papier sans inscription. On place ces morceaux de papier dans une urne U_1 et on effectue un tirage au hasard d'un tel morceau, de manière équiprobable. On note X le nombre d'entiers inscrits sur le morceau tiré.
   a) Trouver la loi de X.
   b) A l'aide du 1°) calculer en fonction de n : E(X) et V(X).
   c) Quelle est la loi classique suivie par X ? Retrouver les résultats du b).

II On dispose également d'une urne U_2 contenant a boules blanches et b boules noires toutes identiques (a et b entiers naturels non nuls). On effectue alors l'expérience suivante : on tire un morceau de papier dans l'urne U_1. Si le nombre d'entiers inscrits est k, on effectue alors dans U_2 k tirages successifs d'une boule que l'on remet dans U_2 après chaque tirage. On note Y le nombre de boules blanches obtenues.
   1°) Pour $s \in [0, n]$ et $r \in [0, n]$, calculer $P(Y = s / X = r)$ en fonction de a, b, r et s.

   2°) Montrer que si $0 \leq s \leq r \leq n$ on a : $C_n^r C_r^s = C_n^s C_{n-s}^{r-s}$.
   En déduire que Y suit une loi classique dont on précisera les paramètres.

   3°) Exprimer E(Y) et V(Y) en fonction de n, a, b.

III On suppose dans cette partie que $n = a + b$. On effectue l'expérience suivante : on tire un morceau de papier dans l'urne U_1; si le nombre d'entiers inscrits est k, on effectue un tirage sans remise de k boules dans U_2. On note Z le nombre de boules blanches obtenues.

1°) a) Pour $s \in [0, a]$ et $k \in [0, n]$, exprimer $P(Z = s / X = k)$ en fonction de a, b, s et k.
   b) Montrer que Z suit une loi analogue à celle de X. En déduire E(Z) et V(Z).

2°) Déterminer la loi du couple (X, Z) et calculer sa covariance.

- EXERCICES -

1- Soient X et Y deux variables aléatoires prenant leurs valeurs respectivement dans $\{0,1,2\}$ et $\{0,1\}$. La loi du couple (X,Y) est donnée par le tableau :

X / Y	0	1	2
0	a	11a	a
1	6a	5a	6a

1°) Déterminer le réel a et les lois marginales du couple (X, Y).
2°) Calculer la covariance de ce couple.
3°) X et Y sont-elles indépendantes ?

2- Soient X et Y deux variables de Bernoulli indépendantes de même paramètre $p \in]0,1[$.
1°) Déterminer les lois des variables $S = X + Y$ et $D = X - Y$.
2°) Déterminer la loi du couple (S, D). Calculer cov (S, D).
3°) Les variables S et D sont-elles indépendantes ?

3- 1°) Soient X et Y deux variables de Bernoulli. Montrer que :
$$E(XY) = P[(X=1) \cap (Y=1)].$$
2°) Etablir que : deux variables de Bernoulli sont indépendantes si et seulement si leur covariance est nulle.

4- On considère une urne contenant n boules numérotées de 1 à n ($n \geq 3$). On en tire deux simultanément. Soit X la variable aléatoire égale au plus petit des deux numéros obtenus et Y la variable aléatoire égale au plus grand des deux numéros.
1°) Déterminer la loi du couple (X, Y).
2°) En déduire les lois de chacune de ces variables.
3°) Etudier l'indépendance des variables X et Y et calculer la covariance de X et Y.

5- On considère les réels $p_{ij} = \alpha\, i.j$ pour $1 \leq i \leq n$ et $1 \leq j \leq n$.
1°) Déterminer α pour que l'ensemble des couples $\left((i,j), p_{ij}\right)_{(i,j) \in \{1,...,n\}^2}$ définisse la loi d'un couple de variables aléatoires réelles (X, Y).
2°) Déterminer les lois des variables X et Y et étudier l'indépendance de ces variables.
3°) En déduire cov (X, Y) puis E(XY).

6- Soient X, Y deux variables aléatoires indépendantes suivant respectivement les lois binomiales $\mathcal{B}(n, p)$ et $\mathcal{B}(m, p)$.
1°) Trouver la loi de $S = X + Y$.
2°) Soit s un entier naturel inférieur ou égal à $n + m$.
Déterminer la loi de X conditionnée par l'événement (S = s).

7- Soient X, Y deux variables telles que X suit la loi binomiale $\mathcal{B}(n, p)$ et, pour tout entier x vérifiant $0 \leq x \leq n$, la loi de Y conditionnée par l'événement (X = x) est la loi binomiale $\mathcal{B}(n - x, p)$. Quelle est la loi de Y ?

8- On considère une urne contenant n boules numérotées de 1 à n ($n \geq 2$). On vide l'urne en tirant successivement et sans remise les n boules. Pour $i \in \{1, ..., n\}$ on désigne par X_i la variable de Bernoulli prenant la valeur 1 dans le seul cas où la boule numérotée i est tirée au $i^{\text{ème}}$ tirage.
1°) Préciser la loi et l'espérance des variables X_i.
2°) Pour $i \neq j$ déterminer cov (X_i, X_j). Les variables X_i et X_j sont-elles indépendantes ?
3°) Soit X la variable aléatoire associée au nombre de boules dont le rang du tirage correspond au numéro. Déterminer l'espérance et la variance de X.

9- Soit $(X_n)_{n \in \mathbb{N}}$ une suite de variables aléatoires indépendantes suivant toutes la même loi de Bernoulli de paramètre p, $p \in]0, 1[$.
Pour $n \in \mathbb{N}$, on pose : $Y_n = X_n X_{n+1}$.
1°) Reconnaître la loi de Y_n.
2°) Y_n et Y_{n+1} sont-elles indépendantes ?
3°) Espérance et variance de $S_n = Y_1 + ... + Y_n$.

Problème

10- On considère des dés dont certains sont pipés. Pour un dé pipé la probabilité d'apparition d'une face est proportionnelle au numéro de cette face.
1°) Calculer la probabilité d'obtenir 6 avec un dé pipé.
2°) On lance n fois de suite un dé pipé et on appelle X la variable aléatoire égale au nombre de fois où le 6 est sorti. Déterminer la loi de X, son espérance, sa variance.
3°) k étant un entier naturel inférieur ou égal à n, si X = k on lance alors à nouveau k fois de suite le dé pipé et on appelle Y la variable aléatoire égale au nombre de fois où le 6 est apparu lors de ces k lancers. Si k = 0 on pose Y = 0.
  a) Calculer $P(Y = i / X = k)$ pour $0 \leq i \leq k$.
  b) Déterminer la loi de Y, son espérance, sa variance.

NOMBRES COMPLEXES POLYNOMES

1 RAPPELS D'ALGEBRE

1-1 Formulaire de trigonométrie

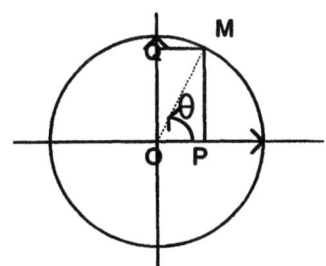

$\overline{OP} = \cos\theta$

$\overline{OQ} = \sin\theta$

$\cos^2\theta + \sin^2\theta = 1$

$\tan\theta = \dfrac{\sin\theta}{\cos\theta}, \ \theta \neq \dfrac{\pi}{2} + k\pi$

Formules d'addition	*Formules de transformation*
$\cos(a+b) = \cos a \cos b - \sin a \sin b$ $\cos(a-b) = \cos a \cos b + \sin a \sin b$ $\sin(a+b) = \sin a \cos b + \cos a \sin b$ $\sin(a-b) = \sin a \cos b - \cos a \sin b$ $\tan(a+b) = \dfrac{\tan a + \tan b}{1 - \tan a \tan b}$; $\tan(a-b) = \dfrac{\tan a - \tan b}{1 + \tan a \tan b}$ $\cos 2a = \cos^2 a - \sin^2 a = 2\cos^2 a - 1 = 1 - 2\sin^2 a$ $\sin 2a = 2 \sin a \cos a$ $\cos^2 a = \dfrac{1}{2}(1 + \cos 2a)$; $\sin^2 a = \dfrac{1}{2}(1 - \cos 2a)$ si $t = \tan\dfrac{a}{2}$: $\cos a = \dfrac{1-t^2}{1+t^2}$; $\sin a = \dfrac{2t}{1+t^2}$; $\tan a = \dfrac{2t}{1-t^2}$	$\cos a \cos b = \dfrac{1}{2}\big[\cos(a+b) + \cos(a-b)\big]$ $\sin a \sin b = \dfrac{1}{2}\big[\cos(a-b) - \cos(a+b)\big]$ $\sin a \cos b = \dfrac{1}{2}\big[\sin(a+b) + \sin(a-b)\big]$ $\cos p + \cos q = 2 \cos\dfrac{p+q}{2} \cos\dfrac{p-q}{2}$ $\cos p - \cos q = -2 \sin\dfrac{p+q}{2} \sin\dfrac{p-q}{2}$ $\sin p + \sin q = 2 \sin\dfrac{p+q}{2} \cos\dfrac{p-q}{2}$ $\sin p - \sin q = 2 \sin\dfrac{p-q}{2} \cos\dfrac{p+q}{2}$

Valeurs remarquables :

	0	π/6	π/4	π/3	π/2	π
sin	0	1/2	$\sqrt{2}/2$	$\sqrt{3}/2$	1	0
cos	1	$\sqrt{3}/2$	$\sqrt{2}/2$	1/2	0	-1
tan	0	$\sqrt{3}/3$	1	$\sqrt{3}$	/////	0

1-2 Nombres complexes

Forme algébrique : $z = x + iy$ avec $(a, b) \in \mathbf{R}^2$ et $i^2 = -1$.
Forme trigonométrique : $z = \rho(\cos\theta + i \sin\theta) = \rho\, e^{i\theta}$, $\rho \geq 0$

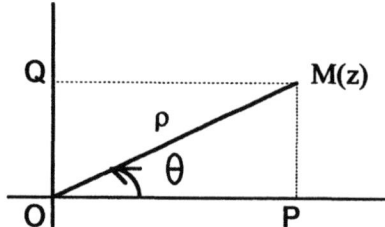

$\overrightarrow{OM} = x\vec{u} + y\vec{v}$
$\overrightarrow{OP} = x = \text{Re}(z) = \rho\cos\theta$
$\overrightarrow{OQ} = y = \text{Im}(z) = \rho\sin\theta$
$OM = \rho = |z| = \sqrt{x^2 + y^2}$

ρ (resp. θ) s'appelle le *module* (resp. *argument*) de z et se note |z| (resp. arg (z)).

Opérations algébriques :

$z + z' = (x + iy) + (x' + iy') = (x + x') + i(y + y')$
$z\, z' = (x + iy)(x' + iy') = (xx' - yy') + i(xy' + x'y)$

Conjugué $\bar{z}$:	*Module et argument d'un produit, d'un quotient :*
$z = x+iy = \rho e^{i\theta}$; $\bar{z} = x - iy = \rho e^{-i\theta}$	$zz' = (\rho e^{i\theta})(\rho' e^{i\theta'}) = \rho\rho' e^{i(\theta+\theta')}$
$x = \dfrac{1}{2}(z+\bar{z})$; $y = \dfrac{1}{2i}(z-\bar{z})$	$|zz'| = |z||z'|$
$\overline{z+z'} = \bar{z} + \bar{z}'$; $\overline{zz'} = \bar{z}\bar{z}'$	$\dfrac{z}{z'} = \dfrac{\rho e^{i\theta}}{\rho' e^{i\theta'}} = \dfrac{\rho}{\rho'} e^{i(\theta-\theta')}$
$z\bar{z} = x^2 + y^2 = |z|^2$	$\left|\dfrac{z}{z'}\right| = \dfrac{|z|}{|z'|}$
$\dfrac{1}{z} = \dfrac{\bar{z}}{z\bar{z}} = \dfrac{x}{x^2+y^2} + i\dfrac{-y}{x^2+y^2} = \dfrac{1}{\rho} e^{-i\theta}$	$z^n = (\rho e^{i\theta})^n = \rho^n e^{in\theta},\ n \in Z$

Inégalité triangulaire :

$$\forall\, z, z' \in C, \quad \big||z| - |z'|\big| \leq |z + z'| \leq |z| + |z'|$$

Formules d'Euler :

$$\cos\theta = \frac{1}{2}\left(e^{i\theta} + e^{-i\theta}\right) \; ; \; \sin\theta = \frac{1}{2i}\left(e^{i\theta} - e^{-i\theta}\right)$$

Formule de Moivre :

Pour tout entier naturel non nul n, $\left(e^{i\theta}\right)^n = e^{in\theta}$ soit encore :

$$(\cos\theta + i\sin\theta)^n = \cos n\theta + i\sin n\theta$$

Application : racines $n^{ièmes}$ de l'unité :

Les n **racines $n^{ièmes}$ de l'unité** sont : $u_k = e^{i\frac{2k\pi}{n}}$, où k = 0, 1, ..., n-1.
On a : $\sum_{k=0}^{n-1} u_k = 0$.

Exemple : Les racines cubiques de l'unité sont : 1, j, j² :

$$\begin{aligned} &\cdot j = e^{\frac{2i\pi}{3}} = \cos\frac{2\pi}{3} + i\sin\frac{2\pi}{3} = -\frac{1}{2} + i\frac{\sqrt{3}}{2}. \\ &\cdot j^3 = 1 \quad j^2 = \overline{j} \quad 1 + j + j^2 = 0. \end{aligned}$$

Racines $n^{ièmes}$ d'un complexe non nul :

Les n solutions de $z^n = a$, où $a = \rho e^{i\alpha}$, sont $z_k = z_0 u_k$, où $z_0 = \rho^{\frac{1}{n}} e^{i\frac{\alpha}{n}}$ et $k \in \{0, ..., n-1\}$.

Equations du second degré à coefficients complexes :

Soit l'équation $az^2 + bz + c = 0$ avec $(a, b, c) \in \mathbf{C}^3$. On pose $\Delta = b^2 - 4ac$, et δ l'une des racines carrées de Δ. Les racines de l'équation sont alors :

$$z_1 = \frac{-b+\delta}{2a} \; et \; z_2 = \frac{-b-\delta}{2a}.$$

Remarque : Si $(a, b, c) \in \mathbf{R}^3$ et $\Delta < 0$, alors $z_2 = \overline{z_1}$.

2 ENSEMBLE K[X] DES POLYNÔMES A COEFFICIENTS DANS K

Dans tout le paragraphe K désigne l'un des ensembles de nombres **R** ou **C**. Les éléments de K sont appelés des *scalaires*.

2-1 Définition - Opérations

Définition : *On appelle **polynôme** (à une variable) à coefficients dans K une suite $(\alpha_0, \alpha_1, \alpha_2, ...)$ d'éléments de K nuls à partir d'un certain rang.*

. Les α_i s'appellent les *coefficients* du polynôme; α_0 s'appelle le *terme constant*.

. Le polynôme $(0, 0, 0, ...)$ est appelé *polynôme nul* et noté 0.

Addition : Si $P = (\alpha_0, \alpha_1, \alpha_2, ...)$ et $Q = (\beta_0, \beta_1, \beta_2, ...)$ sont des polynômes à coefficients dans K, on définit :
$$P + Q = (\alpha_0 + \beta_0, \alpha_1 + \beta_1, \alpha_2 + \beta_2, ...).$$

Multiplication par un scalaire : Si α désigne un élément de K et si $P = (\alpha_0, \alpha_1, \alpha_2, ...)$ on définit :
$$\alpha P = (\alpha\alpha_0, \alpha\alpha_1, \alpha\alpha_2, ...).$$

Multiplication : Si $P = (\alpha_0, \alpha_1, \alpha_2, ...)$ et $Q = (\beta_0, \beta_1, \beta_2, ...)$ sont des polynômes à coefficients dans K, on définit $P \times Q$ (ou PQ) par $P \times Q = (\rho_0, \rho_1, \rho_2, ...)$ avec :
$$\rho_0 = \alpha_0\beta_0,$$
$$\rho_1 = \alpha_0\beta_1 + \alpha_1\beta_0,$$
$$\rho_2 = \alpha_0\beta_2 + \alpha_1\beta_1 + \alpha_2\beta_0,$$
$$\ldots\ldots\ldots\ldots,$$
$$\rho_n = \alpha_0\beta_n + \alpha_1\beta_{n-1} + \ldots + \alpha_p\beta_{n-p} + \ldots + \alpha_n\beta_0 = \sum_{i+j=n} \alpha_i\beta_j,$$
$$\ldots\ldots\ldots\ldots$$

Notations : Par analogie avec les propriétés des opérations définies sur **R** ou **C** et les règles de calcul sur les puissances entières le polynôme $P = (\alpha_0, \alpha_1, ..., \alpha_n, 0, 0, ...)$ sera noté :
$$P = \alpha_0 + \alpha_1 X + \ldots + \alpha_n X^n.$$

On dit que P est un polynôme en X, et X prend le nom de *variable* ou d'*indéterminée*.

L'ensemble des polynômes en X à coefficients dans K se note K[X].

Dans la pratique, on identifie souvent P avec la fonction $\tilde{P}$ de K dans K :
$x \mapsto \tilde{P}(x) = \alpha_0 + \alpha_1 x + ... + \alpha_n x^n$. Cette fonction est appelée *fonction polynomiale* associée à P.

Unicité des coefficients :

Soient $P = \sum_{k \in N} \alpha_k X^k$ et $Q = \sum_{k \in N} \beta_k X^k$.

Par définition, P et Q sont égaux si et seulement si $\forall\ k \in N,\ \alpha_k = \beta_k$.

Deux polynômes sont égaux si seulement si leurs coefficients respectifs sont égaux.

2-2 Degré et valuation

Définition : *Soit* $P = \alpha_0 + \alpha_1 X + \alpha_2 X^2 + ...$ *un polynôme non nul appartenant à K[X]. On appelle **degré** de P, et l'on note deg P, le plus grand entier n tel que* $\alpha_n \neq 0$.

Remarques :

. Le polynôme 0 n'a pas de degré.

. Si P est un polynôme de degré n, on a donc $P = \alpha_0 + \alpha_1 X + ... + \alpha_n X^n$ avec $\alpha_n \neq 0$.
   - On dit que le coefficient α_n est le **coefficient dominant** de P.
   - $\alpha_n X^n$ est appelé **terme dominant** (ou **terme de plus haut degré**) de P.
   - Si $\alpha_n = 1$, le polynôme P est dit **unitaire**.

On note $K_n[X]$ l'ensemble constitué par le polynôme nul et les polynômes sur K de degré inférieur ou égal à n.

Remarques :
. Nous verrons dans le chapitre suivant que $K_n[X]$ a une structure d'*espace vectoriel* sur K (sous-espace vectoriel de K [X])..
. $K_0[X]$ est l'ensemble des polynômes constants de K [X]. On peut l'identifier à K.

Degré d'une somme, d'un produit :

Si P et Q sont deux polynômes non nuls tels que $P + Q \neq 0$, on a :
$$\deg(P+Q) \leq \max(\deg P, \deg Q)$$
$$\deg(\lambda P) = \deg(P) \quad (\lambda \neq 0).$$

Remarque : Si deg P $\neq$ deg Q, deg (P + Q) = max (deg P, deg Q).

> **Théorème :** Si P et Q sont deux polynômes non nuls de K[X] alors PQ est un polynôme non nul de K[X] et deg (PQ) = deg P + deg Q.

Preuve : Soient
$$P = \alpha_0 + \alpha_1 X + \ldots + \alpha_n X^n \quad (\alpha_n \neq 0),$$
$$Q = \beta_0 + \beta_1 X + \ldots + \beta_p X^p \quad (\beta_p \neq 0).$$
Alors $PQ = \alpha_0\beta_0 + (\alpha_0\beta_1 + \alpha_1\beta_0)X + \ldots + \alpha_n\beta_p X^{n+p}$. On a $\alpha_n\beta_p \neq 0$ puisque α_n et β_p sont non nuls. Ceci montre à la fois que PQ ≠ 0, et que deg (PQ) = deg P + deg Q.

Remarques :
. Le coefficient dominant de PQ est le produit des coefficients dominants de P et Q.
. Une formulation équivalente (contraposée) et très utile de la première partie du théorème est :

$$(PQ = 0) \Rightarrow (P = 0 \text{ ou } Q = 0).$$

Valuation (ou ordre) :

> **Définition :** La **valuation** d'un polynôme non nul P défini par $P = \alpha_0 + \alpha_1 X + \ldots + \alpha_n X^n$ est le plus petit des entiers k tels que $\alpha_k \neq 0$.

La valuation d'un polynôme P est aussi appelée l'*ordre* de P; on la note en général par $\omega(P)$. Par analogie avec les propriétés du degré on montre que :
$$\omega(P + Q) \geq \min(\omega(P), \omega(Q)),$$
$$\omega(PQ) = \omega(P) + \omega(Q).$$

2-3 Division suivant les puissances décroissantes

> **Théorème :** Soient A, B dans K[X], avec B ≠ 0. Il existe un unique couple (Q, R) de polynômes de K[X] vérifiant :
> $$A = BQ + R \quad \text{avec} \quad \begin{cases} R = 0 \\ ou \\ \deg R < \deg B. \end{cases}$$
> Q s'appelle le **quotient**, R le **reste de la division euclidienne de A par B**.

Preuve :

. *Unicité :* Supposons que $A = BQ + R = BQ_1 + R_1$, R = 0 ou deg R < deg B, R_1 = 0 ou deg R_1 < deg B.
On a : $R - R_1 = B(Q_1 - Q)$. Supposons que : $Q_1 - Q \neq 0$.

Alors deg $(B(Q_1 - Q)) \geq$ deg B d'après le théorème énoncé en 2-2, donc deg $(R - R_1) \geq$ deg B, ce qui est absurde. Donc $Q_1 = Q$, et, par suite, $R_1 = R$.

Existence : Soient
$$A = \alpha_n X^n + \alpha_{n-1} X^{n-1} + ... + \alpha_0,$$
$$B = \beta_m X^m + \beta_{m-1} X^{m-1} + ... + \beta_0 \quad (\beta_m \neq 0)$$

Si A = 0 ou deg A < deg B, on peut prendre Q = 0, R = A. Supposons que A ≠ 0 et deg A ≥ deg B. On a donc n ≥ m.

Soit :
$$q_1 = \frac{\alpha_n}{\beta_m} X^{n-m}.$$

Alors Bq_1 admet $\alpha_n X^n$ pour terme de plus haut degré, donc
(1) $A - B q_1 = A_1$,   avec deg A_1 < deg A.
Si deg A_1 < deg B, on arrête. Sinon, il existe un monôme q_2 tel que
(2) $A_1 - B q_2 = A_2$,   avec deg A_2 < deg A_1, ...
On finira par arriver à une égalité :
(n) $A_{n-1} - B q_n = A_n$, avec deg A_n < deg B.
Ajoutons membre à membre les égalités (1), (2), ..., (n); on obtient :
$$A - B (q_1 + q_2 + ... + q_n) = A_n.$$
On peut donc prendre : $Q = q_1 + q_2 + ... + q_n$ et $R = A_n$.

Exemple :
Dans la division euclidienne de $A = X^4 - 3$ par $B = X - 2$ le quotient est
$Q = X^3 + 2 X^2 + 4 X + 8$ et le reste est $R = 13$.
En effet : $X^4 - 3 = (X - 2) (X^3 + 2 X^2 + 4 X + 8) + 13$.

Méthode :
La démonstration précédente fournit un procédé pratique pour calculer Q et R.
Montrons, sur un exemple comment présenter les calculs :

$$\begin{array}{r|l}
x^4 + 3x^3 - x^2 + 11 & x^2 - 5x + 1 \\
\underline{x^4 - 5x^3 + x^2} & x^2 + 8x + 38 \\
 8x^3 - 2x^2 + 11 & q_1 q_2 q_3 \\
\underline{ 8x^3 - 40x^2 + 8x} & \\
 38x^2 - 8x + 11 & \\
\underline{ 38x^2 - 190x + 38} & \\
 \underbrace{182x - 27}_{R} & \\
\end{array}$$

Remarques :
. Si A = 0 ou si deg A < deg B, alors A = B × 0 + A donc A est le reste de la division euclidienne de A par B (le quotient est nul).
. Si deg A ≥ deg B alors deg Q = deg A - deg B.

Définitions : *. Si R = 0, c'est à dire s'il existe Q tel que A = BQ on dit que A est divisible par B ou bien que B divise A.*
*. Un polynôme P de K[X] est dit **irréductible** dans K[X] si les seuls polynômes qui le divisent sont les polynômes constants non nuls et les polynômes $Q = \lambda P$ ($\lambda \in K^*$).*

3 RACINES D'UN POLYNOME

Dans tout le paragraphe on identifiera le polynôme P et la fonction polynôme associée. Ainsi P(x) désigne le scalaire : $a_n x^n + ... + a_1 x + a_0$.

3-1 Définition

> **Définition** : Soit P un élément de K[X].
> On dit qu'un élément α de K est une **racine** de P ou un **zéro** de P si $P(\alpha) = 0$.

3-2 Critère : factorisation par X - α

> **Théorème 1** : Soit P un élément de K[X].
> Pour qu'un élément α de K soit une racine de P il faut et il suffit que P soit divisible par X - α.

Preuve : Si $P(X) = (X - \alpha) Q(X)$, où $Q \in K[X]$, on a :
$$P(\alpha) = (\alpha - \alpha)Q(\alpha) = 0.$$
Réciproquement, supposons que $P(\alpha) = 0$. Effectuons la division de P(X) par X - α :
(1) $\qquad P(X) = (X - \alpha) Q(X) + R(X)$
avec deg R(X) < deg (X - α) = 1. On en déduit que R est un élément λ de K. La relation (1) entraîne alors :
$$0 = P(\alpha) = (\alpha - \alpha)Q(\alpha) + \lambda = \lambda,$$
donc R = 0, et (1) montre que P est divisible par X - α.

Plus généralement, on montre par récurrence sur $n \in \mathbb{N}^*$:

> **Théorème 2** : Soit P un élément de K[X].
> Pour que $\alpha_1, \alpha_2, ..., \alpha_n$ soient n racines distinctes de P il faut et il suffit que P soit divisible par $(X - \alpha_1)(X - \alpha_2)...(X - \alpha_n)$.

Exemple : Montrer que le polynôme $P = X^5 - 3X^4 + 2X^3 + X^2 - 3X + 2$ est divisible par $(X - 1)(X - 2)$.

Conséquence :

> . Tout polynôme de $K_n[X]$ admettant au moins n + 1 racines est le polynôme nul.
> . Un polynôme P de K [X] de degré n admet au plus n racines.

En effet, si P appartient à $K_n[X]$ et P divisible par $(X - \alpha_1)(X - \alpha_2)...(X - \alpha_{n+1})$ alors $P = (X - \alpha_1)(X - \alpha_2)...(X - \alpha_{n+1}) Q$ et, si P est non nul : deg P = n + 1 + deg Q. Ceci est en contradiction avec la condition : $P \in K_n[X]$.

3-3 Ordre de multiplicité

Définition : Soient $P \in K[X] \setminus \{0\}$ et $\alpha \in K$ une racine de P.
On appelle **ordre de multiplicité** de la racine α de P, le plus grand entier $q \in \mathbb{N}^*$ tel que P soit divisible par $(X-\alpha)^q$. On dit alors que α est **racine d'ordre q** de P.

Si $q = 1$: on dit que α est *racine simple* de P;
Si $q > 1$: on dit que α est *racine multiple* de P.

On dit parfois que $\alpha \in K$ est racine d'ordre 0 de P si α n'est pas racine de P.

3-4 Conséquences

Proposition 1 : Soient $P \in K[X] \setminus \{0\}$, $\alpha \in K$ et $q \in \mathbb{N}^*$.
Pour que α soit racine d'ordre q de P il faut et il suffit qu'il existe $Q \in K[X]$ tel que :
$$P = (X-\alpha)^q Q \text{ et } Q(\alpha) \neq 0.$$

Proposition 2 : Soient $P \in K[X] \setminus \{0\}$, $(\alpha_i)_{i \in \{1,\ldots,q\}}$ une suite d'éléments de K tous distincts et $(r_i)_{i \in \{1,\ldots,q\}}$ une suite d'éléments de $\mathbb{N}^*$.
Si, quel que soit $i \in \{1, \ldots, q\}$, α_i est racine d'ordre r_i de P, alors P est divisible par
$$\prod_{j=1}^{q}(X-\alpha_j)^{r_j}.$$

La proposition 2 se démontre par récurrence sur q.

On en déduit les corollaires :

Proposition 3 : Soient $n \in \mathbb{N}$ et P un polynôme appartenant à $K[X]$ de degré n.
Si $P \neq 0$, la somme des ordres de multiplicité des racines de P est inférieure ou égale à n.

Proposition 4 : Soient $n \in \mathbb{N}$, P et Q des polynômes non nuls de $K_n[X]$. S'il existe un ensemble $\{x_i\}_{i \in \{1,\ldots,n+1\}}$ de $n+1$ points de K tels que $(\forall i \in \{1,\ldots,n+1\})$ $(P(x_i) = Q(x_i))$ alors $P = Q$.

En particulier : Si $\text{card } A \geq n+1$ et si quel que soit $x \in A$, $P(x) = Q(x)$ alors $P = Q$.

3-5 Factorisations dans R[X] et C[X]

Factorisations dans C [X] :

On admet le résultat suivant :

Théorème (de d'Alembert) : *Tout polynôme P appartenant à C[X] de degré ≥ 1 admet au moins une racine.*

On en déduit :

Proposition 1 : *Dans C[X], tout polynôme de degré n ($n \neq 0$) est le produit de n facteurs du premier degré.*

Preuve : On le montre par récurrence sur $n \in \mathbb{N}^*$:
La propriété est vérifiée au rang $n = 1$.
Supposons la propriété vérifiée à un certain rang $n \in \mathbb{N}^*$. Soit alors P un polynôme de degré $n + 1$. D'après le théorème de d'Alembert P admet au moins une racine α. On sait qu'alors P est divisible par $(X - \alpha)$ (théorème **3-2**). On a donc $P = (X - \alpha) Q$ où Q est un polynôme de degré n. Par l'hypothèse de récurrence Q est le produit de n facteurs du premier degré; on en déduit que P est le produit de $n + 1$ polynômes de degré 1.
Par le théorème de récurrence, la propriété est vérifiée pour tout $n \in \mathbb{N}^*$.

Conséquence : *Les seuls polynômes irréductibles de C [X] sont les polynômes constants et les polynômes de degré 1.*

Factorisations dans R [X] :

Proposition 2 : *Dans R[X], tout polynôme de degré n ($n \neq 0$) est le produit de polynômes de degré 1 ou de degré 2.*

En effet, si P est un polynôme à coefficients réels, ses racines dans C[X] sont réelles ou complexes : si α est une racine complexe non réelle alors $\overline{\alpha}$ est également une racine de P et on pourra regrouper les termes $(X - \alpha)$ et $(X - \overline{\alpha})$ de la décomposition dans C[X] pour obtenir un polynôme de degré 2 de R[X] :
$$(X - \alpha)(X - \overline{\alpha}) = X^2 - 2\operatorname{Re}(\alpha) X + |\alpha|^2.$$

Conséquence : *Les seuls polynômes irréductibles de R[X] sont les polynômes du premier degré et les polynômes du second degré de discriminant négatif.*

4 DERIVATION - FORMULE DE TAYLOR

4-1 Dérivation

Définitions : Soit $P \in K[X]$, $P = \sum_{k=0}^{n} a_k X^k$. On définit :

$P' = \sum_{k=1}^{n} k a_k X^{k-1} = \sum_{k=0}^{n-1} (k+1) a_{k+1} X^k$ *(polynôme dérivé de P)* et,

pour tout $k \geq 2$: $P^{(k)} = \left(P^{(k-1)}\right)'$ *(polynôme dérivé d'ordre k).*

Remarque : Soit $n = \deg P$
- Pour tout $i \in [1, n]$: $P^{(i)} = \sum_{k=i}^{n} \frac{k!}{(k-i)!} a_k X^{k-i}$;
- Pour tout $i > n$: $P^{(i)} = 0$.

Propriétés : *Pour tout couple (P, Q) de polynômes de K[X] :*
- $(\lambda P + \mu Q)' = \lambda P' + \mu Q'$
- $(PQ)' = P'Q + PQ'$
- $(P \circ Q)' = (P' \circ Q)Q'$

4-2 Formule de Taylor

Théorème : Soient $P \in K_n[X]$, $\alpha \in K$. On a :
$$P(X) = P(\alpha) + \frac{1}{1!} P'(\alpha)(X-\alpha) + \ldots + \frac{1}{n!} P^{(n)}(\alpha)(X-\alpha)^n$$
$$= P(\alpha) + \sum_{i=1}^{n} \frac{1}{i!} P^{(i)}(\alpha)(X-\alpha)^i$$

<u>Preuve</u> : Soit $P = \sum_{k=0}^{n} a_k X^k \in K_n[X]$. On a $X^k = (X - \alpha + \alpha)^k$ et, en utilisant la formule du binôme : $X^k = \sum_{i=0}^{k} C_k^i (X-\alpha)^i \alpha^{k-i}$. Remplaçons dans l'expression de P :

$$P(X) = \sum_{k=0}^{n} a_k \sum_{i=0}^{k} C_k^i (X-\alpha)^i \alpha^{k-i} = \sum_{k=0}^{n} \frac{1}{i!} \sum_{i=0}^{k} a_k \frac{k!}{(k-i)!} \alpha^{k-i} (X-\alpha)^i = \sum_{i=0}^{n} \frac{1}{i!} \sum_{k=i}^{n} \frac{k!}{(k-i)!} a_k \alpha^{k-i} (X-\alpha)^i$$

On a vu plus haut (voir **remarque 4-1**) que, pour $1 \leq i \leq n$: $P^{(i)}(X) = \sum_{k=i}^{n} \frac{k!}{(k-i)!} a_k X^{k-i}$.

On en déduit : $P(X) = P(\alpha) + \sum_{i=1}^{n} \frac{1}{i!} P^{(i)}(\alpha)(X-\alpha)^i$.

4-3 Application : caractérisation des racines multiples

> **Proposition** : Soient $P \in K[X] \setminus \{0\}$, $\alpha \in K$ et $h \in \mathbb{N}^*$.
> Pour que α soit racine d'ordre h de P il faut et il suffit que α soit racine de $P, P', ..., P^{(h-1)}$, et non racine de $P^{(h)}$.

Preuve :

• $\Rightarrow$: Montrons d'abord : si α est racine d'ordre h de P, α est racine d'ordre $h-1$ de P'.
En effet si $P = (X - \alpha)^h Q$ avec $Q(\alpha) \neq 0$ alors :
$$P' = (X-\alpha)^h Q' + h(X-\alpha)^{h-1} Q = (X-\alpha)^{h-1} R$$
en posant $R = (X - \alpha)Q' + hQ$.
On voit que $R(\alpha) = h\, Q(\alpha)$. Or $Q(\alpha) \neq 0$ et $h \neq 0$; donc $R(\alpha) \neq 0$. Le résultat s'en déduit.
Par conséquent, si α est racine d'ordre h de P, α est racine d'ordre $h-1$ de P' puis racine d'ordre $h - 2$ de P'' et, par itération, racine d'ordre 1 de $P^{(h-1)}$ et non racine de $P^{(h)}$.

• $\Leftarrow$: Si α est racine de $P, P', ..., P^{(h-1)}$, et non racine de $P^{(h)}$, alors le degré n de P est supérieur ou égal à h (dans le cas contraire $P^{(h)} = 0$ et α serait racine de $P^{(h)}$). La formule de Taylor se réduit à :
$$P(X) = \frac{1}{h!}P^{(h)}(\alpha)(X-\alpha)^h + \frac{1}{(h+1)!}P^{(h+1)}(\alpha)(X-\alpha)^{h+1} + ... + \frac{1}{n!}P^{(n)}(\alpha)(X-\alpha)^n$$
$$= (X-\alpha)^h Q(X),\ avec\ Q(\alpha) = \frac{1}{h!}P^{(h)}(\alpha) \neq 0.$$
Donc α est racine d'ordre h de P.

ALGORITHME DE HÖRNER

On considère P un polynôme de degré n à coefficients réels défini par :
$$P = \sum_{k=0}^{n} a_k X^k \quad (a_n \neq 0).$$

Une méthode pour calculer $P(x)$ pour une valeur x donnée est la suivante :
On pose :
$$b_0 = a_n\, x + a_{n-1}$$
$$b_1 = b_0\, x + a_{n-2}$$
$$b_2 = b_1\, x + a_{n-3}$$
$$........................$$
$$b_{n-1} = b_{n-2}\, x + a_0$$

(voir programmation en annexe, *Mémento Turbo-Pascal*)

a) *Vérifier que l'on a bien* : $P(x) = b_{n-1}$.
b) *Combien d'opérations élémentaires (additions et multiplications) sont nécessaires pour le calcul de $P(x)$ par cette méthode ? Comparer avec la méthode naturelle* :
$P(x) = a_0 + a_1.x + a_2.x.x + ... + a_n.x.x....x$.

T.P. : POLYNÔMES DE TCHEBYCHEV

Problème

I- 1°) Déterminer deux polynômes A et B de R[X] vérifiant :
$$\forall \theta \in R, \quad A(\cos\theta) = \cos 4\theta, \quad B(\cos\theta) = \cos 5\theta.$$

2°) Montrer que les polynômes $A^2(X) - 1$ et $B^2(X) - 1$ sont tous deux divisibles par $X^2 - 1$ et déterminer les quotients des divisions euclidiennes de ces deux polynômes par $X^2 - 1$. Montrer que chacun de ces quotients est le carré d'un polynôme.

3°) Déterminer un polynôme C de R[X] vérifiant :
$$\forall \theta \in R, \quad C(\sin\theta) = \sin 5\theta.$$

II- 1°) P et Q désignant deux polynômes de R[X], montrer les relations :
    (a) $(\forall \theta \in R, P(\cos\theta) = Q(\cos\theta)) \Rightarrow (P = Q)$
    (b) $(\forall \theta \in R, P(\sin\theta) = Q(\sin\theta)) \Rightarrow (P = Q)$

2°) Démontrer que, pour tout entier naturel non nul n, il existe un unique polynôme P_n de R[X] vérifiant : $\forall \theta \in R, P_n(\cos\theta) = \cos n\theta.$

3°)   a) Quel est le degré de P_n ? Son terme de plus haut degré ?

    b) Quelle est la valuation de P_n ? Son terme de plus bas degré ?

    c) Montrer que si n est pair P_n ne contient que des monômes de degré pair. Peut-on énoncer un résultat analogue si n est impair ?

4°) Montrer que, lorsque n est pair et non nul, il n'existe aucun polynôme Q de R[X] tel que : $\forall \theta \in R, Q(\sin\theta) = \sin n\theta.$

5°) On suppose, dans cette question, que $n = 2p + 1$ avec $p \in N$. Montrer qu'il existe un unique polynôme Q_n de R[X] vérifiant :
$$\forall \theta \in R, Q_n(\sin\theta) = \sin n\theta$$
et prouver que l'on a : $Q_n(X) = (-1)^p P_n(X)$. (On pourra substituer $\sin\theta$ à X).

III- 1°) Déterminer les racines du polynôme P_n comprises entre -1 et $+1$. Que peut-on dire des autres racines de P_n ?

2°) Déterminer les racines de Q_n lorsque n est impair.

3°) Montrer que, pour tout $n \in \mathbb{N}^*$, il existe un unique polynôme S_n de $\mathbb{R}[X]$ vérifiant :
$$\forall \theta \in \mathbb{R},\ \sin n\theta = \sin \theta . S_n(\cos \theta).$$

4°) Déduire de la question précédente que $P_n^2(X) - 1$ est divisible par $X^2 - 1$ et que le quotient de $P_n^2(X) - 1$ par $X^2 - 1$ est le carré d'un polynôme de $\mathbb{R}[X]$.

5°) Montrer qu'il existe un réel λ_n tel que $P'_n = \lambda_n S_n$; déterminer λ_n en fonction de n.

- EXERCICES -

Nombres complexes

1- Calculer la partie réelle et la partie imaginaire de :
$$z = \left(\frac{1 - i\tan\alpha}{1 + i\tan\alpha}\right)^n, \quad \left(-\frac{\pi}{2} < \alpha < \frac{\pi}{2}\right)$$

2- Linéariser $\sin^5\theta$.

3- Résoudre l'équation d'inconnue $z \in \mathbf{C}$:
$$(z+1)^{2n} + (z-1)^{2n} = 0, \quad (n \in \mathbf{N}^* \text{ donné}).$$

4- Soient $n \in \mathbf{N}^*$, $a \in \mathbf{R}$. Résoudre dans $\mathbf{C}$ l'équation d'inconnue z :
$$(1+z)^n = \cos(2na) + i\sin(2na).$$
En déduire la valeur du produit : $P = \prod_{k=0}^{n-1} \sin\left(a + \frac{k\pi}{n}\right)$.

Polynômes

5- Soit $n \in \mathbf{N}^*$. Montrer que $(X+1)^{2n} - X^{2n} - 2X - 1$ est divisible par : $X(X+1)(2X+1)$.

6- Trouver un polynôme $P \in \mathbf{R}_3[X]$, unitaire, tel que le reste de la division de P par $X+1$, $X-1$, $X-2$ soit égal à 3.

7- Soit (a, b) un couple de nombres complexes. Quel est le reste de la division euclidienne de $X^n + X + b$ par $(X - a)^2$?

8- Quel est le reste de la division de $(X\sin\theta + \cos\theta)^n$ par $X^2 + 1$? Par $(X^2+1)^2$?

9- Démontrer que 1 est une racine triple de $P = X^{2n} - nX^{n+1} + nX^{n-1} - 1$.

10- Pour quelles valeurs de n le polynôme $(X+1)^n - X^n - 1$ est-il divisible par : $X^2 + X + 1$?

11- Soit P le polynôme défini par : $P = X^{2n} + aX + b$ avec $(a, b) \in \mathbf{R}^2$.
Combien le polynôme P admet-il de racines réelles ?

12- Factoriser sur $\mathbf{R}$ et sur $\mathbf{C}$, $X^4 + X^3 + X^2 + X + 1$. En déduire $\cos(2\pi/5)$ et $\sin(2\pi/5)$.

13- 1°) Montrer que pour tout n appartenant à $\mathbf{N}^*$, il existe un polynôme P_n à coefficients dans $\mathbf{Z}$ tel que : $\forall x \in \mathbf{R}^*,\ P_n\left(x+\dfrac{1}{x}\right)=x^n+\dfrac{1}{x^n}$.

2°) Déterminer le degré h_n de P_n.

3°) Calculer les coefficients de X^{h_n}, X^{h_n-1}, X^{h_n-2}.

14- Relations entre coefficients et racines

Soit $P = a_n X^n + a_{n-1}X^{n-1} + \ldots + a_1 X + a_0$ un polynôme de $\mathbf{C}_n[X]$ de racines $x_1, \ldots, x_n$ (si une racine a un ordre de multiplicité k, elle est répétée k fois).

1°) Donner une expression factorisée de P.

2°) En développant cette expression montrer que :
$$\forall k \in \{1,\ldots,n\},\ \sum_{1\le i_1<\ldots<i_k\le n} x_{i_1}\ldots x_{i_k} = (-1)^k \dfrac{a_{n-k}}{a_n}.$$

3°) En déduire : $\displaystyle\sum_{i=1}^n x_i = -\dfrac{a_{n-1}}{a_n}$, $\displaystyle\sum_{1\le i<j\le n} x_i x_j = \dfrac{a_{n-2}}{a_n}$, $\displaystyle\prod_{i=1}^n x_i = (-1)^n \dfrac{a_0}{a_n}$.

4°) En développant $(x_1 + \ldots + x_n)^2$, déterminer $\displaystyle\sum_{i=1}^n x_i^2$.

Problème

15- Interpolation d'une fonction : polynômes de Lagrange

Soient n un entier naturel non nul et $(x_i)_{1\le i\le n}$ une suite de nombre réels distincts. On leur associe les n polynômes $(L_j)_{1\le j\le n}$ définis par :
$$\forall j \in \{1,\ldots,n\},\ L_j = \prod_{\substack{k=1\\k\ne j}}^n \dfrac{X - x_k}{x_j - x_k}.$$

1°) a) Pour tout entier $j \in \{1,\ldots,n\}$, déterminer le degré et les racines de L_j.

b) Pour tout entier $j \in \{1,\ldots,n\}$, calculer $L_j(x_j)$.

2°) Soient P un polynôme de $\mathbf{R}_{n-1}[X]$, et Q le polynôme défini par :
$$\forall x \in R,\ Q(x) = \sum_{j=1}^n P(x_j) L_j(x).$$

a) Pour tout entier $k \in \{1,\ldots,n\}$, calculer $Q(x_k)$.

b) Prouver que P = Q.

3°) Soit f une fonction définie sur un intervalle I contenant les réels $(x_i)_{1\le i\le n}$.

Montrer qu'il existe un unique polynôme P de $\mathbf{R}_{n-1}[X]$ tel que :

pour tout entier $k \in \{1,\ldots,n\}$,
$$P(x_k) = f(x_k).$$

ESPACES VECTORIELS

Dans tout le chapitre K désigne l'un des ensembles de nombres **R** ou **C**.

1 STRUCTURE D'ESPACE VECTORIEL

1-1 Lois de composition - Groupes

Loi de composition interne :

> *Définition : Soit E un ensemble. On appelle **loi de composition interne** (ou, plus simplement, **loi de composition**) sur E une application de E × E dans E.*

Exemples :

. La réunion et l'intersection sont des lois de composition internes sur l'ensemble des parties d'un ensemble;

. L'addition et la multiplication sont des lois de composition internes sur les ensembles **N**, **Z**, **Q**, **R** et **C**.

. Sur l'ensemble $\mathcal{A}$ (F, F) des applications d'un ensemble F dans lui-même, l'application : (f, g) ↦ gof qui, à tout couple d'applications de F dans F, associe l'application composée gof est une loi de composition interne.
Cet exemple a fourni la terminologie générale.

Loi de composition externe :

Définition : *Soient E et K deux ensembles. On appelle **loi de composition externe sur E, à opérateurs dans K**, une application de K x E dans E.*

Groupe :

Définition : *On appelle **groupe** tout couple (G, ∗) constitué par un ensemble G et une loi de composition interne sur G, notée ∗, satisfaisant aux trois conditions suivantes:*

*- Cette loi est **associative** :*
   pour tout triplet (x, y, z) d'éléments de G, (x ∗ y) ∗ z = x ∗ (y ∗ z)

*- Elle admet un **élément neutre** e :*
   pour tout élément x de G,   e ∗ x = x   et   x ∗ e = x

*- Tout élément de G est **symétrisable** :*
pour tout x ∈ G, il existe un élément y de G tel que y ∗ x = x ∗ y = e

. Le groupe (G, ∗) sera souvent noté simplement G.

. Si, de plus, la loi ∗ est *commutative* (c'est à dire : pour tout (x, y) appartenant à G^2, x ∗ y = y ∗ x) le groupe (G, ∗) est dit *commutatif* ou *abélien*.

Exemples :

. (**Z**, +), (**Q**, +), (**R**, +), (**C**, +), ($\mathbf{R}^n$, +), ($\mathbf{C}^n$, +) sont des groupes additifs.

. (**Q***, x), (**R***, x), (**C***, x) sont des groupes multiplicatifs (élément neutre : 1).

. L'ensemble $\mathcal{A}$ (**E, R**) des applications numériques définies sur une partie E de **R**, muni de la loi d'addition des fonctions, est un groupe additif (élément neutre : f = 0).

. L'ensemble des suites réelles $\mathcal{A}$ (**N, R**) et l'ensemble des suites complexes $\mathcal{A}$ (**N, C**) sont des groupes additifs.

. (K[X], +) et (K_n[X], +) sont des groupes additifs.

. L'ensemble $\mathcal{P}$ (F) des parties d'un ensemble F, muni de la différence symétrique Δ, est un groupe (exercice).

Sous-groupes : *Une partie non vide H d'un groupe (G, ∗) est un **sous-groupe** de G si (H, ∗) est lui-même un groupe.*

Exemple : (K_n[X], +) est un sous-groupe de (K[X], +).

1-2 Espaces vectoriels

Définition : *On appelle **espace vectoriel sur K** un triplet (E, +, .) constitué par un ensemble E et :*

*. une **loi de composition interne** (notée +) telle que E, muni de cette loi, soit un groupe commutatif.*

*. une **loi de composition externe** à opérateurs dans K, notée . et satisfaisant aux conditions suivantes :*

(i) $(\forall x \in E)(1.x = x)$
(ii) $(\forall \alpha \in K)(\forall (x,y) \in E^2)(\alpha.(x+y) = \alpha.x + \alpha.y)$
(iii) $(\forall (\alpha,\beta) \in K^2)(\forall x \in E)((\alpha+\beta).x = \alpha.x + \beta.x)$
(iv) $(\forall (\alpha,\beta) \in K^2)(\forall x \in E)(\alpha.(\beta.x) = (\alpha\beta).x)$

Les éléments de l'ensemble E sont généralement appelés *vecteurs*, les éléments de K *scalaires* et la loi de composition externe la *multiplication par les scalaires*.
Dans la pratique, on écrit souvent λx au lieu de $\lambda.x$.

Remarque : L'espace vectoriel (E, +, .) pourra être noté simplement E s'il n'y a pas de confusion possible sur les lois utilisées.

Exemples fondamentaux :

. **(K, +, .) et (K^n, +, .) sont des espaces vectoriels sur K**.

Ainsi, (**R**, +, .) est un espace vectoriel sur **R**, (**C**, +, .) un espace vectoriel sur **C**.

Plus généralement, (K^n, +, .) est un espace vectoriel sur K, les lois + et . étant définies par :
$(x_1, ..., x_n) + (y_1, ..., y_n) = (x_1 + y_1, ..., x_n + y_n)$ et $\lambda.(x_1, ..., x_n) = (\lambda x_1, ..., \lambda x_n)$.

. Si E est un ensemble non vide et F un espace vectoriel sur K, **l'ensemble $\mathcal{A}$ (E, F) des applications de E dans F muni de l'addition et de la multiplication par un élément de K est un espace vectoriel.**

. Si A est une partie non vide de **N**, **l'ensemble $\mathcal{A}$ (A, K) des suites définies sur A, à valeurs dans K est un espace vectoriel sur K**.

. **L'ensemble K[X] des polynômes à coefficients dans K est un espace vectoriel sur K**

1-3 Règles de calcul dans un espace vectoriel

Soit (E, +, .) un espace vectoriel sur K; en notant 0_E l'élément neutre de la loi + on a :

$$(\forall x \in E)\ (0.x = 0_E)$$
$$(\forall \alpha \in K)\ (\alpha.0_E = 0_E)$$
$$(\forall (\alpha,x) \in K \times E)\ (\alpha.x = 0_E \Rightarrow \alpha = 0\ ou\ x = 0_E)$$
$$(\forall (\alpha,x) \in K \times E)\ (\alpha.(-x) = (-\alpha).x = -(\alpha.x))$$

1-4 Combinaisons linéaires

Définition : *Soient E un espace vectoriel sur K et $(x_i)_{i \in [1,n]}$ une famille de vecteurs de E. On dit qu'un vecteur x appartenant à E est **combinaison linéaire à coefficients dans K de la famille** $(x_i)_{i \in [1,n]}$, s'il existe une suite $(\alpha_i)_{i \in [1,n]}$ d'éléments de K telle que :*

$$x = \sum_{i=1}^{n} \alpha_i.x_i = \alpha_1.x_1 + ... + \alpha_n.x_n$$

Proposition : *Toute combinaison linéaire d'éléments de E est un élément de E.*

2 SOUS-ESPACES VECTORIELS

2-1 Définition

Définition : *Soit (E, +, .) un espace vectoriel sur K et F une partie de E. On dit que F est un **sous-espace vectoriel** de E si (F, +, .) est un espace vectoriel sur K.*

2-2 Caractérisation

Proposition : *Soit F une partie d'un espace vectoriel E sur K.*
Pour que F soit un sous-espace vectoriel de E il faut et il suffit que F soit une partie non vide de E stable pour les lois de composition interne et externe sur E, c'est à dire :
   i) $F \neq \varnothing$
   ii) $(\forall (\alpha,\beta) \in K^2)\ (\forall (x,y) \in F^2)\ (\alpha.x + \beta.y \in F)$

Remarques :

. Pour montrer qu'un ensemble F est un espace vectoriel sur K, on montrera, à l'aide de cette caractérisation, que F est un sous-espace vectoriel d'un espace vectoriel connu.

. Un sous-espace vectoriel F n'est jamais vide, il contient toujours 0_E.
En particulier, *si F est une partie de E ne contenant pas 0_E, alors F n'est pas un sous-espace vectoriel de E.*

2-3 Exemples

. Soit E un espace vectoriel sur K.
$\{0_E\}$ et E sont des sous-espaces vectoriels (appelés *sous-espaces triviaux*) de E.

. L'ensemble $K_n[X]$ des polynômes à coefficients dans K constitué par le polynôme nul et les polynômes de degré inférieur ou égal à n est un sous-espace vectoriel de K[X].

2-4 Intersection d'une famille de sous-espaces vectoriels

Proposition : *L'intersection d'une famille de sous-espaces vectoriels d'un espace vectoriel E sur K est un sous espace vectoriel de E.*

Preuve : Soit $(F_i)_{i \in I}$ une famille de sous-espaces vectoriels de E.
Notons :
$$F = \bigcap_{i \in I} F_i.$$
Pour tout couple $(\alpha, \beta) \in K^2$ et pour tout couple (x, y) d'éléments de F on a :
$$\forall i \in I, (x,y) \in F_i^2 \text{ donc } \forall i \in I, \alpha.x + \beta.y \in F_i.$$
On en déduit que : $\alpha.x + \beta.y \in F = \bigcap_{i \in I} F_i$, ce qui justifie, d'après le critère 2-2 la structure de sous-espace vectoriel de F.

Remarque : Par contre, *la réunion de deux sous-espaces vectoriels de E n'est pas nécessairement un sous-espace vectoriel de E*. On montre (exercice) que la réunion de deux sous-espaces vectoriels est un sous-espace vectoriel si et seulement si l'un des sous-espaces vectoriels est inclus dans l'autre.

2-5 Sous-espace engendré par une famille finie de vecteurs

Proposition : *Soient E un espace vectoriel sur K et $X = (x_i)_{1 \leq i \leq p}$ une famille finie de vecteurs de E.*
*L'ensemble des combinaisons linéaires d'éléments de X est un sous-espace vectoriel de E appelé **sous-espace engendré par X**.*
On le note Vect (X) ou Vect $(x_1, ..., x_p)$ ou $\langle x_1, ..., x_p \rangle$.

Ainsi, $\quad Vect(X) = \left\{ \alpha_1 x_1 + ... + \alpha_p x_p \; ; \; (\alpha_1, ..., \alpha_p) \in K^p \right\}.$

On dit alors que X est une *famille génératrice* de ce sous-espace vectoriel (voir **3-1**).

Remarques :
- On utilise souvent cette proposition pour montrer qu'une partie F d'un espace vectoriel E est un sous-espace vectoriel de E.
- Tout sous-espace vectoriel contenant X contient Vect (X). Ceci permet de définir Vect (X) comme l'intersection des sous-espaces vectoriels contenant X. *Vect (X) est le plus petit (au sens de l'inclusion) sous-espace vectoriel de E contenant X.*

Opérations élémentaires :

Propriété : *Soit $X = (u_1, u_2, ..., u_p)$ une famille de p vecteurs d'un espace vectoriel E. Le sous-espace Vect (X) engendré par cette famille est inchangé par les opérations élémentaires suivantes :*
- *Echange de deux vecteurs : $u_i \leftrightarrow u_j$*
- *Multiplication d'un vecteur par un scalaire non nul : $u_i \leftarrow \lambda u_i$*
- *Addition à un vecteur d'une combinaison linéaire des autres :*
$$u_i \leftarrow u_i + \sum_{j \neq i} \lambda_j u_j.$$

2-6 Somme d'une famille finie de sous-espaces vectoriels

Définition : *Soient E un espace vectoriel sur K et $(F_i)_{i \in I}$ une famille finie de sous-espaces vectoriels de E.*

*La **somme de la famille** $(F_i)_{i \in I}$, notée $\sum_{i \in I} F_i$, est l'ensemble des vecteurs $x = \sum_{i \in I} x_i$ où, quel que soit $i \in I$, $x_i \in F_i$.*

En particulier, si $I = \{1, 2\}$, $\sum_{i \in I} F_i = F_1 + F_2 = \{x_1 + x_2 \, ; x_1 \in F_1, x_2 \in F_2\}$.

Remarque : On vérifie facilement que $\sum_{i \in I} F_i$ est un sous-espace vectoriel de E. C'est le plus petit sous-espace qui contient $\bigcup_{i \in I} F_i$, c'est à dire le s.e.v. engendré par $\bigcup_{i \in I} F_i$:

$$\sum_{i \in I} F_i = \text{Vect}\left(\bigcup_{i \in I} F_i\right).$$

2-7 Somme directe de sous-espaces vectoriels

Définition : *On dit que p sous-espaces $F_1, ..., F_p$ d'un même espace vectoriel E sont en somme directe si :*
$\forall x \in F_1 + ... + F_p$, il existe une famille unique $(x_1, ..., x_p) \in F_1 \times ... \times F_p$
telle que : $x = x_1 + ... + x_p$.
La somme $F_1 + ... + F_p$ est alors notée : $F_1 \oplus ... \oplus F_p$.

Proposition : *Les p sous-espaces $F_1, ..., F_p$ de l'espace vectoriel E sont en somme directe si et seulement si :*
$$\forall (x_1, ..., x_p) \in F_1 \times ... \times F_p, \text{ si } x_1 + ... + x_p = 0_E \text{ alors } x_1 = ... = x_p = 0_E.$$

Preuve :

. $\Rightarrow$: Si $F_1, ..., F_p$ sont en somme directe alors le vecteur nul admet une unique décomposition : $0_E = x_1 + ... + x_p$ où, pour tout i, $x_i \in F_i$.
Or $0_E = 0_E + ... + 0_E$; l'unicité de la décomposition entraîne que : $x_1 = ... = x_p = 0_E$.

. $\Leftarrow$: Soit $x \in F_1 + ... + F_p$ et supposons que l'on ait deux décompositions de x :
$$x = x_1 + ... + x_p = y_1 + ... + y_p.$$
On a alors : $(y_1 - x_1) + ... + (y_p - x_p) = 0_E$.
On en déduit : $y_1 - x_1 = ... = y_p - x_p = 0_E$ ce qui justifie l'unicité de la décomposition de x. Les sous-espaces $F_1, ..., F_p$ sont donc en somme directe.

2-8 Cas de deux sous-espaces vectoriels

Proposition : *Deux sous-espaces F et G d'un même espace vectoriel E sont en somme directe si et seulement si $F \cap G = \{0_E\}$.*

Preuve :

. $\Rightarrow$: Tout vecteur x de $F \cap G$ se décompose comme somme d'un vecteur de F et d'un vecteur de G sous l'une des formes : $x = x + 0_E$ ou $x = 0_E + x$ (en effet x et 0_E appartiennent à la fois à F et à G). Si F et G sont en somme directe la décomposition est unique, donc $x = 0_E$ et $F \cap G = \{0_E\}$.

. $\Leftarrow$: Soit (x_1, x_2) un couple de vecteurs de $F \times G$ tels que $x_1 + x_2 = 0_E$. On a alors $x_1 = -x_2$ donc, par stabilité de la multiplication par un scalaire, $x_1 \in G$. Par conséquent x_1 est un élément de $F \cap G$. De même $x_2 = -x_1 \in F \cap G$. Si $F \cap G = \{0_E\}$ alors $x_1 = x_2 = 0_E$. Cela caractérise, d'après la **proposition 2-7** des sous-espaces en somme directe.

Attention : Si p > 2 la condition $F_1 \cap ... \cap F_p = \{0_E\}$ ne suffit pas pour affirmer que les sous-espaces $F_1, ..., F_p$ sont en somme directe.

Sous-espaces vectoriels supplémentaires

Définition : On dit que les sous-espaces vectoriels F et G de l'espace vectoriel E sont supplémentaires dans E si $E = F \oplus G$, c'est à dire si :
$$\begin{cases} (i) \ E = F + G \\ (ii) \ F \cap G = \{0_E\} \end{cases}$$

Caractérisation : F et G sont supplémentaires dans E si et seulement si :
$$\forall u \in E, \exists! \ (v, w) \in F \times G, u = v + w.$$

3 FAMILLES GENERATRICES, FAMILLES LIBRES, BASES

Dans tout le paragraphe E désigne un espace vectoriel sur K.

3-1 Familles génératrices

Définition : On dit que la famille $S = (u_1, ..., u_p)$ de p vecteurs de E est une **famille génératrice** de E si tout vecteur x de E s'écrit comme combinaison linéaire des éléments de S, c'est à dire :
$$\forall x \in E, \exists (\alpha_1, ..., \alpha_p) \in K^p, x = \alpha_1 u_1 + ... + \alpha_p u_p.$$

Remarque : S est une famille génératrice de E si et seulement si E = Vect (S).

Propriétés :

P1 : Soit $S = (u_1, ..., u_p)$ une famille génératrice de E. Toute famille S' obtenue à partir de S par :
 - *Echange de deux vecteurs :* $u_i \leftrightarrow u_j$
 - *Multiplication d'un vecteur par un scalaire non nul :* $u_i \leftarrow \lambda u_i$
 - *Addition à un vecteur d'une combinaison linéaire des autres :* $u_i \leftarrow u_i + \sum_{j \neq i} \lambda_j u_j$

reste une famille génératrice de E.

Cela résulte des remarques faites au paragraphe 2-5 concernant les opérations élémentaires sur les vecteurs de S. On montre également :

P2 : *Toute famille qui contient une famille génératrice de E est une famille génératrice de E.*

P3 : *Soit $S = (u_i)_{i \in I}$ une famille génératrice de E et soit $i_0 \in I$. La famille $S' = (u_i)_{i \in I \setminus \{i_0\}}$ est une famille génératrice de E si et seulement si u_{i_0} est combinaison linéaire des vecteurs de S'.*

3-2 Familles libres

Définition : *On dit que la famille $S = (u_1, ..., u_p)$ de p vecteurs de E est une **famille libre** de E si :*
$$\forall (\alpha_1,...,\alpha_p) \in K^p, \ \alpha_1 u_1 + ... + \alpha_p u_p = 0_E \Rightarrow \alpha_1 = ... = \alpha_p = 0.$$
*Une famille qui n'est pas libre est dite **liée**.*

. Les vecteurs d'une famille libre sont dits *linéairement indépendants*.
. Les vecteurs d'une famille liée sont dits *linéairement dépendants*.

Propriétés :

P1 : *$S = (u_1)$ est libre si et seulement si $u_1 \neq 0_E$.*

P2 : *S est liée si et seulement si il existe au moins un vecteur de S combinaison linéaire des autres vecteurs de S.*

P3 : *Toute famille non vide extraite d'une famille libre est libre.*

P4 : *Toute famille contenant une famille liée est liée*

P5 : *Toute famille contenant deux vecteurs égaux est liée.*

P6 : *Toute famille contenant le vecteur nul est liée.*

Remarques : (u_1, u_2) est liée $\Leftrightarrow$ il existe $\lambda \in K$ tel que $u_1 = \lambda u_2$ ou $u_2 = \lambda u_1$.

Exemple : famille de polynômes échelonnée en degrés

Dans $\mathbb{R}[X]$, une famille de polynômes $(P_1, P_2, ..., P_m)$ telle que $\deg P_i \neq \deg P_j$ pour tout (i, j) tel que $i \neq j$, est une famille libre de $\mathbb{R}[X]$.

3-3 Bases

Définition : *On dit que la famille $B = (u_1, ..., u_n)$ de vecteurs de E est une base de E si elle est libre et génératrice dans E.*

Exemple : base canonique de $K_n[X]$

La famille $(1, X, ..., X^n)$ est une famille libre (car échelonnée en degrés) et génératrice de $K_n[X]$; c'est donc une base de cet espace vectoriel. On l'appelle *base canonique* de $K_n[X]$.

Remarque : D'après la propriété *P3* de **3-2**, *toute famille S extraite d'une base est une famille libre*. De même, *toute famille S contenant une base est génératrice*.

Caractérisation :

Théorème : *La famille $B = (u_1, ..., u_n)$ de vecteurs de E est une base de E si et seulement si tout vecteur x de E s'écrit de manière unique comme combinaison linéaire d'éléments de E.*

Si $x = \alpha_1 u_1 + ... + \alpha_n u_n$, $\alpha_1, ..., \alpha_n$ s'appellent *coordonnées* ou *composantes* de x dans la base B.

Exemple : Base canonique de K^n

Proposition : *Soit $B_0 = (e_i)_{1 \leq i \leq n}$ la famille de vecteurs de l'espace vectoriel K^n définie par :*
$$\forall i \in \{1,...,n\}, e_i = (0,...,0,1,0,...,0) \quad \text{(le "1" placé en $i^{ème}$ position)}.$$

Alors tout vecteur $x = (x_1, ..., x_n)$ de K^n s'écrit de manière unique comme combinaison linéaire des éléments de B_0.

On dit que : x_i est la $i^{ème}$ coordonnée de x dans la base canonique B_0.

Preuve :

. *Existence :* Tout vecteur $x = (x_1, ..., x_n)$ s'écrit $x = x_1.e_1 + ... + x_n.e_n$.

. *Unicité :* Si $x = x_1.e_1 + ... + x_n.e_n = y_1.e_1 + ... + y_n.e_n$ alors $(x_1, ..., x_n) = (y_1, ..., y_n)$ donc, pour tout i appartenant à $\{1, ..., n\}$: $x_i = y_i$.

4 ESPACES VECTORIELS DE DIMENSION FINIE

4-1 Notion de dimension

Définition : On dit que l'espace vectoriel E est de dimension finie s'il existe une famille finie S de vecteurs de E telle que Vect (S) = E.

Existence de bases :

Théorème : Tout espace vectoriel $E \neq \{0_E\}$ et de dimension finie admet au moins une base.

<u>Preuve</u> : Soit E un espace vectoriel de dimension finie. E est engendré par une famille finie $S = (u_1, ..., u_p)$ de vecteurs de E. Par définition cette famille est une famille génératrice de E. Si, de plus, cette famille est libre alors S est une base de E.
Sinon l'un, au moins, des vecteurs de S est combinaison linéaire des autres : prenons, par exemple, u_p.
Dans ce cas $E = Vect (u_1, ..., u_{p-1})$. La famille $S' = (u_1, ..., u_{p-1})$ est une famille génératrice de E. Si, de plus, elle est libre, elle formera une base de E.
Sinon on recommence le raisonnement précédent.
Si on n'obtient pas de famille libre comportant au moins deux vecteurs alors $E = Vect (u_1)$. Or $E \neq \{0_E\}$ donc u_1 est non nul et la famille $S = (u_1)$ est libre.
Dans ce cas $S = (u_1)$ est une base de E.

Théorème de la dimension (admis) :

Théorème - Définition : Dans un espace vectoriel $E \neq \{0_E\}$ et de dimension finie, toutes les bases possèdent le même nombre d'éléments.
*Le nombre d'éléments d'une base quelconque de E s'appelle la **dimension** de E. On le note dim E. Par convention dim E = 0 si et seulement si $E = \{0_E\}$.*

Exemples :
. La base canonique de K^n contient n vecteurs. On en déduit que toutes les bases de K^n possèdent n éléments. On a donc : **dim K^n = n**.
. De même : **dim $K_n[X]$ = card $(1, X, ..., X^n)$ = n + 1**.

Droites et plans vectoriels :

. Si dim E = 1, E est appelé *droite vectorielle*.
. Si dim E = 2, E est appelé *plan vectoriel*.

4-2 Familles libres et génératrices en dimension finie

Théorème : Soit S une famille de p vecteurs d'un espace vectoriel E de dimension n.
- Si S est libre, $p \leq n$; dans ces conditions S est une base si et seulement si p = n.
- Si S est génératrice, $p \geq n$; dans ces conditions S est une base si et seulement si p = n.

Remarques : . Si card S > dim E, alors S est liée.
. Si card S < dim E, alors S n'est pas génératrice.

Corollaire : *Toute famille B d'un espace vectoriel de dimension n sur K est une base si et seulement si elle possède deux des trois propriétés suivantes :*
(i) B a n éléments   (ii) B est libre   (iii) B est génératrice.

4-3 Théorème de la base incomplète

Lemme 1 : *Soit $(u_1, ..., u_p)$ une famille libre d'un espace vectoriel E.*
$u \in Vect(u_1, ..., u_p) \Leftrightarrow (u_1, ..., u_p, u)$ *est liée.*

Preuve :

. $\Rightarrow$: Si $u \in Vect(u_1, ..., u_p)$ alors u est combinaison linéaire des vecteurs $u_1, ..., u_p$ donc la famille $(u_1, ..., u_p, u)$ est liée (*P2 du paragraphe 3-2*).

. $\Leftarrow$: Si $(u_1, ..., u_p, u)$ est liée il existe p+1 scalaires $a_1, ..., a_p, a$, *non tous nuls* tels que :
$a_1 u_1 + ... + a_p u_p + a u = 0$.
Si $a = 0$ l'égalité se réduit à : $a_1 u_1 + ... + a_p u_p = 0$; la famille $(u_1, ..., u_p)$ étant libre, on a alors : $a_1 = ... = a_p = a = 0$. Contradiction.
Donc $a \neq 0$ et $u = -\frac{a_1}{a}u_1 - ... - \frac{a_n}{a}u_n$; on en déduit que $u \in Vect(u_1, ..., u_p)$.
Par contraposée on obtient :

Lemme 2 : *Soit $(u_1, ..., u_p)$ une famille libre d'un espace vectoriel E.*
$u \notin Vect(u_1, ..., u_p) \Leftrightarrow (u_1, ..., u_p, u)$ *est libre.*

Théorème (dit de la base incomplète) : *Soit E un espace vectoriel de dimension finie n. Toute famille libre $(u_1, ..., u_p)$ de p vecteurs de E (p < n), peut être complétée par (n - p) vecteurs $u_{p+1}, ..., u_n$ pour obtenir une base de E.*

Preuve : Soit $S = (u_1, ..., u_p)$ une famille libre d'un espace vectoriel E de dimension n et soit $B = (e_1, ..., e_n)$ une base de E. Il existe au moins un élément e_i de la base B n'appartenant pas à Vect (S) (sinon Vect (S) = E et S serait une famille génératrice de E, ce qui est impossible car p < n).

D'après le lemme 2, $e_i \notin Vect(u_1, ..., u_p) \Leftrightarrow (u_1, ..., u_p, e_i)$ est libre.

On obtient donc une famille libre dans E de p+1 éléments. Si p+1 = n, cette famille est une base de E. Sinon on reprend le raisonnement précédent en choisissant un élément e_j de la base B n'appartenant pas à Vect $(u_1, ..., u_p, e_i)$.

En itérant le procédé précédent on parviendra à une famille libre de n éléments de E. Cette famille formera une base de E.

4-4 Dimension d'un sous-espace vectoriel

Théorème 1 : *Soit E un espace vectoriel de dimension finie. Tout sous-espace vectoriel F de E est de dimension finie et dim F $\leq$ dim E.*

Preuve : Si F = $\{0_E\}$ alors dim F = 0 $\leq$ dim E.
Si F $\neq$ $\{0_E\}$, il existe un vecteur non nul u_1 appartenant à F.
Si, de plus, F = Vect (u_1) alors dim F = 1 (en effet dans ce cas (u_1) est libre et génératrice).
Sinon, il existe un vecteur u_2 dans F n'appartenant pas à Vect (u_1). Par le lemme 2 énoncé en **4-3**, (u_1, u_2) forme alors une famille libre de deux vecteurs de F.
On regarde alors si cette famille engendre F (F = Vect (u_1, u_2) ?).
Si ce n'est pas le cas on itère le procédé jusqu'à obtenir une famille (u_1, ..., u_k) libre et génératrice dans F. Nécessairement le procédé va avoir un terme car, si dim E = n, il n'existe pas de famille libre de plus de n vecteurs dans E (théorème **4-2**).
On a alors : dim F = k $\leq$ n.

Théorème 2 : *Si F est un sous-espace vectoriel de E et si dim F = dim E, alors F = E.*

Preuve : Soit n = dim E. Si dim F = n alors F admet une base B formée de n vecteurs de F (donc de E). B est alors une famille libre de n vecteurs dans F (donc dans E).
Or, toute famille libre de n vecteurs dans E est une base de E (d'après le théorème énoncé en **4-2**). Donc E = Vect (B) = F.

4-5 Dimension d'une somme directe

Théorème : *Soient F_1 et F_2 deux sous-espaces vectoriels de E de bases respectives B_1 et B_2. On suppose que la somme $F_1 + F_2$ est directe. On a alors :*
$B_1 \cup B_2$ *est une base de* $F_1 \oplus F_2$ *et* dim ($F_1 \oplus F_2$) = dim F_1 + dim F_2.

Preuve : On vérifie aisément que B_1 et B_2 sont deux familles disjointes de vecteurs de E et que leur réunion forme une base de $F_1 \oplus F_2$.
On a alors : dim ($F_1 \oplus F_2$) = card ($B_1 \cup B_2$) = card B_1 + card B_2 = dim F_1 + dim F_2.

4-6 Existence d'un supplémentaire - Codimension

Théorème : *Soit E un espace vectoriel de dimension finie et F un sous-espace vectoriel de E. Alors F admet au moins un supplémentaire dans E.*

Preuve : Soit n = dim E et soit B une base de F (qui est de dimension finie p, par le théorème 1 du paragraphe **4-4**). Par le théorème de la base incomplète on peut compléter B par une famille C de n-p vecteurs de E de sorte que B $\cup$ C forme une base de E. Considérons l'espace vectoriel G engendré par C (G = Vect (C)). B $\cup$ C étant une base de E tout vecteur de E s'écrit de manière unique comme somme d'un élément de F = Vect (B) et de G = Vect (C). Ceci caractérise des sous-espaces supplémentaires de E.

Codimension

Proposition : *Soit E un espace vectoriel de dimension finie et F un sous-espace vectoriel de E. Alors F est de dimension finie et tous les supplémentaires de F dans E ont la même dimension $k = \dim E - \dim F$.*
*Cet entier k est appelé la **codimension** de F.*

<u>Preuve</u> : D'après le théorème 4-5, si F et G sont supplémentaires dans E alors $E = F \oplus G$ et $\dim E = \dim(F \oplus G) = \dim F + \dim G$. On en déduit : $\dim G = \dim E - \dim F$.

4-7 Dimension d'une somme de sous-espaces

Théorème (formule de Grassmann) : *Soient F et G deux sous-espaces vectoriels d'un même espace vectoriel E de dimension finie. Alors :*
$$\dim(F + G) = \dim F + \dim G - \dim(F \cap G)$$

<u>Preuve</u> : $F \cap G$ est un sous-espace vectoriel de F. D'après le théorème **4-6** il existe un sous-espace F_1 supplémentaire à $F \cap G$ dans F : $F = (F \cap G) \oplus F_1$.
On en déduit : $\dim F = \dim(F \cap G) + \dim F_1$.   (1)
Montrons que F_1 et G sont supplémentaires dans $F + G$: $F + G = F_1 \oplus G$.
. On a : $F_1 \cap G = (F_1 \cap F) \cap G = F_1 \cap (F \cap G) = \{0_E\}$.
. On a : $F + G = F_1 + G$ (on justifie facilement les deux inclusions).
Ces deux conditions justifient l'égalité : $F + G = F_1 \oplus G$.
On en déduit : $\dim(F + G) = \dim F_1 + \dim G$.   (2)
En soustrayant membre à membre les égalités (1) et (2) on obtient finalement :
$$\dim(F + G) - \dim F = \dim G - \dim(F \cap G).$$

4-8 Caractérisations des sous-espaces supplémentaires en dimension finie

Théorème : *Soient F et G deux sous-espaces d'un même espace vectoriel E de dimension finie. F et G sont supplémentaires dans E si et seulement si deux des trois conditions suivantes sont vérifiées :*
     i) $E = F + G$ *ii) $F \cap G = \{0_E\}$*   *iii) $\dim E = \dim F + \dim G$.*

<u>Preuve</u> : On montre aisément, en utilisant la formule de Grassmann, que deux quelconques des trois propriétés entraînent la troisième. Par exemple, si i) et ii) sont satisfaites alors, $\dim E = \dim(F + G) = \dim F + \dim G - \dim(F \cap G) = \dim F + \dim G$ car $F \cap G = \emptyset$. Les deux premières conditions caractérisant des sous-espaces supplémentaires, le résultat s'en déduit.

- EXERCICES -

1- 1°) Etudier les propriétés de la loi $*$ définie sur $\mathbf{R}$ par : $a*b = a + b + ab$.
2°) Déterminer une partie G de $\mathbf{R}$ telle que $(G, *)$ soit un groupe.
3°) Calculer $a^{(n)} = a*a*\ldots*a$ (n facteurs).

2- Soit $E = \mathcal{A}(\mathbf{R}, \mathbf{R})$ l'ensemble des applications numériques définies sur $\mathbf{R}$. Dans chacun des cas suivants dire si F est un sous-espace vectoriel de E ?
1°) F est l'ensemble des fonctions paires définies sur $\mathbf{R}$.
2°) F est l'ensemble des fonctions définies sur $\mathbf{R}$, périodiques, de période π.
3°) F est l'ensemble des fonctions définies sur $\mathbf{R}$ vérifiant $f(0) = 1$.
4°) F est l'ensemble des fonctions croissantes sur $\mathbf{R}$.
5°) $F = \{f \in E;\ \exists\, a \in \mathbf{R}^{+*},\ \forall\, x \in [-a, a], f(x) = 0\}$.

3- 1°) Démontrer que les ensembles suivants sont des sous-espaces vectoriels de $\mathbf{R}^4$ et en donner une base :
  a) $F = \{(x, y, z, t) \in \mathbf{R}^4;\ 2x + y = 0 \text{ et } t = -x + 3z\}$.
  b) $G = \{(x, y, z, t) \in \mathbf{R}^4;\ x + 2y + 3z + t = 0\}$.
2°) Déterminer $F \cap G$.

4- Montrer que $F = \{P \in \mathbf{R}[X];\ \exists\, (a, b) \in \mathbf{R}^2, P = aX^4 + (a+b)X\}$ est un espace vectoriel. En donner une base.

5- Soit $F = \{P \in \mathbf{R}_n[X];\ P(1) = 0\}$.
Montrer que F est un espace vectoriel et en donner une base.

6- La famille $(a_1, \ldots, a_n)$ est libre.
Que dire de la famille $(a_1, a_1 + a_2, \ldots, a_i + a_{i+1}, \ldots, a_{n-1} + a_n)$?

7- Soit a un réel et soient $x_1 = (a, 1, 0, a)$, $y_1 = (2a, 0, 1, 0)$, $x_2 = (2, 1, a, 0)$, $y_2 = (a, 0, 0, 1)$ quatre vecteurs de $\mathbf{R}^4$. On note : $F = \text{Vect}(x_1, y_1)$ et $G = \text{Vect}(x_2, y_2)$.
Déterminer une base de chacun des sous-espaces F, G et $F \cap G$.

8- Soit a un réel et soient $x = (1, 1, a)$, $y = (1, a, 1)$, $z = (a, 1, 1)$ trois vecteurs de $\mathbf{R}^3$.
Déterminer la dimension de l'espace vectoriel engendré par (x, y, z).

9- Soient α, β et γ trois réels distincts de $[0, \pi[$. Soient les fonctions :
$$f_1: x \mapsto \cos(x+\alpha),\quad f_2: x \mapsto \cos(x+\beta),\quad f_3: x \mapsto \cos(x+\gamma).$$
Montrer que la famille (f_1, f_2, f_3) est liée. Quelle est la dimension de l'espace vectoriel engendré par cette famille ?

10- Soient $\alpha_1, \ldots, \alpha_n$ n réels distincts.
Pour tout $i \in \{1, \ldots, n\}$, on pose $f_i : x \mapsto e^{\alpha_i x}$ ($x \in \mathbf{R}$).
Montrer que la famille $(f_1, \ldots, f_n)$ est libre dans $\mathcal{A}(\mathbf{R}, \mathbf{R})$.
(On pourra raisonner par récurrence sur n, factoriser et dériver).

11- Soit a un élément de K (K = **R** ou K = **C**).
Montrer que la famille $(1, X-a, \ldots, (X-a)^n)$ est une base de $K_n[X]$.

12- Montrer que $(X^n, X^{n-1}(1+X), X^{n-2}(1+X)^2, \ldots, (1+X)^n)$ est une base de $\mathbf{R}_n[X]$.

13- Soient E un espace vectoriel de dimension 4 et E_1, E_2 deux sous-espaces de E de dimension 3 tels que $E_1 \neq E_2$. Déterminer la dimension de $E_1 \cap E_2$.

14- Dans $\mathbf{R}^4$ trouver un sous-espace supplémentaire de F :
$$F = \{(x, y, z, t) \in \mathbf{R}^4; x + y + z - t = 0\}.$$

15- Soit $E = \mathcal{A}(\mathbf{R}, \mathbf{R})$. Montrer que l'ensemble P des fonctions paires et l'ensemble I des fonctions impaires sont deux sous-espaces supplémentaires dans E.

16- Dans $E = \mathcal{A}(\mathbf{R}, \mathbf{R})$ soient $E_1 = \{f \in E; f(1) = 0\}$ et $E_2 = \{f \in E; f(1) \neq 0\}$. E_1 et E_2 sont-ils des sous-espaces vectoriels supplémentaires dans E ? Trouver un supplémentaire de E_1.

17- Soit $E = \mathbf{R}_n[X]$ et soit Q un polynôme non nul de E.
On note : $F = \{P \in E; Q \text{ divise } P\}$.
Montrer que F est un sous-espace vectoriel de E. Déterminer un supplémentaire de F dans E. Quelle est la dimension de F ? En donner une base.

18- A étant une partie de **R** on pose : $F_A = \{f \in \mathcal{A}(\mathbf{R}, \mathbf{R}); \forall x \in A, f(x) = 0\}$.
1°) F_A est-il un sous-espace vectoriel de $\mathcal{A}(\mathbf{R}, \mathbf{R})$?
2°) Comparer $F_A \cap F_B$ et $F_{A \cup B}$.
3°) Que dire de $F_{A \cap B}$?
4°) Trouver une relation entre A et B pour que la somme $F_A + F_B$ soit directe.
5°) Trouver une relation entre A et B pour que F_A et F_B soient supplémentaires dans $\mathcal{A}(\mathbf{R}, \mathbf{R})$.

APPLICATIONS LINEAIRES

Dans tout le chapitre K désigne l'un des ensembles **R** ou **C**.

1 GENERALITES

1-1 Définition

Définition : *Soient $(E, +, .)$ et $(F, *, \blacksquare)$ deux espaces vectoriels sur K. Toute application f de E dans F vérifiant :*
   (i) $\forall (x, y) \in E^2, f(x + y) = f(x) * f(y)$
   (ii) $\forall \lambda \in K, \forall x \in E, f(\lambda . x) = \lambda \blacksquare f(x)$
*est appelée **application linéaire** (ou **morphisme d'espaces vectoriels**) de E dans F.*

Caractérisation :

Proposition : *Une application f de l'espace vectoriel $(E, +, .)$ dans l'espace vectoriel $(F, *, \blacksquare)$ est linéaire si et seulement si :*
$\forall (\lambda, \mu) \in K^2, \forall (x, y) \in E^2, f(\lambda.x + \mu.y) = \lambda \blacksquare f(x) * \mu \blacksquare f(y).$

Remarque : Dans la pratique, on note de manière identique les lois de E et F. On écrit donc : $\forall (\lambda, \mu) \in K^2, \forall (x, y) \in E^2, f(\lambda x + \mu y) = \lambda f(x) + \mu f(y)$.
Par la suite on notera 0_E et 0_F les éléments neutres (vecteurs nuls) de E et F pour les lois d'addition.

Exemples :

. L'application nulle définie par : $\forall x \in E, f(x) = 0_F$ est une application linéaire de E dans F.

. L'application identique sur E définie par : $\forall x \in E, Id_E(x) = x$ est une application linéaire de E dans E.

. L'application $f : \begin{array}{l} \mathbf{R}^3 \to \mathbf{R}^2 \\ (x, y, z) \mapsto (3x + 2y, y - z) \end{array}$ est une application linéaire de $\mathbf{R}^3$ dans $\mathbf{R}^2$.

En effet, si $u = (x, y, z)$ et $v = (x', y', z')$:

$$\begin{aligned} f(\lambda u + \mu v) &= f(\lambda x + \mu x', \lambda y + \mu y', \lambda z + \mu z') \\ &= [3(\lambda x + \mu x') + 2(\lambda y + \mu y'), (\lambda y + \mu y') - (\lambda z + \mu z')] \\ &= [\lambda(3x + 2y) + \mu(3x' + 2y'), \lambda(y - z) + \mu(y' - z')] \\ &= \lambda(3x + 2y, y - z) + \mu(3x' + 2y', y' - z') \\ &= \lambda f(u) + \mu f(v). \end{aligned}$$

1-2 Propriétés

Dans tout le paragraphe f désigne une application linéaire de E dans F.

P1 : *Si f est une application linéaire de E dans F :*
(i) $\forall x \in E, f(-x) = -f(x)$.
(ii) $f(0_E) = 0_F$.

Preuve :
(i) Par définition d'une application linéaire : $f(-x) = f(-1.x) = -1.f(x)$ c'est à dire : $f(-x) = -f(x)$.
(ii) $f(0_E) = f[x + (-x)] = f(x) + f(-x)$. Or $f(-x) = -f(x)$ d'après (i).
On en déduit : $f(0_E) = f(x) - f(x) = 0_F$.

P2 : *Pour tous $u_1, ..., u_p$ de E et tous $\lambda_1, ..., \lambda_p$ de K, on a :*
$$f\left(\sum_{i=1}^{p} \lambda_i u_i\right) = \sum_{i=1}^{p} \lambda_i f(u_i).$$

On le montre par récurrence sur $p \in \mathbb{N}^*$.

P3 : *Si A est un sous-espace vectoriel de E alors f(A) est un sous-espace vectoriel de F.*

Preuve :
Par définition $f(A)$ est la partie de F définie par : $f(A) = \{y \in F; \exists x \in A, y = f(x)\}$.
. $f(A)$ est non vide. En effet 0_E appartient à A et, par propriété (voir **P1**), $f(0_E) = 0_F$.
Cela entraîne que 0_F (vecteur nul de F) appartient à $f(A)$.
. $f(A)$ est stable pour les lois + et . :
Pour tout $(x, y) \in (f(A))^2$, il existe a et b dans A tels que $x = f(a)$ et $y = f(b)$.
Pour tout $(\lambda, \mu) \in K^2$, on a alors : $\lambda x + \mu y = \lambda f(a) + \mu f(b) = f(\lambda a + \mu b)$.
Or $\lambda a + \mu b$ appartient à A puisque A est stable pour les lois + et . (sous-espace vectoriel). On en déduit que $\lambda x + \mu y$ appartient à $f(A)$.
Ceci justifie la stabilité de $f(A)$ pour les lois + et .

P4 : *Si B est un sous-espace vectoriel de F alors $f^{-1}(B)$ est un sous-espace vectoriel de E.*

Preuve : Par définition, $f^{-1}(B) = \{x \in E; f(x) \in B\}$. Donc $f^{-1}(B)$ est une partie de E.
. 0_E est un élément de $f^{-1}(B)$ puisque $f(0_E) = 0_F \in B$. Donc $f^{-1}(B)$ est non vide.
. Montrons que $f^{-1}(B)$ est stable pour les lois + et . :
Pour tout (x, y) appartenant à $(f^{-1}(B))^2$, $x' = f(x)$ appartient à B ainsi que $y' = f(y)$.
Pour tout $(\lambda, \mu) \in K^2$, on a alors : $f(\lambda x + \mu y) = \lambda f(x) + \mu f(y) = \lambda x' + \mu y'$.
x' et y' appartiennent à B donc, par la structure de sous-espace vectoriel de B, $\lambda x' + \mu y'$ appartient à B. On en déduit que $f(\lambda x + \mu y)$ appartient à B, ce qui s'énonce aussi :
$\lambda x + \mu y$ appartient à $f^{-1}(B)$.
$f^{-1}(B)$ est donc stable pour les lois + et . : c'est un sous-espace vectoriel de E.

1-3 Noyau et image

Noyau :

Définition : *Soit f une application linéaire de E dans F. On appelle **noyau de f** l'ensemble noté Ker f et défini par :*
$$Ker f = f^{-1}(\{0_F\}) = \{ x \in E; f(x) = 0_F \}.$$

Remarque : D'après *P1*, Ker f contient au moins 0_E.

Proposition 1 : *Soit f une application linéaire de E dans F. Ker f est un sous-espace vectoriel de E.*

<u>Preuve</u> : Ker f est l'ensemble des antécédents de 0_F par f : Ker f = $f^{-1}(\{0_F\})$.
Or $\{0_F\}$ est un sous-espace vectoriel de F.
Par la propriété *P4* du paragraphe **1-2**, Ker f est donc un sous-espace vectoriel de E.

Proposition 2 : *Soit f une application linéaire de E dans F.*
  f est injective si et seulement si Ker f = $\{0_E\}$.

<u>Preuve</u> :

. $\Rightarrow$: On suppose f injective.
x appartient à Ker f si et seulement si $f(x) = 0_F$. Or, d'après *P1*, $f(0_E) = 0_F$.
Donc x appartient à Ker f si et seulement si $f(x) = f(0_E) = 0_F$.
f étant injective l'égalité $f(x) = f(0_E)$ équivaut à : $x = 0_E$. On en déduit : Ker f = $\{0_E\}$.

. $\Leftarrow$: On suppose Ker f = $\{0_E\}$.
Soient x et y deux éléments de E tels que $f(x) = f(y)$. Par linéarité de f on a alors :
$f(x - y) = 0_F$ ce qui entraîne que $x - y$ appartient à Ker f.
On en déduit que $x - y = 0_E$ ce qui équivaut à : $x = y$. f est donc injective.

Image :

Définition : *Soit f une application linéaire de E dans F. On appelle **image de f** l'ensemble noté Im f et défini par :*
$$Im f = f(E) = \{ y \in F; \exists x \in E, y = f(x) \}.$$

Proposition 3 : *Soit f une application linéaire de E dans F. Im f est un sous-espace vectoriel de F.*

Cela résulte de la propriété *P3* du paragraphe précédent.

Proposition 4 : *Soit f une application linéaire de E dans F.*
  f est surjective si et seulement si Im f = F.

Cela résulte de la caractérisation d'une application surjective de E dans F (cf *chapitre 1*) :
f est surjective si et seulement si $f(E) = F$.

1-4 Exemples d'applications linéaires

Exemple 1 :

On vérifie facilement que l'ensemble D (I, **R**) des applications dérivables sur l'intervalle I de **R** est un sous-espace vectoriel de $\mathcal{A}$ (I, **R**).

L'application Φ de D (I, **R**) dans $\mathcal{A}$ (I, **R**) qui, à toute application dérivable sur I associe son application dérivée est une application linéaire.

En effet, si a et b désignent des réels, f et g des applications dérivables sur I, on a :
$$\Phi (af + bg) = (af + bg)' = af' + bg' = a \Phi (f) + b \Phi (g).$$

Φ est appelé *opérateur de dérivation*.

Exemple 2 :

Pour tout $p \in \mathbf{N}^*$, l'application φ de $\mathcal{A}$ (**N**, **R**) dans $\mathbf{R}^p$ définie par :
$$\varphi (u) = (u_0, u_1, ..., u_{p-1})$$
est une application linéaire (exercice).

(On rappelle que $\mathcal{A}$ (**N**, **R**) est l'espace vectoriel des suites réelles définies sur **N**).

Exemple 3 :

L'application D de K[X] dans K[X] définie par : $\forall\ P \in K[X],\ D (P) = P'$ (polynôme dérivé) est une application linéaire.

Exemple 4 :

Soit $(\Omega, \mathcal{P}(\Omega), P)$ un espace probabilisé fini. L'ensemble $\mathcal{V}(\Omega)$ des variables aléatoires réelles définies sur Ω est un espace vectoriel sur **R**. (En effet $\mathcal{V}(\Omega)$ n'est autre que $\mathcal{A}(\Omega, \mathbf{R})$).

L'application E de $\mathcal{V}(\Omega)$ dans **R** qui, à toute variable aléatoire réelle X, associe E(X) (espérance de X) est une application linéaire de $\mathcal{V}(\Omega)$ dans **R** (c'est même une *forme linéaire* sur $\mathcal{V}(\Omega)$, voir **2-2**).

(Ainsi est justifiée, a posteriori, l'expression " linéarité de l'espérance ").

2 ESPACES D'APPLICATIONS LINEAIRES

2-1 Opérations sur les applications linéaires

Addition, multiplication par un scalaire :

Les application linéaires de E dans F étant des applications de E dans F on peut définir leur somme et leur multiplication par un scalaire :
$$\forall u \in E, \quad (f+g)(u) = f(u) + g(u) \quad \text{et} \quad (\alpha.f)(u) = \alpha.f(u).$$

Remarque : Il est facile de vérifier que si f et g sont deux applications linéaires de E dans F, *f + g est une application linéaire de E dans F.*
. De même si f est une application linéaire de E dans F et si α est un élément de K, l'application $\alpha.f$ *est une application linéaire de E dans F.*

Composée de deux applications linéaires :

Proposition : *Soient E, F, G trois espaces vectoriels et soient f, g deux applications linéaires définies respectivement de E dans F et de F dans G. L'application g o f est une application linéaire de E dans G.*

Preuve : g o f est une application de E dans G définie par :
$$\forall u \in E, (g \circ f)(u) = g[f(u)].$$
Pour tout (λ, μ) appartenant à K^2 et pour tout (x, y) appartenant à E^2 :
$(g \circ f)(\lambda x + \mu y) = g[f(\lambda x + \mu y)]$
$\qquad\qquad\qquad = g[\lambda f(x) + \mu f(y)]$ (linéarité de f)
$\qquad\qquad\qquad = \lambda (g \circ f)(x) + \mu (g \circ f)(y)$ (linéarité de g).
Ceci justifie la linéarité de g o f.

Remarque : Dans le cas où f = g, f o f sera notée f^2. Plus généralement :
Si f est un endomorphisme de E, $f^0 = Id_E$ et $\forall k \in \mathbb{N}^*$, $f^k = f \circ ... \circ f$ (k termes).

2-2 Applications linéaires particulières

Formes linéaires :

On rappelle que $(K, +, .)$ est un espace vectoriel sur K.

Définition : *Soit E un espace vectoriel sur K. On appelle* **forme linéaire** *sur E toute application linéaire de E dans K.*

Isomorphismes :

Définition : *Un **isomorphisme** d'espaces vectoriels est une application linéaire bijective.*

Remarque : S'il existe un isomorphisme de E sur F, E et F sont dits ***isomorphes***.

Proposition 1 : *Si f est un isomorphisme de E sur F, alors f^{-1} est un isomorphisme de F sur E.*

<u>Preuve</u> : On sait que si f est une bijection de E sur F alors f admet une application réciproque f^{-1} et f^{-1} est une bijection de F sur E (voir chapitre 1).

Montrons que f^{-1} est une application linéaire de F sur E, c'est à dire :
$$\forall (\lambda, \mu) \in K^2, \forall (x, y) \in F^2, f^{-1}(\lambda x + \mu y) = \lambda f^{-1}(x) + \mu f^{-1}(y).$$

Notons $u = f^{-1}(\lambda x + \mu y)$. On a, par définition de f^{-1} : $f(u) = \lambda x + \mu y$.
Notons $v = \lambda f^{-1}(x) + \mu f^{-1}(y)$. Par linéarité de f on a : $f(v) = \lambda x + \mu y$.

On en déduit $f(u) = f(v)$ et, puisque f est injective : $u = v$. Cela s'écrit encore :
$$f^{-1}(\lambda x + \mu y) = \lambda f^{-1}(x) + \mu f^{-1}(y).$$

f^{-1} est donc une application linéaire bijective de F sur E, c'est à dire un isomorphisme de F sur E.

Endomorphismes :

Définition : *Un **endomorphisme** de l'espace vectoriel E est une application linéaire de E dans lui-même.*

Automorphismes :

Définition : *Un **automorphisme** de l'espace vectoriel E est une application linéaire bijective de E dans lui-même.*

Remarque : Un automorphisme de l'espace vectoriel E est donc un endomorphisme bijectif de E. C'est aussi un isomorphisme de E dans lui-même.

Proposition 2 : *L'application composée de deux automorphismes d'un espace vectoriel E est un automorphisme de E.*

<u>Preuve</u> : D'après la proposition 2-1, l'application composée de deux applications linéaires est une application linéaire. D'autre part on sait que l'application composée de deux bijections est une bijection, ici de E dans E.

Projecteurs :

Définition : *On appelle **projecteur** de l'espace vectoriel E tout endomorphisme p de E vérifiant $p \circ p = p$.*

Exemples : L'application nulle et l'application id_E sont des projecteurs de E.

Proposition 3 : *Soit p un projecteur de l'espace vectoriel E. Ker p et Im p sont supplémentaires dans E.*

Preuve : Montrons d'abord : $E = Ker\ p + Im\ p$.
En effet, tout vecteur x de E s'écrit : $x = (x - p(x)) + p(x)$ avec $p(x) \in Im\ p$ et $(x - p(x)) \in Ker\ p$ car $p[x - p(x)] = p(x) - p^2(x) = 0_E$.
Montrons ensuite que $Ker\ p \cap Im\ p = \{0_E\}$.
Soit $x \in Ker\ p \cap Im\ p$: on a $p(x) = 0_E$ et $x = p(t)$, $t \in E$.
On en déduit : $p^2(t) = p[p(t)] = p(x) = 0_E$. Or, par définition de p, $p^2(t) = p(t) = x$.
Par conséquent : $x = 0_E$.

Notion de projection :

Pour toute décomposition de E en la somme de deux sous-espaces supplémentaires E_1 et E_2 ($E = E_1 \oplus E_2$) on définit l'application p_1 (resp. p_2) telle que :
    Si $x = x_1 + x_2$ ($x_1 \in E_1$ et $x_2 \in E_2$) alors $p_1(x) = x_1$ (resp. $p_2(x) = x_2$).
p_1 (resp. p_2) est appelée ***projection sur E_1*** (resp. sur E_2) ***de direction E_2*** (resp. E_1).

Il est immédiat de constater que p_1 et p_2 sont des projecteurs de E.
Réciproquement tout projecteur p de E est la projection sur Im p de direction Ker p.

2-3 Espaces vectoriels $\mathcal{L}(E, F)$ et $\mathcal{L}(E)$

Ensemble $\mathcal{L}(E, F)$:

$\mathcal{L}(E, F)$ désigne l'ensemble des applications linéaires de E dans F.

Proposition : *Soient E et F deux espaces vectoriels sur K.*
($\mathcal{L}(E, F), +, .$) a une structure d'espace vectoriel sur K.

Preuve : On rappelle que l'ensemble $\mathcal{A}(E, F)$ des applications de E dans l'espace vectoriel F est un espace vectoriel sur K.

Montrons que $\mathcal{L}(E, F)$ est un sous-espace vectoriel de $\mathcal{A}(E, F)$.

. Toute application linéaire de E dans F est une application de E dans F.
Donc $\mathcal{L}(E, F) \subset \mathcal{A}(E, F)$.

. $\mathcal{L}(E, F)$ n'est pas vide. En effet l'application nulle (définie par : $\forall x \in E$, $f(x) = 0_F$) appartient à $\mathcal{L}(E, F)$.

. $\mathcal{L}(E, F)$ est stable pour l'addition des applications et pour la multiplication par un scalaire (voir **2-1**).

Ensemble $\mathcal{L}(E)$:

> $\mathcal{L}(E)$ désigne l'ensemble des endomorphismes de E.

Remarque 1 : On a donc : $\mathcal{L}(E) = \mathcal{L}(E, E)$ et, d'après la proposition précédente, *$\mathcal{L}(E)$ est un espace vectoriel sur K.*
De même *l'ensemble $\mathcal{L}(E,K)$ des formes linéaires définies sur E est un espace vectoriel sur K.*

Remarque 2 : Dans $\mathcal{L}(E)$ la composition des applications est associative et distributive par rapport à l'addition. *Si f et g sont deux endomorphismes de E tels que $f \circ g = g \circ f$ (f et g commutent) la formule du binôme de Newton s'applique* :

$$(f+g)^n = \sum_{k=0}^{n} C_n^k\, f^k \circ g^{n-k} = \sum_{k=0}^{n} C_n^k\, g^k \circ f^{n-k}$$

(On rappelle que : $f^0 = Id_E$ et $\forall k \in \mathbb{N}^*$, $f^k = f \circ \ldots \circ f$ (k termes)).

2-4 Groupe GL(E)

> GL(E) désigne l'ensemble des automorphismes de E.

> **Proposition** : *Pour la composition des applications GL(E) est un groupe appelé **groupe linéaire** de E.*

Preuve :

. La loi o est une loi de composition interne dans GL(E) d'après la proposition 2 du paragraphe **2-2**.

. On sait que la composition des applications est associative dans $\mathcal{A}(E, E)$ donc dans GL(E).

. L'élément neutre de la loi o dans $\mathcal{A}(E, E)$ est Id_E. Or Id_E est un automorphisme de E (donc un élément de GL(E)).

. Tout élément f de GL(E) admet une application réciproque f^{-1}. Cette application f^{-1} est un isomorphisme de E sur E (d'après la proposition 1 du paragraphe 2-2) c'est à dire un automorphisme de E.

Ces différentes propriétés justifient la structure de groupe de GL(E).

3 APPLICATIONS LINEAIRES EN DIMENSION FINIE

3-1 Caractérisation

Proposition : *Si E est un espace vectoriel de dimension finie, toute application linéaire f de E dans un espace vectoriel F est entièrement déterminée par la donnée des images des vecteurs d'une base quelconque B de E. En particulier : Im f = Vect (f (B)).*

En effet, si $B = (e_1, ..., e_p)$ est une base de E, alors $(f(e_1), ..., f(e_p))$ est une famille génératrice de Im f dont la connaissance détermine f :

$$x = \sum_{i=1}^{n} x_i e_i \Rightarrow f(x) = \sum_{i=1}^{n} x_i f(e_i).$$

En particulier : *Une application linéaire de K^p dans K^n est entièrement déterminée par la donnée des images des vecteurs de la base canonique de K^p.*

3-2 Image d'une famille de vecteurs

Dans tout le paragraphe, E désigne un espace vectoriel de dimension finie et F un espace vectoriel quelconque.

Proposition 1 : *Si u est une application linéaire surjective de E dans F et S une famille génératrice de E alors u (S) est une famille génératrice de F.*

Preuve : Si u est une application surjective de E dans F alors F = Im u et tout vecteur y de F s'écrit y = u (x) où x appartient à E.
Soit $S = (e_1, e_2, ..., e_n)$; $x = x_1 e_1 + ... + x_n e_n$ et $y = u(x) = x_1 u(e_1) + ... + x_n u(e_n)$.
Tout vecteur y de F s'écrit donc comme combinaison linéaire des vecteurs $u(e_1), ..., u(e_n)$. Cela signifie que F est engendré par $u(S) = (u(e_1), ..., u(e_n))$.

Proposition 2 : *Si u est une application linéaire injective de E dans F et S une famille libre de E alors u (S) est une famille libre de F.*

Preuve : Soit u est une application injective de E dans F et S = $(e_1, e_2, ..., e_n)$ une famille libre de E. Montrons que u (S) = $(u(e_1), ..., u(e_n))$ est une famille libre de F.
Soient $\lambda_1, ..., \lambda_n$ n scalaires tels que : $\lambda_1 u(e_1) + ... + \lambda_n u(e_n) = 0_F$.
Par linéarité de u cette dernière égalité s'écrit encore : $u(\lambda_1 e_1 + ... + \lambda_n e_n) = 0_F$.
Or u est injective donc Ker u = $\{0_E\}$. On en déduit que : $\lambda_1 e_1 + ... + \lambda_n e_n = 0_E$ ce qui entraîne que $\lambda_1 = ... = \lambda_n = 0$ (puisque la famille S = $(e_1, e_2, ..., e_n)$ est libre).
La famille u (S) = $(u(e_1), ..., u(e_n))$ est donc une famille libre de F.

On déduit des propositions 1 et 2 :

> ***Proposition 3*** : *Si E est de dimension finie et u un isomorphisme de E sur F, l'image par u d'une base quelconque de E est une base de F.*

3-3 Rang d'une application linéaire

> ***Définition*** : *Soient E un espace vectoriel de dimension finie, F un espace vectoriel quelconque et u une application linéaire de E dans F. On appelle **rang** de u, et on note rg (u), la dimension de Im u :*
> $$rg\ (u) = dim\ Im\ u.$$

Conséquence : Si u est un automorphisme d'un espace vectoriel de dimension n alors rg (u) = dim Im u = n.

Formule du rang :

> ***Théorème*** : *Etant donnés des espaces vectoriels E et F (E étant de dimension finie) et une application linéaire u de E dans F, on a :*
> $$dim\ E = dim\ (Ker\ u) + dim\ (Im\ u).$$

Remarque : L'égalité précédente peut encore s'écrire : dim E = dim Ker u + rg(u). C'est pourquoi ce théorème est connu sous le nom de *formule du rang* (ou *formule de la dimension*).

Preuve : Soit n = dim E. On distingue les cas Ker u = $\{0_E\}$ et Ker u ≠ $\{0_E\}$.

. Si Ker u = $\{0_E\}$ alors u est injective (proposition 2, paragraphe **1-3**) et dim (Ker u) = 0. Soit B = $(e_1, e_2, ..., e_n)$ une base de E. u (B) = $(u(e_1), ..., u(e_n))$ est alors une famille libre et génératrice de Im u; c'est donc une base de Im u formée de n vecteurs. On en déduit : dim (Im u) = dim E = n. La formule est donc vérifiée dans ce cas.

. Si Ker $u \neq \{0_E\}$ on peut compléter une base $(e_1, e_2, ..., e_s)$ de Ker u par n-s vecteurs $(e_{s+1}, ..., e_n)$ pour obtenir une base de E (théorème de la base incomplète). En effet $(e_1, e_2, ..., e_s)$ est une base de Ker u donc une famille libre de Ker u et E.
Tout vecteur x de E s'écrit alors : $x = x_1e_1 + ... + x_ne_n$ et
$$u(x) = u(x_1e_1) + ... + u(x_ne_n) = x_1u(e_1) + ... + x_nu(e_n).$$
Or $e_1, e_2, ..., e_s$ sont des vecteurs de Ker u donc $u(e_1) = ... = u(e_s) = 0_F$. On en déduit que $u(x) = x_{s+1}u(e_{s+1}) + ... + x_nu(e_n)$.

La famille $(u(e_{s+1}), ..., u(e_n))$ est donc une famille génératrice de Im u.

Montrons que cette famille est libre :
$$\lambda_{s+1}u(e_{s+1}) + ... + \lambda_n u(e_n) = 0_F \Rightarrow u(\lambda_{s+1}e_{s+1} + ... + \lambda_n e_n) = 0_F$$
$$\Rightarrow \lambda_{s+1}e_{s+1} + ... + \lambda_n e_n \in \text{Ker } u.$$

Ker u ayant pour base $(e_1, e_2, ..., e_s)$ on en déduit que $\lambda_{s+1}e_{s+1} + ... + \lambda_n e_n$ se décompose dans cette base : $\lambda_{s+1}e_{s+1} + ... + \lambda_n e_n = \alpha_1 e_1 + ... + \alpha_s e_s$.

Cette égalité s'écrit encore : $\alpha_1 e_1 + ... + \alpha_s e_s - \lambda_{s+1}e_{s+1} - ... - \lambda_n e_n = 0_E$.
$(e_1, e_2, ..., e_n)$ étant une base (donc une famille libre) de E on en déduit :
$$\alpha_1 = ... = \alpha_s = \lambda_{s+1} = ... = \lambda_n = 0.$$

Cela entraîne que $(u(e_{s+1}), ..., u(e_n))$ est une famille libre de Im u.

Par conséquent, $(u(e_{s+1}), ..., u(e_n))$ est une famille libre et génératrice c'est à dire une base de Im u. On a donc : $\dim(\text{Im } u) = n - s$.

On peut conclure : $\dim(\text{Ker } u) + \dim(\text{Im } u) = s + (n - s) = n = \dim E$.

3-4 Formes linéaires en dimension finie

> **Proposition 1** : *Soit E un espace vectoriel de dimension finie n et soit $B = (e_i)_{1 \leq i \leq n}$ une base de E. Pour toute forme linéaire f définie sur E, il existe une unique famille $(a_i)_{1 \leq i \leq n}$ d'éléments de K tels que :*
> $$\text{Pour tout } x = \sum_{k=1}^{n} x_k e_k \text{ appartenant à } E, \, f(x) = a_1 x_1 + ... + a_n x_n.$$

Preuve :

Unicité : Si une telle famille (a_i) existe on doit avoir, pour tout $i \in \{1, ..., n\}$:
$$f(e_i) = f(0e_1 + ... + 0e_{i-1} + 1e_i + 0e_{i+1} + ... + 0e_n) = 1a_i = a_i.$$
a_i est donc déterminé de manière unique par : $a_i = f(e_i)$.

Existence : En posant, pour tout i appartenant à $\{1, ..., n\}$, $a_i = f(e_i)$ on a, en utilisant la linéarité de f : $f(x) = x_1 f(e_1) + ... + x_n f(e_n) = x_1 a_1 + ... + x_n a_n$.
La famille (a_i) ainsi construite convient donc.

Proposition 2 : *Soit E un espace vectoriel de dimension finie n. Le noyau d'une forme linéaire non nulle définie sur E est un sous-espace vectoriel de dimension n-1 (ou hyperplan) de E.*

Preuve : Soit f une forme linéaire non nulle définie sur E. D'après la formule du rang (théorème **3-3**) on a : $n = \dim E = \dim(\operatorname{Ker} f) + \dim(\operatorname{Im} f)$.
Or Im f est un sous-espace vectoriel de K; K étant un espace vectoriel de dimension 1, on en déduit que la dimension de Im f est inférieure ou égale à 1.
f n'étant pas nulle, $\operatorname{Im} f \neq \{0\}$ et $\dim(\operatorname{Im} f) = 1$.
La formule du rang donne alors : $\dim(\operatorname{Ker} f) = n - \dim(\operatorname{Im} f) = n - 1$.

Interprétation d'une équation linéaire :

Proposition 3 : *Soit E un espace vectoriel de dimension finie n. L'ensemble F des vecteurs u de coordonnées $x_1, ..., x_n$ dans une base donnée de E et vérifiant l'équation linéaire : $a_1 x_1 + ... + a_n x_n = 0$ (les a_i étant non tous nuls) est un hyperplan de E.*

Preuve : F est le noyau de la forme linéaire non nulle définie sur E par :
pour tout i appartenant à $\{1, ..., n\}$, $f(e_i) = a_i$.
Le résultat s'en déduit par la proposition précédente.

Exemple : Dans $\mathbf{R}^3$ rapporté à sa base canonique, l'ensemble F des vecteurs $u = (x, y, z)$ vérifiant l'équation $2x - y + 3z = 0$ est un hyperplan de $\mathbf{R}^3$, c'est à dire un sous-espace de dimension 2 (*plan vectoriel*).

3-5 Isomorphismes en dimension finie

Théorème 1 : *Si E et F sont deux espaces vectoriels de dimension finie :*
(E isomorphe à F) $\Leftrightarrow$ (dim E = dim F).

Preuve : Soit $n = \dim E$.

. D'après la proposition 3 du paragraphe **3-2**, s'il existe un isomorphisme u de E sur F alors l'image d'une base de E par u est une base de F. u étant injective les images des n vecteurs de la base de E seront distinctes. On a donc : $\dim E = \dim F = n$.

. Réciproquement, si $\dim E = \dim F = n$, soient $(e_1, e_2, ..., e_n)$ et $(f_1, f_2, ..., f_n)$ des bases respectives de E et F. L'application linéaire u de E dans F définie par :
pour tout i appartenant à $\{1, ..., n\}$, $u(e_i) = f_i$ est un isomorphisme de E dans F (l'application réciproque est définie par : pour tout i appartenant à $\{1, ..., n\}$, $u^{-1}(f_i) = e_i$). Donc E et F sont isomorphes.

En particulier : Si $\dim E = n$ alors E est isomorphe à K^n.

Remarque : . D'après la formule du rang (théorème 3-3) Im u a même dimension qu'un supplémentaire quelconque de Ker u. D'après le théorème précédent on en déduit que :
Im u est isomorphe à tout supplémentaire de Ker u.

Caractérisation des isomorphismes :

> ***Théorème 2*** : *Soient E et F deux espaces vectoriels de dimension finie ($E \neq \{0_E\}$) et f une application linéaire de E dans F. f est un isomorphisme de E dans F si et seulement si il existe une base B de E telle que f(B) soit une base de F.*

Preuve :
. $\Rightarrow$: Si f est un isomorphisme de E dans F, l'image de toute base de E est une base de F (proposition 3 paragraphe 3-2).
. $\Leftarrow$: Soit $B = (e_1, ..., e_n)$ une base de E telle que $f(B) = (f(e_1), ..., f(e_n))$ soit une base de F. Montrons que f est bijective.
Tout vecteur y de F s'écrit : $y = x_1 f(e_1) + ... + x_n f(e_n) = f(x_1 e_1 + ... + x_n e_n)$.
y admet donc $x = x_1 e_1 + ... + x_n e_n$ pour antécédent par f et ***f est surjective***.

Déterminons Ker f :
$x = x_1 e_1 + ... + x_n e_n$ appartient à Ker f si et seulement si $f(x) = 0_F$ c'est à dire si et seulement si $f(x_1 e_1 + ... + x_n e_n) = x_1 f(e_1) + ... + x_n f(e_n) = 0_F$.
Or $(f(e_1), ..., f(e_n))$ est une base de F, donc une famille libre de cet espace. On en déduit que : $x_1 = ... = x_n = 0$ et $x = 0_E$. Par conséquent Ker $f = \{0_E\}$ et ***f est injective***.

L'application f est bien, dans ce cas, un isomorphisme d'espaces vectoriels.

> ***Théorème 3*** : *Soient E et F deux espaces vectoriels de même dimension finie n et u une application linéaire de E dans F. On a :*
> $$u \text{ injective} \Leftrightarrow u \text{ surjective} \Leftrightarrow u \text{ bijective}.$$

Preuve : u est injective si et seulement si Ker $u = \{0_E\}$ c'est à dire si et seulement si dim (Ker u) = 0. D'après la formule du rang (théorème 3-3) cela équivaut à : dim (Im u) = dim E. Or dim E = dim F donc Im u est un sous-espace vectoriel de F de même dimension que F, c'est à dire : Im u = F (voir chapitre précédent, dimension d'un sous-espace vectoriel). Cette égalité caractérise les applications linéaires surjectives. On a donc justifié l'équivalence :
$$u \text{ injective} \Leftrightarrow u \text{ surjective}.$$
Cela est suffisant.

> ***En particulier*** : *Si E est un espace vectoriel de dimension finie et f un endomorphisme de E : f est un automorphisme de E si et seulement si f est injectif ou surjectif.*

T.P. : SUITES RECURRENTES LINEAIRES

Problème :

Soit $(a, b) \in \mathbb{R}^2$. On désigne par $S_{a,b}$ l'ensemble des suites réelles défini par :
$$S_{a,b} = \{(u_n) \in \mathcal{A}(N,R); \forall n \in N, u_{n+2} = a u_{n+1} + b u_n\}.$$

1°) Montrer que $S_{a,b}$ est un sous-espace vectoriel de $\mathcal{A}(N, R)$.

2°) Soit
$$\varphi : S_{a,b} \to R^2$$
$$(u_n) \mapsto (u_0, u_1)$$
Montrer que φ est un isomorphisme d'espaces vectoriels. En déduire la dimension de $S_{a,b}$.

3°) On suppose que $\underline{a^2 + 4b > 0}$.

    a) Montrer qu'il existe deux suites réelles non nulles distinctes de la forme $(r_1^n)_{n \in N}$ et $(r_2^n)_{n \in N}$ dans $S_{a,b}$.
    b) Montrer que $((r_1^n)_{n \in N}, (r_2^n)_{n \in N})$ forme une base de $S_{a,b}$ et en déduire que :
$$\forall (u_n)_{n \in N} \in S_{a,b}, \exists!(\alpha,\beta) \in R^2 / \forall n \in N, u_n = \alpha r_1^n + \beta r_2^n.$$
    c) Déterminer α et β en fonction de u_0, u_1, r_1, r_2.
    d) <u>Suite de Fibonacci</u> : Soit (u_n) la suite réelle définie par $u_0 = 1, u_1 = 1$ et, pour tout $n \in N, u_{n+2} = u_{n+1} + u_n$. Exprimer u_n en fonction de n.

4°) On suppose que $\underline{a^2 + 4b = 0}$.

    a) Montrer qu'il n'existe qu'une seule suite réelle non nulle de la forme (r^n) dans $S_{a,b}$.
    b) Montrer que : $\forall (u_n)_{n \in N} \in S_{a,b}, \exists!(\alpha,\beta) \in R^2 / \forall n \in N, u_n = (\alpha + n\beta)r^n$ et exprimer α et β en fonction de u_0, u_1, r.
    c) <u>Application</u> : Soit (u_n) la suite réelle définie par $u_0 = u_1 = 1$ et, pour tout $n \in N, u_{n+2} = 4u_{n+1} - 4u_n$. Exprimer u_n en fonction de n.

5°) On suppose que $\underline{a^2 + 4b < 0}$.

    a) Montrer qu'il n'existe pas de suite réelle non nulle de la forme (r^n) dans $S_{a,b}$.
    b) Montrer que $b < 0$ et qu'il existe deux réels ρ et α tels que : $\rho^2 = -b$ et $2\rho \cos \alpha = a$.
    c) En déduire que les suites $(\rho^n \cos n\alpha)$ et $(\rho^n \sin n\alpha)$ appartiennent à $S_{a,b}$.
    d) Montrer que :
$$\forall (u_n)_{n \in N} \in S_{a,b}, \exists!(\lambda,\mu) \in R^2 / \forall n \in N, u_n = (\lambda \rho^n \cos n\alpha + \mu \rho^n \sin n\alpha)$$
    e) <u>Application</u> : Soit (u_n) la suite réelle définie par $u_0 = u_1 = 1$ et, pour tout $n \in N, u_{n+2} = -u_{n+1} - u_n$. Exprimer u_n en fonction de n.

- EXERCICES -

1- Soit f l'application de $\mathbf{R}^3$ dans $\mathbf{R}^2$ définie par : $f(x, y, z) = (2x - y, y + z)$.
1°) Montrer que f est une application linéaire.
2°) Déterminer l'image et le noyau de f.

2- Soit f l'application de $\mathbf{R}^3$ dans $\mathbf{R}^3$ définie par : $f(x, y, z) = (x', y', z')$ où
$$x' = y' = z' = 2x + y + z.$$
1°) Montrer que f est linéaire.
2°) Donner une base de Ker f et en déduire dim Ker f.
3°) Donner une base de Im f et en déduire dim Im f.
4°) Vérifier la relation : dim $\mathbf{R}^3$ = dim Ker f + dim Im f.

3- Soient f et g les applications de $\mathbf{R}[X]$ dans lui-même définies par :
$$\text{pour tout } P \in \mathbf{R}[X], \quad f(P) = P' \quad \text{et} \quad g(P) = XP.$$
1°) Montrer que f et g sont deux endomorphismes de $\mathbf{R}[X]$.
2°) Déterminer fog - gof.

4- A tout polynôme P de $\mathbf{R}_2[X]$ défini par $P = aX^2 + bX + c$ on associe :
$$f(P) = P'' + 2P' + mP.$$
1°) Montrer que f est un endomorphisme de $\mathbf{R}_2[X]$.
2°) Déterminer m pour que f soit bijective.

5- Soit f l'application qui, à tout polynôme P de $\mathbf{R}_n[X]$ ($n \in \mathbf{N}^*$), associe le polynôme Q défini par :
$$\forall x \in \mathbf{R}, Q(x) = P(x + 1) - P(x).$$
1°) Montrer que f est une application linéaire de $\mathbf{R}_n[X]$ dans $\mathbf{R}_{n-1}[X]$.
2°) Déterminer le noyau de f. En déduire le rang de f puis Im f.

6- Soit $f : \mathbf{R}_n[X] \to \mathbf{R}_n[X]$ défini par $f(P) = P - P'$.
Montrer que f est un automorphisme de $\mathbf{R}_n[X]$ et déterminer f^{-1}.

7- Soit $f : \mathbf{R}_n[X] \to \mathbf{R}_n[X]$
$\quad\quad P \to \alpha P - X P' \quad (\alpha \in \mathbf{R})$
f est-il un automorphisme de $\mathbf{R}_n[X]$?

8- Soient f et g deux endomorphismes d'un espace vectoriel E. Montrer que :
$$f(\text{Ker gof}) = \text{Ker } g \cap \text{Im } f.$$

9- Soit f un endomorphisme d'un espace vectoriel E. Démontrer l'équivalence :
$$\text{Im } f^2 = \text{Im } f \quad \Leftrightarrow \quad E = \text{Ker } f + \text{Im } f.$$

10- Soient p et q deux projecteurs d'un espace vectoriel E.
1°) Montrer que p + q est un projecteur si et seulement si $p \circ q = q \circ p = 0$.
2°) Montrer que, si p + q est un projecteur, on a :
$$\text{Ker}(p + q) = \text{Ker } p \cap \text{Ker } q \quad \text{et} \quad \text{Im}(p + q) = \text{Im } p \oplus \text{Im } q.$$

11- Soit E un espace vectoriel sur K de dimension 2 et soit f un endomorphisme de E tel que $f \circ f = 0$ (application nulle).
1°) Montrer que : si $f \neq 0$ alors $\text{rg}(f) = 1$.
2°) Montrer que : si $\text{rg}(f) = 1$ alors $\text{Ker } f = \text{Im } f$.

12- Soit E un espace vectoriel de dimension $n \in \mathbb{N}^*$ et soit f un endomorphisme de E.
1°) Montrer que si $f^n = 0$ (application nulle) alors $f^{n+1} = 0$.
2°) Dans cette question on suppose que $f^{n+1} = 0$. Montrer que si f^n n'est pas l'application nulle, il existe un vecteur u de E tel que les vecteurs $u, f(u), ..., f^n(u)$ soient non nuls et forment une famille libre de K^n. Conclusion ?
3°) En déduire l'équivalence : $f^n = 0 \Leftrightarrow f^{n+1} = 0$.

CALCUL MATRICIEL

Dans tout le chapitre K désigne l'un des ensembles **R** ou **C**

1 ESPACE VECTORIEL $M_{n,p}(K)$

1-1 Définition

Définition : *Soient n et p deux entiers naturels non nuls. On appelle **matrice (n, p)** à coefficients dans K, toute famille $M = (a_{ij})_{\substack{1 \leq i \leq n \\ 1 \leq j \leq p}}$ de n.p éléments de K répartis dans un tableau à n lignes et p colonnes de la façon suivante :*

$$M = \begin{pmatrix} a_{11} & a_{12} & \ldots & a_{1j} & \ldots & a_{1p} \\ a_{21} & a_{22} & \ldots & a_{2j} & \ldots & a_{2p} \\ \ldots & \ldots & \ldots & \ldots & \ldots & \ldots \\ a_{i1} & a_{i2} & \ldots & a_{ij} & \ldots & a_{ip} \\ \ldots & \ldots & \ldots & \ldots & \ldots & \ldots \\ a_{n1} & a_{n2} & \ldots & a_{nj} & \ldots & a_{np} \end{pmatrix} \rightarrow i^{\text{ème}} \text{ ligne}$$

$$\downarrow j^{\text{ème}} \text{ colonne}$$

On dit que a_{ij} est le ***terme général*** de la matrice M. Le premier indice est l'indice de la ligne et le deuxième celui de la colonne.

Cas particulier : Si n = p, M est appelée *matrice carrée* d'ordre n.

Notations : . $M_{n,p}(K)$ désigne l'ensemble des matrices (n, p) à coefficients dans K.
. $M_n(K)$ désigne l'ensemble des matrices carrées d'ordre n à coefficients dans K.

Matrices particulières :

. **matrice colonne** : matrice (n, 1),
. **matrice ligne** : matrice (1, p),
. **matrice carrée** : matrice (n, n). Les termes $(a_{ii})_{1 \leq i \leq n}$ constituent la *diagonale principale* de M.
. **matrice unité d'ordre n** : matrice (n, n) notée I_n et définie par :

$$I_n = \begin{pmatrix} 1 & 0 & \cdots & \cdots & 0 \\ 0 & 1 & 0 & & 0 \\ 0 & 0 & 1 & \ddots & \vdots \\ \vdots & & \ddots & \ddots & 0 \\ 0 & \cdots & \cdots & 0 & 1 \end{pmatrix}$$

. **matrice scalaire** : matrice (n, n) définie par :
$$\forall (i,j) \in \{1,...,n\}^2, \begin{cases} i \neq j \Rightarrow a_{ij} = 0 \\ i = j \Rightarrow a_{ij} = \lambda \end{cases} \quad (\lambda \in K^*).$$

Remarque : La matrice unité d'ordre n est une matrice scalaire ($\lambda = 1$).

1-2 Opérations sur les matrices

Egalité de deux matrices :

Si $M = (a_{ij})$ et $M' = (b_{ij})$ sont deux matrices de $M_{n,p}(K)$, alors
$M = M'$ si et seulement si :
pour tout $(i, j) \in \{1, ..., n\} \times \{1, ..., p\}$, $\quad a_{ij} = b_{ij}$.

Somme de deux matrices :

Définition : Si $M = (a_{ij})$ et $M' = (b_{ij})$ sont deux matrices de $M_{n,p}(K)$, alors $M + M' = (c_{ij})$ est la matrice de $M_{n,p}(K)$ définie par :
pour tout $(i, j) \in \{1, ..., n\} \times \{1, ..., p\}$, $\quad c_{ij} = a_{ij} + b_{ij}$.

Exemple : $\begin{pmatrix} -2 & 3 & 1 \\ 2 & 4 & 7 \end{pmatrix} + \begin{pmatrix} 1 & -5 & 2 \\ -2 & 3 & -6 \end{pmatrix} = \begin{pmatrix} -1 & -2 & 3 \\ 0 & 7 & 1 \end{pmatrix}.$

Produit d'une matrice par un scalaire :

Définition : Si $M = (a_{ij})$ est une matrice de $M_{n,p}(K)$ et λ un élément de K, alors $\lambda.M$ est la matrice de $M_{n,p}(K)$ définie par :
pour tout $(i, j) \in \{1, ..., n\} \times \{1, ..., p\}$, $c_{ij} = \lambda a_{ij}$.

Exemple : $-4.\begin{pmatrix} 1 & 2 \\ 3 & 4 \\ 5 & 6 \end{pmatrix} = \begin{pmatrix} -4 & -8 \\ -12 & -16 \\ -20 & -24 \end{pmatrix}$.

Produit de deux matrices :

Définition : Si $M = (a_{ij})$ est une matrice de $M_{n,p}(K)$ et $M' = (b_{ij})$ une matrice de $M_{p,q}(K)$, alors $M \times M' = (c_{ij})$ est la matrice de $M_{n,q}(K)$ définie par :
pour tout $(i, j) \in \{1, ..., n\} \times \{1, ..., q\}$, $c_{ij} = \sum_{k=1}^{p} a_{ik} b_{kj}$.

Remarques :

. Pour que le produit M x M' soit défini le nombre de colonnes de la matrice de gauche M doit être égal au nombre de lignes de la matrice de droite M'. Donc si M x M' est calculable, M' x M ne l'est pas nécessairement.

. Si M x M' et M' x M sont calculables, en général M x M' ≠ M' x M.

. Si M x M' = (0) (matrice nulle), on n'a pas nécessairement A = (0) ou B = (0).

Exemples :

1) $A = \begin{pmatrix} 2 & 2 & 4 \\ 1 & 3 & 2 \\ 2 & 2 & -2 \end{pmatrix}$; $B = \begin{pmatrix} 3 & -2 \\ 2 & 1 \\ 4 & -2 \end{pmatrix}$; $A \times B = \begin{pmatrix} 26 & -10 \\ 17 & -3 \\ 2 & 2 \end{pmatrix}$

2) $A = \begin{pmatrix} 1 & 2 & 4 \\ -2 & 3 & 6 \end{pmatrix}$; $B = \begin{pmatrix} 1 \\ 2 \\ 3 \end{pmatrix}$; $A \times B = \begin{pmatrix} 17 \\ 22 \end{pmatrix}$.

3) $A = \begin{pmatrix} 0 & 1 \\ 1 & 0 \\ -1 & -1 \end{pmatrix}$; $B = \begin{pmatrix} 1 & 1 & 1 \\ 1 & 1 & 1 \end{pmatrix}$; $AB = \begin{pmatrix} 1 & 1 & 1 \\ 1 & 1 & 1 \\ -2 & -2 & -2 \end{pmatrix}$ et $BA = \begin{pmatrix} 0 & 0 \\ 0 & 0 \end{pmatrix}$

Propriétés du produit matriciel :

Par la suite, on notera simplement AB le produit des matrices A et B.

. Lorsque les produits A(BC) et (AB)C existent ils sont égaux : A(BC) = (AB)C. On dit que le produit matriciel est *associatif*.

. Lorsque ces produits existent, on a :
$$A(B + C) = AB + AC \text{ et } (A' + B')C' = A'C' + B'C'.$$
Le produit matriciel est *distributif par rapport à l'addition*.

. Lorsque AB existe, pour tout $\lambda \in K$: $A(\lambda.B) = \lambda.(AB) = (\lambda.A)B$.

1-3 Structure d'espace vectoriel

Proposition : $(M_{n,p}(K), +, .)$ *est un espace vectoriel sur K de dimension égale à np.*

Preuve : Justifions d'abord la structure d'espace vectoriel :

. Dans $M_{n,p}(K)$ l'addition des matrices est commutative, associative, admet un élément neutre noté (0) et toute matrice $M = (a_{ij})$ admet une matrice symétrique $M' = (-a_{ij})$. Donc $(M_{n,p}(K), +)$ a une structure de groupe commutatif.

. La loi externe (multiplication par un scalaire) vérifie les quatre propriétés d'un espace vectoriel. Pour tout $(\alpha, \beta) \in K^2$ et tout couple (M, M') de matrices de $M_{n,p}(K)$:
  . $1.M = M$
  . $\alpha.(M + M') = \alpha.M + \alpha.M'$
  . $(\alpha + \beta).M = \alpha.M + \beta.M$
  . $\alpha.(\beta.M) = (\alpha\beta).M$.

(*Remarque :* Ici, un vecteur est une matrice de $M_{n,p}(K)$).

Il est alors facile de vérifier qu'une base de $M_{n,p}(K)$ est constituée par l'ensemble des $n \times p$ *matrices élémentaires* $E_{kl} = (e_{ij})$ de $M_{n,p}(K)$ définies par :

$e_{kl} = 1$ et tous les autres coefficients e_{ij} sont nuls.

Par exemple une base de $M_{3,2}(K)$ est constituée par les 6 matrices :

$$E_{11} = \begin{pmatrix} 1 & 0 \\ 0 & 0 \\ 0 & 0 \end{pmatrix} \ E_{12} = \begin{pmatrix} 0 & 1 \\ 0 & 0 \\ 0 & 0 \end{pmatrix} \ E_{21} = \begin{pmatrix} 0 & 0 \\ 1 & 0 \\ 0 & 0 \end{pmatrix} \ E_{22} = \begin{pmatrix} 0 & 0 \\ 0 & 1 \\ 0 & 0 \end{pmatrix} \ E_{31} = \begin{pmatrix} 0 & 0 \\ 0 & 0 \\ 1 & 0 \end{pmatrix} \ E_{32} = \begin{pmatrix} 0 & 0 \\ 0 & 0 \\ 0 & 1 \end{pmatrix}$$

On en déduit : $\dim(M_{n,p}(K)) = np$.

2 APPLICATIONS LINEAIRES ET MATRICES

Dans tout le paragraphe on notera E et F deux espaces vectoriels de dimensions finies respectives p et n.

2-1 Matrice d'une application linéaire

Soient E et F deux espaces vectoriels de bases respectives $\mathcal{B} = (e_1, ..., e_p)$, $\mathcal{C} = (f_1, ..., f_n)$ et soit f une application linéaire de E dans F.

f est entièrement déterminée par la donnée des vecteurs $f(e_1), ..., f(e_p)$, images des vecteurs de la base $\mathcal{B}$, c'est à dire par la donnée des coordonnées a_{ij} de ces vecteurs dans la base $\mathcal{C}$:

$$f(e_1) = a_{11}f_1 + ... + a_{n1}f_n$$
$$\dots\dots\dots\dots\dots\dots\dots\dots\dots\dots$$
$$f(e_p) = a_{1p}f_1 + ... + a_{np}f_n$$

Définition : *Soient E et F deux espaces vectoriels de bases respectives $\mathcal{B} = (e_1, ..., e_p)$, $\mathcal{C} = (f_1, ..., f_n)$, et soit f une application linéaire de E dans F. La matrice $M = (a_{ij})$ de $M_{n,p}(K)$ dont les coefficients a_{ij} sont définis par :*

$$\forall j \in \{1,...,n\},\ f(e_j) = \sum_{i=1}^{n} a_{ij} f_i$$

*est appelée **matrice de l'application linéaire f** relativement aux bases $\mathcal{B}$ et $\mathcal{C}$ de E et F.*

En notant $M_{\mathcal{B},\mathcal{C}}(f)$ la matrice de f relativement aux bases précitées, on a donc :

$$M_{\mathcal{B},\mathcal{C}}(f) = \begin{pmatrix} a_{11} & \cdots & a_{1p} \\ \vdots & & \vdots \\ a_{n1} & \cdots & a_{np} \end{pmatrix} \begin{matrix} f_1 \\ \vdots \\ f_n \end{matrix}$$
$$\begin{matrix} \downarrow & \cdots & \downarrow \\ f(e_1) & & f(e_p) \end{matrix}$$

Remarque : La matrice $M_{\mathcal{B},\mathcal{C}}(f)$ dépend des bases $\mathcal{B}$ et $\mathcal{C}$ choisies dans E et F.

La jème colonne de $M_{\mathcal{B},\mathcal{C}}(f)$ est formée des coordonnées de $f(e_j)$ dans la base $\mathcal{C}$. Donc les vecteurs colonnes de A engendrent Im f.

Exemple : Soit f l'application linéaire de K^5 dans K^3 définie par :
$$f(x_1, x_2, x_3, x_4, x_5) = (x_4, x_3 - x_2, x_2 + 3x_5).$$

La matrice de f relativement aux bases canoniques respectives de K^5 et K^3 est :

$$M(f) = \begin{pmatrix} 0 & 0 & 0 & 1 & 0 \\ 0 & -1 & 1 & 0 & 0 \\ 0 & 1 & 0 & 0 & 3 \end{pmatrix}.$$

Cas particulier d'une forme linéaire :

Soient E un espace vectoriel de base $\mathcal{B} = (e_1, ..., e_p)$ et f une forme linéaire sur E (application linéaire de E dans K).

Relativement à la base $\mathcal{B}$ de E, la matrice de f est la matrice ligne :
$$M(f) = (f(e_1), ..., f(e_p)).$$

Exemple : Soit f la forme linéaire définie sur K^5 par :
$$f(x_1, x_2, x_3, x_4, x_5) = x_1 + 3x_2 - x_3 + x_4.$$
On a : $M(f) = (1, 3, -1, 1, 0)$.

2-2 Expression matricielle de l'image d'un vecteur

> ***Théorème :*** *Soient E et F deux espaces vectoriels de bases respectives $\mathcal{B} = (e_1, ..., e_p)$, $\mathcal{C} = (f_1, ..., f_n)$, et soit f une application linéaire de E dans F. La matrice $M = (a_{ij})$ de $M_{n,p}(K)$ est la matrice de f relativement aux bases $\mathcal{B}$ et $\mathcal{C}$ de E et F si et seulement si :*
>
> $$\forall u = \sum_{j=1}^{p} x_j e_j \in E, \ f(u) = \sum_{i=1}^{n} y_i f_i \ \text{avec} \ \begin{pmatrix} y_1 \\ y_2 \\ \vdots \\ y_n \end{pmatrix} = M \begin{pmatrix} x_1 \\ x_2 \\ \vdots \\ x_p \end{pmatrix}.$$

Preuve :

$$\forall u = \sum_{j=1}^{p} x_j e_j, \ f(u) = \sum_{j=1}^{p} x_j f(e_j) = \sum_{j=1}^{p} x_j \left(\sum_{i=1}^{n} a_{ij} f_i \right) = \sum_{i=1}^{n} \left(\sum_{j=1}^{p} x_j a_{ij} \right) f_i.$$

On a noté : $f(u) = \sum_{i=1}^{n} y_i f_i$. *Par identification, on en déduit :*

$$\forall i \in \{1,...,n\}, \ y_i = \sum_{j=1}^{p} a_{ij} x_j, \ c'est\ à\ dire : \begin{pmatrix} y_1 \\ y_2 \\ \vdots \\ y_n \end{pmatrix} = M \begin{pmatrix} x_1 \\ x_2 \\ \vdots \\ x_p \end{pmatrix}.$$

Réciproquement, si l'égalité précédente fournit l'image d'un vecteur quelconque $u = x_1 e_1 + ... + x_p e_p$ de E, on peut déterminer les images des vecteurs de la base $\mathcal{B}$ de E. Par exemple les coordonnées de $f(e_1)$ dans la base $\mathcal{C}$ sont définies par :

$$\begin{pmatrix} a_{11} & \cdots & a_{1p} \\ \vdots & & \vdots \\ a_{n1} & \cdots & a_{np} \end{pmatrix} \begin{pmatrix} 1 \\ 0 \\ \vdots \\ 0 \end{pmatrix} = \begin{pmatrix} a_{11} \\ \vdots \\ a_{n1} \end{pmatrix}.$$

On reconnaît la première colonne de la matrice M.

De même, la matrice colonne formée par les coordonnées du vecteur $f(e_j)$ dans la base $\mathcal{C}$, correspondra à la $j^{\text{ème}}$ colonne de la matrice M.

M est donc bien la matrice de f relativement aux bases $\mathcal{B}$ et $\mathcal{C}$.

2-3 Lien entre les opérations sur les applications linéaires et les matrices

> **Proposition 1** : Soient E et F deux espaces vectoriels de bases respectives $\mathcal{B}$ et $\mathcal{C}$, et soient f et g deux applications linéaires de E dans F. On a :
> $$M_{\mathcal{B},\mathcal{C}}(f+g) = M_{\mathcal{B},\mathcal{C}}(f) + M_{\mathcal{B},\mathcal{C}}(g),$$
> $$\forall \lambda \in K, M_{\mathcal{B},\mathcal{C}}(\lambda f) = \lambda M_{\mathcal{B},\mathcal{C}}(f).$$

<u>*Preuve*</u> : Soient $\mathcal{B} = (e_1, ..., e_p)$ et $\mathcal{C} = (f_1, ..., f_n)$.

. Pour tout $j \in \{1, ..., n\}$, la $j^{\text{ème}}$ colonne de $M_{\mathcal{B},\mathcal{C}}(f+g)$ est formée par les coordonnées de $(f+g)(e_j)$ dans la base $(f_1, ..., f_n)$:

$$(f+g)(e_j) = f(e_j) + g(e_j) = \sum_{i=1}^{n} a_{i,j} f_i + \sum_{i=1}^{n} b_{i,j} f_i = \sum_{i=1}^{n} (a_{i,j} + b_{i,j}) f_i.$$

La matrice $M_{\mathcal{B},\mathcal{C}}(f+g)$ est donc la matrice de terme général $a_{ij} + b_{ij}$ c'est à dire la matrice $M_{\mathcal{B},\mathcal{C}}(f) + M_{\mathcal{B},\mathcal{C}}(g)$.

. De même : $\lambda f(e_j) = \sum_{i=1}^{n} \lambda a_{i,j} f_i$. La matrice $M_{\mathcal{B},\mathcal{C}}(\lambda f)$ est donc la matrice de terme général λa_{ij} c'est à dire la matrice $\lambda . M_{\mathcal{B},\mathcal{C}}(f)$.

> **Proposition 2** : Soient E, F et G trois espaces vectoriels de bases respectives $\mathcal{B} = (e_1, ..., e_q)$, $\mathcal{C} = (f_1, ..., f_n)$ et $\mathcal{D} = (g_1, ..., g_p)$ et soient $f \in \mathcal{L}(E, F)$, $g \in \mathcal{L}(F, G)$ deux applications linéaires. On a : $M_{\mathcal{B}, \mathcal{D}}(g \circ f) = M_{\mathcal{C}, \mathcal{D}}(g) \times M_{\mathcal{B},\mathcal{C}}(f)$.

Preuve : Soient $M_{\mathcal{B},\mathcal{C}}(f) = (a_{ij})_{\substack{1\le i\le n \\ 1\le j\le q}}$ et $M_{\mathcal{C},\mathcal{D}}(g) = (b_{ij})_{\substack{1\le i\le p \\ 1\le i\le n}}$. Pour tout $j \in \{1, ..., q\}$:

$$(g \circ f)(e_j) = g(f(e_j)) = g\left(\sum_{k=1}^{n} a_{kj} f_k\right) = \sum_{k=1}^{n} a_{kj} g(f_k)$$

$$= \sum_{k=1}^{n} a_{kj}\left(\sum_{i=1}^{p} b_{ik} g_i\right) = \sum_{k=1}^{n}\sum_{i=1}^{p} a_{kj} b_{ik} g_i = \sum_{i=1}^{p}\left(\sum_{k=1}^{n} b_{ik} a_{kj}\right) g_i$$

Or $c_{ij} = \sum_{k=1}^{n} b_{ik} a_{kj}$ est le terme général du produit des matrices $M_{\mathcal{C},\mathcal{D}}(g).M_{\mathcal{B},\mathcal{C}}(f)$.

Isomorphisme entre $\mathcal{L}(E, F)$ *et* $M_{n,p}(K)$:

> **Théorème** : Soient E et F deux espaces vectoriels sur K de dimensions respectives p et n.
> $\mathcal{L}(E, F)$ est isomorphe à $M_{n,p}(K)$.

Preuve : L'application $\Phi : \mathcal{L}(E,F) \to M_{n,p}(K)$ qui, à toute application f de $\mathcal{L}(E, F)$ associe sa matrice $M_{\mathcal{B},\mathcal{C}}(f)$ dans les bases $\mathcal{B}$ et $\mathcal{C}$ de E et F est linéaire d'après la **proposition 1** : $\Phi(f+g) = \Phi(f) + \Phi(g)$ et $\Phi(\lambda f) = \lambda.\Phi(f)$.

De plus cette application Φ est bijective : toute matrice M de $M_{n,p}(K)$ admet pour unique antécédent l'application linéaire f de $\mathcal{L}(E,F)$ définie par les images des vecteurs e_j de la base $\mathcal{B}$ de la façon suivante :

$$\forall j \in \{1, ..., p\}, f(e_j) = a_{1j} f_1 + ... + a_{nj} f_n \quad (j^{\text{ème}} \text{ colonne de } M).$$

Par conséquent Φ est un isomorphisme d'espaces vectoriels et $\mathcal{L}(E, F)$ est isomorphe à $M_{n,p}(K)$.

Remarque importante :

Le théorème s'applique pour $E = K^p$, $F = K^n$: $\mathcal{L}(K^p, K^n)$ est isomorphe à $M_{n,p}(K)$.

Si $\mathcal{B}$ et $\mathcal{C}$ désignent les bases canoniques respectives de K^p et K^n, l'unique antécédent f d'une matrice donnée M de $M_{n,p}(K)$ par l'isomorphisme Φ précédemment défini s'appelle *application linéaire canoniquement associée à M* (autrement dit, f est l'application linéaire qui a pour matrice M relativement aux bases canoniques $\mathcal{B}$ et $\mathcal{C}$ de K^p et K^n).

En particulier, si $n = 1$, à toute matrice ligne L correspond une unique forme linéaire f canoniquement associée à L.

> **Corollaire** : Si E et F sont de dimensions finies, $\mathcal{L}(E,F)$ est de dimension finie et
> $$\dim \mathcal{L}(E,F) = n\,p = \dim E \times \dim F.$$

2-4 Cas des endomorphismes

> **Proposition :** Soit E un espace vectoriel sur K de dimension finie n.
> $\mathcal{L}(E)$ est isomorphe à $M_n(K)$.

C'est un cas particulier du théorème du paragraphe **2-3** (n = p).

Remarques :

. Ces deux espaces ont même dimension : n^2.

. Si $f \in \mathcal{L}(E)$ et si $\mathcal{B}$ et $\mathcal{C}$ sont deux bases de E, on peut définir $M_{\mathcal{B},\mathcal{C}}(f)$ comme précédemment.

Si $\mathcal{B} = \mathcal{C}$ on notera $M_{\mathcal{B}}(f)$ la matrice $M_{\mathcal{B},\mathcal{B}}(f)$ (*matrice de f dans la base $\mathcal{B}$*).

Composition et multiplication :

La composition des applications (resp. la multiplication des matrices) est une loi de composition interne dans $\mathcal{L}(E)$ (resp. dans $M_n(K)$). De plus ces deux lois sont associatives, admettent un élément neutre (id_E et I_n) et sont distributives par rapport à l'addition.

Attention ces deux lois ne sont pas commutatives (sauf si n = 1).

La *formule du binôme* s'applique donc dans ces deux ensembles *pour deux éléments qui commutent* :

$$\text{Si } f \circ g = g \circ f \text{ alors } (f+g)^p = \sum_{k=0}^{p} C_p^k f^k g^{p-k} ;$$
$$\text{si } AB = BA \text{ alors } (A+B)^p = \sum_{k=0}^{p} C_p^k A^k B^{p-k}.$$

En particulier :

$$(f + \mathrm{id}_E)^p = \sum_{k=0}^{p} C_p^k f^k \text{ et } (A + I_n)^p = \sum_{k=0}^{p} C_p^k A^k.$$

2-5 Rang d'une matrice

> **Définition** : *On appelle **rang** d'une matrice M le rang de l'application linéaire canoniquement associée à M.*

Remarque : Si f désigne l'application linéaire de K^p dans K^n canoniquement associée à M, on a donc : rg (M) = rg (f) = dim Im f. Or, si $(e_1, ..., e_p)$ désigne la base canonique de K^p, Im f est le sous-espace vectoriel engendré par les vecteurs $f(e_1), ..., f(e_p)$, vecteurs colonnes de la matrice M. *Le rang de M est donc le nombre de colonnes de A* (considérées comme vecteurs de K^n), *linéairement indépendantes.*

> **Théorème** : *Soient E et F deux espaces vectoriels de dimension finie et u une application linéaire de E dans F. Le rang de u est égal au rang de sa matrice relativement à un couple donné de bases de E et F. Il est indépendant du choix de cette base.*

<u>*Preuve*</u> : Soit M la matrice de u relativement à un couple donné $(\mathcal{B}, \mathcal{C})$ de bases de E et F.

Si f désigne l'endomorphisme canoniquement associé à M on a : rg (M) = rg (f). Pour établir que rg (u) = rg (M) justifions : rg (u) = rg (f).

Désignons par p et n les dimensions respectives de E et F et notons $\mathcal{B} = (e_1, ..., e_p)$, $\mathcal{C} = (f_1, ..., f_n)$. On construit un isomorphisme φ de E dans K^p en associant à chaque vecteur e_i de $\mathcal{B}$ le vecteur e'_i correspondant de la base canonique de K^p. De même l'isomorphisme ψ de F dans K^n est défini par : $\forall i \in \{1, ..., n\}$, $\psi(f_i) = f'_i$ où f'_i désigne le vecteur correspondant de la base canonique de K^n. On a le schéma suivant :

$$\begin{array}{ccc} E & \xrightarrow{u} & F \\ \varphi \downarrow & & \downarrow \psi \\ K^p & \xrightarrow{f} & K^n \end{array}$$

Vérifions que $f \circ \varphi = \psi \circ u$.

Pour tout $i \in \{1, ..., p\}$:

$$f \circ \varphi(e_j) = f(e'_j) = \sum_{i=1}^n a_{ij} f'_i = \sum_{i=1}^n a_{ij} \psi(f_i) = \psi\left(\sum_{i=1}^n a_{ij} f_i\right) = \psi[u(e_j)] = \psi \circ u(e_j).$$

$f \circ \varphi$ et $\psi \circ u$ coïncident sur une base de E donc : $f \circ \varphi = \psi \circ u$.

On a alors $(f \circ \varphi)(E) = (\psi \circ u)(E)$ c'est à dire $f(K^p) = \psi(\text{Im } u)$ ou encore $\text{Im } f = \psi(\text{Im } u)$.

La restriction de ψ à Im u est alors un isomorphisme de Im u dans Im f. On en déduit :
$$\text{rg}(u) = \dim \text{Im } u = \dim \text{Im } f = \text{rg}(f).$$

3 INVERSIBILITE ET TRANSPOSITION

3-1 Matrices inversibles

Définition : *Une matrice carrée $A \in M_n(K)$ est dite **inversible** (ou **régulière**) s'il existe une matrice $A' \in M_n(K)$ telle que : $A'A = AA' = I_n$.*
*Lorsque A' existe, A' est unique et est appelée **matrice inverse** de A. On la note A^{-1}.*

Notation : On note $\mathbf{GL_n(K)}$ (*groupe linéaire d'ordre n sur K*) l'ensemble des matrices inversibles de $M_n(K)$.

Remarques :

. Si A est inversible, A^{-1} l'est également et $(A^{-1})^{-1} = A$.

. Pour qu'une matrice A soit inversible, il suffit qu'elle soit inversible à gauche ou à droite, c'est à dire : $A'A = I_n$ ou $AA' = I_n$.

Propriétés :

P1 : *Pour tout $(A, B) \in GL_n(K)^2$, $A \times B$ est inversible et :*
$$(A \times B)^{-1} = B^{-1} \times A^{-1}.$$

Preuve : $(A \times B) \times (B^{-1} \times A^{-1}) = A \times (B \times B^{-1}) \times A^{-1} = A \times I_n \times A^{-1} = A \times A^{-1} = I_n$.
De même : $(B^{-1} \times A^{-1}) \times (A \times B) = I_n$.

P2 : *$(GL_n(K), \times)$ est un groupe appelé **groupe linéaire d'ordre n sur K**.*

Preuve : D'après **P1** la multiplication est une loi de composition interne dans $GL_n(K)$. De plus :
. la multiplication est associative dans $M_n(K)$ donc dans $GL_n(K)$;
. elle admet I_n pour élément neutre ($I_n \in GL_n(K)$) ;
. toute matrice A de $GL_n(K)$ est symétrisable ($A' = A^{-1} \in GL_n(K)$).

P3 : *Soit f un endomorphisme d'un espace vectoriel E de dimension finie sur K.*
f est bijective si et seulement si sa matrice $M(f)$ dans une base donnée de E est inversible; on a alors :
$$M(f^{-1}) = [M(f)]^{-1}.$$

Preuve : . Si f est bijective $f \circ f^{-1} = f^{-1} \circ f = id_E$ donc
$$M(f) \times M(f^{-1}) = M(f^{-1}) \times M(f) = I_n.$$
On en déduit que $M(f)$ est inversible et $[M(f)]^{-1} = M(f^{-1})$.

. Si $M(f)$ est inversible, il existe $M' \in M_n(K)$ telle que : $M' \times M(f) = M(f) \times M' = I_n$.
Soit g l'endomorphisme de E de matrice M' dans la base considérée de E (g est l'unique antécédent de M' par l'isomorphisme $\Phi : \mathcal{L}(E) \to M_n(E)$ qui, à tout endomorphisme de E, associe sa matrice dans la base considérée, voir paragraphe 2-4).

On a : M' × M (f) = M (g) × M (f) = M (g o f) et M (f) × M' = M (f) × M (g) = M (f o g) donc :
$$M (g \circ f) = M (f \circ g) = I_n.$$

On en déduit que g o f = f o g = id_E ce qui traduit la bijectivité de f.

Remarque : Si dim E = n, on a donc : (f ∈ GL (E)) ⇔ (M (f) ∈ GL_n (E)).

3-2 Matrices transposées

Définition : *Soit M = (a_{ij}) une matrice de $M_{n,p}(K)$. On appelle **matrice transposée** de M la matrice à p lignes et n colonnes notée $^tM = (b_{ij})$ de $M_{p,n}(K)$ et définie par :*
$$\forall (i, j) \in \{1, ..., p\} \times \{1, ..., n\}, b_{ij} = a_{ji}.$$

Exemple : $M = \begin{pmatrix} 2 & -3 & 6 \\ 3 & 2 & 1 \end{pmatrix}$; $^tM = \begin{pmatrix} 2 & 3 \\ -3 & 2 \\ 6 & 1 \end{pmatrix}$.

Propriétés :

P1 : (i) $\forall M \in M_{n,p}(K), {}^t({}^tM) = M$;
(ii) $\forall (M_1, M_2) \in M_{n,p}(K)^2, {}^t(M_1 + M_2) = {}^tM_1 + {}^tM_2$;
(iii) $\forall \lambda \in K, \forall M \in M_{n,p}(K), {}^t(\lambda.M) = \lambda\, {}^tM$;
(iv) $\forall (M_1, M_2) \in M_{n,p}(K) \times M_{p,q}(K), {}^t(M_1 M_2) = {}^tM_2\, {}^tM_1$;
(v) $\forall M \in M_{n,p}(K), rg (M) = rg ({}^tM)$.

Preuve : (i), (ii) et (iii) se vérifient aisément. (v) sera admis. Justifions (iv) :
Soient $M_1 = (a_{ij}) \in M_{n,p}(K)$ et $M_2 = (b_{ij}) \in M_{p,q}(K)$.

$M_1 M_2 = (c_{ij}) \in M_{n,q}(K)$ avec $c_{ij} = \sum_{k=1}^{p} a_{ik} b_{kj}$.

$^t(M_1 M_2) = (c'_{ij}) \in M_{q,n}(K)$ avec $c'_{ij} = c_{ji} = \sum_{k=1}^{p} a_{jk} b_{ki}$.

D'autre part : $^tM_1 = (a'_{ij}) \in M_{p,n}(K)$ avec $a'_{ij} = a_{ji}$ et $^tM_2 = (b'_{ij}) \in M_{q,p}(K)$ avec

$b'_{ij} = b_{ji}$. Donc $^tM_2\, {}^tM_1 = (d_{ij})$ avec $d_{ij} = \sum_{k=1}^{p} b'_{ik} a'_{kj} = \sum_{k=1}^{p} a_{jk} b_{ki} = c'_{ij}$.

P2 : *Soit $A \in M_n(K)$; A est inversible si et seulement si ^tA est inversible. On a alors :*
$({}^tA)^{-1} = {}^t(A^{-1})$.

Preuve :
. Si A est inversible, $AA^{-1} = A^{-1}A = I_n$ donc $^t(AA^{-1}) = {}^t(A^{-1}A) = {}^t(I_n)$, c'est à dire : $^t(A^{-1})\,{}^tA = {}^tA\,{}^t(A^{-1}) = I_n$ (voir propriétés *P1*).
On en déduit que ^tA est inversible et $({}^tA)^{-1} = {}^t(A^{-1})$.
. Si ^tA est inversible, alors $A = {}^t({}^tA)$ est inversible.

P3 : *L'application Φ de $M_{n,p}(K)$ dans $M_{p,n}(K)$ définie par :*
$$\forall M \in M_{n,p}(K), \Phi(M) = {}^t M$$
est un isomorphisme d'espaces vectoriels.

<u>Preuve</u> : Φ est linéaire : $\Phi(M_1 + M_2) = {}^t(M_1 + M_2) = {}^tM_1 + {}^tM_2 = \Phi(M_1) + \Phi(M_2)$.
$$\Phi(\lambda M) = {}^t(\lambda M) = \lambda\, {}^tM = \lambda\, \Phi(M).$$
De plus Φ est bijectif car $\Phi \circ \Phi = \text{Id}_{M_{n,p}(K)}$.

3-3 Matrices symétriques et antisymétriques

Matrices symétriques :

Définition : *On appelle **matrice symétrique** toute matrice <u>carrée</u> égale à sa matrice transposée.*

$M = (a_{ij}) \in M_n(K)$ est symétrique si : $\forall\, (i, j) \in \{1, ..., n\}^2,\ a_{ij} = a_{ji}$.

Exemple : $M = \begin{pmatrix} 1 & 2 & 3 & 4 \\ 2 & 1 & 5 & 6 \\ 3 & 5 & -2 & 7 \\ 4 & 6 & 7 & -3 \end{pmatrix}$; M est une matrice symétrique.

Remarque : M est symétrique par rapport à sa diagonale principale.

Proposition 1 : *L'ensemble $S_n(K)$ des matrices symétriques d'ordre n à coefficients dans K est un sous-espace vectoriel de $M_n(K)$ de dimension finie égale à $\dfrac{n^2+n}{2}$.*

<u>Preuve</u> :

. On vérifie aisément que $S_n(K)$ est une partie non vide de $M_n(K)$ (la matrice nulle est une matrice symétrique), stable pour l'addition et la multiplication par un scalaire. $S_n(K)$ est donc un sous-espace vectoriel de $M_n(K)$.

. Si E_{ij} désignent les matrices élémentaires de $M_n(K)$ (voir paragraphe **1-3**) toute matrice symétrique s'écrit de façon unique comme combinaison linéaire des n matrices E_{ii} et des $\dfrac{n^2-n}{2}$ matrices $E_{ij} + E_{ji}$ avec $i < j$. Ainsi dans $S_3(K)$:

$$\begin{pmatrix} a & d & e \\ d & b & f \\ e & f & c \end{pmatrix} = a\begin{pmatrix} 1 & 0 & 0 \\ 0 & 0 & 0 \\ 0 & 0 & 0 \end{pmatrix} + b\begin{pmatrix} 0 & 0 & 0 \\ 0 & 1 & 0 \\ 0 & 0 & 0 \end{pmatrix} + c\begin{pmatrix} 0 & 0 & 0 \\ 0 & 0 & 0 \\ 0 & 0 & 1 \end{pmatrix} + d\begin{pmatrix} 0 & 1 & 0 \\ 1 & 0 & 0 \\ 0 & 0 & 0 \end{pmatrix} + e\begin{pmatrix} 0 & 0 & 1 \\ 0 & 0 & 0 \\ 1 & 0 & 0 \end{pmatrix} + f\begin{pmatrix} 0 & 0 & 0 \\ 0 & 0 & 1 \\ 0 & 1 & 0 \end{pmatrix}$$

On en déduit : $\dim S_n(K) = n + \dfrac{n^2-n}{2} = \dfrac{n^2+n}{2}$.

Attention : Le produit de deux matrices symétriques n'est pas nécessairement une matrice symétrique :

$$\begin{pmatrix} 3 & 5 \\ 5 & -2 \end{pmatrix} \begin{pmatrix} 0 & 1 \\ 1 & 0 \end{pmatrix} = \begin{pmatrix} 5 & 3 \\ -2 & 5 \end{pmatrix}.$$

Matrices antisymétriques :

Définition : *On appelle **matrice antisymétrique** toute matrice **carrée** égale à l'opposée de sa matrice transposée.*

$M = (a_{ij}) \in M_n(K)$ est antisymétrique si : $\forall\, (i, j) \in \{1, ..., n\}^2$, $a_{ij} = -a_{ji}$.

Remarque : *Si $M = (a_{ij})$ est antisymétrique on a : $\forall\, i \in \{1, ..., n\}$, $a_{ii} = 0$.*

Exemple : $M = \begin{pmatrix} 0 & 1 & 2 \\ -1 & 0 & 3 \\ -2 & -3 & 0 \end{pmatrix}$; M est une matrice antisymétrique.

Proposition 2 : *L'ensemble $A_n(K)$ des matrices antisymétriques d'ordre n à coefficients dans K est un sous-espace vectoriel de $M_n(K)$ de dimension finie égale à $\dfrac{n^2 - n}{2}$.*

Preuve :

• $A_n(K)$ est une partie non vide de $M_n(K)$ (la matrice nulle est une matrice antisymétrique), stable pour l'addition et la multiplication par un scalaire. $A_n(K)$ est donc un sous-espace vectoriel de $M_n(K)$.

• Toute matrice antisymétrique s'écrit de façon unique comme combinaison linéaire des $\dfrac{n^2 - n}{2}$ matrices $E_{ij} - E_{ji}$ avec $i < j$. Ainsi dans $A_3(K)$:

$$\begin{pmatrix} 0 & a & b \\ -a & 0 & c \\ -b & -c & 0 \end{pmatrix} = a\begin{pmatrix} 0 & 1 & 0 \\ -1 & 0 & 0 \\ 0 & 0 & 0 \end{pmatrix} + b\begin{pmatrix} 0 & 0 & 1 \\ 0 & 0 & 0 \\ -1 & 0 & 0 \end{pmatrix} + c\begin{pmatrix} 0 & 0 & 0 \\ 0 & 0 & 1 \\ 0 & -1 & 0 \end{pmatrix}$$

On en déduit : $\dim A_n(K) = \dfrac{n^2 - n}{2}$.

Décomposition d'une matrice carrée :

Proposition 3 : *$S_n(K)$ et $A_n(K)$ sont deux sous-espaces supplémentaires dans $M_n(K)$.*

Preuve : Il faut vérifier :
$S_n(K) \cap A_n(K) = \{(0)\}$ et $\dim S_n(K) + \dim A_n(K) = \dim M_n(K) = n^2$.

- Soit $M = (a_{ij}) \in S_n(K) \cap A_n(K)$. Pour tout $(i, j) \in \{1, ..., n\}^2$ on a : $a_{ij} = a_{ji} = -a_{ji}$. On en déduit : pour tout $(i, j) \in \{1, ..., n\}^2$, $a_{ji} = 0$ c'est à dire $M = (0)$.

- $\dim S_n(K) + \dim A_n(K) = \dfrac{n^2+n}{2} + \dfrac{n^2-n}{2} = n^2$.

Ces deux conditions caractérisent des sous-espaces supplémentaires (voir **chap. 7**)

Conséquence : *Toute matrice carrée se décompose de manière unique en la somme d'une matrice symétrique et d'une matrice antisymétrique.*

---

4 OPERATIONS ELEMENTAIRES SUR LES LIGNES D'UNE MATRICE

4-1 Définition

On appelle **opération élémentaire** *sur les lignes d'une matrice l'une des opérations suivantes :*
- $L_i \leftrightarrow L_j$: *échange des lignes d'indice i et j ;*
- $L_i \leftarrow \alpha L_i$ $(\alpha \neq 0)$: *multiplication par α des éléments de la $i^{ème}$ ligne ;*
- $L_i \leftarrow L_i + \alpha L_j$: *somme de la $i^{ème}$ ligne et du produit par α des éléments de la $j^{ème}$ ligne.*

Remarque : On définit de manière analogue les *opérations élémentaires sur les colonnes* d'une matrice.

4-2 Interprétation en termes de produits matriciels

Proposition : *Si ψ est une opération élémentaire sur les lignes et A une matrice de $M_{n,p}(K)$ alors $\psi(A) = \psi(I_n) A$ où I_n désigne la matrice unité de $M_n(K)$.*

Exemple : Si ψ désigne l'opération d'échange des lignes 1 et 2 dans $M_3(K)$:

$$A = \begin{pmatrix} 1 & 2 & 3 \\ 4 & 5 & 6 \\ 7 & 8 & 9 \end{pmatrix} \; ; \; \psi(A) = \begin{pmatrix} 4 & 5 & 6 \\ 1 & 2 & 3 \\ 7 & 8 & 9 \end{pmatrix} \text{ et } \psi(I_3) A = \begin{pmatrix} 0 & 1 & 0 \\ 1 & 0 & 0 \\ 0 & 0 & 1 \end{pmatrix} \begin{pmatrix} 1 & 2 & 3 \\ 4 & 5 & 6 \\ 7 & 8 & 9 \end{pmatrix} = \begin{pmatrix} 4 & 5 & 6 \\ 1 & 2 & 3 \\ 7 & 8 & 9 \end{pmatrix}$$

A chaque opération élémentaire ψ sur les lignes d'une matrice correspond donc une matrice $M = \psi(I_n)$ de $M_n(K)$ appelée *matrice de l'opération* ψ. Pour appliquer l'opération ψ à la matrice A il suffira de multiplier A à gauche par M : $\psi(A) = M \times A$.

Les matrices des opérations élémentaires sont inversibles et leurs inverses sont également des matrices d'opérations élémentaires :

Matrice de l'opération : $L_i \leftrightarrow L_j$:

Elle s'obtient en échangeant les lignes i et j de la matrice unité (voir exemple plus haut). Elle est inversible et $M^{-1} = M$.

Matrice de l'opération $L_i \leftarrow \alpha L_i$ ($\alpha \neq 0$) :

$$M = \psi(I_n) = \begin{pmatrix} 1 & & & & & & \\ & \ddots & & & (0) & & \\ & & 1 & & & & \\ & & & \alpha & & & \\ & & & & 1 & & \\ & (0) & & & & \ddots & \\ & & & & & & 1 \end{pmatrix} \text{ et } M^{-1} = \begin{pmatrix} 1 & & & & & & \\ & \ddots & & & (0) & & \\ & & 1 & & & & \\ & & & \frac{1}{\alpha} & & & \\ & & & & 1 & & \\ & (0) & & & & \ddots & \\ & & & & & & 1 \end{pmatrix}$$

M^{-1} est la matrice de l'opération : $L_i \leftarrow \frac{1}{\alpha} L_i$

Matrice de l'opération $L_i \leftarrow L_i + \alpha L_j$:

$$M = \psi(I_n) = \begin{pmatrix} 1 & & & & & & \\ & \ddots & & & (0) & & \\ & & \ddots & & & & \\ 0 & \cdots & 0 & 1 & 0 & \alpha & 0 \\ & & & & \ddots & & \\ & (0) & & & & \ddots & \\ & & & & & & 1 \end{pmatrix} \text{ et } M^{-1} = \begin{pmatrix} 1 & & & & & & \\ & \ddots & & & (0) & & \\ & & \ddots & & & & \\ 0 & \cdots & 0 & 1 & 0 & -\alpha & 0 \\ & & & & \ddots & & \\ & (0) & & & & \ddots & \\ & & & & & & 1 \end{pmatrix}$$

M^{-1} est la matrice de l'opération : $L_i \leftarrow L_i - \alpha L_j$

Remarques :

. Si φ désigne une *opération élémentaire sur les colonnes* de la matrice A, la matrice $\varphi(A)$ s'obtient en multipliant A *à droite* par $\varphi(I_n)$: $\varphi(A) = A \times \varphi(I_n)$.

. Le rang de M est invariant par les opérations élémentaires sur les lignes ou les colonnes.

- EXERCICES -

1- Soient les matrices $A = \begin{pmatrix} 2 & 3 & -2 \\ 4 & 2 & 5 \end{pmatrix}$ et $B = \begin{pmatrix} -2 & 1 & 4 \\ 3 & -4 & 2 \end{pmatrix}$.

Calculer $A + B$, $A - B$, $2A - 3B$.

2- Calculer les produits :

1°) $\begin{pmatrix} 2 & -1 & 0 \\ 2 & 1 & 3 \end{pmatrix}\begin{pmatrix} 2 & -1 \\ 3 & 0 \\ 0 & 1 \end{pmatrix}$ 2°) $\begin{pmatrix} 2 & 3 & 0 \\ 1 & 0 & 3 \end{pmatrix}\begin{pmatrix} 0 \\ 3 \\ 2 \end{pmatrix}$ 3°) $\begin{pmatrix} 2 & 4 \\ 7 & 0 \end{pmatrix}\begin{pmatrix} 3 & 0 \\ -2 & 3 \end{pmatrix}$ 4°) $\begin{pmatrix} 2 & -4 & 0 \\ 3 & 0 & 3 \\ 0 & 3 & 2 \end{pmatrix}\begin{pmatrix} 3 & 0 & 2 \\ 2 & -1 & 3 \\ 1 & 0 & 1 \end{pmatrix}$.

3- Montrer que l'ensemble des matrices à coefficients réels qui commutent avec $A = \begin{pmatrix} 1 & 2 \\ -1 & -1 \end{pmatrix}$ (matrices M telles que $AM = MA$) est un sous-espace vectoriel de $M_2(\mathbf{R})$. Déterminer une base de ce sous espace.

4- Vérifier que les applications f et g sont linéaires et écrire leurs matrices relativement aux bases canoniques :

$f : \mathbf{R}^3 \to \mathbf{R}^2$ $\qquad g : \mathbf{R}^3 \to \mathbf{R}^3$
$(x, y, z) \mapsto (2x + y, y + z)$ $\qquad (x, y, z) \mapsto (x, y - 3z, -y + z)$

Préciser les rangs de ces matrices.

5- Soit φ l'application de $\mathbf{R}_3[X]$ dans lui-même qui, à tout polynôme P de $\mathbf{R}_3[X]$ associe le polynôme : $Q = 3P + (3 - X)P' + (3X^2 - X + 2)P''$.

1°) Montrer que φ est un endomorphisme de $\mathbf{R}_3[X]$.
2°) Ecrire la matrice de φ dans la base canonique $(1, X, X^2, X^3)$ de $\mathbf{R}_3[X]$.
3°) Déterminer Ker φ, Im φ et rg(φ).

6- On munit $E = M_2(\mathbf{R})$ de la base canonique : $\mathcal{B} = (E_{11}, E_{12}, E_{21}, E_{22})$ (matrices élémentaires). Soit $A = \begin{pmatrix} -1 & 2 \\ 2 & -4 \end{pmatrix}$ et f l'application définie sur E par : $f(M) = A \times M$.

1°) Montrer que f est un endomorphisme de E. Déterminer sa matrice dans la base $\mathcal{B}$.
2°) Déterminer le noyau, l'image et le rang de f.
3°) Montrer que Ker f et Im f sont supplémentaires dans E.

7- Décomposer la matrice $M = \begin{pmatrix} 1 & 2 & 3 \\ 4 & 5 & 6 \\ 7 & 8 & 9 \end{pmatrix}$ en la somme d'une matrice symétrique et d'une matrice antisymétrique.

8- Soit M une matrice *nilpotente*, c'est à dire telle qu'il existe n ∈ **N**, $M^n = (0)$.
Montrer que la matrice I - M est inversible et que : $(I - M)^{-1} = I + M + M^2 + \ldots + M^{n-1}$.

Application : Calculer la matrice inverse de $A = \begin{pmatrix} 1 & 2 & 3 & 4 \\ 0 & 1 & 2 & 3 \\ 0 & 0 & 1 & 2 \\ 0 & 0 & 0 & 1 \end{pmatrix}$.

9- On considère la matrice $T = \begin{pmatrix} 0 & c & -b \\ -c & 0 & a \\ b & -a & 0 \end{pmatrix}$ de $M_3(\mathbf{R})$ où $a^2 + b^2 + c^2 = 1$.

1°) Calculer T^2. Exprimer T^3 en fonction de T.
2°) Déterminer le rang de T.
3°) Soit k un réel non nul. Montrer que $B = T + kI$ est inversible et qu'il existe trois réels α, β, γ tels que : $B^{-1} = \alpha I + \beta T + \gamma T^2$.

10- Soit la matrice $A = \begin{pmatrix} 1 & 1 & 0 \\ 0 & 1 & 1 \\ 0 & 0 & 1 \end{pmatrix}$.

Montrer que, pour tout entier naturel n, A^n s'écrit sous la forme : $A^n = \begin{pmatrix} 1 & a_n & b_n \\ 0 & 1 & a_n \\ 0 & 0 & 1 \end{pmatrix}$.

Former les relations de récurrence vérifiées par (a_n) et (b_n). En déduire A^n.

11- On considère les deux suites réelles $(u_n)_{n \in \mathbf{N}}$ et $(v_n)_{n \in \mathbf{N}}$ définies par leurs premiers termes u_0, v_0 et les relations de récurrence : $\forall n \in N, \begin{cases} u_{n+1} = 6u_n - v_n \\ v_{n+1} = u_n + 4v_n \end{cases}$

1°) Montrer qu'il existe une matrice A telle que : $\forall n \in N, \begin{pmatrix} u_{n+1} \\ v_{n+1} \end{pmatrix} = A \times \begin{pmatrix} u_n \\ v_n \end{pmatrix}$.

2°) Calculer A^n pour $n \in \mathbf{N}$ (écrire $A = 5I + J$, $J \in M_2(\mathbf{R})$).
3°) En déduire les expressions de u_n et de v_n en fonction de n.

12- Soit A la matrice de $M_{n+1}(\mathbf{R})$ définie par :

$$A = \begin{pmatrix} 1 & 1 & 1 & 1 & \cdots & 1 \\ & 1 & 2 & 3 & \cdots & C_n^1 \\ & & 1 & 3 & \cdots & C_n^2 \\ & & & 1 & \cdots & C_n^3 \\ & (0) & & & \ddots & \vdots \\ & & & & & C_n^n \end{pmatrix}$$

Montrer que A est inversible et déterminer A^{-1} (étudier l'endomorphisme associé).

SYSTEMES LINEAIRES

Dans tout le chapitre, K désigne l'un des ensembles de nombres **R** ou **C**.

1 GENERALITES

1-1 Ecriture u (x) = b d'un système d'équations linéaires

Dans tout le paragraphe n et p désignent des entiers naturels non nuls.
On rappelle que la *base canonique* de K^p est constituée par l'ensemble des p vecteurs $e_i = (0, ..., 0, 1, 0, ..., 0) \in K^p$ où le chiffre 1 est placé en $i^{\text{ème}}$ position.

Considérons le système (S) à n équations et p inconnues (résolution dans K^p) à coefficients dans K :

$$(S) \begin{cases} a_{11}x_1 + a_{12}x_2 + ... + a_{1p}x_p = b_1 \\ a_{21}x_1 + a_{22}x_2 + ... + a_{2p}x_p = b_2 \\ \dots\dots\dots\dots\dots\dots\dots\dots\dots\dots \\ a_{n1}x_1 + a_{n2}x_2 + ... + a_{np}x_p = b_n \end{cases}$$

On lui associe le vecteur $b = (b_1, ..., b_n)$ de K^n et les p vecteurs :

$$a_1 = (a_{11}, a_{21}, ..., a_{n1}) \in K^n$$
$$a_2 = (a_{12}, a_{22}, ..., a_{n2}) \in K^n$$
$$\dots\dots\dots\dots\dots\dots\dots\dots\dots\dots$$
$$a_p = (a_{1p}, a_{2p}, ..., a_{np}) \in K^n$$

Ce système traduit l'égalité vectorielle : $b = \sum_{j=1}^{p} x_j a_j$. *Le résoudre revient donc à trouver la décomposition du vecteur b suivant les vecteurs $a_1, ..., a_p$.*

Soit u l'application linéaire de K^p dans K^n définie par la donnée des images des vecteurs de la base canonique de K^p de la façon suivante :

$$\forall j \in \{1, ..., p\}, u(e_j) = a_j.$$

Enfin, désignons par x le vecteur de K^p défini par :
$$x = (x_1, ..., x_p) = x_1 e_1 + ... + x_p e_p.$$

On a : $u(x) = u(x_1 e_1 + ... + x_p e_p) = x_1 u(e_1) + ... + x_p u(e_p) = \sum_{j=1}^{p} x_j a_j$.

Le système (S) s'écrit alors très simplement : $u(x) = b$.

1-2 Ecriture AX = B d'un système d'équations linéaires

Reprenons le système (S) à n équations et p inconnues défini au paragraphe précédent :

$$(S) \begin{cases} a_{11}x_1 + a_{12}x_2 + \ldots + a_{1p}x_p = b_1 \\ a_{21}x_1 + a_{22}x_2 + \ldots + a_{2p}x_p = b_2 \\ \ldots\ldots\ldots\ldots\ldots\ldots\ldots\ldots\ldots\ldots \\ a_{n1}x_1 + a_{n2}x_2 + \ldots + a_{np}x_p = b_n \end{cases}$$

La matrice $A = (a_{ij})_{\substack{1 \leq i \leq n \\ 1 \leq j \leq p}}$ est appelée *matrice du système* (S). Cette matrice ne dépend pas des seconds membres des équations de (S).

Le système (S) est alors équivalent à l'une des égalités matricielles suivantes :

$$A \begin{pmatrix} x_1 \\ x_2 \\ \vdots \\ x_p \end{pmatrix} = \begin{pmatrix} b_1 \\ b_2 \\ \vdots \\ b_n \end{pmatrix} \Leftrightarrow \begin{pmatrix} a_{11} & a_{12} & \cdots & a_{1p} \\ a_{21} & a_{22} & \cdots & a_{2p} \\ \cdots & \cdots & \cdots & \cdots \\ a_{n1} & a_{n2} & \cdots & a_{np} \end{pmatrix} \begin{pmatrix} x_1 \\ x_2 \\ \vdots \\ x_p \end{pmatrix} = \begin{pmatrix} b_1 \\ b_2 \\ \vdots \\ b_n \end{pmatrix} \Leftrightarrow AX = B.$$

(en notant X et B les matrices colonnes de coefficients respectifs $(x_i)_{1 \leq i \leq p}$ et $(b_i)_{1 \leq i \leq n}$).

Remarque : A est la matrice de l'application linéaire u définie au paragraphe **1-1** relativement aux bases canoniques.

1-3 Cas d'un système linéaire à n équations et n inconnues

La matrice associée à un système linéaire à n équations et n inconnues est une matrice carrée appartenant à $M_n(K)$.

Proposition : *Soit $A \in M_n(K)$. Pour tout $B \in M_{n,1}(K)$, le système AX = B admet une unique solution $X \in M_{n,1}(K)$ si et seulement si A est inversible. On a alors : $X = A^{-1}B$.*

<u>Preuve</u> : Soit u l'endomorphisme canoniquement associé à A.
Le système AX = B s'écrit de manière équivalente u(x) = b en notant x et b les vecteurs de K^p et K^n respectivement associés aux matrices colonnes X et B. Il admet une unique solution si et seulement si u est bijectif, c'est à dire si et seulement si A est inversible.
En multipliant les deux membres de l'égalité AX = B à gauche par A^{-1} on obtient alors :
$X = A^{-1}B$.

Remarque importante :
L'existence et l'unicité éventuelles de solutions ne dépend donc que des coefficients de la matrice A, c'est à dire du premier membre du système. Pour les étudier on peut considérer le *système homogène associé à (S)* (système (S') obtenu en remplaçant le second membre par (0, ..., 0)) :

. Si (S') n'admet que la solution nulle ($x_1 = ... = x_n = 0$) alors (S) admet une unique solution;
. sinon (S) est impossible ou admet une infinité de solutions.

Définition : *Un système linéaire à n équations et n inconnues est dit **de Cramer** s'il admet une unique solution dans K^n.*

Conséquence : *Un système linéaire à n équations et n inconnues est un système de Cramer si et seulement si la matrice de ce système est inversible.*

2 SYSTEMES A MATRICES DIAGONALES OU TRIANGULAIRES

2-1 Définitions

Définition 1 : *On appelle **matrice triangulaire supérieure** (resp. **inférieure**) toute matrice carrée $M = (a_{ij}) \in M_n(K)$ telle que :*
$$\forall (i,j)_{\substack{1 \leq i \leq n \\ 1 \leq j \leq n}}, i > j \Rightarrow a_{ij} = 0 \ (resp. \ i < j \Rightarrow a_{ij} = 0).$$

Exemple : $M = \begin{pmatrix} 1 & 2 & 3 & 4 \\ 0 & 5 & 6 & 7 \\ 0 & 0 & 8 & 9 \\ 0 & 0 & 0 & 10 \end{pmatrix}$ est une matrice triangulaire supérieure.

Définition 2 : *On appelle **matrice diagonale** toute matrice carrée $M = (a_{ij}) \in M_n(K)$ telle que :* $\forall (i,j)_{\substack{1 \leq i \leq n \\ 1 \leq j \leq n}}, i \neq j \Rightarrow a_{ij} = 0.$

Exemple : $M = \begin{pmatrix} 1 & 0 & 0 & 0 \\ 0 & 2 & 0 & 0 \\ 0 & 0 & 3 & 0 \\ 0 & 0 & 0 & 4 \end{pmatrix}$ est une matrice diagonale.

2-2 Propriétés

P1 : *La somme et le produit de deux matrices triangulaires supérieures (resp. inférieures) sont des matrices triangulaires supérieures (resp. inférieures).*

Preuve : Soient $M = (a_{ij})$ et $M' = (b_{ij}) \in M_n(K)$ telles que : $j < i \Rightarrow a_{ij} = b_{ij} = 0$ (matrices triangulaires supérieures).

a) $j < i \Rightarrow a_{ij} + b_{ij} = 0$. Donc $M + M'$ est une matrice triangulaire supérieure.

b) $MM' = (c_{ij})$ avec $c_{ij} = \sum_{k=1}^{n} a_{ik}b_{kj} = \sum_{k=1}^{i-1} a_{ik}b_{kj} + \sum_{k=i}^{n} a_{ik}b_{kj}$.

La première somme est nulle car, pour $k < i$, $a_{ik} = 0$.

D'autre part si $j < i$ alors, pour $k \geq i$, on a $b_{kj} = 0$ (en effet $k \geq i > j$ et donc $j < k$). Donc, si $j < i$ la deuxième somme est également nulle et $c_{ij} = 0$. On en déduit que MM' est une matrice triangulaire supérieure. On montre de même :

P2 : La somme et le produit de deux matrices diagonales est une matrice diagonale.

Remarque : *puissances d'une matrice diagonale*

On montre aisément par récurrence sur $k \in \mathbb{N}$:

Pour tout $k \in \mathbb{N}$: si $D = \begin{pmatrix} \lambda_1 & & \\ & \ddots & \\ & & \lambda_n \end{pmatrix}$ alors $D^k = \begin{pmatrix} \lambda_1^k & & \\ & \ddots & \\ & & \lambda_n^k \end{pmatrix}$.

2-3 Résolution d'un système linéaire de n équations à n inconnues dans le cas de matrices diagonales ou triangulaires

Cas d'une matrice diagonale :

La matrice du système (S) $\begin{cases} a_1 x_1 = d_1 \\ a_2 x_2 = d_2 \\ \ldots\ldots\ldots \\ a_n x_n = d_n \end{cases}$ est : $A = \begin{pmatrix} a_1 & 0 & \cdots & 0 \\ 0 & a_2 & \cdots & 0 \\ \vdots & & \ddots & \vdots \\ 0 & \cdots & \cdots & a_n \end{pmatrix}$.

. Si, pour tout $i \in \{1, ..., n\}$, $a_i \neq 0$, alors le système (S) admet une unique solution :
$$\left(\frac{d_1}{a_1}, \frac{d_2}{a_2}, ..., \frac{d_n}{a_n} \right).$$

. S'il existe $i \in \{1, ..., n\}$ tel que $a_i = 0$ alors :
    - soit $d_i = 0$ et le système (S) admet une infinité de solutions;
    - soit $d_i \neq 0$ et le système (S) n'admet pas de solution.

Cas d'une matrice triangulaire :

On considère le système : $\begin{cases} a_{11}x_1 + a_{12}x_2 + \cdots + a_{1n}x_n = d_1 \\ \phantom{a_{11}x_1 +} a_{22}x_2 + \cdots + a_{2n}x_n = d_2 \\ \cdots \cdots \cdots \cdots \\ \phantom{a_{11}x_1 + a_{12}x_2 + \cdots +} a_{nn}x_n = d_n \end{cases}$ *(système échelonné)*

Sa matrice $A = \begin{pmatrix} a_{11} & a_{12} & \cdots & a_{1n} \\ 0 & a_{22} & \cdots & a_{2n} \\ \vdots & \ddots & \ddots & \vdots \\ 0 & \cdots & 0 & a_{nn} \end{pmatrix}$ est triangulaire supérieure.

On détermine alors facilement l'ensemble des solutions :

. Si, pour tout $i \in \{1, ..., n\}$, $a_{ii} \neq 0$: le système admet une solution unique obtenue en "remontant" le système, de proche en proche.

. S'il existe $i \in \{1, ..., n\}$ tel que $a_{ii} = 0$: le système est *impossible* (aucune solution) ou admet une infinité de solutions.

Exercice : *Résoudre dans R^4, $AX = D$ avec :*

1°) $A = \begin{pmatrix} 2 & 2 & -2 & 2 \\ 0 & 2 & 3 & -3 \\ 0 & 0 & 1 & -2 \\ 0 & 0 & 0 & -3 \end{pmatrix}$, $D = \begin{pmatrix} -3 \\ 3 \\ 6 \\ -1 \end{pmatrix}$ 2°) $A = \begin{pmatrix} 3 & -2 & 7 \\ 0 & 1 & 0 \\ 0 & 0 & 0 \end{pmatrix}$, $D = \begin{pmatrix} 5 \\ 2 \\ 0 \end{pmatrix}$ 3°) $A = \begin{pmatrix} 3 & -2 & 7 \\ 0 & 1 & 0 \\ 0 & 0 & 0 \end{pmatrix}$, $D = \begin{pmatrix} 5 \\ 2 \\ 3 \end{pmatrix}$

Conclusion : *Soit (S) un système linéaire dont la matrice A est diagonale ou triangulaire. Ce système admet une unique solution si et seulement si tous les coefficients diagonaux de A sont non nuls.*

On en déduit (en utilisant la proposition **1-3**) :

Proposition : *Une matrice diagonale ou triangulaire est inversible si et seulement si ses termes diagonaux sont tous non nuls.*

Remarque : Lorsqu'elle existe la matrice inverse d'une matrice diagonale (resp. triangulaire) est diagonale (resp. triangulaire).

De plus si $D = \begin{pmatrix} \lambda_1 & & \\ & \ddots & \\ & & \lambda_n \end{pmatrix}$ est une matrice inversible, alors $D^{-1} = \begin{pmatrix} 1/\lambda_1 & & \\ & \ddots & \\ & & 1/\lambda_n \end{pmatrix}$.

3 LA MÉTHODE DU PIVOT DE GAUSS

Dans tout le paragraphe on utilise la notion d'opération élémentaire sur les lignes d'une matrice (ou d'un système), définie au **chapitre 9**.

3-1 Méthode

On considère un système linéaire de matrice A, $A \in M_n(K)$. Le principe de la méthode du pivot consiste, à l'aide d'opérations élémentaires sur les lignes (ou éventuellement d'opérations composées comme $L_i \leftarrow \alpha L_i + \beta L_j$ avec $\alpha \neq 0$ et $i \neq j$), à se ramener à un système équivalent dont la matrice associée est triangulaire supérieure. Cette matrice est appelée *réduite de Gauss* de A. Le système associé est un *système échelonné* dont la résolution est plus simple.

Attention, les opérations s'effectuent sur les deux membres des égalités.

Exemple : Considérons le système (S) : $\begin{cases} 3x - 2y + z = 2 \\ 2x + y + z = 7 \\ 4x - 3y + 2z = 4 \end{cases}$.

On le représente par $\begin{pmatrix} 3 & -2 & 1 & | & 2 \\ 2 & 1 & 1 & | & 7 \\ 4 & -3 & 2 & | & 4 \end{pmatrix}$ que l'on essaye de réduire en choisissant des *pivots* (notés $<a_{ii}>$) non nuls :

$$\begin{pmatrix} \langle 3 \rangle & -2 & 1 & | & 2 \\ 2 & 1 & 1 & | & 7 \\ 4 & -3 & 2 & | & 4 \end{pmatrix} \xrightarrow[L_3 \leftarrow 3L_3 - 4L_1]{L_2 \leftarrow 3L_2 - 2L_1} \begin{pmatrix} \langle 3 \rangle & -2 & 1 & | & 2 \\ 0 & \langle 7 \rangle & 1 & | & 17 \\ 0 & -1 & 2 & | & 4 \end{pmatrix} \xrightarrow{L_3 \leftarrow 7L_3 + L_2} \begin{pmatrix} 3 & -2 & 1 & | & 2 \\ 0 & \langle 7 \rangle & 1 & | & 17 \\ 0 & 0 & \langle 15 \rangle & | & 45 \end{pmatrix}$$

Le système associé est alors un système échelonné que l'on résout facilement par "remontée" :

$$\begin{cases} 3x - 2y + z = 2 \\ 7y + z = 17 \\ 15z = 45 \end{cases} \Leftrightarrow \begin{cases} z = 3 \\ 7y = 17 - z \\ 3x = 2 + 2y - z \end{cases} \Leftrightarrow \begin{cases} z = 3 \\ 7y = 14 \\ 3x = 2y - 1 \end{cases} \Leftrightarrow \begin{cases} z = 3 \\ y = 2 \\ x = 1 \end{cases}.$$

Le système (S) admet $(x, y, z) = (1, 2, 3)$ pour unique solution.

3-2 Interprétation matricielle

Rappel : Effectuer une opération élémentaire Ψ sur les lignes d'une matrice A de $M_{n,p}(K)$ revient à multiplier cette matrice A à gauche par la matrice carrée $M = \Psi(I_n)$ obtenue en effectuant la même opération élémentaire Ψ sur la matrice unité I_n de $M_n(K)$ (voir **chapitre 9**).

Considérons le système linéaire $AX = B$ où A est une matrice carrée.

. ***Première étape :*** élimination successive des inconnues.

On transforme la matrice A en une matrice triangulaire supérieure à l'aide d'opérations élémentaires sur les lignes se traduisant par des multiplications de matrices.

A la $i^{ème}$ étape, A a été transformée en :

$$A_i = \begin{pmatrix} * & \cdots & & & & \cdots & * \\ 0 & \ddots & & & & & \vdots \\ \vdots & \ddots & * & & & & \\ 0 & & 0 & a_i^i & & & \\ \vdots & & & a_{i+1}^i & \vdots & & \\ \vdots & & \vdots & \vdots & \vdots & & \vdots \\ 0 & \cdots & 0 & a_n^i & * & & * \end{pmatrix}$$

(a_i^i est le *pivot* de la $i^{ème}$ étape).

a) Dans le cas où a_i^i est non nul, on effectue les opérations $L_j \leftarrow L_j - \dfrac{a_j^i}{a_i^i} L_i$ pour $j > i$.

Cela revient à multiplier A_i à gauche par la matrice M_i ($A_{i+1} = M_i \times A_i$) avec :

$$M_i = \begin{pmatrix} 1 & & & & & & & \\ & \ddots & & & & & & \\ & & 1 & & & (0) & & \\ & & -\dfrac{a_{i+1}^i}{a_i^i} & \ddots & & & & \\ & & \vdots & & & & & \\ & & \vdots & & & \ddots & & \\ & (0) & -\dfrac{a_j^i}{a_i^i} & & & & 1 & \\ & & \vdots & & & & & \ddots \\ & & -\dfrac{a_n^i}{a_i^i} & & & & & & 1 \end{pmatrix} \rightarrow j^{ème} \text{ ligne}$$

b) Dans le cas où $a_i^i = 0$ on a deux éventualités :

- ou bien pour tout $j \geq i$, $a_j^i = 0$. Dans ce cas on passe à l'étape suivante en posant $A_{i+1} = A_i$ (on n'a pas obtenu de pivot).

- ou bien il existe $j > i$ tel que $a_j^i \neq 0$. Dans ce cas on effectue la permutation $L_i \leftrightarrow L_j$ et on est ramené au cas a).

La succession des opérations sur les lignes de A se traduit par une suite de multiplications de matrices du type M_i et de matrices de permutation de lignes.

En notant C le produit de ces matrices (en respectant l'ordre de ces opérations, par exemple $C = M_n...M_1$), on a : $AX = B \Leftrightarrow CAX = CB$ où $T = CA$ est une matrice triangulaire supérieure (*réduite de Gauss* de A).

Le système s'écrit alors, de manière équivalente : $TX = CB$. Il admet une unique solution si et seulement si la réduite de Gauss T est inversible, c'est à dire si et seulement si les coefficients diagonaux de cette matrice triangulaire sont non nuls. Il se résoud alors facilement *par remontée*.

Attention : La réduite de Gauss d'une matrice n'est pas unique.

4 APPLICATION : DETERMINATION DE L'INVERSE D'UNE MATRICE

4-1 Reconnaître une matrice inversible : triangularisation

Théorème : *Soit A une matrice carrée. A est inversible si et seulement si toute réduite de Gauss de A est inversible.*

Preuve : D'après l'étude faite au paragraphe **3-2** le système $AX = B$ admet une unique solution (système de Cramer) si et seulement si toute réduite de Gauss de ce système est inversible. L'existence et l'unicité des solutions du système se traduisant par l'inversibilité de A on a bien :

A est inversible $\Leftrightarrow$ toute réduite de Gauss de A est inversible

Remarque importante : Une réduite de Gauss T de A est une matrice triangulaire. D'après l'étude faite au **paragraphe 2**, T est inversible si et seulement si ses éléments diagonaux sont non nuls :

A est inversible $\Leftrightarrow$ *les éléments diagonaux de T sont tous non nuls.*

4-2 Calcul de l'inverse : première méthode

Soit $A \in M_n(K)$; A est inversible si et seulement si l'endomorphisme f canoniquement associée à A est bijectif. On a alors $A^{-1} = M(f^{-1})$ et, pour tout couple (x, x') de vecteurs de E, les égalités équivalentes $f(x) = x'$ et $x = f^{-1}(x')$ se traduisent par :

$$(AX = X') \Leftrightarrow (X = A^{-1}X'),$$

où X et X' sont des matrices colonnes.

On est alors amené à résoudre un système, où les inconnues $x_1, x_2, ..., x_n$ sont à exprimer en fonction de $x'_1, x'_2, ..., x'_n$:

$$\begin{pmatrix} a_{11} & a_{12} & \cdots & a_{1n} \\ \vdots & & & \vdots \\ \vdots & & & \vdots \\ a_{n1} & \cdots & \cdots & a_{nn} \end{pmatrix} \begin{pmatrix} x_1 \\ x_2 \\ \vdots \\ x_n \end{pmatrix} = \begin{pmatrix} x'_1 \\ x'_2 \\ \vdots \\ x'_n \end{pmatrix}.$$

Exemple : *Déterminer si* $M = \begin{pmatrix} 1 & 2 & -1 & -1 \\ -1 & 1 & -2 & 1 \\ 0 & 0 & 1 & 1 \\ 0 & 0 & 3 & -1 \end{pmatrix}$ *est inversible dans* $M_4(\mathbf{R})$.

Soit f l'endomorphisme de $\mathbf{R}^4$ défini par : f(x, y, z, t) = (x', y', z', t') avec :

$$\begin{cases} x' = x + 2y - z - t \\ y' = -x + y - 2z + t \\ z' = z + t \\ t' = 3z - t \end{cases}$$

M est inversible si et seulement si f est bijective, c'est à dire si et seulement si le système précédent admet une unique solution (x, y, z, t) dans $\mathbf{R}^4$.

$$\begin{cases} x' = x + 2y - z' \\ y' = -x + y + (z' - 3t')/4 \\ z = (z' + t')/4 \\ t = (3z' - t')/4 \end{cases} \Leftrightarrow \begin{cases} x = x'/3 - 2y'/3 + z'/2 - t'/2 \\ y = x'/3 + y'/3 + z'/4 + t'/4 \\ z = (z' + t')/4 \\ t = (3z' - t')/4 \end{cases}$$

On en déduit que M est inversible et : $M^{-1} = \begin{pmatrix} 1/3 & -2/3 & 1/2 & -1/2 \\ 1/3 & 1/3 & 1/4 & 1/4 \\ 0 & 0 & 1/4 & 1/4 \\ 0 & 0 & 3/4 & -1/4 \end{pmatrix}$.

4-3 Caractérisation de l'inversibilité et calcul de l'inverse par la méthode du pivot

Caractérisation des matrices inversibles :

Lemme 1 : *Une matrice A est inversible si et seulement si elle peut être transformée en la matrice unité par une succession finie d'opérations élémentaires.*

<u>Preuve</u> : A est inversible si et seulement si le système $AX = B$ s'écrit de manière équivalente $X = X_0$ (le système admet une unique solution). La matrice du premier système est A, celle du second I. Par conséquent, A est inversible si et seulement si les opérations élémentaires effectuées à partir de A ont permis de transformer cette matrice en la matrice unité.

Calcul de l'inverse :

Lemme 2 : *La même succession d'opérations transforme la matrice I_n en la matrice A^{-1}*

<u>Preuve</u> : Si $M_1,...,M_k$ désignent les matrices des opérations élémentaires utilisées on a:
$$M_k ... M_2 M_1 A = I_n.$$
La matrice $A' = M_k ... M_2 M_1$ vérifie : $A'A = I_n$. On en déduit que A est inversible et
$$A^{-1} = A' = M_k ... M_2 M_1 I_n.$$

Exemple : *Montrer que la matrice* $A = \begin{pmatrix} 0 & 1 & 2 \\ 1 & 1 & 2 \\ 0 & 2 & 3 \end{pmatrix}$ *est inversible et calculer son inverse.*

première étape :

$\begin{pmatrix} 0 & 1 & 2 \\ 1 & 1 & 2 \\ 0 & 2 & 3 \end{pmatrix} \xrightarrow{L_1 \leftarrow L_1 + L_2} \begin{pmatrix} 1 & 1 & 2 \\ 0 & 1 & 2 \\ 0 & 2 & 3 \end{pmatrix} \xrightarrow{L_3 \leftarrow L_3 - 2L_2} \begin{pmatrix} 1 & 1 & 2 \\ 0 & 1 & 2 \\ 0 & 0 & -1 \end{pmatrix} \xrightarrow{L_3 \leftarrow -L_3} \begin{pmatrix} 1 & 1 & 2 \\ 0 & 1 & 2 \\ 0 & 0 & 1 \end{pmatrix} \xrightarrow{L_1 \leftarrow L_1 - L_2} \begin{pmatrix} 1 & 0 & 0 \\ 0 & 1 & 2 \\ 0 & 0 & 1 \end{pmatrix} \xrightarrow{L_2 \leftarrow L_2 - 2L_3} \begin{pmatrix} 1 & 0 & 0 \\ 0 & 1 & 0 \\ 0 & 0 & 1 \end{pmatrix}$

Une succession finie d'opérations élémentaires a permis de transformer A en la matrice unité : A est donc inversible.

Deuxième étape :

On effectue la même succession d'opérations à partir de I :

$\begin{pmatrix} 1 & 0 & 0 \\ 0 & 1 & 0 \\ 0 & 0 & 1 \end{pmatrix} \xrightarrow{L_1 \leftarrow L_1 + L_2} \begin{pmatrix} 0 & 1 & 0 \\ 1 & 0 & 0 \\ 0 & 0 & 1 \end{pmatrix} \xrightarrow{L_3 \leftarrow L_3 - 2L_2} \begin{pmatrix} 0 & 1 & 0 \\ 1 & 0 & 0 \\ -2 & 0 & 1 \end{pmatrix} \xrightarrow{L_3 \leftarrow -L_3} \begin{pmatrix} 0 & 1 & 0 \\ 1 & 0 & 0 \\ 2 & 0 & -1 \end{pmatrix} \xrightarrow{L_1 \leftarrow L_1 - L_2} \begin{pmatrix} -1 & 1 & 0 \\ 1 & 0 & 0 \\ 2 & 0 & -1 \end{pmatrix} \xrightarrow{L_2 \leftarrow L_2 - 2L_3} \begin{pmatrix} -1 & 1 & 0 \\ -3 & 0 & 2 \\ 2 & 0 & -1 \end{pmatrix}$

On vérifie que $A' = \begin{pmatrix} -1 & 1 & 0 \\ -3 & 0 & 2 \\ 2 & 0 & -1 \end{pmatrix}$ est la matrice inverse de A.

EXERCICES -

1- En utilisant la méthode du pivot, résoudre dans $\mathbb{R}^4$:

$$a) \begin{cases} -2x+y+4t = 2 \\ 2x+3y+3z+2t = 14 \\ x+2y+z+t = 7 \\ -x-z+t = -1 \end{cases} \qquad b) \begin{cases} 2x-y+z+t = 1 \\ x+y+2z-t = -1 \\ y-z+3t = 2 \\ 3x+y+8z-9t = 1 \end{cases}$$

2- Résoudre dans $\mathbb{R}^3$ en discutant suivant les valeurs du paramètre réel λ :

$$a) \begin{cases} \lambda x+y+z = 1 \\ x+\lambda y+z = \lambda \\ x+y+\lambda z = \lambda^2 \end{cases} \qquad b) \begin{cases} (1-\lambda)x+2y-z = 0 \\ -2x-(3+\lambda)y+3z = 0. \\ x+y-(2+\lambda)z = 0 \end{cases}$$

3- Etudier l'inversibilité et, lorsqu'elles existent, calculer les matrices inverses des matrices
suivantes :

$$A = \begin{pmatrix} 1 & 2 & -3 \\ 0 & 1 & 2 \\ 0 & 0 & 1 \end{pmatrix} \quad B = \begin{pmatrix} 2 & 2 & 3 \\ 1 & -1 & 0 \\ -1 & 2 & 1 \end{pmatrix} \quad C = \begin{pmatrix} 1 & -2 & -3 & -4 \\ 0 & 2 & -1 & -8 \\ 0 & 0 & 4 & 4 \\ 0 & 0 & 0 & 8 \end{pmatrix}$$

$$D = \begin{pmatrix} 1 & 1 & 1 & 1 \\ 1 & 1 & -1 & -1 \\ 1 & -1 & 1 & -1 \\ 1 & -1 & -1 & 1 \end{pmatrix} \quad E = \begin{pmatrix} 1 & a & a^2 & \cdots & a^n \\ 0 & 1 & a & \cdots & a^{n-1} \\ \vdots & & & & \vdots \\ 0 & \cdots & \cdots & 0 & 1 \end{pmatrix}$$

4- Soient $A = \begin{pmatrix} -3 & 2 & 1 \\ 1 & -1 & 0 \\ 4 & 1 & 2 \end{pmatrix}, C = \begin{pmatrix} -1 & 1 & 0 \\ -3 & 0 & 2 \\ 2 & 0 & -1 \end{pmatrix}$. Existe-t-il une matrice B telle que
BC = A ? Dans l'affirmative déterminer cette matrice.

5- Soient a, b, c, d les vecteurs de $\mathbb{R}^4$ définis par :
   a = (1, 2, -1, -2), b = (2, 3, 0, -1), c = (1, 3, -1, 0) et d = (1, 2, 1, 4).
Montrer que (a, b, c, d) forme une base de $\mathbb{R}^4$ et déterminer les coordonnées de u = (0, 3, -4, -5) dans cette base.

6- Soit n un entier, $n \geq 2$. Soit A la matrice de $M_n(\mathbf{R})$ définie par :
$$A = (a_{ij}) \; avec \; \begin{cases} a_{ij} = 0 \; si \; i = j \\ a_{ij} = 1 \; si \; i \neq j. \end{cases}$$
Montrer que A est inversible et déterminer A^{-1}.

7- Etudier l'inversibilité et déterminer, lorsqu'elles existent, les inverses des matrices suivantes :

$$A = \begin{pmatrix} 1 & & (1) \\ & \ddots & \\ (0) & & 1 \end{pmatrix} \quad B = \begin{pmatrix} 1 & 1 & & & (0) \\ & \ddots & 2 & & \\ & & \ddots & \ddots & \\ (0) & & & \ddots & n \\ & & & & 1 \end{pmatrix} \quad C = \begin{pmatrix} (0) & & a_n \\ & \cdot^{\cdot^{\cdot}} & \\ a_1 & & (0) \end{pmatrix} \quad D = \begin{pmatrix} 1 & & a_1 & & \\ & \ddots & \vdots & (0) \\ & & a_k & & \\ (0) & & \vdots & \ddots \\ & & a_n & & 1 \end{pmatrix}$$

REDUCTION DES ENDOMORPHISMES

Dans tout le chapitre, K désigne l'un des ensembles de nombres **R** ou **C**. On notera E un espace vectoriel sur K de dimension finie n.

1 CHANGEMENTS DE BASES

1-1 Matrices de passage

Soient $B = (e_1, e_2, ..., e_n)$ et $B' = (e'_1, e'_2, ..., e'_n)$ deux bases de E. Pour tout entier j de $\{1, 2, ..., n\}$, le vecteur e'_j admet une unique décomposition dans la base B :

$$e'_j = \sum_{i=1}^{n} a_{i,j} e_i$$

> *On appelle **matrice de passage** de la base B à la base B' la matrice $P_{B \to B'}$ de coefficient général a_{ij}.*

Remarques :
- Les colonnes de $P_{B \to B'}$ sont formées par les coordonnées des vecteurs e'_j dans la base B.
- $P_{B \to B'}$ est inversible et $(P_{B \to B'})^{-1} = P_{B' \to B}$.

Exemple : Dans K^3 soient $B = (e_1, e_2, e_3)$ la base canonique et $B' = (e'_1, e'_2, e'_3)$ la base constituée par les vecteurs : $e'_1 = (1, 1, 1)$, $e'_2 = (2, 0, 1)$ et $e'_3 = (1, -1, 1)$.

$$P_{B \to B'} = \begin{pmatrix} 1 & 2 & 1 \\ 1 & 0 & -1 \\ 1 & 1 & 1 \end{pmatrix} \begin{matrix} e_1 \\ e_2 \\ e_3 \end{matrix}$$
$$\begin{matrix} e'_1 & e'_2 & e'_3 \end{matrix}$$

Soit alors $B'' = (e''_1, e''_2, e''_3)$ la base constituée par les vecteurs :
$e''_1 = -e'_1 + e'_2 = (1, -1, 0)$, $e''_2 = 1/2\, e'_1 + 1/2\, e'_3 = (1, 0, 1)$ et $e''_3 = e'_1 = (1, 1, 1)$.

On a :

$$P_{B \to B''} = \begin{pmatrix} 1 & 1 & 1 \\ -1 & 0 & 1 \\ 0 & 1 & 1 \end{pmatrix} \text{ et } P_{B' \to B''} = \begin{pmatrix} -1 & 1/2 & 1 \\ 1 & 0 & 0 \\ 0 & 1/2 & 0 \end{pmatrix}.$$

Remarque : $P_{B \to B''} = P_{B \to B'} \times P_{B' \to B''}$.

1-2 Formule de changement de bases

> *Théorème :* Soient B et B' deux bases d'un même espace vectoriel E. A tout vecteur u de coordonnées respectives $x_1, ..., x_n$ et $x'_1, ..., x'_n$ dans les bases B et B' de E on associe les matrices colonnes : $X = \begin{pmatrix} x_1 \\ x_2 \\ \vdots \\ x_n \end{pmatrix}$ et $X' = \begin{pmatrix} x'_1 \\ x'_2 \\ \vdots \\ x'_n \end{pmatrix}$.
>
> On a alors : $X = P_{B \to B'} X'$.

Preuve :

$$u = \sum_{j=1}^{n} x'_j e'_j = \sum_{j=1}^{n} x'_j \left(\sum_{i=1}^{n} a_{ij} e_i \right) = \sum_{i=1}^{n} \left(\sum_{j=1}^{n} a_{ij} x'_j \right) e_i$$

On a noté : $u = \sum_{i=1}^{n} x_i e_i$. Par identification, on en déduit :

$$\forall i \in \{1, \cdots, n\},\; x_i = \sum_{j=1}^{n} a_{ij} x'_j,\; c'est\; à\; dire : \begin{pmatrix} x_1 \\ \vdots \\ x_n \end{pmatrix} = P_{B \to B'} \begin{pmatrix} x'_1 \\ \vdots \\ x'_n \end{pmatrix}.$$

Remarques :

. *Attention*, on exprime les "anciennes" coordonnées en fonction des "nouvelles".
. Si P désigne la matrice de passage de B dans B', P est inversible et $P^{-1} = P_{B' \to B}$. On a donc : $X = PX' \Leftrightarrow X' = P_{B' \to B} X = P^{-1} X$.
. La matrice de passage $P_{B \to B'}$ est aussi la matrice de l'endomorphisme id_E relativement aux bases B' et B de E : $P_{B \to B'} = M_{B', B}(\text{id}_E)$.

Exemple : Avec les données de l'exemple précédent, pour déterminer les coordonnées (x', y', z') et (x", y", z") du vecteur $u = 1e_1 + 2e_2 + 1e_3$ dans les bases B' et B", il faut résoudre les systèmes suivants :

$$\begin{pmatrix} 1 & 2 & 1 \\ 1 & 0 & -1 \\ 1 & 1 & 1 \end{pmatrix} \begin{pmatrix} x' \\ y' \\ z' \end{pmatrix} = \begin{pmatrix} 1 \\ 2 \\ 1 \end{pmatrix} \text{ puis } \begin{pmatrix} 1 & 1 & 1 \\ -1 & 0 & 1 \\ 0 & 1 & 1 \end{pmatrix} \begin{pmatrix} x" \\ y" \\ z" \end{pmatrix} = \begin{pmatrix} 1 \\ 2 \\ 1 \end{pmatrix}.$$

On trouve : (x', y', z') = (3/2, 0, -1/2) puis (x", y", z") = (0, -1, 2).

1-3 Effet d'un changement de bases sur la matrice d'un endomorphisme

Théorème : Soient u un endomorphisme de E et B, B' deux bases de E. En notant M et M' les matrices de u relativement aux bases B et B', P la matrice de passage de la base B à la base B' ($P = P_{B \to B'}$) on a :
$$M' = P^{-1} M P.$$

Preuve : Soient $B = (e_1, ..., e_n)$ et $B' = (e'_1, ..., e'_n)$.
Tout vecteur x de E se décompose de manière unique dans chacune de ces bases :

$$\begin{cases} x = x_1 e_1 + \cdots + x_n e_n \\ x = x'_1 e'_1 + \cdots + x'_n e'_n \end{cases}$$

Notons $y = u(x)$; y se décompose de manière unique dans B et B' :

$$\begin{cases} y = y_1 e_1 + \cdots + y_n e_n \\ y = y'_1 e'_1 + \cdots + y'_n e'_n \end{cases}$$

On note X, X', Y, Y' les matrices colonnes :

$$X = \begin{pmatrix} x_1 \\ \vdots \\ x_n \end{pmatrix}, X' = \begin{pmatrix} x'_1 \\ \vdots \\ x'_n \end{pmatrix}, Y = \begin{pmatrix} y_1 \\ \vdots \\ y_n \end{pmatrix}, Y' = \begin{pmatrix} y'_1 \\ \vdots \\ y'_n \end{pmatrix}$$

La matrice M' de u relativement à la base B' est caractérisée par l'égalité : M' X' = Y'.
Montrons que : $(P^{-1}MP)X' = Y'$; ainsi M' et $P^{-1}MP$ seront les matrices du même endomorphisme u de E et ces matrices seront identiques.

Par le théorème **1-2**, $PX' = P_{B \to B'}X' = X$.

On a alors : $MPX' = MX = Y$ car M est la matrice de u dans la base B et $y = f(x)$.

Donc $(P^{-1}MP)X' = P^{-1}Y = Y'$ (en effet P^{-1} est la matrice de passage de B' dans B).

Par conséquent, pour tout $X' \in M_{n,1}(K)$, $M'X' = (P^{-1}MP)X'$; on en déduit :
$$M' = P^{-1}MP.$$

Exemple : Soit u l'endomorphisme de $\mathbf{R}^2$ défini par : $u(x, y) = (x + y, x - y)$.
La matrice de u relativement à la base canonique $B = (e_1, e_2)$ de $\mathbf{R}^2$ est :

$$M = \begin{pmatrix} 1 & 1 \\ 1 & -1 \end{pmatrix}.$$

Soit $B' = (e'_1, e'_2)$ la base de $\mathbf{R}^2$ formée des vecteurs : $e'_1 = (2, 1)$ et $e'_2 = (1, 1)$.
En notant P la matrice de passage de B dans B' on a :

$$P = \begin{pmatrix} 2 & 1 \\ 1 & 1 \end{pmatrix} \text{ et } P^{-1} = \begin{pmatrix} 1 & -1 \\ -1 & 2 \end{pmatrix}.$$

La matrice M' de u relativement à la base B' est définie par :

$$M' = P^{-1}MP = \begin{pmatrix} 1 & -1 \\ -1 & 2 \end{pmatrix}\begin{pmatrix} 1 & 1 \\ 1 & -1 \end{pmatrix}\begin{pmatrix} 2 & 1 \\ 1 & 1 \end{pmatrix} = \begin{pmatrix} 0 & 2 \\ 1 & -3 \end{pmatrix}\begin{pmatrix} 2 & 1 \\ 1 & 1 \end{pmatrix} = \begin{pmatrix} 2 & 2 \\ -1 & -2 \end{pmatrix}$$

1-4 Matrices semblables

Définition : *Deux matrices M et M' de $M_n(K)$ sont dites **semblables** s'il existe une matrice P inversible ($P \in GL_n(K)$) telle que :*
$$M' = P^{-1}MP.$$

Théorème : *Soient M et M' deux matrices de $M_n(K)$.*
M et M' sont semblables si et seulement si M et M' sont les matrices d'un même endomorphisme de E.

Exemple : D'après les calculs de l'exemple précédent les matrices $M = \begin{pmatrix} 1 & 1 \\ 1 & -1 \end{pmatrix}$ et $M' = \begin{pmatrix} 2 & 2 \\ -1 & -2 \end{pmatrix}$ sont semblables.

2 VALEURS PROPRES ET VECTEURS PROPRES

2-1 Définitions

Soit f un endomorphisme de E.
*Le scalaire $\lambda \in K$ est une **valeur propre** de f s'il existe un vecteur u **non nul** de E tel que $f(u) = \lambda u$. L'ensemble des valeurs propres de f est appelé **spectre** de f et noté Spec(f).*
*Tout vecteur **non nul** $u \in E$ tel que $f(u) = \lambda u$ est appelé **vecteur propre** associé à la valeur propre λ.*

Exemples :

. homothéties vectorielles : L'homothétie vectorielle de rapport k ($k \in K$) sur l'espace vectoriel E est l'application h définie sur E par : $h(x) = k.x$. On vérifie que h est un endomorphisme de E admettant k pour unique valeur propre. Tout vecteur x non nul de E est un vecteur propre de f (associé à la valeur propre k).

. projections vectorielles : On rappelle que si E_1 et E_2 sont deux sous-espaces vectoriels supplémentaires dans l'espace vectoriel E, la projection sur E_1 de direction E_2 est l'application p définie sur E par : $p(x) = x_1$ si $x = x_1 + x_2$, $x_1 \in E_1$, $x_2 \in E_2$.
Si $E_1 \neq \{0_E\}$, p est un endomorphisme de E admettant $\lambda = 1$ pour valeur propre. En effet, pour tout vecteur x_1 de E_1 on a : $p(x_1) = x_1 = 1.x_1$. Tout vecteur non nul de E_1 est un vecteur propre de p (associé à la valeur propre 1).

2-2 Caractérisations

Théorème : Soit f un endomorphisme de E.
Les propositions suivantes sont équivalentes :
  i) λ est valeur propre de f ;
  ii) $Ker(f - \lambda.id_E) \neq \{0_E\}$;
  iii) $f - \lambda.id_E$ n'est pas injectif ;
  iv) $f - \lambda.id_E$ n'est pas bijectif.

Preuve :

. i) $\Leftrightarrow$ ii) : $(\exists u \neq 0_E / f(u) = \lambda u) \Leftrightarrow (\exists u \neq 0_E / f(u) - \lambda u = 0_F)$
$\Leftrightarrow (\exists u \neq 0_E / (f - \lambda id_E)(u) = 0_F) \Leftrightarrow Ker(f - \lambda id_E) \neq \{0_E\}$.

. ii) $\Leftrightarrow$ iii) : par propriété des applications linéaires (voir chap. **8**).

. iii) $\Leftrightarrow$ iv) : $f - \lambda.id_E$ est un endomorphisme de l'espace vectoriel E, de dimension finie sur K. Par propriété : $f - \lambda.id_E$ est injectif équivaut à $f - \lambda.id_E$ est bijectif (chap. **8**).

En particulier : 0 est valeur propre de $f \Leftrightarrow f$ n'est pas bijectif.

2-3 Sous-espaces propres

Définition : *Soit f un endomorphisme de E et λ une valeur propre de f. On appelle* **sous-espace propre** *associé à la valeur propre λ, le sous-espace vectoriel E_λ de E défini par $E_\lambda = Ker (f - \lambda id_E)$.*

Remarques :

. E_λ est constitué par l'ensemble des vecteurs x de E vérifiant $f(x) = \lambda x$, c'est à dire par le vecteur nul 0_E et l'ensemble des vecteurs propres associés à λ. *C'est le sous-espace vectoriel de E engendré par ces vecteurs propres.*

. Si f n'est pas injectif, 0 est valeur propre de f. *Le sous-espace propre associé à 0 est Ker f.*

Exemples :

. Si h est une homothétie vectorielle de rapport k, le sous-espace propre associé à la valeur propre $\lambda = k$ est l'espace vectoriel E tout entier. En effet, pour tout x appartenant à E, $h(x) = k.x$.

. Si p désigne la projection sur E_1 de direction E_2 (E_1 supposé distinct de $\{0_E\}$), le sous-espace propre associé à la valeur propre $\lambda = 1$ est le sous-espace E_1 : c'est l'ensemble des vecteurs x de E vérifiant $p(x) = x$.
De même, si $E_2 \neq \{0_E\}$, E_2 est le sous-espace propre associé à la valeur propre 0 : c'est l'ensemble des vecteurs x de E vérifiant : $p(x) = 0.x = 0_E$.

2-4 Propriétés

Famille libre de vecteurs propres

Théorème 1 : *Soit f un endomorphisme de E et soient $\lambda_1, \lambda_2, ..., \lambda_p$, p valeurs propres distinctes de f.*
Toute famille $(u_1, u_2, ..., u_p)$ de p vecteurs propres respectivement associés à $\lambda_1, \lambda_2, ..., \lambda_p$, est une famille libre de E.

Preuve : On le montre par récurrence sur p.
La propriété est vérifiée au rang 1 : par définition le vecteur propre u_1 n'est pas nul. La famille (u_1) est donc libre.

Supposons la propriété vérifiée à un certain rang $p \geq 1$. Soient $\lambda_1, \lambda_2, ..., \lambda_{p+1}$, p+1 valeurs propres distinctes et $u_1, u_2, ..., u_{p+1}$ des vecteurs propres associés.
Si $\quad\quad\quad \alpha_1 u_1 + ... + \alpha_{p+1} u_{p+1} = 0_E \quad\quad\quad$ **(1)**
alors $\quad\quad\quad f(\alpha_1 u_1 + ... + \alpha_{p+1} u_{p+1}) = 0_E$.

Par linéarité de f : $\alpha_1 f(u_1) + \alpha_2 f(u_2) + ... + \alpha_{p+1} f(u_{p+1}) = 0_E$.
Or, par définition des vecteurs u_i (vecteurs propres) on a : $f(u_i) = \lambda u_i$.

D'où : $\alpha_1\lambda_1 u_1 + \alpha_2\lambda_2 u_2 + ... + \alpha_p\lambda_p u_p + \alpha_{p+1}\lambda_{p+1}u_{p+1} = 0_E$. (2)

Effectuons : $-\lambda_{p+1}(1) + (2)$. On obtient :
$$\alpha_1(\lambda_1 - \lambda_{p+1})u_1 + ... + \alpha_p(\lambda_p - \lambda_{p+1})u_p = 0_E.$$
La famille $(u_1, ..., u_p)$ étant libre (hypothèse de récurrence), on en déduit :
$$\forall i \in \{1, ..., p\}, \alpha_i(\lambda_i - \lambda_{p+1}) = 0.$$
Or, pour $i \neq p+1$, $\lambda_i \neq \lambda_{p+1}$ (les valeurs propres sont distinctes).
Donc, pour tout $i \in \{1, ..., p\}$, $\alpha_i = 0$ et, en remplaçant dans (1), $\alpha_{p+1} = 0$.
La nullité de tous les coefficients α_i, $i \in \{1, ..., p+1\}$, justifie la liberté de la famille $(u_1, ..., u_{p+1})$.

La propriété est vérifiée au rang 1; de plus, elle est héréditaire. Par le théorème de récurrence, elle sera vérifiée à tous les rangs $p \geq 1$.

Nombre de valeurs propres

Théorème 2 : *Soit f un endomorphisme de l'espace vectoriel E de dimension n. Le nombre de valeurs propres distinctes est inférieur ou égal à n.*

Preuve : Soit $\text{Spec}(f) = \{\lambda_1, \lambda_2, ..., \lambda_p\}$ l'ensemble des valeurs propres de f.
Toute famille $S = (u_1, u_2, ..., u_p)$ de p vecteurs propres respectivement associés aux valeurs propres distinctes $\lambda_1, \lambda_2, ..., \lambda_p$ est libre d'après le théorème précédent.
Or, toute famille libre de E comporte au plus n éléments (voir chap. 7).
On en déduit : $p \leq n$.

2-5 Cas d'une matrice carrée

Soit $A \in M_n(K)$. Il existe un unique endomorphisme f de $E = K^n$, de matrice A relativement à la base canonique de K^n.

On appelle valeur propre de A : toute valeur propre de f ;
vecteur propre de A : tout vecteur propre de f ;
sous-espace propre de A : tout sous-espace propre de f.

Caractérisations :

Les propositions suivantes sont équivalentes :
i) λ est une valeur propre de A ;
ii) il existe une matrice colonne X de $M_{n,1}(K)$ non nulle telle que : $AX = \lambda X$;
iii) $A - \lambda I_n$ n'est pas inversible ;
iv) le système d'équations linéaires $(A - \lambda I_n)X = 0$ n'est pas un système de Cramer.

Propriété : *0 est valeur propre de $A \in M_n(K)$ si et seulement si A n'est pas inversible.*

3 REDUCTION D'UN ENDOMORPHISME

3-1 Endomorphismes diagonalisables

Définition : *Soit f un endomorphisme de E. f est dit **diagonalisable** s'il existe une base B de E telle que la matrice de f dans la base B soit diagonale.*

Caractérisation :

Théorème : *Soit f un endomorphisme de E. f est diagonalisable si et seulement s'il existe une base de E formée de vecteurs propres de f.*

Preuve :

Par définition, f est diagonalisable si et seulement s'il existe une base $B = (e_1, ..., e_n)$ de E telle que $M_B(f)$ soit diagonale c'est à dire telle que :

$$M_B(f) = \begin{pmatrix} \lambda_1 & & (0) \\ & \ddots & \\ (0) & & \lambda_n \end{pmatrix}.$$

Cela signifie : $\forall\, i \in \{1, ..., n\}$, $f(e_i) = \lambda_i e_i$.

Ces égalités traduisent le fait que les n vecteurs e_i sont des vecteurs propres associés aux valeurs propres λ_i.

Remarque :

Dans une base $(u_1, ..., u_n)$ formée de vecteurs propres la matrice de f est diagonale. Les coefficients diagonaux sont les valeurs propres λ_i associées à chacun des vecteurs u_i et donc répétées un nombre de fois égal à la dimension de E_{λ_i}.

3-2 Condition suffisante de diagonalisation

Théorème : *Soit f un endomorphisme d'un espace vectoriel E de dimension n sur K. Si f admet n valeurs propres distinctes alors f est diagonalisable.*

Preuve : Si $e_1, ..., e_n$ sont n vecteurs propres associés aux n valeurs propres distinctes alors $(e_1, ..., e_n)$ forme une famille libre de n vecteurs de E (d'après le théorème **1** établi en 2-4). Or, toute famille libre de n vecteurs de E est une base de E.
$(e_1, ..., e_n)$ est donc une base de E et on conclut en utilisant le théorème **3-1**.

Remarque : Attention la réciproque est fausse : si f est diagonalisable, f n'a pas nécessairement n valeurs propres distinctes !

3-3 Diagonalisation d'une matrice carrée

Définition : *Une matrice carrée est dite **diagonalisable** si elle est semblable à une matrice diagonale.*

C'est à dire:
$$A \text{ diagonalisable} \Leftrightarrow \exists P \in GL_n(K), \exists D \text{ matrice diagonale}, D = P^{-1}AP.$$

Propriétés :

P1 : *Soit $A \in M_n(K)$. A est diagonalisable si et seulement si A est la matrice d'un endomorphisme diagonalisable de K^n.*

Remarque : Soit f l'endomorphisme canoniquement associé à A. D'après le **théorème 3-1**, f est diagonalisable si et seulement s'il existe une base $(u_1, ..., u_n)$ de $E = K^n$ formée de vecteurs propres de f (donc de A). La matrice A sera alors semblable à la matrice diagonale D de coefficients $d_{ii} = \lambda_i$ où λ_i est la valeur propre associée au vecteur u_i.

P2 : *Soit A une matrice de $M_n(K)$ admettant une **unique** valeur propre λ. Alors A est diagonalisable $\Leftrightarrow A = \lambda I_n$.*

Preuve : Si A est diagonalisable A est semblable à la matrice diagonale D dont tous les termes diagonaux sont égaux à λ : $D = \lambda I_n$. On a alors $D = P^{-1}A P$ ce qui s'écrit encore :
$A = PDP^{-1} = P(\lambda I_n)P^{-1} = \lambda P I_n P^{-1} = \lambda PP^{-1} = \lambda I_n$.
La réciproque est immédiate.

Cas des matrices triangulaires :

Théorème : *Les valeurs propres d'une matrice triangulaire T sont ses termes diagonaux. En particulier, si tous ces termes sont distincts, T est diagonalisable.*

3-4 Etude d'un exemple

Soit $A = \begin{pmatrix} -2 & -2 & 1 \\ -2 & 1 & -2 \\ 1 & -2 & -2 \end{pmatrix}$. Montrer que A est diagonalisable.

1ère étape : recherche des valeurs propres

λ est une valeur propre de A si et seulement s'il existe $X = \begin{pmatrix} x \\ y \\ z \end{pmatrix} \neq \begin{pmatrix} 0 \\ 0 \\ 0 \end{pmatrix}$ tel que : $AX = \lambda X$.

Cela s'écrit encore : $(A - \lambda I)X = 0$.

On est donc ramené à l'étude du système :

$$(S) \begin{pmatrix} -2-\lambda & -2 & 1 \\ -2 & 1-\lambda & -2 \\ 1 & -2 & -2-\lambda \end{pmatrix} \begin{pmatrix} x \\ y \\ z \end{pmatrix} = \begin{pmatrix} 0 \\ 0 \\ 0 \end{pmatrix}.$$

On détermine une réduite de Gauss de la matrice du système (méthode du pivot) :

$$\begin{pmatrix} -2-\lambda & -2 & 1 \\ -2 & 1-\lambda & -2 \\ 1 & -2 & -2-\lambda \end{pmatrix} \xrightarrow{L_1 \leftrightarrow L_3} \begin{pmatrix} 1 & -2 & -2-\lambda \\ -2 & 1-\lambda & -2 \\ -2-\lambda & -2 & 1 \end{pmatrix} \xrightarrow[L_3 \leftarrow L_3+(2+\lambda)L_1]{L_2 \leftarrow L_2+2L_1} \begin{pmatrix} 1 & -2 & -2-\lambda \\ 0 & -3-\lambda & -6-\lambda \\ 0 & -6-2\lambda & -3-\lambda^2-4\lambda \end{pmatrix}$$

$$\xrightarrow{L_3 \leftarrow L_3 - 2L_2} \begin{pmatrix} 1 & -2 & -2-\lambda \\ 0 & 3-\lambda & -6-2\lambda \\ 0 & 0 & -\lambda^2+9 \end{pmatrix}$$

A cette étape, λ est valeur propre de A si et seulement si le système échelonné (S') suivant (système équivalent à (S)) admet une solution (x, y, z) non nulle :

$$(S') \begin{cases} x - 2y - (2+\lambda)z = 0 \\ -(3+\lambda)y - (6+2\lambda)z = 0 \\ (-\lambda^2+9)z = 0 \end{cases}$$

Ce système admet la solution triviale : (x, y, z) = (0, 0, 0).

Ce sera la seule solution dans le seul cas où tous les coefficients diagonaux sont non nuls. Dans le cas contraire le système admet une infinité de solutions et λ est valeur propre de la matrice A.

> *Les valeurs propres de A sont les scalaires λ qui annulent les coefficients diagonaux d'une réduite de Gauss de la matrice $A - \lambda I$.*

Conclusion : A admet donc 2 valeurs propres distinctes : $\lambda_1 = -3$ et $\lambda_2 = 3$.

2ème étape : détermination des sous-espaces propres

Déterminons d'abord E_1 sous-espace propre associé à $\lambda_1 = -3$:

On cherche les vecteurs X solutions de $(A + 3I)X = 0$. Pour cela on résout (S') en remplaçant λ par -3. On obtient : $E_1 = \{u = (x, y, z) \in \mathbf{R}^3; x - 2y + z = 0\}$.
E_1 est le plan vectoriel d'équation : $x - 2y + z = 0$.

$$E_1 = Vect\ (u_1, u_2)\ avec\ u_1 = (2, 1, 0)\ et\ u_2 = (-1, 0, 1).$$

De même le sous-espace propre E_2 associé à $\lambda_2 = 3$ est défini par les conditions :

$$y + 2z = 0 \text{ et } x = z.$$

$u \in E_2$ si et seulement s'il existe $z \in \mathbf{R}$ tel que : $u = (z, -2z, z) = z(1, -2, 1)$. D'où :

$$E_2 = Vect\ (u_3) \text{ avec } u_3 = (1, -2, 1).$$

3ème étape : conclusion

On vérifie aisément (à faire !) que les vecteurs u_1, u_2, u_3 obtenus plus haut forment une famille libre de trois vecteurs de l'espace vectoriel $E = \mathbf{R}^3$. Cet espace étant de dimension 3, (u_1, u_2, u_3) est une base de E formée de vecteurs propres de A.

On peut conclure, d'après le *théorème 3-1* (et la *remarque 3-3*) :

$$\boxed{A \text{ est diagonalisable et semblable à } A' = \begin{pmatrix} -3 & 0 & 0 \\ 0 & -3 & 0 \\ 0 & 0 & 3 \end{pmatrix}.}$$

Remarque :

Précisément : $A' = P^{-1} A P$ où P désigne la matrice de passage de la base canonique de $\mathbf{R}^3$ à $B' = (u_1, u_2, u_3)$ (base de $\mathbf{R}^3$ formée de vecteurs propres de A).

Calcul de A^n :

De l'égalité $A' = P^{-1}AP$ on déduit : $A = PA'P^{-1}$ et :

$$A^n = (PA'P^{-1})(PA'P^{-1}) \ldots (PA'P^{-1}) = PA'(P^{-1}P)A'(P^{-1}P)\ldots(P^{-1}P)A'P^{-1} = PA'^n P^{-1}.$$

(P est formée des vecteurs colonnes u_1, u_2, u_3. Pour calculer la puissance $n^{ième}$ de la matrice diagonale A', il suffit d'élever les coefficients diagonaux à la puissance n).

T.P. : RECHERCHE DES VALEURS PROPRES D'UN ENDOMORPHISME

Problème (d'après ECRICOME, 1995) :

E désigne l'espace vectoriel des polynômes à coefficients réels.
On considère l'application f qui, à tout élément P de E, associe le polynôme Q défini par :

$$Q(X) = (2X + 1).P(X) - (X^2 - 1).P'(X)$$

1°) Montrer que f est un endomorphisme de E.

2°) Soit B un vecteur propre pour f, c'est à dire un élément non nul de E tel qu'il existe un réel λ satisfaisant à la relation : $f(B) = \lambda B$.

a) Montrer que B est nécessairement de degré 2.

b) On suppose que $\lambda = 3$. Montrer que -1 est racine de B.
Soit k l'ordre de multiplicité de la racine -1; il existe donc un polynôme A tel que :

$$B(X) = (X + 1)^k A(X) \text{ avec } A(-1) \neq 0$$

Montrer que $k = 2$ et que A est constant.
En déduire que $\lambda = 3$ est valeur propre de f et déterminer les vecteurs propres associés.

c) En supposant $\lambda = -1$, étudier de même la multiplicité de la racine 1. En déduire que $\lambda = -1$ est valeur propre de f et déterminer les vecteurs propres associés.

d) On suppose maintenant que $\lambda \neq 3$ et $\lambda \neq -1$. Montrer que -1 et 1 sont racines de B. En déduire une factorisation des polynômes B obtenus, ainsi que la valeur propre associée à B.

3°) Etude d'un cas particulier
Soit $F = \mathbb{R}_2[X]$ et g la restriction de f à F. On désigne par $\mathcal{B} = (1, X, X^2)$ la base canonique de F.

a) Montrer que g est un endomorphisme de F.

b) Ecrire la matrice A de g relativement à la base $\mathcal{B}$.

c) Montrer que A est diagonalisable et expliciter A^n en fonction de n.

- EXERCICES -

1- Changement de bases

La matrice de l'endomorphisme u de $\mathbf{R}^4$ relativement à la base (e_1, e_2, e_3, e_4) est :

$$M = \begin{pmatrix} 1 & a & 0 & 0 \\ 0 & 1 & a & 0 \\ 0 & 0 & 1 & a \\ 0 & 0 & 0 & 1 \end{pmatrix} \quad (a \in \mathbf{R}^*).$$

Soient les 4 vecteurs : $e'_1 = e_1$; $e'_2 = e_1 + e_2$; $e'_3 = e_1 + e_2 + e_3$; $e'_4 = e_1 + e_2 + e_3 + e_4$.
Vérifier que (e'_1, e'_2, e'_3, e'_4) est une base de $\mathbf{R}^4$ puis déterminer la matrice de u dans cette nouvelle base. Que remarque-t'on ?

Diagonalisation

2- Rechercher les valeurs propres et les vecteurs propres (dans $\mathbf{R}$ ou dans $\mathbf{C}$) des matrices suivantes. Ces matrices sont-elles diagonalisables ?

$$A = \begin{pmatrix} 3 & 2 \\ 4 & 3 \end{pmatrix}; \quad B = \begin{pmatrix} 6 & 1 \\ -1 & 4 \end{pmatrix}; \quad C = \begin{pmatrix} 2 & -3 & 3 \\ 0 & -1 & 1 \\ 0 & -2 & 1 \end{pmatrix}; \quad D = \begin{pmatrix} 1 & -1 & 2 \\ -1 & 1 & -2 \\ 2 & -2 & 0 \end{pmatrix}.$$

3- Déterminer les valeurs propres et les vecteurs propres de $T = \begin{pmatrix} 0 & 1 & 1 \\ 1 & 0 & 1 \\ 1 & 1 & 0 \end{pmatrix}$.

T est-elle diagonalisable ? Calculer T^n pour $n \in \mathbf{N}$.

4- On considère la matrice $A = \begin{pmatrix} 1 & 0 & 0 \\ 0 & 0 & -1 \\ 0 & 1 & 2 \end{pmatrix}$.

1°) A est-elle diagonalisable ?

2°) Montrer que A est semblable à $A' = \begin{pmatrix} 1 & 0 & 0 \\ 0 & 1 & 1 \\ 0 & 0 & 1 \end{pmatrix}$ et calculer A^n pour $n \in \mathbf{N}$.

5- Soit $A = \begin{pmatrix} 0 & a & b \\ a & 0 & 0 \\ b & 0 & 0 \end{pmatrix} \in M_3(\mathbf{R})$, $a \neq 0$, $b \neq 0$.

A est-elle diagonalisable ? Calculer A^n pour $n \in \mathbf{N}$.

6- Soient a, b, c, d quatre réels strictement positifs et soit A la matrice définie par :

$$A = \begin{pmatrix} 0 & 0 & 0 & d \\ 0 & 0 & c & 0 \\ 0 & b & 0 & 0 \\ a & 0 & 0 & 0 \end{pmatrix}$$

1°) Déterminer les valeurs propres de A.
2°) Montrer, en discutant suivant le nombre de valeurs propres, que A est diagonalisable.

7- Soient (u_n), (v_n), (w_n) trois suites réelles définies par u_0, v_0, w_0 et :

$$\begin{cases} u_{n+1} = 2u_n + 4w_n \\ v_{n+1} = 3u_n - 4v_n + 12w_n \\ w_{n+1} = u_n - 2v_n + 5w_n \end{cases}$$

Exprimer u_n, v_n et w_n en fonction de n, u_0, v_0 et w_0.

8- Soit f l'application définie sur $\mathbf{R}_{2n}[X]$ par :

$$f(P) = (X^2 - 1)P' - 2nXP.$$

1°) Montrer que f est un endomorphisme de $\mathbf{R}_{2n}[X]$.
2°) Soient λ une valeur propre de f et P un vecteur propre associé.
Montrer que 1 et -1 sont les seules racines possibles de P dans $\mathbf{C}$.
3°) En notant $P = k(X - 1)^p (X + 1)^q$, montrer que $p + q = 2n$ puis exprimer p et q en fonction de λ.
4°) Quelles sont les valeurs propres de f ? f est-il diagonalisable ?

9- Trace d'une matrice carrée
On appelle *trace* d'une matrice carrée $M = (m_{ij}) \in M_n(K)$ le scalaire noté tr (M) égal à la somme des éléments diagonaux m_{ii} de M.
1°) Montrer que la trace est une forme linéaire sur $M_n(K)$.
2°) Soient A et B deux matrices de $M_n(K)$. Montrer que : tr (AB) = tr (BA).
Peut-on trouver A, B $\in M_n(K)$ telles que : $AB - BA = I_n$?
3°) Montrer que deux matrices semblables ont même trace.
4°) Soient $\lambda_1, ..., \lambda_n$ les n valeurs propres (comptées un nombre de fois égal à leur ordre de multiplicité) d'une matrice diagonalisable $A = (a_{ij}) \in M_n(K)$. Montrer que :

a) $\sum_{i=1}^{n} \lambda_i = tr(A)$ b) $\sum_{i=1}^{n} \lambda_i^2 = \sum_{i=1}^{n} \sum_{j=1}^{n} a_{ij} a_{ji}$.

CONVERGENCE DES SUITES ET DES SERIES

Les définitions élémentaires relatives aux suites ont déjà été énoncées au chapitre 1. On se propose d'examiner ici les principaux résultats concernant la *convergence* des suites numériques (c'est à dire des suites à valeurs réelles ou complexes) et des séries.

1 CONVERGENCE D'UNE SUITE NUMERIQUE

Dans tout le paragraphe les suites étudiées seront des suites numériques définies sur un intervalle d'entiers du type : $[a, +\infty[\cap \mathbb{N}$, où $a \in \mathbb{N}$.

1-1 Cas des suites réelles

Définitions : *La suite réelle (u_n) est dite **convergente** s'il existe un réel ℓ tel que :*
$$\forall \varepsilon > 0, \exists n_0 \in \mathbb{N}, \forall n \in \mathbb{N}, (n \geq n_0) \Rightarrow (|u_n - \ell| < \varepsilon).$$
*S'il existe le réel l est unique. On l'appelle **limite** de la suite (u_n) et on note $\ell = \lim_{n \to +\infty} u_n$ (ou simplement : $\ell = \lim u_n$). On dit aussi que la suite (u_n) **converge** (ou **tend**) vers ℓ.*

Proposition : *Soient (u_n) une suite réelle et a, b, c trois réels distincts. Si $\lim_{n \to +\infty} u_n = a$ et $b < a < c$, alors $b \leq u_n \leq c$ à partir d'un certain rang.*

Preuve : Il suffit d'appliquer la définition précédente avec $\varepsilon = \min(a - b, c - a)$.
Il existe un rang n_0 tel que : $(n \geq n_0) \Rightarrow (|u_n - a| < \varepsilon)$. La condition $(|u_n - a| < \varepsilon)$ s'écrit, de manière équivalente : $(-\varepsilon < u_n - a < \varepsilon)$. Or $\varepsilon \leq c - a$ et $\varepsilon \leq a - b$ donc :
$$(n \geq n_0) \Rightarrow (b - a \leq -\varepsilon < u_n - a < \varepsilon \leq c - a) \Rightarrow (b \leq u_n \leq c).$$

Conséquence : *Toute suite réelle convergente est bornée.*

Suites divergentes :

Une suite non convergente est dite *divergente*. Il existe plusieurs situations :

. On dit que la suite (u_n) *tend vers* $+\infty$ (et on note : $\lim u_n = +\infty$) si :
$$\forall A \in \mathbb{R}, \exists n_0 \in \mathbb{N}, \forall n \in \mathbb{N}, (n \geq n_0) \Rightarrow (u_n > A).$$

(De même : $\lim u_n = -\infty \Leftrightarrow \forall A \in \mathbb{R}, \exists n_0 \in \mathbb{N}, \forall n \in \mathbb{N}, (n \geq n_0) \Rightarrow (u_n < A)$).

. Il existe des suites n'admettant pas de limite (finie ou infinie) : par exemple la suite de terme général $u_n = (-1)^n$. Ces suites sont divergentes (divergence de deuxième espèce).

1-2 Opérations algébriques sur les limites de suites

Limite de ... si ...	$u_n + v_n$	$\lambda.u_n$ ($\lambda \neq 0$)	$u_n v_n$	u_n / v_n
$u_n \to \ell \neq 0$ et $v_n \to \ell' \neq 0$	$\ell + \ell'$	$\lambda \ell$	$\ell \ell'$	ℓ / ℓ'
$u_n \to \ell \neq 0$ et $v_n \to 0$	ℓ	$\lambda \ell$	0	∞ (du signe de u_n/v_n)
$u_n \to 0$ et $v_n \to \ell \neq 0$	ℓ	0	0	0
$u_n \to 0$ et $v_n \to 0$	0	0	0	?
$u_n \to \ell \neq 0$ et $v_n \to \infty$	∞ (du signe de v_n)	$\lambda \ell$	∞ (du signe de $u_n v_n$)	0
$u_n \to \infty$ et $v_n \to \ell \neq 0$	∞ (du signe de u_n)	∞ (du signe de λu_n)	∞ (du signe de $u_n v_n$)	∞ (du signe de u_n/v_n)
$u_n \to 0$ et $v_n \to \infty$	∞ (du signe de v_n)	0	?	0
$u_n \to \infty$ et $v_n \to 0$	∞ (du signe de u_n)	∞ (du signe de λu_n)	?	∞ (du signe de u_n/v_n)
$u_n \to +\infty$ et $v_n \to +\infty$	$+\infty$	∞ (du signe de λ)	$+\infty$	?
$u_n \to +\infty$ et $v_n \to -\infty$	?	∞ (du signe de λ)	$-\infty$	?

1-3 Composition des limites

> **Théorème :** *Si f est une fonction définie sur un intervalle I admettant une limite b en un point a, et si (u_n) est une suite d'éléments de I convergeant vers a, alors la suite $(f(u_n))$ converge vers b.*

Exemple : Soit (u_n) la suite de terme général : $u_n = \ln(1 + 1/n^2)$.

On a : $u_n = f(v_n)$ en notant (v_n) la suite de terme général $v_n = 1 + 1/n^2$ et f la fonction définie sur $I =]0, +\infty[$ par $f(x) = \ln x$.

. (v_n) est une suite de réels strictement positifs convergeant vers 1 ;

. f admet une limite nulle quand x tend vers 1.
On en déduit que la suite (u_n) de terme général f(v_n) converge vers 0.

Corollaire : *Soient (u_n) une suite convergente de limite ℓ et $f : R \to R$ une fonction continue en ℓ. La suite (f (u_n)) converge vers $f(\ell)$.*

Suites extraites :

Proposition : *Soit σ une application strictement croissante de N dans N. Si (u_n) converge vers ℓ, alors la suite de terme général $u_{\sigma(n)}$ converge vers ℓ.*

Les suites ainsi construites sont dites ***suites extraites*** de la suite (u_n).

Remarque : On utilise souvent les suites extraites (u_{2n}) et (u_{2n+1}). On montre que si ces deux suites convergent <u>*vers la même limite*</u> ℓ alors (u_n) converge vers ℓ.

1-4 Cas des suites de nombres complexes

On considère des suites à valeurs complexes définies sur des intervalles de la forme [a, +∞[$\cap$ N, où a $\in$ N.

Définition : *La suite complexe (u_n) est dite **convergente** de limite ℓ si :*
$$\forall \varepsilon > 0, \exists n_0 \in N, \forall n \in N, (n \geq n_0) \Rightarrow (|u_n - \ell| < \varepsilon)$$
où $|u_n - \ell|$ désigne le module du nombre complexe $u_n - \ell$.

En particulier : $\quad \lim_{n \to +\infty} |u_n| = 0 \Leftrightarrow \lim_{n \to +\infty} u_n = 0$

Propriété : *Une suite complexe (u_n) de terme général $u_n = a_n + i\, b_n$ est convergente si et seulement si les suites réelles (a_n) et (b_n) sont convergentes. On a alors :*
$$\lim_{n \to +\infty} u_n = \lim_{n \to +\infty} a_n + i \lim_{n \to +\infty} b_n$$

Exemple : suite de terme général $u_n = q^n \quad (q \in C)$

. si $|q| < 1$, $\lim_{n \to +\infty} q^n = 0$;

. si $q = 1$, $\lim_{n \to +\infty} q^n = 1$;

. si $|q| \geq 1$ et $q \neq 1$, (q^n) est divergente.

Remarque : Comme dans le cas d'une suite géométrique réelle la suite de terme général $u_n = q^n$ converge si et seulement si $|q| < 1$ ou $q = 1$.
Attention, si $|q| = 1$ et $q \neq 1$, (q^n) diverge. En particulier si $q = e^{2i\pi/p}$ (q est une racine $p^{\text{ième}}$ de l'unité de module 1), la suite de terme général $u_n = q^n = e^{2in\pi/p}$ est une suite périodique et divergente.

2 CONVERGENCE ET ORDRE

2-1 Passage à la limite dans une inégalité

> ***Théorème*** : *Soient (u_n) et (v_n) deux suites réelles convergeant respectivement vers ℓ et ℓ'. Si, à partir d'un certain rang, $u_n \leq v_n$, alors $\ell \leq \ell'$.*

Remarque : Même si l'inégalité entre les deux suites est stricte, on ne peut conclure en général que $\ell < \ell'$. Par exemple les suites de termes généraux $u_n = 1/n$ et $v_n = 1/(n+1)$ convergent vers la même limite $\ell = 0$ bien que $v_n < u_n$.

Dans le cas particulier où (v_n) est constante, on obtient :

> ***Corollaire*** : *Si à partir d'un certain rang $u_n \leq a$ et si (u_n) converge alors $\lim u_n \leq a$.*

Cas des limites infinies :

> . *Si $\lim v_n = -\infty$ et si, à partir d'un certain rang $u_n \leq v_n$, alors $\lim u_n = -\infty$*
> . *Si $\lim u_n = +\infty$ et si, à partir d'un certain rang $u_n \leq v_n$, alors $\lim v_n = +\infty$*

2-2 Théorème d'encadrement

> ***Théorème*** : *Soient (u_n), (v_n) et (w_n) trois suites réelles telles que $u_n \leq v_n \leq w_n$ à partir d'un certain rang et $\lim u_n = \lim w_n = \ell$.*
> *Alors (v_n) converge vers ℓ.*

Preuve :

Soient (u_n), (v_n), (w_n) trois suites réelles telles que $u_n \leq v_n \leq w_n$ à partir du rang n_0.

Si $\lim u_n = \lim w_n = \ell$ alors, pour tout $\varepsilon > 0$:
  il existe $n_1 \in \mathbb{N}$ tel que : $n \geq n_1 \Rightarrow |u_n - \ell| < \varepsilon$;
  il existe $n_2 \in \mathbb{N}$ tel que : $n \geq n_2 \Rightarrow |w_n - \ell| < \varepsilon$.

Donc, pour tout $n \geq \max(n_1, n_2)$, $|u_n - \ell| < \varepsilon$ et $|w_n - \ell| < \varepsilon$, c'est à dire :
$$-\varepsilon < u_n - \ell < \varepsilon \text{ et } -\varepsilon < w_n - \ell < \varepsilon.$$

Or, pour $n \geq n_0$, $u_n \leq v_n \leq w_n$ donc, pour $n \geq \max(n_0, n_1, n_2)$:
$$-\varepsilon < u_n - \ell \leq v_n - \ell \leq w_n - \ell < \varepsilon.$$

On a alors : $n \geq \max(n_0, n_1, n_2) \Rightarrow -\varepsilon < v_n - \ell < \varepsilon$. Cela signifie que (v_n) converge et $\lim v_n = \ell$.

2-3 Convergence des suites monotones

Théorème :
i) Toute suite croissante et majorée est convergente;
ii) Toute suite décroissante et minorée est convergente;
iii) Toute suite croissante et non majorée tend vers $+\infty$;
iv) Toute suite décroissante et non minorée tend vers $-\infty$.

Conséquences : *Une suite croissante est convergente ssi elle est majorée.*
Une suite décroissante est convergente ssi elle est minorée.

Remarque : Il existe des suites non majorées (resp. non minorées) ne tendant pas vers $+\infty$ (resp. $-\infty$). Par exemple : $u_n = (-1)^n.n$.

2-4 Suites adjacentes

Définition : *Deux suites réelles (u_n) et (v_n) sont dites adjacentes si :*
i) l'une des suites est croissante et l'autre décroissante;
ii) $\lim (u_n - v_n) = 0$.

Proposition : *Deux suites adjacentes sont convergentes et convergent vers la même limite ℓ.*

<u>Preuve</u> : Soient (u_n) et (v_n) deux suites adjacentes. Supposons, par exemple, que (u_n) est croissante et (v_n) décroissante.
Montrons d'abord le résultat suivant :

Lemme : $\quad\quad\quad \forall (p, q) \in \mathbb{N}^2, \quad u_p \leq v_q.$

Justifions-le par un raisonnement par l'absurde :
S'il existe un couple $(p, q) \in \mathbb{N}^2$ tel que $u_p > v_q$ alors, pour tout entier $n \geq \max(p, q)$ on a $u_n \geq u_p$ (car (u_n) est croissante) et $v_n \leq v_q$ (car (v_n) est décroissante).
On en déduit que : $u_n \geq u_p > v_q \geq v_n$.
En notant $k = \max(p, q)$ et $\alpha = |u_p - v_q|$, on a donc : $\forall n \geq k, |u_n - v_n| > \alpha$. Ceci est contradictoire avec le fait que $\lim (u_n - v_n) = 0$.
On en déduit que : $\forall (p, q) \in \mathbb{N}^2, u_p \leq v_q$.
La suite (u_n) est alors croissante et majorée par n'importe quel terme de la suite (v_n). Elle est donc convergente d'après le théorème **2-3**.
De même, la suite (v_n) est décroissante et minorée par u_0 (par exemple) : elle converge donc.
Enfin, la condition : $\lim (u_n - v_n) = 0$ entraîne l'égalité des deux limites.

Remarque : De plus : $\forall n \in \mathbb{N}, u_n \leq \ell \leq v_n$.

3 COMPARAISONS DE SUITES

3-1 Suite dominée par une suite

Définition : On dit que la suite (u_n) est **dominée** par la suite (v_n) s'il existe un entier n_0 et un réel $k > 0$ tels que :
$$\forall n \geq n_0, \ |u_n| \leq k \, |v_n|.$$
On note alors : $u_n = O(v_n)$.

Remarque : Si (v_n) ne s'annule pas, la condition précédente s'écrit $|u_n/v_n| \leq k$.

Si (v_n) ne s'annule pas :
$u_n = O(v_n)$ si et seulement si la suite de terme général u_n / v_n est bornée.

3-2 Suite négligeable devant une suite

Définition : On dit que la suite (u_n) est **négligeable** devant la suite (v_n) si :
$$\forall \varepsilon > 0, \ \exists n_0 \in \mathbb{N}, \ n \geq n_0 \Rightarrow |u_n| < \varepsilon \, |v_n|.$$
On note alors : $u_n = o(v_n)$.

Remarque : Si la suite (v_n) ne s'annule plus à partir d'un certain rang, la condition précédente s'écrit : $\forall \varepsilon > 0, \ \exists n_0 \in \mathbb{N}, \ n \geq n_0 \Rightarrow |u_n / v_n| < \varepsilon$.

Si la suite (v_n) ne s'annule plus à partir d'un certain rang :
$u_n = o(v_n)$ si et seulement si $\lim (u_n / v_n) = 0$.

Propriétés : Soient (u_n), (v_n), (w_n), (t_n) quatre suites réelles et $(\lambda, \mu) \in \mathbb{R}^2$:
- Si $u_n = o(v_n)$ et $v_n = o(w_n)$ alors $u_n = o(w_n)$;
- Si $u_n = o(v_n)$ et $w_n = o(t_n)$ alors $u_n w_n = o(v_n t_n)$;
- Si $u_n = o(w_n)$ et $v_n = o(w_n)$ alors $\lambda u_n + \mu v_n = o(w_n)$;
- Si $u_n = o(v_n)$ alors $w_n u_n = o(w_n v_n)$;

Négligeabilités usuelles :
- $n^\alpha = o(n^\beta)$ pour tout $(\alpha, \beta) \in \mathbb{R}^2$ tel que $\alpha < \beta$
- $(\ln n)^\beta = o(n^\alpha)$ pour tout $(\alpha, \beta) \in \mathbb{R}^2$ tel que $\alpha > 0$
- $n^\alpha = o(a^n)$ pour tout $\alpha \in \mathbb{R}$ et tout $a \in \mathbb{R}$ tel que $|a| > 1$
- $a^n = o(b^n)$ pour tout $(a, b) \in \mathbb{R}^2$ tel que $|a| < |b|$

3-3 Suites équivalentes

Définition : *On dit que la suite (u_n) est **équivalente** à la suite (v_n) si la suite de terme général $u_n - v_n$ est négligeable devant la suite (v_n) (c'est à dire : $u_n - v_n = o(v_n)$).*
On note alors : $u_n \sim v_n$.

On montre que : $u_n \sim v_n \Leftrightarrow v_n \sim u_n$. Ces conditions équivalentes peuvent donc s'énoncer sous la forme : *les suites (u_n) et (v_n) sont équivalentes.*

Remarque : *Si la suite (v_n) ne s'annule plus à partir d'un certain rang*, la condition de la définition précédente s'écrit $\lim [(u_n - v_n) / v_n] = 0$ ou encore $\lim (u_n/v_n - 1) = 0$.

Si la suite (v_n) ne s'annule plus à partir d'un certain rang :
$$u_n \sim v_n \text{ si et seulement si } \lim (u_n / v_n) = 1.$$

Propriétés :
P1 : $(u_n \sim v_n \text{ et } v_n \sim w_n) \Rightarrow (u_n \sim w_n)$ *(transitivité)*
P2 : $(u_n \sim v_n \text{ et } w_n \sim t_n) \Rightarrow (u_n w_n \sim v_n t_n)$
P3 : *Si (w_n) et (t_n) ne s'annulent plus à partir d'un certain rang :*
$$(u_n \sim v_n \text{ et } w_n \sim t_n) \Rightarrow (u_n / w_n \sim v_n / t_n)$$
P4 : *Si à partir d'un certain rang $u_n > 0$, $v_n > 0$ et si $u_n \sim v_n$ alors $u_n^\alpha \sim v_n^\alpha$ ($\alpha \in \mathbb{R}$)*
P5 : *Si $l \in \mathbb{R}^*$* : $(\lim u_n = l) \Leftrightarrow (u_n \sim l)$
P6 : *Si (v_n) admet une limite (finie ou infinie) alors :* $(u_n \sim v_n) \Rightarrow (\lim u_n = \lim v_n)$.
La réciproque est vraie dans le seul cas où $\lim v_n = l \in \mathbb{R}^*$.

Remarques importantes :

. *Aucune suite n'est équivalente à la suite nulle (voir définition). La notation $u_n \sim 0$ n'a donc <u>jamais</u> de sens.*

. *$\lim u_n = \lim v_n$ n'implique pas nécessairement $u_n \sim v_n$ (cas d'une limite nulle ou infinie, par exemple $u_n = 1/n$ et $v_n = 1/n^2$).*

. *Attention, l'équivalence n'est pas compatible avec l'addition :* $(u_n \sim v_n \text{ et } w_n \sim t_n)$ *n'implique pas* $(u_n + w_n \sim v_n + t_n)$.

Exemple : Soient (u_n) et (v_n) les suites de termes généraux respectifs : $u_n = n^2 + 1/n$ et $v_n = 1 - n^2$. On vérifie facilement que $u_n \sim n^2$, $v_n \sim -n^2$ mais $u_n + v_n = 1 + 1/n$ n'est pas équivalent à 0.

. *Attention, en général, $u_n \sim v_n$ n'implique pas $f(u_n) \sim f(v_n)$.*

Equivalents usuels :

Soit (x_n), une suite qui converge vers 0. Alors :

- $\ln(1+x_n) \sim x_n$. $e^{x_n} - 1 \sim x_n$. $(1+x_n)^\alpha - 1 \sim \alpha x_n$ $(\alpha \in \mathbf{R})$
- $\sin(x_n) \sim x_n$. $\tan(x_n) \sim x_n$. $\cos(x_n) - 1 \sim -(x_n^2)/2$

. *Si $P = a_k x^k + ... + a_1 x + a_0$ alors $P(n) \sim a_k n^k$.*

4 SERIES NUMERIQUES

4-1 Définition- Convergence

Définition : Soit (u_n) une suite de réels, de premier terme u_{n_0}.
*On appelle **série numérique de terme général u_n et de premier terme u_{n_0}**, la suite (S_n) définie par :*
$$\forall n \geq n_0, \; S_n = \sum_{i=n_0}^{n} u_i.$$

Remarque : Une telle série est donc définie par la suite des réels S_n, appelés *sommes partielles de rang n* de cette série.

Exemples :

. La *série harmonique* est la série de premier terme 1 et de terme général $1/n$.
Elle est définie par la suite des réels : $S_n = 1 + 1/2 + ... + 1/n$ (sommes partielles).

. Une *série géométrique* est une série de terme général q^n ($q \in \mathbf{R}$). Une telle série est définie par la suite des sommes partielles : $S_n = 1 + q + q^2 + ... + q^n$.

Convergence :

*La série de terme général u_n et de premier terme u_{n_0} converge si la suite (S_n) définie par $S_n = \sum_{i=n_0}^{n} u_i$ converge. Dans ce cas, la limite S de la suite (S_n) est appelée **somme** de la série de terme général u_n et de premier terme u_{n_0}. Elle est notée : $S = \sum_{i=n_0}^{+\infty} u_i$.*

Remarque : La convergence éventuelle d'une série ne dépend pas des premiers termes de cette série. C'est pourquoi on parle généralement de convergence de la série de terme général u_n, notée $\sum u_n$, sans préciser le premier terme.
Par contre, la *somme* S de la série dépend évidemment de ce terme initial.

4-2 Condition nécessaire de convergence

Théorème : Si la série de terme général u_n converge alors la suite (u_n) converge vers zéro.

Preuve : Soit $S_n = \sum_{i=n_0}^{n} u_i$. Pour tout $n \geq n_0$, on a : $S_{n+1} - S_n = u_{n+1}$.

Si Σu_n converge, alors la suite (S_n) admet une limite S et, en passant à la limite dans l'égalité précédente on obtient : $S - S = \lim u_{n+1}$.
On en déduit que la suite (u_n) converge vers 0.

Conséquence : Si (u_n) ne converge pas vers 0, Σu_n diverge.

Remarque importante :

__Attention,__ la réciproque du théorème est fausse : la condition $\lim u_n = 0$ n'entraîne pas la convergence de la série Σu_n.

Il suffit pour s'en convaincre de constater que la série harmonique de terme général $1/n$ diverge, bien que $\lim 1/n = 0$. (Voir, plus loin, l'étude des séries de Riemann).

4-3 Séries de référence

Séries géométriques :

Proposition : La série géométrique Σq^n converge si et seulement si $|q| < 1$.
On a alors : $\sum_{n=0}^{+\infty} q^n = \dfrac{1}{1-q}$.

Preuve :

. Si $|q| > 1$ ou $q = -1$ la suite géométrique de terme général $u_n = q^n$ diverge; donc, d'après **4-2** (conséquence), la série Σq^n diverge.

. Si $q = 1$, on a : $S_n = \sum_{i=0}^{n} q^i = n + 1$ donc $\lim S_n = +\infty$ et Σq^n diverge.

. Si $|q| < 1$, on a : $S_n = \sum_{i=0}^{n} q^i = \dfrac{1 - q^{n+1}}{1-q}$. Or, $\lim q^{n+1} = 0$; la série Σq^n converge donc vers $S = \lim S_n = \dfrac{1}{1-q}$.

Séries dérivées des séries géométriques :

Proposition : *Les séries $\sum n q^n$ et $\sum n^2 q^n$ convergent si et seulement si $|q| < 1$. On a alors :* $\sum_{n=0}^{+\infty} nq^n = \dfrac{q}{(1-q)^2}$ *et* $\sum_{n=0}^{+\infty} n^2 q^n = \dfrac{q(q+1)}{(1-q)^3}$.

Preuve :
Il est facile de vérifier que, si $|q| \geq 1$ les suites de termes généraux nq^n et n^2q^n divergent. D'après **4-2** les séries associées $\sum n q^n$ et $\sum n^2 q^n$ divergent.
Si $|q| < 1$, notons $S_n = \sum_{i=0}^{n} i q^i = q + 2q^2 + \ldots + nq^n = q(1 + 2q + \ldots + nq^{n-1})$.
On a : $S_n = q f'(q)$ en notant f la fonction polynôme définie sur **R** par :
$$f(x) = 1 + \ldots + x^n.$$
Pour tout $x \in \mathbf{R}$, $f(x)$ est la somme des $n+1$ premiers termes d'une suite géométrique de raison x. En particulier, pour $x \neq 1$,
$$f(x) = \frac{1-x^{n+1}}{1-x} \text{ et } f'(x) = \frac{-(n+1)x^n(1-x) + 1 - x^{n+1}}{(1-x)^2} = \frac{nx^{n+1} - (n+1)x^n + 1}{(1-x)^2}.$$
On en déduit que : $S_n = q \dfrac{nq^{n+1} - (n+1)q^n + 1}{(1-q)^2}$.
Or, pour $|q| < 1$, on a : $\lim n q^n = 0$ car $n = o(1/q^n)$.
On en déduit que : $\lim S_n = q / (1-q)^2$.

De même, $\sum_{i=0}^{n} i^2 q^i = \sum_{i=1}^{n} i(i-1) q^i + \sum_{i=0}^{n} i q^i = q^2 f''(q) + q f'(q)$.

Après calcul de $f''(q)$ et passage à la limite on obtient le résultat annoncé.

Remarque : Pour $|q| < 1$, notons $S(q) = \sum_{n=0}^{+\infty} q^n = \dfrac{1}{1-q}$. On a :

$$\sum_{n=1}^{+\infty} n q^{n-1} = S'(q) = \frac{1}{(1-q)^2} \text{ et } \sum_{n=2}^{+\infty} n(n-1) q^{n-2} = S''(q) = \frac{2}{(1-q)^3}$$

Séries exponentielles :

Une série exponentielle est une série de terme général $x^n / n!$ où $x \in \mathbf{R}$. On admet le résultat suivant :

Proposition : *Pour tout $x \in \mathbf{R}$, la série $\sum \dfrac{x^n}{n!}$ converge et $\sum_{n=0}^{+\infty} \dfrac{x^n}{n!} = e^x$.*

Séries de Riemann :

On appelle *série de Riemann* toute série dont le terme général s'écrit sous la forme : $1/n^{\alpha}$, $\alpha \in \mathbf{R}$. Par comparaison avec des intégrales généralisées (voir chapitre **18**) on établit le résultat suivant :

Proposition : *La série* $\sum \dfrac{1}{n^{\alpha}}$ *converge si et seulement si* $\alpha > 1$.

En particulier, pour $\alpha = 1$, la *série harmonique* de terme général $1/n$ diverge (voir partie exercices).

4-4 Comparaison des séries à termes positifs

Remarque préliminaire : Si le terme général u_n d'une série est positif, la suite (S_n) des sommes partielles est croissante (en effet $S_{n+1} - S_n = u_{n+1} \geq 0$). On a donc d'après 2-3 :

Proposition : *Une série à termes positifs converge si et seulement si la suite des sommes partielles est majorée.*

Remarque : Une telle série diverge ssi la suite des sommes partielles tend vers $+\infty$.

Règle de comparaison :

Théorème 1 : *Soient* (u_n) *et* (v_n) *deux suites réelles vérifiant, à partir d'un certain rang* $0 \leq u_n \leq v_n$.
 . *Si la série* Σv_n *converge alors la série* Σu_n *converge.*
 . *Si la série* Σu_n *diverge alors la série* Σv_n *diverge.*

Preuve :

 . Si Σv_n converge alors la suite (T_n) des sommes partielles de cette série est majorée et, par conséquent, la suite (S_n) des sommes partielles de la série Σu_n l'est également.
On en déduit que Σu_n converge.

La deuxième proposition est la contraposée de la première.

Règle des équivalents :

Théorème 2 : *Soient* (u_n) *et* (v_n) *deux suites réelles positives à partir d'un certain rang et vérifiant :* $u_n \sim v_n$.
Les séries Σu_n *et* Σv_n *sont de même nature.*

Preuve :

Par définition : $(u_n \sim v_n) \Leftrightarrow \forall \varepsilon > 0, \exists n_0 \in \mathbf{N}, n \geq n_0 \Rightarrow |u_n - v_n| < \varepsilon\, v_n$.

Pour $\varepsilon = 1/2$, cela donne : $n \geq n_0 \Rightarrow -v_n/2 < u_n - v_n < v_n/2 \Rightarrow v_n/2 < u_n < 3v_n/2$.

D'après la règle de comparaison (théorème 1), si Σu_n converge alors $\Sigma v_n/2$ converge donc Σv_n converge.

Si Σu_n diverge alors $\Sigma 3v_n/2$ diverge donc Σv_n diverge.

Remarque importante : La règle précédente se généralise au cas des séries à termes de signe constant (c'est à dire des séries dont les termes sont tous positifs ou tous négatifs) à partir d'un certain rang. En effet Σu_n et $\Sigma (-u_n)$ sont de même nature.

4-5 Convergence absolue

Définition : On dit que la série $\sum u_n$ est absolument convergente si la série $\sum |u_n|$ converge.

Exemple : La série de terme général $u_n = (-1)^n / n^2$ est absolument convergente. En effet $|u_n| = 1/n^2$ et $\Sigma |u_n| = \Sigma 1/n^2$ est une série de Riemann convergente.

On admet le résultat suivant :

Propriété : Toute série absolument convergente est convergente.

Remarque : Par contre, une série peut être convergente sans être absolument convergente. On dit alors qu'elle est *semi-convergente*.

Exemple : Série harmonique alternée

On appelle ainsi la série de premier terme $u_1 = -1$ et de terme général $u_n = (-1)^n / n$.

Il est clair que cette série n'est pas absolument convergente puisque $|u_n| = 1/n$ et $\Sigma 1/n$ est une série divergente (série harmonique).

On montre en exercice que cette série converge et admet pour somme :
$$S = \sum_{n=1}^{+\infty} \frac{(-1)^n}{n} = -\ln 2.$$

T.P. : SUITES $U_{n+1} = f(U_n)$

On se propose de donner quelques méthodes générales permettant d'étudier des suites définies par leur premier terme et une relation de récurrence de la forme : $u_{n+1} = f(u_n)$.

Exemples :

$$a)\ \begin{cases} u_0 = 1 \\ u_{n+1} = \sqrt{1+u_n} \end{cases} \quad b)\ \begin{cases} u_0 = 1 \\ u_{n+1} = \cos u_n \end{cases} \quad c)\ \begin{cases} u_0 = 2 \\ u_{n+1} = \dfrac{1+2u_n}{1+u_n} \end{cases}$$

$$f(x) = \sqrt{1+x} \qquad f(x) = \cos x \qquad f(x) = \tfrac{1+2x}{1+x}$$

1ère étape : définition

Il faut d'abord vérifier que la suite (u_n) est bien définie. Ce sera le cas si f est définie sur un domaine D tel que $f(D) \subset D$ et $u_0 \in D$.

Exemples :

a) f est définie sur $D = [-1, +\infty[$ et $f(D) = [0, +\infty[$ donc $f(D) \subset D$. De plus $u_0 \in D$.
La suite (u_n) est donc définie pour tout $n \in \mathbb{N}$.

b) f est définie sur $I = [0, 1]$ ($I \subset D_f$) et $f(I) = [\cos 1, +1]$ donc $f(I) \subset I$.
De plus $u_0 \in I$. La suite (u_n) est donc définie pour tout $n \in \mathbb{N}$.

c) f est définie sur $I = [1, +\infty[$ ($I \subset D_f$) et $f(I) = [3/2, +\infty[$ donc $f(I) \subset I$.
De plus $u_0 \in I$. La suite (u_n) est donc définie pour tout $n \in \mathbb{N}$.

2ème étape : monotonie

. Si f est croissante, la suite (u_n) est monotone :
- Si $u_0 \leq u_1$ alors $f(u_0) \leq f(u_1)$, c'est à dire $u_1 \leq u_2$, puis par récurrence : $u_n \leq u_{n+1}$.
  Dans ce cas la suite (u_n) est croissante.
- Si $u_0 \geq u_1$ la suite (u_n) est décroissante.

Exemples :
a) f est croissante sur D et $u_0 \leq u_1$; la suite (u_n) est croissante.
c) f est croissante sur I et $u_0 \geq u_1$; la suite (u_n) est décroissante.

. Si f est décroissante, les suites (u_{2n}) et (u_{2n+1}) sont monotones. En effet, $u_n = f[f(u_{n-2})]$ et $f \circ f$ est croissante.

Exemple :
b) f est décroissante sur I; la suite (u_{2n}) est décroissante et la suite (u_{2n+1}) est croissante.

3ème étape : points fixes et limite éventuelle

Si (u_n) tend vers l et si f est <u>continue</u> en l, alors l est solution de l'équation : $l = f(l)$. On est donc amené à rechercher les *points fixes* de f, c'est à dire les réels x vérifiant $f(x) = x$.
Si (u_n) admet une limite l, cette limite sera un point fixe de f.

Exemple :

a) Les points fixes de f vérifient : $\sqrt{1+x} = x$. Les solutions sont : $x = \dfrac{1 \pm \sqrt{5}}{2}$.
Or, les termes de la suite (u_n) sont positifs donc la limite éventuelle de la suite (u_n) sera $l = \dfrac{1+\sqrt{5}}{2}$.

b) L'étude de la fonction $g(x) = \cos x - x$ sur l'intervalle $I = [0, 1]$ (à faire) prouve que cette fonction ne s'annule qu'une fois sur cet intervalle. Le réel l tel que $g(l) = 0$ sera la limite éventuelle de la suite (u_n). (La calculatrice donne : $l \approx 0{,}739$).

c) Les points fixes de f vérifient : $1 + 2x = x + x^2$, c'est à dire : $x^2 - x - 1 = 0$. Comme en a), la limite éventuelle sera : $l = \dfrac{1+\sqrt{5}}{2}$.

4ème étape : Etude de la convergence

Si (u_n) est croissante (resp. décroissante) la suite (u_n) converge si et seulement si elle est majorée (resp. minorée). On peut donc tenter de montrer qu'elle est majorée (resp. minorée) à l'aide d'un raisonnement par récurrence (par exemple : $u_n \leq l$).
Si f est décroissante on peut montrer que les suites (u_{2n}) et (u_{2n+1}) convergent vers la même limite.
Dans les autres cas on peut utiliser l'inégalité des accroissements finis (voir chap. 15).

Exercice : terminer l'étude des exemples a) et c).

Annexe : Tableau des sommes usuelles

$\sum\limits_{n=0}^{+\infty} q^n = \dfrac{1}{1-q}$ $(\lvert q \rvert < 1)$	$\sum\limits_{n=0}^{+\infty} \dfrac{x^n}{n!} = e^x$ $(x \in \mathbb{R})$	$\sum\limits_{n=1}^{+\infty} \dfrac{1}{n^2} = \dfrac{\pi^2}{6}$	$\sum\limits_{n=1}^{+\infty} \dfrac{(-1)^n}{n} = -\ln 2$
$\sum\limits_{n=1}^{+\infty} n q^{n-1} = \dfrac{1}{(1-q)^2}$ $(\lvert q \rvert < 1)$	$\sum\limits_{n=0}^{+\infty} n q^n = \dfrac{q}{(1-q)^2}$ $(\lvert q \rvert < 1)$	$\sum\limits_{n=2}^{+\infty} n(n-1) q^{n-2} = \dfrac{2}{(1-q)^3}$ $(\lvert q \rvert < 1)$	$\sum\limits_{n=0}^{+\infty} n^2 q^n = \dfrac{q(q+1)}{(1-q)^3}$ $(\lvert q \rvert < 1)$
$S_n = \sum\limits_{i=1}^{n} \dfrac{1}{i} = 1 + \dfrac{1}{2} + \ldots + \dfrac{1}{n} \sim \ln n$			

- EXERCICES -

1- Déterminer les limites éventuelles des suites de termes généraux u_n définies par :

a) $u_n = \dfrac{3n^2}{(n^2+2).3^n}$ b) $u_n = \dfrac{\sin(1+2n)}{\sqrt{n}}$ c) $u_n = \dfrac{n \sin n}{n^2+1}$ d) $u_n = \dfrac{n^2 \cos n}{n^2-1}$

e) $u_n = \dfrac{n^3 \sin n}{n^2+2}$ f) $\dfrac{e^n + n^4}{\sqrt{n^2+1} + 3e^n}$ g) $u_n = \left(1 - \dfrac{1}{n}\right)^n$ h) $u_n = \left[x(e^{1/n} - 1) + 1\right]^n$

2- Soit (u_n) la suite définie par $u_0 = 0$ et, pour $n \in \mathbb{N}^*$, $u_n = \sqrt{2 + u_{n-1}}$.
1°) Montrer que (u_n) est croissante et majorée.
2°) Déterminer le nombre $\sqrt{2 + \sqrt{2 + \sqrt{2 + \sqrt{2 + \ldots}}}}$.

3- 1°) Montrer que la suite de terme général $u_n = \sqrt{n+1} - \sqrt{n}$ converge vers 0.
2°) Etudier la convergence de la suite (v_n) de terme général :
$$v_n = \dfrac{1}{n}\left[1 + \dfrac{1}{1+\sqrt{2}} + \dfrac{1}{\sqrt{2}+\sqrt{3}} + \ldots + \dfrac{1}{\sqrt{n-1}+\sqrt{n}}\right].$$

4- Soit (u_n) la suite réelle définie par $u_0 = \dfrac{1}{2}$ et $\forall n \in \mathbb{N}$, $u_{n+1} = \dfrac{1}{2}\left(u_n + \dfrac{1}{u_n}\right)$.
1°) Montrer que cette suite est à termes positifs.
2°) Soit (v_n) la suite définie sur $\mathbb{N}$ par : $v_n = \dfrac{u_n - 1}{u_n + 1}$. Trouver une relation entre v_{n+1} et v_n. En déduire la limite de (v_n) puis celle de (u_n).

5- Etudier la suite (u_n) définie par : $u_0 = 1$, $u_1 = 2$ et $\forall n \in \mathbb{N}$, $u_{n+2} = \sqrt{u_{n+1}.u_n}$.
(On pourra utiliser la suite (v_n) de terme général : $v_n = \ln u_n$).

6- On considère les suites de termes généraux : $u_n = 1 + \dfrac{1}{2!} + \ldots + \dfrac{1}{n!}$ et $v_n = u_n + \dfrac{1}{n!}$.
Montrer que ces suites sont adjacentes. En déduire la convergence de la série de terme général $1/n!$.

7- Suite de Fibonacci
Soit $(u_n)_{n \in \mathbb{N}}$ la suite définie par $u_0 = u_1 = 1$ et, pour tout $n \in \mathbb{N}$, $u_{n+2} = u_{n+1} + u_n$.
1°) Montrer que $(u_n)_{n \in \mathbb{N}}$ est une suite croissante d'entiers naturels.
2°) Montrer que, pour tout $n \in \mathbb{N}^*$: $u_n \geq n$. Que peut-on en déduire ?
3°) Montrer que, pour tout $n \in \mathbb{N}^*$: $u_n^2 - u_{n+1}.u_{n-1} = (-1)^n$.
4°) On pose, pour $n \in \mathbb{N}$: $v_n = \dfrac{u_{n+1}}{u_n}$. Etudier les suites $(v_{2p})_{p \in \mathbb{N}}$ et $(v_{2p+1})_{p \in \mathbb{N}}$.
Montrer qu'elles sont convergentes.
5°) Quelle est la limite de $(v_n)_{n \in \mathbb{N}}$?

8- Etudier la suite complexe définie par :
$$\begin{cases} z_0 \in \mathbf{C} \\ z_{n+1} = \frac{1}{2}(z_n + |z_n|) \end{cases}$$
(On pourra poser : $z_n = \rho_n e^{i\theta_n}$).

9- Etudier la nature des séries de terme général u_n dans les cas suivants :

a) $u_n = \dfrac{n+2}{n^3+1}$ b) $u_n = \dfrac{\sqrt{n+1}}{n^{5/4}}$ c) $u_n = \ln(1+\dfrac{1}{n^2})$ d) $u_n = \dfrac{1+n+n^2}{n!}$

e) $u_n = \dfrac{\sqrt{n+1}-\sqrt{n}}{n}$ f) $u_n = \dfrac{2^n}{(n+1)(n+3)}$ g) $u_n = \dfrac{\sqrt{n}\ln(n+1)}{n^2+1}$.

10- Déterminer la nature et éventuellement calculer la somme des séries de termes généraux u_n dans les cas suivants :

a) $u_n = \dfrac{1}{n(n+1)}$ b) $u_n = \dfrac{2n-1}{n(n^2-4)}$ c) $u_n = \ln(1-\dfrac{1}{n^2})$ d) $u_n = \dfrac{2n^2}{3^{n-1}}$

e) $u_n = (n-2)\left(\dfrac{1}{2}\right)^n$ f) $u_n = (n^2-n+3)\left(\dfrac{1}{2}\right)^n$ h) $u_n = \dfrac{2n^2+2n+3}{n!}$.

11- Somme de la série harmonique alternée

Pour tout $n \in \mathbf{N}^*$, soit $S_n = -1 + \dfrac{1}{2} - \dfrac{1}{3} ... + \dfrac{(-1)^n}{n}$.

1°) Montrer que, pour tout $x \in \mathbf{R} \setminus \{-1\}$:
$$\frac{1}{1+x} = 1 - x + x^2 + ... + (-1)^{n-1}x^{n-1} + (-1)^n \frac{x^n}{1+x}.$$

2°) Intégrer les deux membres de cette égalité sur l'intervalle [0, 1] et en déduire la valeur de $S = \lim S_n$ (somme de la série harmonique alternée).

(On pourra constater que, pour $x \geq 0$: $0 \leq \dfrac{x^n}{1+x} \leq x^n$).

12- Série harmonique- Constante d'Euler.

On pose, pour tout $n \in \mathbf{N}^*$, $v_n = 1 + \dfrac{1}{2} + \dfrac{1}{3} + ... + \dfrac{1}{n} - \ln n$.

1°) Montrer que, pour tout $x \in \mathbf{R}^{+*}$: $\dfrac{1}{x+1} \leq \ln(x+1) - \ln x \leq \dfrac{1}{x}$.

2°) En déduire que, pour tout $n \in \mathbf{N} \setminus \{0,1\}$: $\dfrac{1}{2} + \dfrac{1}{3} + ... + \dfrac{1}{n} \leq \ln n \leq 1 + \dfrac{1}{2} + ... + \dfrac{1}{n-1}$.

3°) Montrer que, pour tout $n \in \mathbf{N}^*$, $v_n \geq 0$.

4°) Etudier la monotonie de (v_n).

5°) En déduire que (v_n) converge vers une constante γ (*constante d'Euler*).

6°) Ecrire un programme en Turbo-Pascal permettant de calculer v_n pour une valeur donnée de n. Donner à l'aide de la calculatrice une valeur approchée de γ à 10^{-3} près.

7°) Montrer que la suite (S_n) de terme général $S_n = \sum_{i=1}^{n}\dfrac{1}{i} = 1 + \dfrac{1}{2} + ... + \dfrac{1}{n}$ tend vers $+\infty$ et que : $S_n \sim \ln n$.

ESPACES PROBABILISES : LE CAS DISCRET INFINI

On se propose, dans ce chapitre, de généraliser les résultats du cours de probabilité obtenus dans le cas discret fini (chapitres **2** à **5**) au cas des espaces probabilisés *dénombrables*. On détaillera en particulier l'étude des variables aléatoires discrètes.

1 ESPACES PROBABILISES : LE CAS GENERAL

La théorie des probabilités a été formalisée par Andrei Kolmogorov en 1933. C'est cette présentation qui est aujourd'hui universellement reconnue pour sa simplicité et son efficacité. On en donne ici les bases.

1-1 Tribu

Définition : *Soit Ω un ensemble. On appelle **tribu** (ou σ-algèbre) sur Ω toute partie $\mathcal{B}$ de $\mathcal{P}(\Omega)$ vérifiant :*
- *$\Omega \in \mathcal{B}$.*
- *Pour tout $A \in \mathcal{B}$, $\overline{A} \in \mathcal{B}$.*
- *Pour toute famille dénombrable $(A_i)_{i \in I}$ d'éléments de $\mathcal{B}$, $\bigcup_{i \in I} A_i \in \mathcal{B}$.*

En d'autres termes, une tribu sur Ω est un ensemble de parties de Ω contenant Ω et stable par passage au complémentaire et par réunion *dénombrable*.

Exemples :
- $\mathcal{P}(\Omega)$ est une tribu sur Ω.
- $\mathcal{B} = \{\emptyset, \Omega\}$ est une tribu sur Ω appelée tribu *grossière*.
- Si $A \in \mathcal{P}(\Omega)$, $\{\emptyset, A, \overline{A}, \Omega\}$ est une tribu. C'est la plus petite tribu contenant A.

Un peu de vocabulaire : L'ensemble Ω est appelé **univers**; il n'est pas nécessairement fini, ni même dénombrable. Si $\mathcal{B}$ est une tribu sur Ω, ses éléments sont appelés **événements** et le couple $(\Omega, \mathcal{B})$ **espace probabilisable**.

Remarque : On peut s'interroger sur l'utilité d'introduire la notion de tribu puisque, dans le cas d'un univers Ω fini ou dénombrable la tribu $\mathcal{B} = \mathcal{P}(\Omega)$ convient toujours. L'intérêt réside dans le cas où *Ω n'est pas dénombrable* : dans ce cas, on ne peut pas en général construire de probabilité sur $\mathcal{P}(\Omega)$.

Propriétés : Soit $\mathcal{B}$ une tribu sur Ω :

(i) $\varnothing \in \mathcal{B}$;
(ii) $\mathcal{B}$ est stable par intersection dénombrable ;
(iii) $\forall A, B \in \mathcal{B}, A \setminus B \in \mathcal{B}$;
(iv) $\forall A, B \in \mathcal{B}, A \Delta B \in \mathcal{B}$.

Preuve :

(i) Par définition d'une tribu $\Omega \in \mathcal{B}$, donc $\overline{\Omega} = \varnothing \in \mathcal{B}$.

(ii) Si $(A_i)_{i \in I}$ désigne une famille dénombrable d'événements de $\mathcal{B}$, alors $\bigcap_{i \in I} A_i = \overline{\bigcup_{i \in I} \overline{A_i}}$. Or $\mathcal{B}$ est stable par passage au complémentaire et par réunion dénombrable donc $\bigcap_{i \in I} A_i \in \mathcal{B}$.

(iii) Il suffit de remarquer que : $A \setminus B = A \cap \overline{B}$.

(iv) De même : $A \Delta B = (A \cup B) \setminus (A \cap B)$.

Système complet d'événements

Définition : On appelle **système complet d'événements** d'un espace probabilisable $(\Omega, \mathcal{B})$ toute famille dénombrable $(A_i)_{i \in I}$ d'événements non vides de $\mathcal{B}$ constituant une partition de Ω, c'est à dire :
$$\forall (i,j) \in I^2, (i \neq j) \Rightarrow (A_i \cap A_j = \varnothing)$$
$$\Omega = \bigcup_{i \in I} A_i$$

Exemple : Soit Ω un ensemble dénombrable et $\mathcal{B} = \mathcal{P}(\Omega)$. L'ensemble des singletons de $\mathcal{B}$ est un système complet d'événements.

1-2 Probabilités et espaces probabilisés

Définition : *On appelle **probabilité** sur l'espace probabilisable $(\Omega, \mathcal{B})$ toute application P de $\mathcal{B}$ dans [0, 1] telle que :*
i) $P(\Omega) = 1$;
ii) Pour toute suite (A_n) d'événements deux à deux incompatibles de $\mathcal{B}$, on a :

$$P\left(\bigcup_{n \in N} A_n\right) = \sum_{n=0}^{+\infty} P(A_n)$$

(propriété de σ-additivité)

*Le triplet $(\Omega, \mathcal{B}, P)$ est alors appelé **espace probabilisé**.*

Remarques :

. La série de terme général $P(A_i)$ esr une série à termes positifs toujours convergente puisque la suite des sommes partielles est croissante et majorée.

En effet : $\quad S_n = \sum_{i=0}^{n} P(A_i) = P\left(\bigcup_{i=0}^{n} A_i\right) \leq 1.$

. Si $(A_i)_{i \in N}$ est un système complet d'événements, $\sum_{i=0}^{+\infty} P(A_i) = 1.$

Propriétés :

Toutes les propriétés rencontrées dans le cas fini restent valables. De plus :

i) Pour toute suite croissante (A_n) d'événements de $\mathcal{B}$
(c'est à dire : $\forall n \in N, A_n \subset A_{n+1}$) :

$$P\left(\bigcup_{n \in N} A_n\right) = \lim_{n \to +\infty} P(A_n).$$

ii) Pour toute suite décroissante (A_n) d'événements de $\mathcal{B}$
(c'est à dire : $\forall n \in N, A_{n+1} \subset A_n$) :

$$P\left(\bigcap_{n \in N} A_n\right) = \lim_{n \to +\infty} P(A_n).$$

iii) Si $(A_i)_{i \in N}$ est une famille d'événements telle que $\sum P(A_i)$ converge,

$$P\left(\bigcup_{i \in N} A_i\right) \leq \sum_{i=0}^{+\infty} P(A_i).$$

Exemple : On joue indéfiniment à pile ou face avec une pièce équilibrée. Montrons que la probabilité de n'obtenir que des piles est nulle.

Désignons par A l'événement "on n'obtient que des piles" et, pour tout entier naturel non nul n, A_n l'événement "on obtient pile à chacun des n premiers lancers".

Il est clair que la suite (A_n) est décroissante et que $\bigcap_{n=1}^{+\infty} A_n = A$.

De plus, $\forall n \in N^*, P(A_n) = \dfrac{1}{2^n}$. La propriété *ii)* donne alors :

$$P(A) = \lim_{n \to +\infty} P(A_n) = \lim_{n \to +\infty} \frac{1}{2^n} = 0.$$

Ainsi, un événement peut être possible (A est un singleton de l'univers Ω) et avoir une probabilité nulle. On dit qu'il est *quasi-impossible*.

De même tout événement A vérifiant P (A) = 1 sera dit *quasi-certain*.

Remarque : On ne sait rien dire en général de la probabilité d'une réunion (ou d'une intersection) non dénombrable d'événements, même disjointe.

1-3 Probabilités conditionnelles - Indépendance

Les définitions et propriétés étudiées dans le cas fini restent valables. En particulier :

Formule des probabilités totales :

Soit $(\Omega, \mathcal{B}, P)$ un espace probabilisé et $(A_i)_{i \in I}$ un système complet d'événements de probabilités non nulles.
Pour tout événement B :

$$P(B) = \sum_{i \in I} P(B / A_i) P(A_i).$$

Formule de Bayes :

Soit $(\Omega, \mathcal{B}, P)$ un espace probabilisé et $(A_i)_{i \in I}$ un système complet d'événements de probabilités non nulles.
Pour tout événement B de probabilité non nulle et pour tout $k \in I$:

$$P(A_k / B) = \frac{P(B / A_k) P(A_k)}{\sum_{i \in I} P(B / A_i) P(A_i)}.$$

Indépendance : Voir définitions et propriétés chap. **3, 4, 5**.

2 VARIABLES ALEATOIRES DISCRETES

2-1 Définitions et propriétés

Variables aléatoires réelles :
On appelle **variable aléatoire réelle** sur l'espace probabilisable $(\Omega, \mathcal{B})$ toute application X de Ω dans $\mathbf{R}$ telle que, pour tout intervalle I de $\mathbf{R}$, $X^{-1}(I) \in \mathcal{B}$.

(On rappelle que : $X^{-1}(I) = \{\omega \in \Omega ; X(\omega) \in I\}$).

Variables aléatoires réelles discrètes :
Une variable aléatoire réelle X est **discrète** si $X(\Omega)$ est dénombrable, c'est à dire s'il existe une bijection entre $X(\Omega)$ et une partie de $\mathbf{N}$.

Loi de probabilité :
Soit X une variable aléatoire réelle discrète sur l'espace probabilisé $(\Omega, \mathcal{B}, P)$. On appelle **loi de probabilité** de X (ou **loi** de X) l'ensemble des couples $(x, P(X = x))$ lorsque x décrit $X(\Omega)$.

Remarque : Si X est une v.a.r. discrète on a toujours : $\sum_{x \in X(\Omega)} P(X = x) = 1$.

Caractérisation :
Soit I un ensemble dénombrable. $\{(x_i, p_i) ; i \in I\}$ est la loi de probabilité d'une variable aléatoire réelle si et seulement si :
$$\begin{cases} \forall i \in I, p_i \geq 0 \\ \sum_{i \in I} p_i = 1 \end{cases}$$

Fonction de répartition :
On appelle **fonction de répartition** de la variable X l'application de $\mathbf{R}$ dans $[0, 1]$ qui, à tout nombre réel x associe $P(X \leq x)$.

Les propriétés sont les mêmes que dans le cas fini.

De plus, si F désigne une fonction de répartition :

$$\begin{aligned} &\cdot \lim_{x \to -\infty} F(x) = 0 \text{ et } \lim_{x \to +\infty} F(x) = 1 \\ &\cdot \forall x \in R, F(x) = P(X \leq x) = \sum_{\substack{x_i \in X(\Omega) \\ x_i \leq x}} P(X = x_i) \end{aligned}$$

Indépendance : Les définitions et propriétés sont les mêmes que dans le cas fini.

2-2 Espérance - Variance - Ecart-type

> **_Espérance :_**
> Soit X une variable aléatoire réelle discrète sur l'espace probabilisé $(\Omega, \mathcal{B}, P)$ telle que $X(\Omega) = \{x_0, ..., x_n, ...\}$.
> Si la série de terme général $x_i P(X=x_i)$ est __absolument convergente__, X admet une espérance définie par : $E(X) = \sum_{i=0}^{+\infty} x_i P(X = x_i)$.

Remarque : Une variable aléatoire peut ne pas avoir d'espérance :

Soit X la variable aléatoire de loi de probabilité définie par :

$$\forall k \in \mathbb{N}^*, P(X = k) = \frac{6}{\pi^2 k^2}.$$

(On vérifie que : $\sum_{k=1}^{+\infty} P(X = k) = \frac{6}{\pi^2} \sum_{k=1}^{+\infty} \frac{1}{k^2} = \frac{6}{\pi^2} \times \frac{\pi^2}{6} = 1$).

On a : $kP(X = k) = \frac{6}{\pi^2 k}$. Ceci est le terme général d'une série divergente ($\sum \frac{1}{k}$ diverge) donc X n'admet pas d'espérance.

Propriétés : Ce sont les mêmes que dans le cas fini.

> **_Variance- Ecart-type :_**
> Soit X une variable aléatoire réelle discrète sur l'espace probabilisé $(\Omega, \mathcal{B}, P)$ telle que $X(\Omega) = \{x_0, ..., x_n, ...\}$.
> Si la série de terme général $[x_i - E(X)]^2 P(X=x_i)$ est absolument convergente le réel $V(X) = \sum_{i=0}^{+\infty} [x_i - E(X)]^2 P(X = x_i)$ est appelé **variance de X** et $\sigma(X) = \sqrt{V(X)}$ est appelé **écart-type de X**.

Propriétés : Ce sont les mêmes que dans le cas fini. En particulier :

$$V(X) = E(X^2) - E(X)^2.$$

2-3 Inégalité de Bienaymé-Tchebychev

> **_Lemme (Inégalité de Markov) :_**
> Soit X une variable aléatoire discrète définie sur un espace probabilisé $(\Omega, \mathcal{B}, P)$ telle que $X(\Omega)$ soit inclus dans $\mathbb{R}^+$ et possédant une espérance non nulle notée $E(X)$. Alors :
> $$\forall \lambda > 0, P(X \geq \lambda) \leq \frac{E(X)}{\lambda}.$$

Preuve :

Soit X une variable discrète telle que $X(\Omega) = \{x_1, ..., x_n, ...\} \subset \mathbf{R}^+$, avec $x_1 < ... < x_n < ...$

$$E(X) = \sum_{x_i \in X(\Omega)} x_i P(X = x_i) \geq \sum_{\substack{x_i \in X(\Omega) \\ x_i \geq \lambda}} x_i P(X = x_i) \geq \sum_{\substack{x_i \in X(\Omega) \\ x_i \geq \lambda}} \lambda P(X = x_i).$$

Or $\sum_{\substack{x_i \in X(\Omega) \\ x_i \geq \lambda}} P(X = x_i) = P(X \geq \lambda).$

On en déduit : $E(X) \geq \lambda\, P(X \geq \lambda)$ ce qui est une autre écriture de l'inégalité étudiée.

Inégalité de Bienaymé-Tchebychev :

> **Théorème :**
> *Soit X une variable aléatoire ayant une espérance m et un écart-type σ. On a :*
> $$\forall \varepsilon > 0,\ P(|X - m| \geq \varepsilon) \leq \frac{\sigma^2}{\varepsilon^2}$$
> *(ou, de manière équivalente :* $\forall \varepsilon > 0,\ P(|X - m| < \varepsilon) \geq 1 - \frac{\sigma^2}{\varepsilon^2}$*).*

Preuve : Appliquons l'inégalité de Markov à la variable $Y = (X - m)^2$ à valeurs positives :

$$\forall \lambda > 0,\ P((X-m)^2 \geq \lambda) \leq \frac{E[(X-m)^2]}{\lambda}$$

Or $E[(X - m)^2] = E[(X - E(X))^2] = V(X) = \sigma^2$.

Soit $\varepsilon > 0$. En remplaçant λ par ε^2 dans l'inégalité précédente on obtient :

$$P((X-m)^2 \geq \varepsilon^2) = P(|X - m| \geq \varepsilon) \leq \frac{\sigma^2}{\varepsilon^2}.$$

L'inégalité est justifiée.

Exemple : Combien de lancers d'une pièce équilibrée suffit-il d'effectuer pour pouvoir affirmer, avec un risque d'erreur inférieur à 5%, que la fréquence d'apparition de "pile" différera de 1/2 d'au plus 10^{-2} ?

Associons à chaque lancer la variable X_i définie par :

$$\begin{cases} X_i = 1 \text{ si le résultat du } i^{\text{ème}} \text{ lancer est "pile ;} \\ X_i = 0 \text{ sinon.} \end{cases}$$

(Les variables X_i sont des variables de Bernoulli indépendantes de paramètre 1/2).

La fréquence observée à l'issue de n lancers est : $X = \dfrac{X_1 + ... + X_n}{n}$.

On cherche n tel que $P(|X - 1/2| < 0{,}01) \geq 0{,}95$.

Déterminons $E(X)$ et $V(X)$:

$$E(X) = \frac{1}{n}E(X_1+\ldots+X_n) = \frac{1}{n}\sum_{i=1}^{n}E(X_i) = \frac{1}{n}\cdot\left(n.\frac{1}{2}\right) = \frac{1}{2} \;;$$

$$V(X) = \frac{1}{n^2}V(X_1+\ldots+X_n) = \frac{1}{n^2}\sum_{i=1}^{n}V(X_i) = \frac{1}{n^2}\cdot\left(n.\frac{1}{4}\right) = \frac{1}{4n}.$$

Par l'inégalité de Bienaymé-Tchebychev : $P(|X - 1/2| < 0,01) \geq 1 - \dfrac{V(X)}{10^{-4}}$ c'est à dire :

$$P(|X - 1/2| < 0,01) \geq 1 - \frac{10^4}{4n}.$$

Pour que la condition $P(|X - 1/2| < 0,01) \geq 0,95$ soit réalisée *il suffit que* $1 - \dfrac{10^4}{4n} \geq 0,95$ ce qui donne : $n \geq 50000$.

> Au bout de 50000 lancers, la fréquence d'apparition de "pile" est comprise entre 0,49 et 0,51 avec un risque d'erreur inférieur à 5%.

2-4 Vecteurs aléatoires discrets

Couple de variables aléatoires discrètes :

On généralise les notions et les résultats rencontrés au chapitre 5 au cas où $X(\Omega)$ et $Y(\Omega)$ sont dénombrables. Toutes les sommes finies sont remplacées par des sommes de séries numériques, dans le cas où ces séries sont convergentes. On a, en particulier :

> **Loi de probabilité du couple (X, Y)** : C'est l'ensemble des couples :
> $$\left(\left(x_i, y_j\right), P\left[(X = x_i) \cap (Y = y_j)\right]\right)$$
> lorsque x_i et y_j décrivent respectivement $X(\Omega)$ et $Y(\Omega)$.

> **Caractérisation** : $\left\{\left((x_i, y_j), p_{ij}\right); (i,j) \in \mathbb{N}^2\right\}$ est la loi d'un couple de variables aléatoires discrètes infinies si et seulement si :
> $$\begin{cases} \forall (i,j) \in \mathbb{N}^2,\; p_{ij} \geq 0 \\ \displaystyle\sum_{i=0}^{+\infty}\sum_{j=0}^{+\infty} p_{ij} = 1 \end{cases}$$

Vecteurs aléatoires :

Soient $X_1, \ldots, X_n$, n variables aléatoires discrètes infinies sur l'espace probabilisé $(\Omega, \mathcal{B}, P)$. Le n-uplet $(X_1, \ldots, X_n)$ est appelé *vecteur aléatoire*.

> **Loi de probabilité de $(X_1, \ldots, X_n)$** :
> C'est l'ensemble des couples $\left((x_1, \ldots, x_n), P\left[(X_1 = x_1) \cap \ldots \cap (X_n = x_n)\right]\right)$ lorsque $x_1, \ldots, x_n$ décrivent respectivement $X_1(\Omega), \ldots, X_n(\Omega)$.

3 LOIS DISCRETES INFINIES USUELLES

3-1 Loi géométrique

Modèle : *On répète indéfiniment une épreuve de Bernoulli où la probabilité de succès est p ($p \in\ ]0, 1[$). On suppose que ces épreuves successives sont indépendantes. On appelle X la variable aléatoire égale au rang d'apparition du premier succès. On dit que X est le **temps d'attente** du premier succès.*

Déterminons la loi de X. Pour tout entier $k \geq 2$, l'événement $(X = k)$ peut s'écrire sous la forme : $(X = k) = E_1 \cap ... \cap E_{k-1} \cap S_k$ en notant E_i l'événement "obtenir un échec lors de la $i^{\text{ème}}$ épreuve" et S_i l'événement "obtenir un succès lors de la $i^{\text{ème}}$ épreuve". Les épreuves étant indépendantes, on en déduit :

$$P(X = k) = P(E_1) ... P(E_{k-1}) P(S_k) = (1-p)^{k-1} p.$$

(On remarque que la formule reste valable pour $k = 1$, plus petite valeur prise par X).

Vérification :

. $\forall k \in N^*, P(X = k) \geq 0$.

. $\displaystyle\sum_{k=1}^{+\infty} P(X=k) = \sum_{k=1}^{+\infty}(1-p)^{k-1}p = p\sum_{k'=0}^{+\infty}(1-p)^{k'} = p\frac{1}{1-(1-p)} = 1.$

Définition : *On dit qu'une v.a.r. X définie sur l'espace probabilisé $(\Omega, \mathcal{B}, P)$ suit la **loi géométrique** de paramètre p, $p \in\ ]0, 1[$, si :*

$$\begin{cases} X(\Omega) = N^* \\ \forall k \in N^*, P(X=k) = (1-p)^{k-1}p \end{cases}$$

Notation : On note : $X \hookrightarrow G(p)$.

Remarque : On peut aussi définir une loi géométrique à valeurs dans N. La variable X correspondra au temps d'attente *avant* le premier succès. La loi d'une telle variable est définie par : $X(\Omega) = N$ et, pour tout $k \in N$, $P(X = k) = (1-p)^k p$.

Espérance et variance :

Si $X \hookrightarrow G(p)$ *alors* $E(X) = \dfrac{1}{p}$ *et* $V(X) = \dfrac{1-p}{p^2}$.

On le justifie à l'aide des sommes des séries dérivées des séries géométriques.

3-2 Loi de Poisson

Modèle : Il n'y a pas de modèle mathématique simple de la loi de Poisson qui se définit comme une loi limite. Elle correspond pourtant à de nombreuses situations telles que : nombre de clients à la caisse d'un magasin pendant une période de durée T, nombre d'appels reçus à un standard pendant une période de durée T et, plus généralement, à des études de flux d'individus pendant une durée déterminée.

Définition : *On dit qu'une v.a.r. X définie sur l'espace probabilisé* $(\Omega, \mathcal{B}, P)$ *suit la **loi de Poisson** de paramètre* λ, $\lambda \in \mathbb{R}^{+*}$, *si :*

$$\begin{cases} X(\Omega) = \mathbb{N} \\ \forall k \in \mathbb{N}, P(X=k) = e^{-\lambda}\dfrac{\lambda^k}{k!} \end{cases}$$

Vérification :

. $\forall k \in \mathbb{N}, P(X=k) \geq 0$.

. $\displaystyle\sum_{k=0}^{+\infty} P(X=k) = \sum_{k=0}^{+\infty} e^{-\lambda}\dfrac{\lambda^k}{k!} = e^{-\lambda}\sum_{k=0}^{+\infty}\dfrac{\lambda^k}{k!} = e^{-\lambda}e^{\lambda} = 1$.

Notation : On note : $X \hookrightarrow \mathcal{P}(\lambda)$.

Espérance et variance :

Si $X \hookrightarrow \mathcal{P}(\lambda)$ *alors* $E(X) = V(X) = \lambda$.

Preuve :

. $E(X) = \displaystyle\sum_{k=0}^{+\infty} kP(X=k) = \sum_{k=0}^{+\infty} ke^{-\lambda}\dfrac{\lambda^k}{k!} = e^{-\lambda}\sum_{k=1}^{+\infty}\dfrac{\lambda^k}{(k-1)!}$

$= \lambda e^{-\lambda}\displaystyle\sum_{k=1}^{+\infty}\dfrac{\lambda^{k-1}}{(k-1)!} = \lambda e^{-\lambda}\sum_{k'=0}^{+\infty}\dfrac{\lambda^{k'}}{k'!} = \lambda e^{-\lambda}e^{\lambda} = \lambda$.

. $V(X) = E(X^2) - E(X)^2 = E[X(X-1)] + E(X) - E(X)^2$.

$E[X(X-1)] = \displaystyle\sum_{k=0}^{+\infty} k(k-1)P(X=k) = e^{-\lambda}\sum_{k=0}^{+\infty} k(k-1)\dfrac{\lambda^k}{k!} = e^{-\lambda}\sum_{k=2}^{+\infty}\dfrac{\lambda^k}{(k-2)!}$

$= \lambda^2 e^{-\lambda}\displaystyle\sum_{k=2}^{+\infty}\dfrac{\lambda^{k-2}}{(k-2)!} = \lambda^2 e^{-\lambda}\sum_{k'=0}^{+\infty}\dfrac{\lambda^{k'}}{k'!} = \lambda^2 e^{-\lambda}e^{\lambda} = \lambda^2$.

On en déduit : $V(X) = E[X(X-1)] + E(X) - E(X)^2 = \lambda^2 + \lambda - \lambda^2 = \lambda$.

3-3 Stabilité de la loi de Poisson par la somme

> **Proposition 1** : *Soient X, Y deux variables aléatoires **indépendantes** définies sur $(\Omega, \mathcal{B}, P)$ et telles que : $X \hookrightarrow \mathcal{P}(\lambda)$ et $Y \hookrightarrow \mathcal{P}(\mu)$, λ et $\mu \in \mathbf{R}^{+*}$.*
> *Alors :* $\qquad\qquad\qquad X + Y \hookrightarrow \mathcal{P}(\lambda + \mu).$

Preuve :

$(X+Y)(\Omega) = \mathbf{N}$ et, pour tout $k \in \mathbf{N}$, l'événement $(X+Y=k)$ est la réunion disjointe des événements $(X=i) \cap (Y=k-i)$ lorsque i décrit $\{0, ..., k\}$.

Les événements $(X=i)$ et $(Y=k-i)$ étant indépendants, on en déduit :

$$P(X+Y=k) = \sum_{i=0}^{k} P[(X=i)\cap(Y=k-i)] = \sum_{i=0}^{k} P(X=i)P(Y=k-i)$$

$$= \sum_{i=0}^{k} e^{-\lambda}\frac{\lambda^i}{i!} e^{-\mu}\frac{\mu^{k-i}}{(k-i)!} = e^{-(\lambda+\mu)} \sum_{i=0}^{k} \frac{1}{i!(k-i)!} \lambda^i \mu^{k-i}$$

$$= e^{-(\lambda+\mu)} \sum_{i=0}^{k} \frac{1}{k!} C_k^i \lambda^i \mu^{k-i} = e^{-(\lambda+\mu)} \frac{1}{k!} \sum_{i=0}^{k} C_k^i \lambda^i \mu^{k-i}$$

Par la formule du binôme, $P(X+Y=k) = e^{-(\lambda+\mu)} \dfrac{(\lambda+\mu)^k}{k!}$.

On en déduit que : $X + Y \hookrightarrow \mathcal{P}(\lambda + \mu)$.

Remarque : La propriété se généralise sans difficulté (récurrence) au cas de n variables de Poisson indépendantes :

> **Proposition 2** : *Soient $X_1, ..., X_n$ n variables aléatoires **indépendantes** définies sur $(\Omega, \mathcal{B}, P)$ et telles que, pour tout $i \in \{1, ..., n\}$: $X_i \hookrightarrow \mathcal{P}(\lambda_i)$, $\lambda_i \in \mathbf{R}^{+*}$.*
> *Alors :* $\qquad\qquad\qquad X_1 + ... + X_n \hookrightarrow \mathcal{P}(\lambda_1 + ... + \lambda_n).$

LOIS DISCRETES USUELLES

NOM	X(Ω)	Loi	E(X)	V(X)
Loi uniforme $X \hookrightarrow \mathcal{U}(\{1,...,n\})$	$\{1, ..., n\}$	$P(X=k) = \dfrac{1}{n}$	$\dfrac{n+1}{2}$	$\dfrac{n^2-1}{12}$
(modèle : Tirage d'un objet au hasard parmi n. X est le numéro de l'objet obtenu).				
Loi de Bernoulli $X \hookrightarrow \mathcal{B}(p)$	$\{0, 1\}$	$P(X=0) = 1 - p$ $P(X=1) = p$	p	$p(1-p)$
(modèle : Réalisation d'une expérience à deux issues : succès ou échec. p est la probabilité d'un succès).				
Loi binomiale $X \hookrightarrow \mathcal{B}(n, p)$	$\{0, ..., n\}$	$P(X=k) = C_n^k p^k (1-p)^{n-k}$	np	$np(1-p)$
(modèle : Réalisation de n essais indépendants d'une expérience à deux issues : succès ou échec. X est le nombre de succès).				
Loi hypergéométrique $X \hookrightarrow \mathcal{H}(N, n, p)$	inclus dans $\{0, ..., n\}$	$P(X=k) = \dfrac{C_{Np}^k C_{Nq}^{n-k}}{C_N^n}$	np	$np(1-p)\dfrac{N-n}{N-1}$
(modèle : Tirage simultané de n individus dans une population d'effectif N comportant une proportion p d'individus de type 1. X est le nombre d'individus de type 1 obtenus).				
Loi géométrique $X \hookrightarrow G(p)$	$\mathbb{N}^*$	$P(X=k) = (1-p)^{k-1} p$	$\dfrac{1}{p}$	$\dfrac{1-p}{p^2}$
(modèle : Réalisation d'essais indépendants d'une expérience à deux issues. X est le rang d'apparition du premier succès (temps d'attente)).				
Loi de Poisson $X \hookrightarrow \mathcal{P}(\lambda)$	$\mathbb{N}$	$P(X=k) = e^{-\lambda} \dfrac{\lambda^k}{k!}$	λ	λ
(Pas de modèle simple. Etudes de flux d'individus pendant une durée T).				

- EXERCICES -

Espaces probabilisés dénombrables

1- Deux joueurs lancent l'un après l'autre un dé, le gagnant est le premier qui amène le 6.
1°) Quelles sont les probabilités de gain de chacun des deux joueurs ?
2°) Quelle est la probabilité pour que le jeu s'arrête en moins de 20 coups ?

2- On considère le jeu suivant : on lance trois pièces de monnaie équilibrées. Si les trois pièces présentent trois "pile" le jeu s'arrête sinon on recommence.
1°) Déterminer la probabilité p_i de l'événement E_i : le jeu s'arrête au $i^{\text{ème}}$ lancer.
2°) Quelle est la probabilité q_i de l'événement F_i : le jeu s'arrête au plus tard au $i^{\text{ème}}$ lancer ?
3°) Calculer les limites de p_i et q_i quand i tend vers $+\infty$. Que conclure ?

3- On considère le jeu suivant : n personnes (n $\geq$ 3) jettent successivement une pièce de monnaie. Si toutes les pièces sauf une donnent le même résultat (pile ou face), le joueur ayant obtenu le résultat singulier est déclaré perdant.
1°) Quelle est la probabilité p pour que cette circonstance se produise ?
2°) Calculer en fonction de p, la probabilité p(k) pour que l'on obtienne un perdant pour la première fois à la $k^{\text{ème}}$ partie ?
3°) Quelle est la nature de la série de terme général p(k) ?
Quand est-on quasiment certain d'avoir un perdant ?

Variables discrètes

4- 1°) Montrer que la famille de polynômes (1, X, X(X-1), X(X-1)(X-2)) forme une base de $\mathbf{R}_3[X]$.
2°) Déterminer α pour que l'expression :
$$\forall k \in N, P(X = k) = \alpha \frac{k^3 + 1}{k!}$$
définisse la loi de probabilité d'une variable discrète à valeurs dans **N**.
3°) α ayant la valeur trouvée au 2°), déterminer E(X).

5- Une suite d'épreuves de Bernoulli de paramètre p est répétée de façon indépendante jusqu'à l'obtention de k succès.
Soit X la variable aléatoire égale au nombre d'essais nécessaires.
1°) Déterminer la loi de X.
2°) Pour k = 2, calculer l'espérance E(X).

6- Soit X une variable aléatoire discrète à valeurs positives ou nulles et admettant une espérance m non nulle.
On note F la fonction de répartition de X et on appelle 3ème quartile de X le réel q tel que F (q) = 3/4.
A l'aide de l'inégalité de Markov, montrer que $q \leq 4m$.

7- Dans un scrutin, 60% des électeurs votent pour le candidat A. Déterminer le nombre de bulletins qu'il suffit de dépouiller pour que l'on puisse affirmer avec moins de 5% de risque d'erreurs que A obtient entre 58% et 62% des voix.

Loi géométrique et loi de Poisson

8- On lance un dé honnête jusqu'à obtenir l'as. On appelle X la variable aléatoire égale au nombre de jets nécessaires. Donner la loi de X ainsi que son espérance et sa variance.

9- Un candidat passe chaque année trois concours indépendants avec une probabilité de réussite à chaque concours de 1/3. Déterminer la loi du nombre d'années X nécessaires à l'intégration.

10- Soient X et Y deux variables aléatoires indépendantes suivant une loi géométrique de même paramètre p, $p \in]0, 1[$.
On désigne par Z = sup {X, Y}. Déterminer la loi et l'espérance de Z.

11- Soit X une variable suivant une loi géométrique de paramètre p. On définit une variable Y de la façon suivante :
a) Si X prend une valeur impaire, alors Y prend la valeur 0.
b) Si X prend une valeur paire, alors Y prend la valeur X / 2.
Trouver la loi de Y, son espérance et sa variance.

12- Soit X une variable suivant une loi de Poisson de paramètre λ.
Calculer $E\left(\dfrac{1}{1+X}\right)$.

13- Soit X une variable suivant une loi de Poisson de paramètre λ. Y est une variable aléatoire prenant ses valeurs dans **N** et telle que Y / (X = n) suit la loi binomiale de paramètres n et p. Quelle est la loi de Y ?

14- Un insecte pond des oeufs suivant une loi de Poisson de paramètre λ. Chaque oeuf a une probabilité p d'éclore ($p \in]0, 1[$). Etudier la loi et l'espérance de la variable X égale au nombre d'insectes nés.

15- Soit X une variable suivant une loi de Poisson de paramètre λ. On définit une variable Y de la façon suivante :
a) Si X prend une valeur impaire, alors Y prend la valeur 0.
b) Si X prend une valeur paire, alors Y prend la valeur X / 2.
Trouver la loi de Y.

FONCTIONS NUMERIQUES : LIMITES ET CONTINUITE

Dans tout le chapitre on se limitera au cas des fonctions à valeurs réelles (*fonctions numériques*) définies sur un intervalle de **R**.

1 LIMITE ET CONTINUITE D'UNE FONCTION EN UN POINT

1-1 Point d'accumulation

On note : $\overline{\mathbf{R}} = \mathbf{R} \cup \{-\infty, +\infty\}$.

Définition : *Soit I un intervalle de R; $x_0 \in \overline{\mathbf{R}}$ est dit **point d'accumulation** de I si x_0 est un élément de I ou une extrémité de I.*

Exemples :   . tout point de [a, b] est point d'accumulation de [a, b];
                . a et b sont points d'accumulation de]a, b[.
                . $+\infty$ est point d'accumulation de $[0, +\infty[$.

1-2 Limite et continuité en un point

Définitions : *Soit f une fonction définie sur un intervalle I de R et soit x_0 un réel, point d'accumulation de I. On dit que f admet le réel a pour **limite** en x_0 si :*

pour tout réel $\varepsilon > 0$, il existe un nombre réel $\alpha > 0$ tel que, pour tout élément x de $I \cap [x_0 - \alpha, x_0 + \alpha]$, $|f(x) - a| \leq \varepsilon$.

(Autrement dit : $\forall \varepsilon > 0, \exists \alpha > 0, \forall x \in I, |x - x_0| \leq \alpha \Rightarrow |f(x) - a| \leq \varepsilon$ *).*

*Dans ce cas, si x_0 appartient à I, on a : $f(x_0) = a$. On dit que f est **continue** en x_0.*

Remarque : Si f admet une limite a en x_0 et si x_0 n'appartient pas à I, on peut *prolonger* f en une fonction continue en x_0 en posant $f(x_0) = a$. On dit que la fonction obtenue est un *prolongement par continuité* de f en x_0.

Propriété (unicité de la limite) : *Si une fonction numérique admet une limite $a \in \mathbf{R}$ au point x_0, cette limite est unique.*

Notation : $\lim_{x_0} f = a$ *ou* $\lim_{x \to x_0} f(x) = a$.

Exemple : La fonction f définie sur $I =]0, +\infty[$ par $f(x) = x\sin\dfrac{1}{x}$ vérifie $\lim\limits_{x \to 0} f(x) = 0$ car : $\forall \varepsilon > 0, |x| \leq \varepsilon \Rightarrow \left|x\sin\dfrac{1}{x}\right| \leq \varepsilon$ (en effet $\left|\sin\dfrac{1}{x}\right| \leq 1$).

Négation : f n'admet pas de limite réelle en x_0 si et seulement si :
$$\forall a \in R, \exists \varepsilon > 0, \forall \alpha > 0, \exists x \in I, |x - x_0| \leq \alpha \text{ et } |f(x) - a| > \varepsilon.$$

Exemple : La fonction f définie sur $I =]0, +\infty[$ par $f(x) = \sin\dfrac{1}{x}$ n'admet pas de limite en 0. En effet :

$\forall a \in R, \exists \varepsilon > 0, (\varepsilon = 1/3), \forall \alpha > 0, \exists n \in N^*, 0 < x_1 = \dfrac{1}{2n\pi} \leq \alpha \text{ et } 0 < x_2 = \dfrac{1}{2n\pi + \pi/2} \leq \alpha$

$f(x_1) = 0$ et $f(x_2) = 1$ donc on a $|f(x_1) - a| > 1/3$ ou $|f(x_2) - a| > 1/3$ (sinon :
$1 = |f(x_1) - f(x_2)| \leq |f(x_1) - a| + |f(x_2) - a| \leq 2/3$, impossible). Donc :
$$\forall a \in R, \exists \varepsilon = 1/3 > 0, \forall \alpha > 0, \exists x \in I, 0 < x \leq \alpha \text{ et } |f(x) - a| > \varepsilon.$$

1-3 Limites d'un côté

> *Définition :* Soit f une fonction définie sur un intervalle I et soit x_0 un réel, point d'accumulation de $I \cap]-\infty, x_0[$ (respectivement $I \cap]x_0, +\infty[$). On dit que f admet le réel a pour **limite à gauche** (resp. **limite à droite**) au point x_0 si :
> $$\forall \varepsilon > 0, \exists \alpha > 0, \forall x \in I, 0 < x_0 - x \leq \alpha \Rightarrow |f(x) - a| \leq \varepsilon$$
> *(resp. $0 < x - x_0 \leq \alpha$)*

Notations :
$$\lim_{\substack{x \to x_0 \\ x < x_0}} f(x) = a \quad ou \quad \lim_{x \to x_0^-} f(x) = a$$

$$\lim_{\substack{x \to x_0 \\ x > x_0}} f(x) = a \quad ou \quad \lim_{x \to x_0^+} f(x) = a$$

Remarque : Ces définitions permettent d'étendre la notion de limite d'une fonction numérique au cas des fonctions *définies au voisinage de x_0* sauf, peut-être en x_0. Ainsi, si f est définie à droite et à gauche de x_0, on utilisera :

. *Si f n'est pas définie en x_0 :* $\lim\limits_{x \to x_0} f(x) = a \Leftrightarrow \lim\limits_{x \to x_0^-} f(x) = \lim\limits_{x \to x_0^+} f(x) = a$

. *Si f est définie en x_0 :* $\lim\limits_{x \to x_0} f(x) = a \Leftrightarrow \lim\limits_{x \to x_0^-} f(x) = \lim\limits_{x \to x_0^+} f(x) = f(x_0) = a$

En particulier :

> *Propriété :* Soit f une fonction définie sur un intervalle I de R et soit x_0 un point de I. f est continue en x_0 si et seulement si $\lim\limits_{x \to x_0^-} f(x) = \lim\limits_{x \to x_0^+} f(x) = f(x_0)$.

1-4 Extension de la notion de limite

Soit f une fonction définie sur un intervalle I de **R**. Nous allons étendre la définition de la limite a de f en x_0 aux cas où $x_0 \in \overline{R}$ et $a \in \overline{R}$ ($\overline{R} = R \cup \{-\infty, +\infty\}$).

Définitions :

. $x_0 \in R$ et $a = +\infty$, x_0 *point d'accumulation de* I :
$$\lim_{x \to x_0} f(x) = +\infty \Leftrightarrow \forall A \in R, \exists \alpha > 0, \forall x \in I, |x - x_0| \le \alpha \Rightarrow f(x) \ge A.$$

. $x_0 \in R$ et $a = -\infty$, x_0 *point d'accumulation de* I :
$$\lim_{x \to x_0} f(x) = -\infty \Leftrightarrow \forall B \in R, \exists \alpha > 0, \forall x \in I, |x - x_0| \le \alpha \Rightarrow f(x) \le B.$$

. $a \in R$ et $x_0 = +\infty$, *avec* $+\infty$ *point d'accumulation de* I :
$$\lim_{x \to +\infty} f(x) = a \Leftrightarrow \forall \varepsilon > 0, \exists A \in R, \forall x \in I, x \ge A \Rightarrow |f(x) - a| \le \varepsilon.$$

. $a \in R$ et $x_0 = -\infty$, *avec* $-\infty$ *point d'accumulation de* I :
$$\lim_{x \to -\infty} f(x) = a \Leftrightarrow \forall \varepsilon > 0, \exists B \in R, \forall x \in I, x \le B \Rightarrow |f(x) - a| \le \varepsilon.$$

. $a = +\infty$ et $x_0 = +\infty$, *avec* $+\infty$ *point d'accumulation de* I :
$$\lim_{x \to +\infty} f(x) = +\infty \Leftrightarrow \forall A_1 \in R, \exists A_2 \in R, \forall x \in I, x \ge A_2 \Rightarrow f(x) \ge A_1.$$

On étudie de façon analogue les cas :
$(a = +\infty$ *et* $x_0 = -\infty)$ $(a = -\infty$ *et* $x_0 = +\infty)$ $(a = -\infty$ *et* $x_0 = -\infty)$.

Exemple : $\lim\limits_{x \to +\infty} \dfrac{1}{x^2} = 0$; *en effet* $\dfrac{1}{x^2} \le \varepsilon \Leftrightarrow x \ge \dfrac{1}{\sqrt{\varepsilon}}$, *donc :*
$$\forall \varepsilon > 0, \exists A \in R \ (A = \dfrac{1}{\sqrt{\varepsilon}}), \forall x \in]0, +\infty[, x \ge A \Rightarrow |f(x)| \le \varepsilon.$$

Remarque : Comme dans le paragraphe précédent, si $x_0 \in \mathbf{R}$ et $a \in \overline{\mathbf{R}}$, on définit :
$\lim\limits_{x \to x_0^+} f(x) = a$ et $\lim\limits_{x \to x_0^-} f(x) = a$ (limite à droite, limite à gauche).

Exemples : . $\lim\limits_{x \to 0^+} \dfrac{1}{x} = +\infty$ $\lim\limits_{x \to 0^-} \dfrac{1}{x} = -\infty$

. $\lim\limits_{x \to \frac{\pi}{2}^-} \tan x = +\infty$ $\lim\limits_{x \to \frac{\pi}{2}^+} \tan x = -\infty$

Remarque : . $\lim\limits_{x \to 1^+} \dfrac{1}{\sqrt{x^2 - 1}} = \lim\limits_{x \to 1} \dfrac{1}{\sqrt{x^2 - 1}} = +\infty$

1-5 Opérations sur les limites

Soient f et g deux fonctions numériques définies respectivement sur les intervalles I et J et soit x_0 un point d'accumulation de $I \cap J$ ($x_0 \in \overline{\mathbb{R}}$).

On fait tendre x vers x_0 :

Limite de ... si ...	$f(x) + g(x)$	$\lambda . f(x)$ ($\lambda \neq 0$)	$f(x) g(x)$	$f(x) / g(x)$
$f(x) \to \ell \neq 0$ et $g(x) \to \ell' \neq 0$	$\ell + \ell'$	$\lambda \ell$	$\ell \ell'$	ℓ / ℓ'
$f(x) \to \ell \neq 0$ et $g(x) \to 0$	ℓ	$\lambda \ell$	0	∞ (signe de $f(x)/g(x)$)
$f(x) \to 0$ et $g(x) \to \ell \neq 0$	ℓ	0	0	0
$f(x) \to 0$ et $g(x) \to 0$	0	0	0	?
$f(x) \to \ell \neq 0$ et $g(x) \to \infty$	∞ (signe de $g(x)$)	$\lambda \ell$	∞ (signe de $f(x)g(x)$)	0
$f(x) \to \infty$ et $g(x) \to \ell \neq 0$	∞ (signe de $f(x)$)	∞ (signe de $\lambda f(x)$)	∞ (signe de $f(x)g(x)$)	∞ (signe de $f(x)/g(x)$)
$f(x) \to 0$ et $g(x) \to \infty$	∞ (signe de $g(x)$)	0	?	0
$f(x) \to \infty$ et $g(x) \to 0$	∞ (signe de $g(x)$)	∞ (signe de $\lambda f(x)$)	?	∞ (signe de $f(x)/g(x)$)
$f(x) \to +\infty$ et $g(x) \to +\infty$	$+\infty$	∞ (du signe de λ)	$+\infty$	?
$f(x) \to +\infty$ et $g(x) \to -\infty$	?	∞ (du signe de λ)	$-\infty$	?

Limite de la composée de deux fonctions :

> **Théorème :** *Soient f et g deux fonctions numériques vérifiant les hypothèses :*
> 1) $\lim\limits_{x \to x_0} f(x) = a \in \overline{R}$ 2) $\lim\limits_{y \to a} g(y) = b \in \overline{R}$
> *alors* : $\lim\limits_{x \to x_0} gof(x) = b \in \overline{R}$

1-6 Limites et ordre

Notion de voisinage :

. Soit $x_0 \in \mathbf{R}$, on appelle *voisinage de x_0* toute partie de $\mathbf{R}$ qui contient un intervalle ouvert $]x_0 - \alpha, x_0 + \alpha[$ avec $\alpha > 0$.

. On appelle *voisinage de* $+\infty$ (resp. de $-\infty$) toute partie de $\mathbf{R}$ qui contient un intervalle ouvert $]a, +\infty[$ (resp. $]-\infty, b[$).

Propriété 1 :

Soient f et g deux fonctions numériques respectivement définies sur les intervalles I et J et soit x_0 un point d'accumulation de $I \cap J$ ($x_0 \in \overline{\mathbf{R}}$).

S'il existe un voisinage V de x_0 tel que : $\forall x \in V, f(x) \leq g(x)$ alors :

. *f et g admettent une limite finie au point $x_0 \Rightarrow \lim\limits_{x \to x_0} f(x) \leq \lim\limits_{x \to x_0} g(x)$*

 (en particulier si $\forall x \in V, g(x) \geq 0$ alors $\lim g(x) \geq 0$);

. $\begin{cases} \lim\limits_{x \to x_0} f(x) = +\infty \Rightarrow \lim\limits_{x \to x_0} g(x) = +\infty \\ \lim\limits_{x \to x_0} g(x) = -\infty \Rightarrow \lim\limits_{x \to x_0} f(x) = -\infty \end{cases}$

Remarque : Dans le premier cas, si $f(x) < g(x)$ la conclusion est toujours :
$$\lim_{x \to x_0} f(x) \leq \lim_{x \to x_0} g(x).$$

Propriété 2 (théorème d'encadrement) :

Soient f, g, h trois fonctions numériques respectivement définies sur les intervalles I, J, K et soit x_0 un point d'accumulation de $I \cap J \cap K$ ($x_0 \in \overline{\mathbf{R}}$).

Si

 1) Il existe un voisinage V de x_0 tel que $\forall x \in V, f(x) \leq g(x) \leq h(x)$

 2) $\lim\limits_{x \to x_0} f(x) = \lim\limits_{x \to x_0} h(x) = a \in \overline{R}$

alors

 g admet a pour limite au point x_0 : $\lim\limits_{x \to x_0} g(x) = a$.

2 COMPARAISON DE FONCTIONS

Dans tout ce paragraphe $x_0 \in \overline{\mathbf{R}}$ est point d'accumulation des intervalles d'étude de toutes les fonctions rencontrées.

2-1 Négligeabilité

Définition : *Soient f et g deux fonctions définies sur un même voisinage V de x_0, éventuellement privé de x_0. On dit que f est **négligeable** devant g au voisinage de x_0, et on note $f = o(g)$ si :*
$$\forall \varepsilon > 0, \exists \alpha > 0, \forall x \in V, |x - x_0| \leq \alpha \Rightarrow |f(x)| \leq \varepsilon |g(x)|.$$

Remarques :

. S'il existe un voisinage de x_0 sur lequel g ne s'annule pas :
$$f = o(g) \Leftrightarrow \lim_{x \to x_0} \frac{f(x)}{g(x)} = 0.$$

. $f = o(1) \Leftrightarrow \lim\limits_{x \to x_0} f(x) = 0.$

Propriétés :

1) $f = o(g)$ et $g = o(h) \Rightarrow f = o(h)$ (transitivité)

2) $f_1 = o(g)$ et $f_2 = o(g) \Rightarrow f_1 + f_2 = o(g)$ <u>mais</u>
   $f_1 = o(g_1)$ et $f_2 = o(g_2)$ n'implique pas $f_1 + f_2 = o(g_1 + g_2)$.

3) $f_1 = o(g_1)$ et $f_2 = o(g_2) \Rightarrow f_1 f_2 = o(g_1 g_2)$.

2-2 Fonctions équivalentes

Définition : *On dit que f est **équivalente** à g au voisinage de x_0, et on note $f \sim g$ si :*
$$f - g = o(g).$$

Remarque : S'il existe un voisinage de x_0 sur lequel g ne s'annule pas :
$$f \sim g \Leftrightarrow \lim_{x \to x_0} \frac{f(x)}{g(x)} = 1.$$

Théorème : *Soit $a \in \overline{\mathbf{R}}$; si $f \sim g$ au voisinage de x_0 et si $\lim\limits_{x \to x_0} g(x) = a$ alors $\lim\limits_{x \to x_0} f(x) = a$.*

Propriétés :

1) $f \sim f$ (réflexivité)

2) $f \sim g \Rightarrow g \sim f$ (symétrie)

3) $f \sim g$ et $g \sim h \Rightarrow f \sim h$ (transitivité)

4) $f_1 \sim g_1$ et $f_2 \sim g_2 \Rightarrow f_1 f_2 \sim g_1 g_2$ <u>mais</u>
   $f_1 \sim g_1$ et $f_2 \sim g_2$ n'implique pas $f_1 + f_2 \sim g_1 + g_2$.

5) Si $f \sim g$ alors $|f| \sim |g|$.

6) $f \sim g \Rightarrow f^r \sim g^r$ <u>mais</u>, en général, $f \sim g$ n'entraîne pas $hof \sim hog$.
(ainsi, au voisinage de l'infini, $x^2 \sim x^2 + x$ mais e^{x^2} n'est pas équivalent à e^{x^2+x}).

2-3 Exemples à connaître

Equivalents usuels :
. Si $\lim_{x \to x_0} f(x) = a$ et $a \neq 0$ alors $f \underset{x_0}{\sim} a$.
. Si $P(x) = a_n x^n + ... + a_m x^m$ avec $n \geq m$, $a_n \neq 0$, $a_m \neq 0$, alors : $P(x) \underset{\infty}{\sim} a_n x^n$, $P(x) \underset{0}{\sim} a_m x^m$.
. $\sin x \underset{0}{\sim} x$, $\tan x \underset{0}{\sim} x$, $1 - \cos x \underset{0}{\sim} x^2/2$.
. $\ln(1+x) \underset{0}{\sim} x$, $\ln x \underset{1}{\sim} x-1$, $e^x - 1 \underset{0}{\sim} x$.
. $((1+x)^r - 1) \underset{0}{\sim} rx$ (r réel indépendant de x).

Négligeabilités au voisinage de $+\infty$	*Négligeabilités au voisinage de 0*
$\ln x = o(x)$, $x = o(e^x)$ *Plus généralement* : $\forall \alpha > 0, \ln x = o(x^\alpha)$ $\forall \alpha > 0, \forall \beta \in R, (\ln x)^\beta = o(x^\alpha)$ $\forall a > 1, x = o(a^x)$ $\forall a > 1, \forall \beta \in R, x^\beta = o(a^x)$	$\ln x = o\left(\dfrac{1}{x}\right)$ *Plus généralement* : $\forall \alpha > 0, \forall \beta \in R, |\ln x|^\beta = o\left(\dfrac{1}{x^\alpha}\right)$

3 ETUDE GLOBALE DES FONCTIONS

3-1 Fonctions paires, impaires; fonctions périodiques

. Le *domaine de définition* d'une fonction f est défini par : $D_f = \{x \in \mathbf{R}; f(x) \text{ existe}\}$
. Dans le plan affine P muni du repère $(O, \vec{i}, \vec{j})$ on appelle *courbe représentative* de f l'ensemble noté C_f et défini par :
$$C_f = \{M(x, y) \in P; y = f(x)\} = \{M(x, f(x)) \in P; x \in D_f\}$$

. f est *paire* si : $\forall x \in D_f, -x \in D_f$ (D_f *symétrique par rapport à 0*) et $f(-x) = f(x)$;
. f est *impaire* si : $\forall x \in D_f, -x \in D_f$ et $f(-x) = -f(x)$.
. f est *périodique* s'il existe un réel p strictement positif tel que :
$$\forall x \in D_f, x + p \in D_f \text{ et } f(x + p) = f(x).$$
Remarque : *La période* de f est alors le plus petit de ces réels positifs p.

Conséquences :
. si f est paire, C_f est symétrique par rapport à $D(O, \vec{j})$ parallèlement à $D(O, \vec{i})$;
. si f est impaire, C_f est symétrique par rapport à O.

3-2 Fonctions bornées

. f est *majorée* sur l'ensemble E si : $\exists M \in \mathbf{R}$ tel que $\forall x \in E, f(x) \leq M$;

. f est *minorée* sur l'ensemble E si : $\exists m \in \mathbf{R}$ tel que $\forall x \in E, f(x) \geq m$;

. f est *bornée* sur l'ensemble E si elle est minorée et majorée sur E, c'est à dire :
$$\exists M > 0 \text{ tel que } \forall x \in E, |f(x)| \leq M.$$

Exemples : . La fonction cosinus (cos) est bornée sur $\mathbf{R}$;
. La fonction valeur absolue ($|..|$) est minorée sur $\mathbf{R}$.

3-3 Fonctions monotones

. f est *croissante* sur l'intervalle I si : $\forall (x_1, x_2) \in I^2, x_1 < x_2 \Rightarrow f(x_1) \leq f(x_2)$
(ou encore : $\forall (x_1, x_2) \in I^2, x_1 \neq x_2 \Rightarrow \dfrac{f(x_1) - f(x_2)}{x_1 - x_2} \geq 0$).
. f est *décroissante* sur l'intervalle I si : $\forall (x_1, x_2) \in I^2, x_1 < x_2 \Rightarrow f(x_1) \geq f(x_2)$
(ou encore : $\forall (x_1, x_2) \in I^2, x_1 \neq x_2 \Rightarrow \dfrac{f(x_1) - f(x_2)}{x_1 - x_2} \leq 0$).
. f est *strictement croissante* (resp. *strictement décroissante*) sur l'intervalle I si :
$$\forall (x_1, x_2) \in I^2, x_1 < x_2 \Rightarrow f(x_1) < f(x_2) \quad (\text{resp. } f(x_1) > f(x_2)).$$
. f est *monotone* (resp. *strictement monotone*) sur l'intervalle I si f est croissante ou décroissante (resp. strictement croissante ou décroissante) sur l'intervalle I.

3-4 Limite d'une fonction monotone

Théorème (dit de la limite monotone) : *Toute fonction croissante et majorée (respectivement décroissante et minorée) sur l'intervalle [a, b[(a, b ∈ $\overline{R}$) admet une limite finie à gauche de b.*

Remarque : Dans le cas d'une fonction monotone non bornée :

. si f est croissante et n'est pas majorée sur [a, b[, alors $\lim_{x \to b^-} f(x) = +\infty$;

. si f est décroissante et n'est pas minorée sur [a, b[, alors $\lim_{x \to b^-} f(x) = -\infty$

Conséquence : *Toute fonction monotone sur un intervalle]a, b[admet en tout point de cet intervalle une limite à droite et à gauche.*

3-5 Fonctions continues sur un intervalle

On a vu plus haut qu'une fonction f est dite continue en un point de son ensemble de définition si f admet une limite en ce point.

Définition : *On dit que f est continue sur un intervalle I si f est définie sur I (I ⊂ D_f) et si f est continue en tout point de I.*

Remarque : On peut étendre la définition précédente au cas d'un ensemble E réunion d'intervalles inclus dans D_f : f est continue sur E si f est continue sur chacun des intervalles qui composent E.

Exemples : . Les fonctions polynômes, racine carrée, sin, cos, tan, ln, exp sont continues sur leurs ensembles de définition.
. La fonction de répartition d'une variable aléatoire discrète n'est jamais continue sur **R** (quels sont les points de discontinuité ?).

Théorème : *Soient f et g deux fonctions continues sur un intervalle I et soit λ un réel :*
. *Les fonctions f + g, λf, f g sont continues sur I ;*
. *Les fonctions 1/ g et f / g sont continues en tout point de I tel que g (x) ≠ 0.*

Conséquence : Toute *fraction rationnelle* (quotient de deux fonctions polynômes) est continue sur son ensemble de définition.

Composition : *Soient f et g deux fonctions respectivement définies et continues sur les intervalles I et J tels que f (I) ⊂ J. La fonction gof est alors continue sur I.*

4 PROPRIETES DES FONCTIONS CONTINUES

4-1 Image d'un intervalle

> **Théorème :** *L'image d'un intervalle (resp. d'un segment) par une fonction continue est un intervalle (resp. un segment).*

En particulier dans le cas d'un segment cela se traduit par : $f([a, b]) = [m, M]$. f est donc bornée sur [a, b] (pour tout $x \in [a, b]$, $m \leq f(x) \leq M$) et atteint ses *bornes* m et M (il existe x_1 et x_2 dans [a, b] tels que : $f(x_1) = m$ et $f(x_2) = M$). On note :
$$m = \inf_{t \in [a,b]} f(t) \text{ et } M = \sup_{t \in [a,b]} f(t).$$

> **Corollaire :** *Toute fonction continue sur un segment est bornée sur ce segment et atteint ses bornes.*

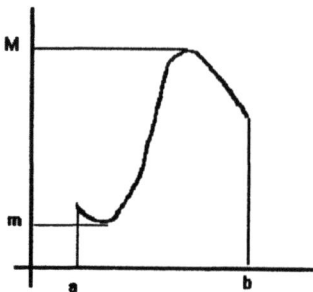

L'image du segment [a,b] est le segment [m,M]. Plus généralement, pour tout intervalle I l'image de I est un intervalle. Cela signifie que si f prend deux valeurs distinctes $s = f(\alpha)$ et $t = f(\beta)$ sur l'intervalle I, alors f prend toute valeur comprise entre s et t. On en déduit une autre formulation du théorème précédent :

> **Théorème des valeurs intermédiaires :** *Soit f une fonction continue sur un intervalle I contenant les deux réels α et β. Toutes les valeurs comprises entre $f(\alpha)$ et $f(\beta)$ sont atteintes par f en au moins un point de l'intervalle $]\alpha, \beta[$.*

> **En particulier :** Si f est continue sur $[\alpha, \beta]$ et si $f(\alpha)$ et $f(\beta)$ sont de signes contraires (c'est à dire $f(\alpha) f(\beta) < 0$) alors f s'annule sur $]\alpha, \beta[$.

4-2 Continuité et inversibilité

> **Théorème (dit de bijection) :** *Toute fonction continue et strictement monotone sur l'intervalle I est bijective de I sur l'intervalle $J = f(I)$. Sa fonction réciproque f^{-1} est continue et strictement monotone sur J, de même sens de variation que f.*

Remarques :
. D'après le théorème **4-1**, $J = f(I)$ est un intervalle.
. Dans un repère orthonormé, la courbe représentative de f^{-1} se déduit de celle de f par la symétrie orthogonale d'axe la droite d'équation : $y = x$.

Exemples : fonctions réciproques des fonctions circulaires

. La fonction sinus est continue et strictement croissante sur l'intervalle $[-\pi/2, \pi/2]$. Elle admet une fonction réciproque notée Arcsin définie sur $[-1, +1]$ par :
$$(y = \text{Arcsin } x) \Leftrightarrow (y \in [-\pi/2, \pi/2] \text{ et } \sin y = x).$$

. De même la fonction cosinus est continue et strictement décroissante sur l'intervalle $[0, \pi]$. Elle admet une fonction réciproque notée Arccos définie sur $[-1, +1]$ par :
$$(y = \text{Arccos } x) \Leftrightarrow (y \in [0, \pi] \text{ et } \cos y = x).$$

. La fonction tangente est continue et strictement croissante sur l'intervalle $]-\pi/2, \pi/2[$. Elle admet une fonction réciproque notée Arctan définie sur $\mathbf{R}$ par :
$$(y = \text{Arctan } x) \Leftrightarrow (y \in]-\pi/2, \pi/2[\text{ et } \tan y = x).$$

Représentation de la fonction Arctan :

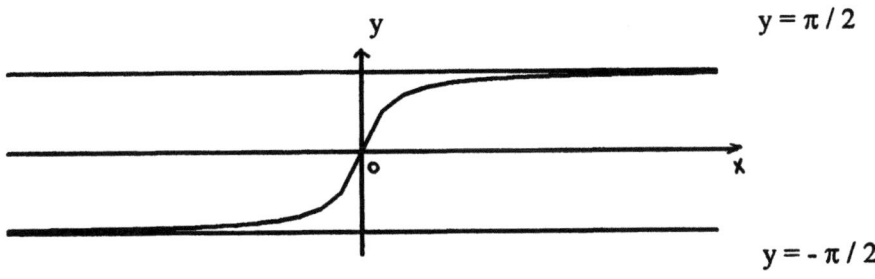

4-3 Continuité et suites

Proposition : *Soit f une fonction définie sur l'intervalle I. Les conditions suivantes sont équivalentes :*
(i) f est continue au point a.
(ii) Pour toute suite (u_n) d'éléments de I qui converge vers a, la suite de terme général $f(u_n)$ converge vers $f(a)$.

Exemple : Soit (u_n) la suite définie par : $\forall n \in \mathbf{N}^*, u_n = (1 + a/n)^n$.

On a : $u_n = e^{n \ln(1+a/n)}$. Or $\ln(1+a/n) \sim a/n$ donc la suite (v_n) de terme général $v_n = n \ln(1 + a/n)$ converge vers a.
La fonction exponentielle étant continue au point a, on en déduit que :
$$\lim u_n = \lim e^{v_n} = e^a.$$

T.P. : BRANCHES INFINIES

Pour préciser l'allure d'une courbe au voisinage de l'infini (ou au voisinage d'un point où la fonction admet une limite infinie) on étudie ses branches infinies éventuelles : *asymptotes, branches paraboliques* ou *directions asymptotiques*. Elles indiquent des droites ou des directions de droites approchant la courbe au voisinage d'un point ou de l'infini. En particulier :

Proposition : *La droite d'équation $y = ax + b$ est **asymptote** à la courbe représentative de la fonction f au voisinage de $+\infty$ (resp. au voisinage de $-\infty$) si et seulement si* :
$\lim_{x \to +\infty} [f(x) - (ax+b)] = 0$ *(resp.* $\lim_{x \to -\infty} [f(x) - (ax+b)] = 0$).

Les cas où la courbe représentant la fonction f admet une branche infinie peuvent être étudiés à l'aide du tableau ci-dessous :

Recherche des branches infinies	
$\lim_{x \to x_0} f(x) = \infty$	*asymptote verticale d'équation* $x = x_0$
$\lim_{x \to \infty} f(x) = a$	*asymptote horizontale d'équation* $y = a$
$\lim_{x \to \infty} f(x) = \infty$ $\begin{cases} \lim_{x \to \infty} \dfrac{f(x)}{x} = 0 : \textit{branche parabolique de direction } (Ox) \\ \lim_{x \to \infty} \dfrac{f(x)}{x} = a \neq 0 \begin{cases} \lim_{x \to \infty} f(x) - ax = b : \textit{asymptote oblique d'équation } y = ax+b \\ \lim_{x \to \infty} f(x) - ax = \infty : \textit{branche parabolique de direction } y = ax \\ \lim_{x \to \infty} f(x) - ax \textit{ n'existe pas} : \textit{direction asymptotique } y = ax \end{cases} \\ \lim_{x \to \infty} \dfrac{f(x)}{x} = \infty : \textit{branche parabolique de direction } (Oy) \end{cases}$	

Position par rapport à l'asymptote :

On suppose que la droite D d'équation $y = ax + b$ est asymptote à la courbe C représentative de f au voisinage de l'infini ($+\infty$ ou $-\infty$).

. Si, au voisinage de l'infini, $f(x) - (ax + b) \geq 0$ alors C sera située "au-dessus" de D.

. Si, au voisinage de l'infini, $f(x) - (ax + b) \leq 0$ alors C sera située "au-dessous" de D.

- EXERCICES -

1- Déterminer les limites suivantes :

1°) $\lim_{x \to 1/2} \dfrac{6x^2+5x-4}{2x-1}$ 2°) $\lim_{x \to 2} \dfrac{x^3-x^2-x-2}{(x^2-4)^2}$ 3°) $\lim_{x \to 1}\left(\dfrac{1}{(x-1)^2} - \dfrac{ax}{(x^2-1)^2}\right)$ ($a \in \mathbb{R}$)

4°) $\lim_{x \to 3} \dfrac{x^2-3x}{x-1-\sqrt{x+1}}$ 5°) $\lim_{x \to 1} \dfrac{\sqrt[3]{x+7}-2}{\sqrt[3]{x}-1}$ 6°) $\lim_{x \to 0} xE\left(\dfrac{1}{x}\right)$ (E : fonction partie entière)

2- Trouver un prolongement par continuité en x_0 des fonctions suivantes :

1°) $x_0 = 1$, $f(x) = \ln(\sqrt{x}-1) - \ln(x-1)$ 2°) $x_0 = 2$, $f(x) = \dfrac{\sqrt{2x}-2}{\sqrt{x+7}-3}$.

3- Etudier les limites des fonctions suivantes quand x tend vers $+\infty$:

1°) $f(x) = \sqrt{x^2+3x} - \sqrt{x^2+1}$ 2°) $f(x) = \dfrac{1}{x}\ln\dfrac{e^x-1}{x}$ 3°) $f(x) = \dfrac{x}{2-\sin x}$

4- Déterminer les limites suivantes :

1°) $\lim_{x \to 0^+} x^{1/6} \ln x$ 2°) $\lim_{x \to +\infty} \dfrac{\ln x}{\sqrt[3]{x}}$ 3°) $\lim_{x \to +\infty} \dfrac{(\ln x)^5}{\sqrt[4]{x}}$ 4°) $\lim_{x \to 0^+} x^{3/4}(\ln x)^6$ 5°) $\lim_{x \to +\infty} (x - \ln x)$

6°) $\lim_{x \to 0^+} x \ln\left(1+\dfrac{1}{x}\right)$ 7°) $\lim_{x \to 0^+} x^{1/x}$ 8°) $\lim_{x \to +\infty} x^{1/x}$ 9°) $\lim_{x \to +\infty} \dfrac{e^{6x}}{x^2}$ 10°) $\lim_{x \to 0^+} xe^{1/x}$

11°) $\lim_{x \to +\infty} \dfrac{e^{x^2}}{\sqrt[4]{x+1}}$ 12°) $\lim_{x \to +\infty} \left(1+\dfrac{\ln x}{x}\right)^{\ln x}$ 13°) $\lim_{x \to +\infty} (\ln x)^{1/\ln x}$ 14°) $\lim_{x \to 0} \dfrac{\tan 3x}{\sin 5x}$

15°) $\lim_{x \to 0} \dfrac{\tan x - \sin x}{x^3}$ 16°) $\lim_{x \to 0} \dfrac{\sin 2x}{\sqrt{1-\cos x}}$ 17°) $\lim_{x \to 0} \dfrac{(1-e^x)\sin x}{x^2+x^3}$ 18°) $\lim_{x \to 0}\left(\dfrac{1}{x}\right)^{\tan x}$

5- Etudier la continuité des fonctions suivantes sur leurs ensembles de définition :

1°) $f(x) = \dfrac{x \ln|x|}{x-1}$ si $x \in \mathbb{R} - \{0,1\}$, $f(0) = 0$ et $f(1) = 1$

2°) $f(x) = \dfrac{2x^2-x-1}{2x+1}$ si $x \neq -1/2$ et $f(-1/2) = 0$

3°) $f(x) = (x-1)e^{2/x}$ si $x \neq 0$ et $f(0) = 0$

6- Etudier la continuité de la fonction f définie sur $\mathbb{R}$ par :

$f(x) = E(x) + [x - E(x)]^2$ où E désigne la fonction partie entière.

7- Soit f une fonction continue sur [0, 1] et vérifiant f ([0, 1]) ⊂ [0, 1]. Montrer qu'il existe au moins un réel c dans [0, 1] tel que : $f(c) = c$.

8- Déterminer les branches infinies éventuelles des courbes représentatives des fonctions suivantes :

1°) $f(x) = \dfrac{x^3 - 2x^2 + x}{x^2 - 1}$ 2°) $f(x) = \sqrt{x^2 + 2|x| + 3}$ 3°) $f(x) = \dfrac{\sqrt{x^2 - 3x + 2}}{x + 1}$

4°) $f(x) = x + \sqrt{|x^2 - 1|}$ 5°) $f(x) = e^x - \sqrt{|x^2 - 2|}$ 6°) $f(x) = \dfrac{e^x + 2}{1 - 3e^x}$;

9- Soit a un paramètre réel. On considère la famille des fonctions f_a définies sur $\mathbb{R}^*$ par

$$f_a(x) = \dfrac{xe^{ax}}{e^x - 1}.$$

1°) Montrer que f_a peut être prolongée par continuité en $x = 0$.
2°) On note C_a la courbe représentative de la fonction f_a ainsi prolongée. Montrer que C_a et C_{1-a} sont symétriques par rapport à l'axe (Oy).
3°) Préciser, suivant les valeurs de a, les branches infinies de C_a ainsi que leurs positions par rapport à la courbe.

Problème

10- Soit f la fonction numérique définie sur $]0, +\infty[$ par la relation :

$$f(t) = \ln(1 + t) + \dfrac{t^2}{1 + t^2}.$$

1°) a) Montrer que la fonction f est strictement croissante.
   b) Déterminer la limite du rapport $\dfrac{f(t)}{t}$ lorsque t tend vers $+\infty$. Tracer la courbe représentative de f.

2°) Soit n un nombre entier naturel non nul. On considère l'équation $(E_n) : f(t) = \dfrac{1}{n}$.

   a) Montrer que l'équation (E_n) admet une unique solution α_n dans $]0, +\infty[$. Donner des valeurs approchées de α_1 et α_2 à 10^{-2} près.
   b) Montrer que la fonction f admet une fonction réciproque. Dresser le tableau de variation de f^{-1} et tracer la courbe représentative de cette fonction. En déduire le sens de variation et la limite de la suite $(\alpha_n)_{n \in \mathbb{N}^*}$.
   c) Déterminer la limite du rapport $\dfrac{f(t)}{t}$ lorsque t tend vers 0 par valeurs strictement positives. En déduire la limite de la suite $(n\alpha_n)_{n \in \mathbb{N}^*}$ et un équivalent simple de α_n lorsque n tend vers l'infini.

DERIVATION

1 DERIVABILITE

1-1 Dérivabilité en un point

Définition : *Soit f une fonction définie sur un intervalle I contenant le réel x_0. On dit que f est **dérivable** en x_0 si le rapport $\dfrac{f(x)-f(x_0)}{x-x_0}$ (taux de variation de f entre x et x_0) admet une limite finie en x_0.*
*Dans ce cas le réel $\lim\limits_{x \to x_0} \dfrac{f(x)-f(x_0)}{x-x_0}$ est appelé **dérivée** de f en x_0 et est noté $f'(x_0)$.*

Interprétation géométrique :

Le rapport $\dfrac{f(x)-f(x_0)}{x-x_0}$ représente la pente de la droite contenant les points $M(x, f(x))$ et $M_0(x_0, f(x_0))$ de la courbe représentative C_f de f.

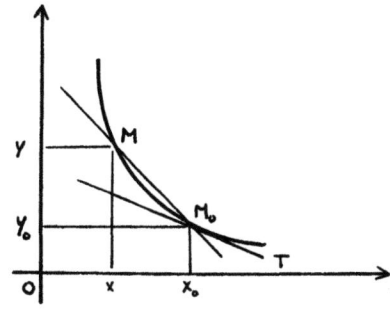

Lorsque x tend vers x_0 cette droite tend vers une position limite, celle de la tangente à la courbe au point M_0.

Le nombre $f'(x_0)$ est donc égal à la pente de la tangente à C_f au point $M_0(x_0, f(x_0))$.

Remarque : Si f est dérivable en x_0 :

$$f'(x_0) = \lim_{x \to x_0} \frac{f(x)-f(x_0)}{x-x_0} = \lim_{h \to 0} \frac{f(x_0+h)-f(x_0)}{h}.$$

Exemple : La fonction racine carrée est dérivable en tout point x_0 de $]0, +\infty[$. En effet
$$\lim_{x \to x_0} \frac{\sqrt{x} - \sqrt{x_0}}{x - x_0} = \lim_{x \to x_0} \frac{(\sqrt{x} - \sqrt{x_0})(\sqrt{x} + \sqrt{x_0})}{(x - x_0)(\sqrt{x} + \sqrt{x_0})} = \lim_{x \to x_0} \frac{x - x_0}{(x - x_0)(\sqrt{x} + \sqrt{x_0})} = \frac{1}{2\sqrt{x_0}}$$
On a donc : $\forall x_0 \in]0, +\infty[, f'(x_0) = \dfrac{1}{2\sqrt{x_0}}$.

Propriété : *Si f est dérivable en x_0, elle est continue en ce point.*

Preuve : Si f est dérivable en x_0, $\lim\limits_{x \to x_0} \dfrac{f(x) - f(x_0)}{x - x_0} = f'(x_0)$ ce qui se traduit par :
$\dfrac{f(x) - f(x_0)}{x - x_0} = f'(x_0) + \varepsilon(x)$ avec $\lim\limits_{x \to x_0} \varepsilon(x) = 0$. On en déduit que :
$f(x) = f(x_0) + (x - x_0)[f'(x_0) + \varepsilon(x)]$ donc $\lim\limits_{x \to x_0} f(x) = f(x_0)$.

Attention, la réciproque est fausse : $x \mapsto |x|$ est continue mais non dérivable en 0.

Développement limité à l'ordre 1 au voisinage d'un point :

Théorème : *Soit f une fonction définie sur un intervalle I.*
f est dérivable en un point x_0 de I si et seulement s'il existe un réel a tel que, au voisinage de x_0 :
$$f(x) = f(x_0) + a(x - x_0) + o(x - x_0)$$
(c'est à dire : $f(x) = f(x_0) + a(x - x_0) + (x - x_0)\varepsilon(x)$ avec $\lim\limits_{x \to x_0} \varepsilon(x) = 0$).
*On a alors $a = f'(x_0)$ et le membre de droite de cette égalité s'appelle **développement limité à l'ordre 1 de f au voisinage de x_0**.*

Preuve : L'égalité du théorème s'écrit, de façon équivalente :
$$f(x) - f(x_0) - a(x - x_0) = o(x - x_0)$$
ou encore, pour $x \neq x_0$: $\dfrac{f(x) - f(x_0)}{x - x_0} - a = o(1)$.
Elle signifie que le rapport $\dfrac{f(x) - f(x_0)}{x - x_0}$ tend vers a lorsque x tend vers x_0. Cela traduit la dérivabilité de f en x_0 et $a = f'(x_0)$.

Exemple :

Le développement limité à l'ordre 1 au voisinage de $x_0 = 1$ de $f : x \mapsto \sqrt{x}$ est :

$$f(x) = f(1) + (x-1)f'(1) + o(x-1) = 1 + \frac{1}{2}(x-1) + o(x-1).$$

1-2 Dérivabilité d'un côté

Définition : *Soit f une fonction définie sur un intervalle I contenant x_0. On dit que f est dérivable à gauche (resp. à droite) en x_0 si le rapport $\dfrac{f(x)-f(x_0)}{x-x_0}$ admet une limite finie à gauche (resp. à droite) en x_0. Dans ce cas le réel :*
$$\lim_{x \to x_0^-} \dfrac{f(x)-f(x_0)}{x-x_0} \quad (resp. \lim_{x \to x_0^+} \dfrac{f(x)-f(x_0)}{x-x_0})$$
*est appelé **dérivée à gauche** (resp. **à droite**) de f en x_0 et est noté $f'_g(x_0)$ (resp. $f'_d(x_0)$).*

Exemple : Soit f la fonction définie sur **R** par : $f : x \mapsto |x^2-1|$. On a :
$$\lim_{x \to 1^-} \dfrac{f(x)-f(1)}{x-1} = \lim_{x \to 1^-} \dfrac{-x^2+1}{x-1} = \lim_{x \to 1^-} -(x+1) = -2.$$
On en déduit que f est dérivable à gauche de $x_0 = 1$ et $f'_g(1) = -2$.
De même on montre que f est dérivable à droite de $x_0 = 1$ et $f'_d(1) = +2$.

Remarque : Il est immédiat de constater qu'une condition nécessaire et suffisante pour qu'une fonction f définie en x_0 soit dérivable en x_0 est que $f'_d(x_0)$ et $f'_g(x_0)$ existent et soient égales.

1-3 Fonction dérivée

Définitions : *Une fonction f définie sur un intervalle I est dite **dérivable sur I** si elle est dérivable en tout point de I. Dans ce cas, la fonction notée f' qui, à tout réel x de I, associe la dérivée de f en x est appelée **fonction dérivée** de f sur l'intervalle I.*

Autres notations : La fonction f' est parfois notée : Df ou $\dfrac{df}{dx}$.

Fonctions dérivées des fonctions usuelles	
fonction f	*fonction f'*
fonction constante f = a	fonction nulle f' = 0
$f(x) = x^n$ ($n \in \mathbf{Z}^*$)	$f'(x) = n\, x^{n-1}$
$f(x) = \sqrt{x}$ ($D_f = \mathbf{R}^+$)	$f'(x) = 1/2\sqrt{x}$ sur $D_{f'} = \mathbf{R}^{+*}$
$f(x) = x^r$ ($r \in \mathbf{R}^*$) ($D_f = \mathbf{R}^{+*}$)	$f'(x) = r\, x^{r-1}$ sur $D_{f'} = D_f$
$f(x) = \sin x$	$f'(x) = \cos x$
$f(x) = \cos x$	$f'(x) = -\sin x$
$f(x) = \tan x$	$f'(x) = 1 + \tan^2 x = 1/\cos^2 x$
$f(x) = \text{Arctan } x$	$f'(x) = 1/(1+x^2)$
$f(x) = \exp x$	$f'(x) = \exp x$
$f(x) = a^x$ ($a \in \mathbf{R}^{+*}$)	$f'(x) = (\ln a)\, a^x$
$f(x) = \ln |x|$ ($D_f = \mathbf{R}^*$)	$f'(x) = 1/x$ sur $D_{f'} = D_f$

1-4 Opérations sur les dérivées

> **. Linéarité :** *Soient f et g deux fonctions dérivables en x_0 et $(\lambda, \mu) \in \mathbb{R}^2$*
> *$\lambda f + \mu g$ est dérivable en x_0 et $(\lambda f + \mu g)'(x_0) = \lambda f'(x_0) + \mu g'(x_0)$.*

Conséquences : . L'ensemble $D(I, \mathbb{R})$ des fonctions dérivables sur I est un sous-espace vectoriel de $\mathcal{A}(I, \mathbb{R})$.
. Toute fonction polynôme est dérivable sur $\mathbb{R}$.

> **. Produit :** *Soient f et g deux fonctions dérivables en x_0 :*
> *fg est dérivable en x_0 et $(fg)'(x_0) = f'(x_0) g(x_0) + f(x_0) g'(x_0)$.*

> **. Quotient :** *Si f et g sont deux fonctions dérivables en x_0 et si $g(x_0) \neq 0$,*
> *$\dfrac{f}{g}$ est dérivable en x_0 et $\left(\dfrac{f}{g}\right)'(x_0) = \dfrac{f'(x_0)g(x_0) - f(x_0)g'(x_0)}{(g(x_0))^2}$.*

Conséquence : Toute fraction rationnelle est dérivable sur son ensemble de définition.

> **. Fonctions composées :** *Soient f une fonction dérivable en x_0 et g une fonction dérivable en $y_0 = f(x_0)$:*
> *$g \circ f$ est dérivable en x_0 et $(g \circ f)'(x_0) = (g' \circ f)(x_0) f'(x_0)$.*

Exemple : Pour tout $n \in \mathbb{N}$, la fonction f^n est la composée des fonctions $g : x \mapsto x^n$ et f (soit : $f^n = g \circ f$). Par conséquent, si f est dérivable en x_0, f^n est dérivable en x_0 et
$$(f^n)'(x_0) = n f'(x_0) . f^{n-1}(x_0).$$
Ainsi la fonction $f : x \mapsto \sin^3 x$ est dérivable sur $\mathbb{R}$ et, pour tout $x \in \mathbb{R}$:
$$f'(x) = 3 \cos x \sin^2 x$$

> **. Fonctions réciproques :** *Soit f une fonction continue et bijective sur l'intervalle I. Si f est dérivable au point x_0 de I et si $f'(x_0) \neq 0$ alors :*
> *f^{-1} est dérivable en $y_0 = f(x_0)$ et $\left(f^{-1}\right)'(y_0) = \dfrac{1}{f'(x_0)} = \dfrac{1}{f'(f^{-1}(y_0))}$.*

Exemple : La fonction tangente est continue et définit une bijection de $]-\pi/2, \pi/2[$ sur $\mathbb{R}$. Sa fonction réciproque Arctan est définie et dérivable sur $\mathbb{R}$.
Pour tout $y = \tan x \in \mathbb{R}$ on a : $(\text{Arc} \tan)'(y) = \dfrac{1}{1 + \tan^2 x} = \dfrac{1}{1 + y^2}$.

Tableau des opérations sur les fonctions dérivées :

Sur tout intervalle I où les fonctions f suivantes sont dérivables :

f	u + v	λu	u v	u / v	u o v	u^{-1}
f'	u' + v'	$\lambda u'$	u'v + u v'	$\dfrac{u'v - uv'}{v^2}$	(u' o v) v'	$\dfrac{1}{u' \circ u^{-1}}$

1-5 Dérivées d'ordre supérieur

On dit que f est deux fois dérivable sur l'intervalle I si f est dérivable sur I et si sa fonction dérivée f' est elle-même dérivable sur I. La fonction (f')' se note alors f" et est appelée *fonction dérivée seconde* de f sur I.

Plus généralement, on définit par récurrence la *fonction dérivée d'ordre n* ($n \geq 2$), lorsqu'elle existe, par : $f^{(0)} = f$ et, pour tout $p \in \{1, ..., n\}$: $f^{(p)} = [f^{(p-1)}]'$.

Notations : $f^{(p)}$ est parfois notée $D^p(f)$.

Fonctions de classe C^p, de classe C^∞ :

Définitions : Soit I un intervalle de **R**.
. On dit que f est de classe C^0 sur I si f est continue sur I.
. Soit $p \in \mathbb{N}^*$. On dit que f est de classe C^p sur I si f est p fois dérivable sur I et si $f^{(p)}$ est continue sur I.
. On dit que f est de classe C^∞ sur I si f est indéfiniment dérivable sur I.

Remarque : Si f est de classe C^p sur I ($p \in \mathbb{N}^*$) alors f' est de classe C^{p-1} sur cet intervalle.

Notations : Pour $p \in \mathbb{N}$ ou $p = \infty$, on note $C^p(I, \mathbb{R})$ l'ensemble des fonctions de classe C^p sur l'intervalle I.

Exemples : . La fonction $f : x \mapsto |x^2 - 1|$ est de classe C^0 sur **R** mais n'est pas de classe C^1 sur cet ensemble. En effet, f n'est pas dérivable en 1 et -1.
. On vérifie que la fonction f définie sur **R** par : $f(x) = x^2 \sin(1/x)$ si $x \neq 0$ et $f(0) = 0$ est continue et dérivable sur **R** ($f'(0) = 0$) mais n'est pas de classe C^1 sur cet ensemble. En effet f' n'est pas continue en 0 ($x \mapsto 2x \sin(1/x) - \cos(1/x)$ n'admet pas de limite en 0).
. Les fonctions polynômes, rationnelles, ainsi que les fonctions sin, cos, tan, ln, exp, sont de classe C^∞ sur leurs ensembles de définition.

Opérations :

Propriétés : Soient f et g deux fonctions n fois dérivables en x_0. Alors :
1) $f + g, \lambda f, fg$ sont n fois dérivables en x_0
2) $1/f$ et f/g sont n fois dérivables en x_0 si $f(x_0) \neq 0$.
3) Si f est n fois dérivable en x_0 et si g est n fois dérivable en $f(x_0)$, alors $g \circ f$ est n fois dérivable en x_0.

Remarque : On déduit de 1) que $C^p(I, \mathbb{R})$ a une structure d'espace vectoriel sur **R**.

Formule de Leibniz

Dans le cas d'un produit, on a le résultat suivant (récurrence non triviale) :

Proposition : Soient f et g deux fonctions n fois dérivables sur un intervalle I. Le produit fg est n fois dérivable sur I et : $(fg)^{(n)} = \sum_{k=0}^{n} C_n^k f^{(k)} g^{(n-k)}$.

2 PROPRIETES DES FONCTIONS DERIVABLES

2-1 Extrema locaux des fonctions dérivables

> ***Définitions*** : . *On dit que f admet un **minimum relatif** (ou **local**) en $x_0 \in D_f$ si* :
> $$\exists \alpha > 0 \text{ tel que} : \forall x \in D_f,\ 0 \leq |x - x_0| < \alpha \Rightarrow f(x) \geq f(x_0).$$
> . *On dit que f admet un **maximum relatif** (ou **local**) en $x_0 \in D_f$ si* :
> $$\exists \alpha > 0 \text{ tel que} : \forall x \in D_f,\ 0 \leq |x - x_0| < \alpha \Rightarrow f(x) \leq f(x_0).$$
> . *On dit que f admet un **extremum relatif** (ou **local**) en $x_0 \in D_f$ si f admet un minimum ou un maximum relatif en ce point.*
> . *On dit que f admet un **minimum absolu** (ou **global**) en $x_0 \in D_f$ si $\forall x \in D_f,\ f(x) \geq f(x_0)$*
> . *On dit que f admet un **maximum absolu** (ou **global**) en $x_0 \in D_f$ si $\forall x \in D_f,\ f(x) \leq f(x_0)$*

Remarque : Le maximum de f est alors $f(x_0)$ et non x_0.

> ***Proposition*** : *Soit f une fonction dérivable sur l'intervalle ouvert I et soit x_0 un point de I. f admet un extremum relatif en x_0 si et seulement si la fonction dérivée f ' s'annule en changeant de signe en x_0.*

Par exemple, s'il existe un intervalle ouvert J inclus dans I et contenant x_0 tel que :
$$\forall x \in J,\ \begin{cases} x \leq x_0 \Rightarrow f'(x) \geq 0 \\ x \geq x_0 \Rightarrow f'(x) \leq 0 \end{cases}$$
alors f admet un maximum relatif en x_0.

Exemple : La fonction f définie sur **R** par $f(x) = e^{-x^2}$ admet un maximum en $x_0 = 0$. En effet f est dérivable sur **R** et la fonction f ', définie par $f'(x) = -2x\,e^{-x^2}$ s'annule en changeant de signe en $x_0 = 0$ ($f'(x) \geq 0$ pour $x \leq 0$ et $f'(x) \leq 0$ pour $x \geq 0$).

Remarque (condition nécessaire d'extremum) : Si f est dérivable sur l'intervalle ouvert I et admet un extremum relatif en $x_0 \in I$, alors $f'(x_0) = 0$.
Attention, la réciproque est fausse : la fonction f définie sur **R** par $f(x) = x^3$ vérifie $f'(0) = 0$ mais n'admet pas d'extremum en $x_0 = 0$.

2-2 Théorème de Rolle, formule des accroissements finis

Théorème de Rolle :

> ***Théorème*** : *Soit f une fonction continue sur $[a, b]$, dérivable sur $]a, b[$ et telle que $f(a) = f(b)$. Il existe au moins un réel c appartenant à $]a, b[$ tel que $f'(c) = 0$.*

Interprétation géométrique :

Sous les hypothèses du théorème, f va admettre un extremum relatif en un point c de l'intervalle]a, b[et, d'après la proposition **2-1**, f ' (c) = 0. La représentation graphique de f admettra au point c une tangente horizontale.

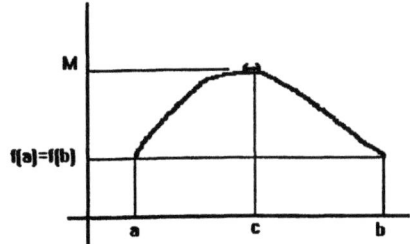

Preuve : . Si f est constante sur [a, b] alors f ' (c) = 0 *pour tout* c ∈ [a, b].
. Sinon, f étant continue sur [a, b], l'image du segment [a, b] sera un segment [m, M] avec m ≠ M (puisque f n'est pas constante).
Donc, l'un au moins des réels m et M n'est pas égal à f (a) ou f (b) (dans le cas contraire m = M = f (a) = f (b)). Supposons par exemple que M ∉ {f (a), f (b)}.
On a alors : M = f (α) avec α ∈]a, b[. Dans ce cas, M est un extremum (maximum) atteint en un point α de l'intervalle]a, b[sur lequel f est dérivable.
On conclut par la proposition **2-1** : f ' (α) = 0.

Remarques : . Le réel c n'est pas nécessairement unique.
. Toutes les hypothèses du théorème sont indispensables. Ainsi, la fonction f définie sur [-1, +1] par f (x) = |x| vérifie f (-1) = f (1) = 1. De plus, cette fonction est continue sur [-1, +1], dérivable sur]-1, 1[sauf en x_0 = 0. Il est alors facile de constater que f ' ne s'annule pas sur]-1, +1[.

Formule des accroissements finis :

Théorème : *Soit f une fonction continue sur [a, b], dérivable sur]a, b[. Il existe au moins un réel c appartenant à]a, b[tel que :*
$$f(b) - f(a) = f'(c)(b - a).$$

Interprétation géométrique :

L'égalité du théorème s'écrit encore :
$$f'(c) = \frac{f(b) - f(a)}{b - a}.$$
Or f ' (c) est la pente de la tangente à la courbe représentative de f au point d'abscisse c et $\frac{f(b) - f(a)}{b - a}$ est la pente de la droite contenant les points A (a, f (a)) et B (b, f (b)).
Il existe donc au moins un point de la courbe, d'abscisse c, où la tangente à la courbe est parallèle à (AB).

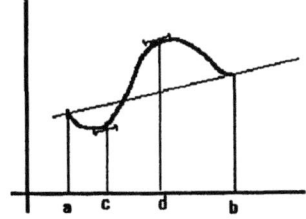

Preuve : Pour le démontrer, considérons la fonction g définie sur [a, b] par :
$$g(x) = f(x) - \left(\frac{f(b) - f(a)}{b-a}(x-a) + f(a) \right)$$
(g représente la différence entre les ordonnées des points de même abscisse x de la courbe C_f et de la droite (AB)).
g est continue sur [a, b], dérivable sur]a, b[et vérifie : g (a) = g (b) = 0. Par le théorème de Rolle, il existe un point c de]a, b[pour lequel g ' (c) = f ' (c) - $\frac{f(b) - f(a)}{b-a}$ = 0. C'est bien le résultat recherché.

2-3 Inégalité des accroissements finis

> *Théorème* : *Soit f une fonction continue sur [a, b], dérivable sur]a, b[et telle que f ' soit bornée sur]a, b[:*
> *Si $\forall x \in]a, b[$, $m \leq f'(x) \leq M$, alors $m(b-a) \leq f(b) - f(a) \leq M(b-a)$.*
> *Si $\forall x \in]a, b[$, $|f'(x)| \leq k$, alors $|f(b) - f(a)| \leq k(b-a)$.*

Preuve : Par la formule des accroissements finis, il existe $c \in]a, b[$ tel que :
$$f(b) - f(a) = f'(c)(b - a)$$
Si $m \leq f'(c) \leq M$, alors $m(b-a) \leq f'(c)(b-a) \leq M(b-a)$ car $b - a \geq 0$. On en déduit $m(b-a) \leq f(b) - f(a) \leq M(b-a)$.
Si $|f'(c)| \leq k$ alors $|f(b) - f(a)| = |f'(c)|(b-a) \leq k(b-a)$.

Exemples : . Pour tout $x \in \mathbf{R}^+$, la fonction sinus est continue et dérivable sur [0, x] et sa fonction dérivée, cosinus, est majorée par 1 (en valeur absolue). On en déduit que : pour tout $x \in \mathbf{R}^+$, $|\sin x - \sin 0| \leq 1 (x - 0)$, c'est à dire $|\sin x| \leq x$.

. Montrons que, pour $n \in \mathbf{N}^*$: $\frac{1}{n+1} \leq \ln(n+1) - \ln n \leq \frac{1}{n}$.

En effet, la fonction ln est continue et dérivable sur tout intervalle [n, n+1] pour $n \in \mathbf{N}^*$. De plus sa dérivée est la fonction : $x \to 1/x$. Cette fonction est bornée sur [n, n+1] (minorée par 1/(n+1), majorée par 1/n). La première inégalité des accroissements finis donne alors : $\frac{1}{n+1}(n+1-n) \leq \ln(n+1) - \ln n \leq \frac{1}{n}(n+1-n)$, c'est à dire :
$$\frac{1}{n+1} \leq \ln(n+1) - \ln n \leq \frac{1}{n}.$$

2-4 Caractérisation des fonctions monotones

> *Proposition* : *Soit f une fonction continue sur I = [a, b] et dérivable sur]a, b[.*
> *. f est constante sur I si et seulement si : $\forall x \in]a, b[, f'(x) = 0$;*
> *. f est croissante sur I si et seulement si : $\forall x \in]a, b[, f'(x) \geq 0$;*
> *. f est décroissante sur I si et seulement si : $\forall x \in]a, b[, f'(x) \leq 0$;*
> *. f est strictement croissante sur I si et seulement si : $\forall x \in]a, b[, f'(x) > 0$ (sauf éventuellement en des points isolés);*
> *. f est strictement décroissante sur I si et seulement si : $\forall x \in]a, b[, f'(x) < 0$ (sauf éventuellement en des points isolés).*

Remarques :

. *Attention,* ces résultats ne s'appliquent que sur un intervalle. Par exemple, la fonction f définie sur $\mathbb{R}^*$ par $f(x) = 1/x$ admet une fonction dérivée strictement négative sur $\mathbb{R}^*$ ($f'(x) = -1/x^2$). Or, f n'est pas décroissante sur $\mathbb{R}^*$ (les variations d'une fonction ne s'étudient que par intervalles et, de plus, $f(-1) = -1 < f(1)$). On peut cependant énoncer : f est décroissante *sur chacun des intervalles* $]-\infty, 0[$ et $]0, +\infty[$.

. Si f est strictement croissante sur l'intervalle I, f' peut s'annuler en des points isolés sur cet intervalle : la fonction f définie sur $\mathbb{R}$ par $f(x) = x^3$ est strictement croissante sur $\mathbb{R}$ bien que $f'(0) = 0$.

Corollaire : *Soient f et g deux fonctions définies sur un intervalle I telles que : $\forall x \in I$, $f'(x) = g'(x)$. Alors il existe une constante k telle que : $\forall x \in I$, $f(x) = g(x) + k$.*

Preuve : La fonction $h = f - g$ vérifie : $\forall x \in I$, $h'(x) = 0$. On en déduit que h est constante sur cet intervalle.

2-5 Prolongement des fonctions dérivables

Théorème : *Soit f une fonction continue sur $[a, b]$, de classe C^1 sur $]a, b]$.*
. *Si f' admet une limite finie au point a, alors f est de classe C^1 sur $[a, b]$ et :*

$$f'_d(a) = \lim_{x \to a^+} f'(x).$$

. *Si f' admet une limite infinie au point a, alors $\dfrac{f(x) - f(a)}{x - a}$ admet une limite infinie au point a (la courbe représentative de f admet une tangente verticale en a).*
Plus généralement, si f est une fonction continue sur $[a, b]$, de classe C^p sur $]a, b]$, et si $f^{(p)}$ admet une limite finie au point a, alors f est de classe C^p sur $[a, b]$.

Ce résultat est très utile pour étudier la dérivabilité d'une fonction continue définie par intervalles (par exemple une fonction prolongée par continuité).

Pour justifier la dérivabilité d'une telle fonction au point a, il suffit de prouver que :

$$\lim_{x \to a^-} f'(x) = \lim_{x \to a^+} f'(x).$$

(La limite commune, si elle existe, est égale à $f'(a)$).

Remarque : Si la limite de f' n'existe pas, on ne peut pas conclure et il faut étudier l'existence de $f'(a)$ à l'aide de la définition (par exemple la fonction f définie sur $\mathbb{R}$ par $f(x) = x^2 \sin(1/x)$ si $x \neq 0$ et $f(0) = 0$ est dérivable en 0 bien que $\lim_{x \to 0} f'(x)$ n'existe pas).

3 FONCTIONS CONVEXES

3-1 Définitions

> **Définition** : Une fonction f définie sur un intervalle I est dite **convexe** (resp. **concave**) sur I si :
> $$\forall (x,y) \in I^2, \forall (s,t) \in [0,1]^2 \text{ tel que } s+t=1, f(sx+ty) \leq sf(x)+tf(y)$$
> (resp. $\forall (x,y) \in I^2, \forall (s,t) \in [0,1]^2$ tel que $s+t=1, f(sx+ty) \geq sf(x)+tf(y)$).

Remarque : f est convexe si et seulement si $-f$ est concave.

Interprétation graphique :

. L'ensemble des réels s'écrivant $sx + ty$ avec $(s, t) \in [0, 1]^2$ et $s + t = 1$ est le segment $[x, y]$ (propriété du barycentre).
. On vérifie que la droite D contenant les points $M(x, f(x))$ et $N(y, f(y))$ de la courbe C_f ($[M, N]$ est une corde de C_f) passe par le point de coordonnées :
$(sx + ty, s f(x) + t f(y))$.
L'inégalité de la définition traduit donc la propriété suivante :

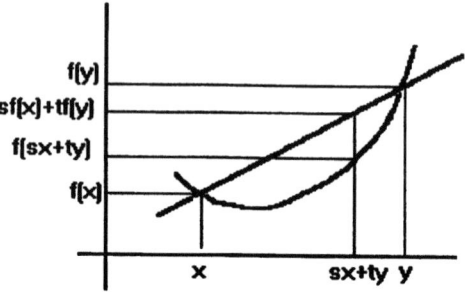

> Une fonction f est convexe sur l'intervalle I si, pour tout segment $[x, y]$ inclus dans I, la courbe représentative de f sur $[x, y]$ est située " au-dessous " de la corde d'extrémités $M(x, f(x))$ et $N(y, f(y))$.
>
> Autrement dit : tout arc de la courbe C_f est sous sa corde.

De même, une fonction f est *concave* sur l'intervalle I si, pour tout segment $[x, y]$ inclus dans I, la courbe représentative de f sur $[x, y]$ est située " au-dessus " de la corde d'extrémités $M(x, f(x))$ et $N(y, f(y))$: tout arc de la courbe est au-dessus de sa corde.

Autre caractérisation : f est convexe sur I si et seulement si la partie P du plan située au-dessus de sa courbe représentative (**épigraphe** de f sur I) est convexe (c'est à dire : $\forall (A,B) \in P^2, [AB] \subset P$).

Exemples :

. Les fonctions : $x \mapsto |x|$, $x \mapsto x^2$ et $x \mapsto e^x$ sont convexes sur $\mathbb{R}$.

. Les fonctions : $x \mapsto \ln x$ et $x \mapsto \sqrt{x}$ sont concaves sur leurs ensembles de définition.

. La fonction sinus est convexe sur tout intervalle $[(2n-1)\pi, 2n\pi]$ et concave sur tout intervalle $[2n\pi, (2n+1)\pi]$ ($n \in \mathbb{Z}$).

3-2 Cas des fonctions de classe C²

Proposition : *Si f est une fonction de classe C² sur l'intervalle I et si f " est une fonction positive sur cet intervalle, alors f est convexe et la courbe représentative de f est au-dessus de ses tangentes.*

Exemple : *Fonctions puissance* $f : x \mapsto x^h$

f est de classe C^∞ sur $\mathbf{R}^{+*}$ et donc a fortiori deux fois dérivable sur $\mathbf{R}^{+*}$. On a :
$$\forall\, x > 0,\ f''(x) = h(h-1)\, x^{h-2}.$$

On en déduit : $\begin{cases} \text{f convexe sur } \mathbf{R}^{+*} \Leftrightarrow h \in]-\infty, 0] \cup [1, +\infty[\\ \text{f concave sur } \mathbf{R}^{+*} \Leftrightarrow h \in [0,1] \end{cases}$

Exemples : . Les fonctions : $x \mapsto 1/x$, $x \mapsto x^2$, $x \mapsto x^3$ sont convexes sur $\mathbf{R}^{+*}$.

. La fonction : $x \mapsto \sqrt{x}$ est concave sur $\mathbf{R}^{+*}$.

3-3 Application à l'obtention d'inégalités

On peut généraliser la définition donnée en **3-1** sous la forme suivante :

Proposition : *Soit f une fonction définie sur l'intervalle I. f est convexe sur I si et seulement si pour toute suite $(x_1, ..., x_n)$ de n points de I et pour tout n-uplet $(\lambda_1, ..., \lambda_n)$ de réels positifs tels que $\sum_{i=1}^{n} \lambda_i = 1$, on a :*
$$f(\lambda_1 x_1 + ... + \lambda_n x_n) \leq \lambda_1 f(x_1) + ... + \lambda_n f(x_n).$$

En particulier, pour $\lambda_1 = ... = \lambda_n = 1/n$ on obtient :

Corollaire : *Soit f une fonction convexe sur l'intervalle I. Pour toute suite $(x_1, ..., x_n)$ de n points de I on a :*
$$f\left(\frac{1}{n}\sum_{i=1}^{n} x_i\right) \leq \frac{1}{n}\sum_{i=1}^{n} f(x_i).$$

Remarque : Dans le cas d'une fonction *concave* :
$$f\left(\frac{1}{n}\sum_{i=1}^{n} x_i\right) \geq \frac{1}{n}\sum_{i=1}^{n} f(x_i).$$

Application : comparaison de moyennes

Soient $x_1, x_2, ..., x_n$, n réels positifs. On appelle :

. *moyenne arithmétique des x_i* : $m_a = \dfrac{x_1+...+x_n}{n}$

. *moyenne quadratique des x_i* : $m_q = \sqrt{\dfrac{x_1^2+...+x_n^2}{n}}$

. *moyenne géométrique des x_i* : $m_g = \sqrt[n]{x_1...x_n}$

Montrons que $m_g \leq m_a \leq m_q$:

La fonction f définie par $f(x) = x^2$ est convexe sur $\mathbf{R}$ donc $f\left(\dfrac{1}{n}\sum_{i=1}^{n}x_i\right) \leq \dfrac{1}{n}\sum_{i=1}^{n}f(x_i)$ c'est à dire : $m_a^2 \leq m_q^2$. On en déduit : $m_a \leq m_q$.

La fonction ln est concave sur $\mathbf{R}^{+*}$ donc $\ln\left(\dfrac{1}{n}\sum_{i=1}^{n}x_i\right) \geq \dfrac{1}{n}\sum_{i=1}^{n}\ln x_i$ c'est à dire : $\ln(m_a) \geq \ln(m_g)$. On en déduit : $m_a \geq m_g$ (ln est croissante sur $\mathbf{R}^{+*}$).

3-4 Points d'inflexion

Définition : *Soit f une fonction définie sur un intervalle I contenant x_0. On dit que le point M_0 d'abscisse x_0 de C_f est un **point d'inflexion** de C_f s'il existe un réel $\alpha > 0$ tel que f soit convexe sur l'un des intervalles $]x_0 - \alpha, x_0]$, $[x_0, x_0 + \alpha[$ et concave sur l'autre.*

Si f est dérivable en ce point, la courbe C_f traverse sa tangente (par exemple O est un point d'inflexion de la courbe représentative de la fonction f définie sur $\mathbf{R}$ par $f(x) = x^3$, faire un dessin).

En particulier : *Si f est deux fois dérivable sur I, le point M_0 d'abscisse x_0 est un point d'inflexion de C_f si et seulement si f'' s'annule en changeant de signe en x_0.*

Exercice : Déterminer les points d'inflexion éventuels de la courbe représentative de la fonction f définie sur $\mathbf{R}$ par : $f(x) = e^{-x^2}$.

T.P. : RESOLUTIONS D'EQUATIONS

Soit $f : \mathbf{R} \to \mathbf{R}$ une fonction donnée, on désire trouver une ou plusieurs solutions de l'équation $f(x) = 0$.

On suppose que f est une fonction continue et que par des moyens soit mathématiques, soit expérimentaux on a déterminé un intervalle $[a, b]$ dans lequel l'équation a une et une seule racine : ρ.

Mis à part les quelques cas simples où l'on peut exprimer une solution de l'équation à partir de la fonction (par exemple une équation du second degré à discriminant positif de la forme $a x^2 + b x + c = 0$) il s'agit, dans les autres cas, de construire une suite avec l'espoir qu'elle tende vers la solution ρ du problème.

1 LE PROCEDE DE DICHOTOMIE

On suppose que f est continue et strictement monotone (donc bijective) sur l'intervalle $[a, b]$. Si $f(a) f(b) < 0$ alors $f(a)$ et $f(b)$ sont de signes contraires et f s'annule sur $]a, b[$ (théorème des valeurs intermédiaires). L'équation $f(x) = 0$ admet alors une unique solution ρ sur cet intervalle (l'unicité résulte de la bijectivité).

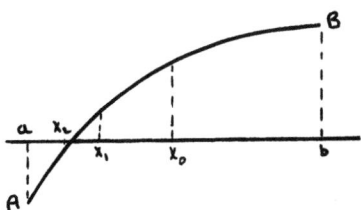

On pose : $x_0 = (a + b) / 2$.
. Si $f(a) f(x_0) < 0$ alors f s'annule sur l'intervalle $]a, x_0[$; on pose : $x_1 = (a + x_0) / 2$.
. Si $f(x_0) f(b) < 0$ alors f s'annule sur l'intervalle $]x_0, b[$; on pose : $x_1 = (x_0 + b) / 2$.
(x_1 est le "centre" de l'intervalle de longueur $(b - a) / 2$ où f va s'annuler).

On itère le processus en considérant les deux intervalles de longueur $(b - a) / 4$ de part et d'autre de x_1. x_2 sera le "centre" de l'intervalle où f va s'annuler.

Au bout de n itérations on aura déterminé un intervalle de longueur $(b - a) / 2^n$; x_n sera une valeur approchée de ρ à la précision $(b - a) / 2^{n+1}$.

2 LES METHODES DE LAGRANGE ET DE NEWTON

Le principe des approximation successives :

Pour déterminer une suite convergeant vers ρ, on remplace l'équation $f(x) = 0$ par une équation équivalente, dans l'intervalle considéré, de la forme $x = g(x)$ où g est encore une fonction continue.

Exemples : $g(x) = x - f(x)$ ou $g(x) = x - f(x) / \alpha$ avec $\alpha \neq 0$. Puis à partir d'un réel x_0 choisi dans $[a, b]$ on construit :

$$x_1 = g(x_0)$$
$$x_2 = g(x_1)$$
$$\dots\dots\dots$$
$$x_{n+1} = g(x_n)$$

Remarques : 1°) Il y a de nombreuses manières de déterminer g à partir de f.
2°) Pour montrer que la suite (x_n) converge on peut utiliser l'inégalité des accroissements finis.
3°) Si la suite (x_n) converge, sa limite s est solution de l'équation $f(x) = 0$.
(En effet, soit $s = \lim x_n$; comme $x_{n+1} = g(x_n)$ on a : $\lim x_{n+1} = \lim g(x_n)$ et, puisque g est continue, on obtient $s = g(s)$ d'où $f(s) = 0$).
De plus si, $\forall n \in \mathbb{N}, x_n \in [a, b]$ alors $s \in [a, b]$ et $s = \rho$.

La méthode de Lagrange (ou méthode de la corde) :

L'idée consiste à remplacer C_f restreinte à $[a, b]$ par la droite (AB) avec $A(a, f(a))$ et $B(b, f(b))$; (AB) a pour équation : $\dfrac{y - f(a)}{x - a} = \dfrac{f(b) - f(a)}{b - a}$.

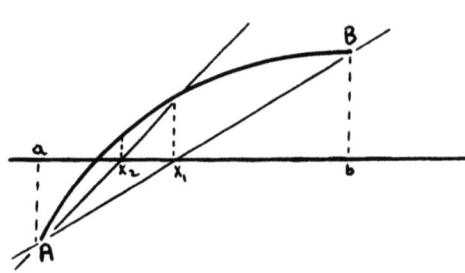

Soit $\{x_1\} = (AB) \cap (Ox)$, on a :
$$x_1 = a - f(a) \dfrac{b - a}{f(b) - f(a)}$$
(ici $f(x_1) > 0$ donc $\rho \in [a, x_1]$).
On recommence le même procédé en remplaçant b par x_1 d'où
$$x_2 = a - f(a) \dfrac{x_1 - a}{f(x_1) - f(a)}.$$

Plus généralement on a $x_{n+1} = g(x_n)$ avec :
$$g(x) = a - f(a) \dfrac{x - a}{f(x) - f(a)} = \dfrac{a f(x) - x f(a)}{f(x) - f(a)}.$$

La méthode de Newton (ou méthode des tangentes) :

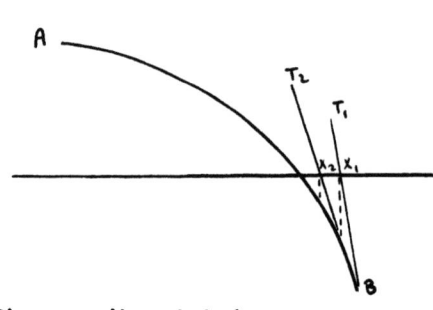

Ici, l'idée consiste à remplacer l'arc AB par la droite tangente à la courbe aux points A ou B. Par exemple, l'équation de la tangente T_1 à la courbe au point B est :
$$\dfrac{y - f(b)}{x - b} = f'(b).$$
Soit $\{x_1\} = T_1 \cap (Ox)$.
On recommence le procédé en déterminant la tangente au point $(x_1, f(x_1))$.

D'une manière générale on a $x_{n+1} = g(x_n)$ avec $g(x) = x - \dfrac{f(x)}{f'(x)}$.

Exercice : *Résoudre en utilisant les trois méthodes décrites plus haut l'équation $f(x) = 0$ avec $f(x) = x - e^{-x}$ sur l'intervalle $[0,01\ ;\ 2,5]$ et avec la précision $\varepsilon = 10^{-9}$. Comparer la rapidité de la convergence.*

- EXERCICES -

Dérivabilité

1- Soit f une fonction dérivable sur son ensemble de définition. Montrer que si f est une fonction paire alors f' est impaire.
Enoncer et justifier un résultat analogue quand f est impaire.

2- Soient f et g deux fonctions dérivables au point a. Calculer :
$$\lim_{x \to a} \frac{g(x)f(a) - g(a)f(x)}{x - a}$$

3- Soit f la fonction définie sur $\mathbf{R}^*$ par $f : x \mapsto x^2 \sin \frac{1}{x}$.
Montrer que f est prolongeable par continuité sur $\mathbf{R}$ et que la fonction f ainsi prolongée est dérivable sur $\mathbf{R}$. Est-elle de classe C^1 sur $\mathbf{R}$?

4- Soit la fonction f définie sur $\mathbf{R}$ par $f(x) = x^3 + x$.
1°) Montrer que f admet une fonction réciproque g.
2°) Montrer que g est dérivable sur $\mathbf{R}$ et exprimer g' en fonction de g.

5- Soit f définie sur]-1, +1[par $f(x) = \frac{1}{x^2 - 1}$.
1°) Trouver une décomposition de f(x) sous la forme : $f(x) = \frac{a}{x-1} + \frac{b}{x+1}$.
2°) Montrer que f est de classe C^∞ sur]-1, +1[et calculer $f^{(n)}$ pour tout entier n.

6- 1°) Montrer que, pour tout $n \in \mathbf{N}$: $\sin^{(n)}(x) = \sin(x + n\pi/2)$.
2°) A l'aide de la formule de Leibniz, calculer la dérivée nième des fonctions suivantes:
   a) $f : x \mapsto x^2 e^x$ b) $f : x \mapsto e^{\sqrt{3}x} \sin x$.

Les Théorèmes

7- Soient p un entier naturel non nul et f une fonction de classe C^p sur I et admettant p racines dans cet intervalle. Démontrer que $f^{(p-1)}$ admet au moins une racine dans I.

8- Soit f une fonction dérivable sur [a, b], vérifiant : f'(a) = 0 et f(a) = f(b). Montrer qu'il existe $c \in]a, b[$ tel que : $f'(c) = \frac{f(c) - f(a)}{c - a}$.
(On pourra utiliser la fonction g définie sur]a, b] par : $g(x) = \frac{f(x) - f(a)}{x - a}$).
Donner une interprétation graphique de ce résultat.

9- Calculer : $\lim_{x \to +\infty} \left(e^{1/x} - e^{1/(1+x)} \right) x^2$.
(On pourra utiliser la formule des accroissements finis).

10- Soient f et g deux fonctions de classe C² sur l'intervalle [a, b], telles que f(a) = g(a), f(b) = g(b) et $\forall x \in [a, b]$, $f''(x) \leq g''(x)$.
Montrer que : $\forall x \in [a, b]$, $g(x) \leq f(x)$.
(On pourra introduire la fonction h = f - g, étudier les variations de h' et montrer que h' s'annule sur]a, b[).

Convexité

11- Etudier la fonction f définie sur **R** par $f(x) = e^{-x^2}$; on étudiera en particulier la concavité de sa courbe représentative et on précisera les points d'inflexion éventuels. Déterminer les équations des tangentes en ces points.

12- Soit f l'application de $\mathbf{R}^{+*}$ dans **R** définie par $f(x) = x[1-(\ln x)^2]$.
Etudier la convexité de f. Montrer que C_f admet un point d'inflexion et préciser l'équation de la tangente à C_f en ce point.

13- Montrer que, pour tout x appartenant à $[1, +\infty[$:
$$e^{\sqrt{\frac{2x+3x^2}{5}}} \leq \frac{2}{5}e^{\sqrt{x}} + \frac{3}{5}e^x.$$

Suites $u_{n+1} = f(u_n)$: utilisation de l'inégalité des accroissements finis

14- Soit (u_n) la suite définie par $\begin{cases} u_0 = 3 \\ u_{n+1} = f(u_n) \end{cases}$ où f est la fonction numérique définie sur $\mathbf{R}^{+*}$ par $f(x) = \dfrac{1+x}{2\sqrt{x}}$.

1°) Etudier les variations de f, préciser la concavité et faire une représentation graphique.
2°) Dresser le tableau des variations de la fonction dérivée f' puis montrer que f' est majorée sur $[1, +\infty[$ par un réel M que l'on précisera.
3°) Montrer que la suite (u_n) est bien définie sur **N** et que tous ses termes appartiennent à l'intervalle $[1, +\infty[$.
4°) Montrer que, dans le cas de la convergence, la limite ℓ de la suite vérifie : $f(\ell) = \ell$. Déterminer cette limite éventuelle.
5°) A l'aide de l'inégalité des accroissements finis, justifier :
$$\forall n \in \mathbf{N}^*, |u_n - \ell| = |f(u_{n-1}) - f(\ell)| \leq M^n |u_0 - \ell|.$$
En déduire que la suite (u_n) converge vers ℓ.

ETUDES DE FONCTIONS DEVELOPPEMENTS LIMITES

1 FONCTIONS USUELLES

1-1 Fonction logarithme népérien

Définition :

> La fonction *logarithme népérien* (notation *ln*) est la fonction définie sur $\mathbf{R}^{+*}$ par :
> $$\ln x = \int_1^x \frac{1}{t} dt.$$

(ln est la primitive de la fonction : $x \mapsto \frac{1}{x}$ qui s'annule en $x_0 = 1$)

Conséquences :

- $\ln 1 = 0$;
- la fonction $f : x \mapsto \ln x$ est dérivable sur $\mathbf{R}^{+*}$ et, pour tout $x \in \mathbf{R}^{+*}$, $f'(x) = \dfrac{1}{x}$
- la fonction ln est continue sur $\mathbf{R}^{+*}$ car dérivable sur cet intervalle;
- $\forall x \in \mathbf{R}^{+*}, f'(x) > 0$ donc f est strictement croissante sur $\mathbf{R}^{+*}$.

On déduit des deux dernières propriétés et des limites de la fonction aux bornes de son ensemble de définition (voir ci-dessous) que ln réalise une bijection de $\mathbf{R}^{+*}$ sur $\mathbf{R}$.

Limites :

$\lim\limits_{x \to +\infty} \ln x = +\infty$	$\lim\limits_{x \to 0^+} \ln x = -\infty$	$\lim\limits_{x \to 0^+} x \ln x = 0$
$\lim\limits_{x \to +\infty} \dfrac{\ln x}{x} = 0$	$\lim\limits_{x \to 1} \dfrac{\ln x}{x-1} = 1$	$\lim\limits_{h \to 0} \dfrac{\ln(1+h)}{h} = 1$

En particulier, la courbe représentative de la fonction ln admet une branche parabolique de direction (Ox).

Propriétés :

P1 : $\forall (a, b) \in (\mathbb{R}^{+*})^2,\ \ln a = \ln b \Leftrightarrow a = b$ car ln est injective.

P2 : $\begin{cases} \ln a > 0 \Leftrightarrow a > 1 \\ \ln a < 0 \Leftrightarrow 0 < a < 1 \end{cases}$ car $\ln a > \ln 1 \Leftrightarrow a > 1$ *(ln est strictement croissante)*.

P3 : *Il existe un unique réel e vérifiant* $\ln e = 1$; *une valeur approchée est* $e \approx 2,7182$.

P4 : *Si v est une fonction dérivable et ne s'annulant pas sur un intervalle I alors* $\ln |v|$ *est dérivable sur cet intervalle et, pour tout* $x \in I$: $[\ln|v|]'(x) = \dfrac{v'(x)}{v(x)}$.

P5 : $\forall (a, x) \in (\mathbb{R}^{+*})^2,\ \ln(ax) = \ln a + \ln x$.

P6 : $\forall (a_1, a_2, ..., a_n) \in (\mathbb{R}^{+*})^n,\quad \ln\left(\prod_{i=1}^{n} a_i\right) = \sum_{i=1}^{n} \ln a_i$ *(par récurrence)*.

P7 : $\forall a \in \mathbb{R}^{+*},\ \forall n \in \mathbb{N},\quad \ln a^n = n \ln a$.

P8 : $\forall (a, b) \in (\mathbb{R}^{+*})^2,\quad \ln\left(\dfrac{a}{b}\right) = \ln a - \ln b$.

P9 : $\forall b \in \mathbb{R}^{+*},\quad \ln \dfrac{1}{b} = -\ln b$.

P10 : $\forall a \in \mathbb{R}^{+*},\ \forall q \in \mathbb{Q},\quad \ln a^q = q \ln a$.

Logarithme de base a :

Soit $a \in \mathbb{R}^{+*} \setminus \{1\}$. La fonction *logarithme de base a* est la fonction notée $\log_a$, définie sur $\mathbb{R}^{+*}$ par :
$$\log_a(x) = \dfrac{\ln x}{\ln a}.$$

$\log_a$ est définie, continue et dérivable sur $\mathbb{R}^{+*}$ et, pour tout $x \in \mathbb{R}^{+*}$:
$(\log_a)'(x) = \dfrac{1}{x \ln a}$

$(\log_a)'$ est donc du signe de $\ln a$. Les variations de $\log_a$ s'en déduisent :

Si $a > 1$ (resp. $0 < a < 1$), $\log_a$ est strictement croissante (resp. décroissante) sur $\mathbb{R}^{+*}$.

Remarques : . $\log_a(a) = 1$;
. $\log_e(x) = \ln x$;
. $\log_{1/a}(x) = -\log_a(x)$.

1-2 Fonction exponentielle

Définition :

> La fonction logarithme népérien est continue et strictement croissante de $\mathbf{R}^{+*}$ sur $\mathbf{R}$; elle réalise donc une bijection de $\mathbf{R}^{+*}$ sur $\mathbf{R}$. Sa fonction réciproque est la *fonction exponentielle*, notée exp et définie par :
> $$\begin{pmatrix} x \in \mathbf{R}^{+*} \\ y = \ln x \end{pmatrix} \Leftrightarrow \begin{pmatrix} y \in \mathbf{R} \\ x = \exp y \end{pmatrix}.$$

Conséquence : La fonction exponentielle est continue sur $\mathbf{R}$ (car fonction réciproque d'une fonction continue). De même elle est dérivable et on a :

$$(\exp)'(y) = \frac{1}{\ln'(\exp y)} = \exp y.$$

La fonction exponentielle étant à valeurs dans $\mathbf{R}^{+*}$, pour tout y appartenant à $\mathbf{R}$ exp y > 0 et la fonction exponentielle est strictement croissante sur $\mathbf{R}$.

Notation : $\forall y \in \mathbf{Q}$, $y = \ln(e^y) = \ln x \Leftrightarrow x = e^y$ (car ln est injective) donc exp y = e^y.
On pose par convention :
$$\forall y \in \mathbf{R}, \exp y = e^y.$$

Propriétés :

> **P1 :** $\forall x \in \mathbf{R}^{+*}$, $e^{\ln x} = x$;
> $\forall y \in \mathbf{R}^{+*}$, $\ln(e^y) = y \ln e = y$.
>
> **P2 :** $\forall (a, b) \in \mathbf{R}^2$, $e^{a+b} = e^a \times e^b$.
>
> **P3 :** $\forall (a, b) \in \mathbf{R}^2$, $e^{-a} = \dfrac{1}{e^a}$ et $\dfrac{e^a}{e^b} = e^{a-b}$.

Limites :

$\lim\limits_{x \to +\infty} e^x = +\infty$	$\lim\limits_{x \to -\infty} e^x = 0$	$\lim\limits_{x \to -\infty} xe^x = 0$
$\lim\limits_{x \to +\infty} \dfrac{e^x}{x} = +\infty$	$\lim\limits_{x \to +\infty} \dfrac{x}{e^x} = 0$	$\lim\limits_{x \to 0} \dfrac{e^x - 1}{x} = 1$

En particulier, la courbe représentative de la fonction exponentielle admet une branche parabolique de direction (Oy).

Fonctions exponentielles de base a :

Pour tout $a \in \mathbf{R}^{+*} \setminus \{1\}$, la fonction $\log_a$ est continue et strictement monotone de $\mathbf{R}^{+*}$ sur $\mathbf{R}$ (strictement croissante si $a > 1$ et strictement décroissante si $0 < a < 1$); elle réalise donc une bijection de $\mathbf{R}^{+*}$ sur $\mathbf{R}$. Sa fonction réciproque est la *fonction exponentielle de base a*, notée $\exp_a$ et définie par :

$$\begin{pmatrix} x \in \mathbf{R}^{+*} \\ y = \log_a x \end{pmatrix} \Leftrightarrow \begin{pmatrix} y \in \mathbf{R} \\ x = \exp_a y \end{pmatrix}.$$

Notation : $\forall y \in \mathbf{Q}, \; y = \log_a(a^y) = \log_a(x) \Leftrightarrow x = a^y$ (car $\log_a$ est injective). On pose par convention : $\forall y \in \mathbf{R}, (a^y = x) \Leftrightarrow (y = \log_a(x))$.

On en déduit : $(a^y = x) \Leftrightarrow \left(y = \dfrac{\ln x}{\ln a} \right) \Leftrightarrow (y \ln a = \ln x) \Leftrightarrow (x = e^{y \ln a})$.

D'où, pour tout réel y :

$$\exp_a(y) = a^y = e^{y \ln a}$$

Conséquence : $\forall \alpha \in \mathbf{R}, \ln(a^\alpha) = \ln(e^{\alpha . \ln a}) = \alpha \ln a$.

Variations :

La fonction : $x \mapsto a^x$ (fonction exponentielle de base a) est définie sur $\mathbf{R}$, continue et dérivable sur cet ensemble comme fonction réciproque de $\log_a$.
Sa fonction dérivée est définie sur $\mathbf{R}$ par : $(\exp_a)'(x) = e^{x \ln a} \times \ln a = a^x \ln a$.
Elle est du signe de $\ln a$.

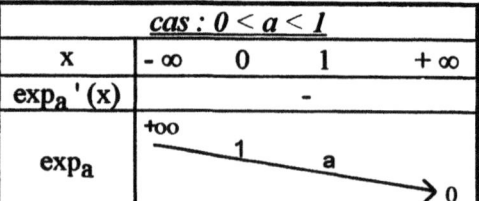

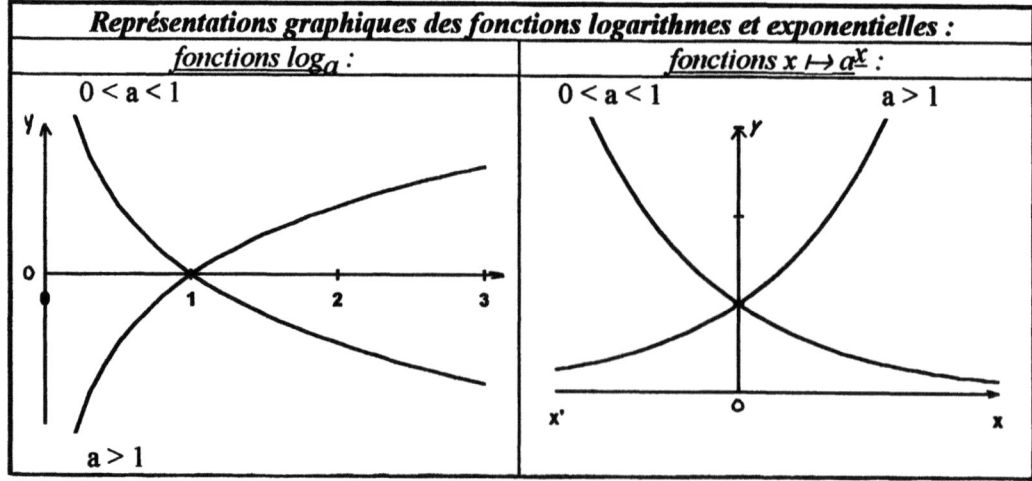

1-3 Fonction puissance

Puissances entières :

Soit f la fonction définie sur **R** par : $f(x) = x^n$ avec $n \in \mathbf{N}^*$.

1er cas : n est pair :

f est définie, paire, continue, dérivable sur **R** et $f'(x) = n x^{n-1}$.
n étant pair, n-1 est impair et $\begin{cases} si\ x > 0,\ f'(x) > 0 \\ si\ x < 0,\ f'(x) < 0 \end{cases}$

x	$-\infty$		0		$+\infty$
f'(x)		$-$	0	$+$	
f	$+\infty$ ↘		0	↗	$+\infty$

f n'est pas bijective mais sa restriction à $\mathbf{R}^+$, notée g, réalise une bijection de $\mathbf{R}^+$ sur $\mathbf{R}^+$:

$$\begin{pmatrix} x \in \mathbf{R}^+ \\ y = g(x) = x^n \end{pmatrix} \Leftrightarrow \begin{pmatrix} y \in \mathbf{R}^+ \\ x = g^{-1}(y) = \sqrt[n]{y} = y^{1/n} \end{pmatrix}.$$

g^{-1} est appelée *fonction racine n^{ième}* (ou *fonction puissance 1/n*).
Pour $y \neq 0$, $(g^{-1})'(y) = \dfrac{1}{g'(x)} = \dfrac{1}{nx^{n-1}} = \dfrac{1}{ny^{\frac{n-1}{n}}} = \dfrac{1}{n} y^{\frac{1-n}{n}} = \dfrac{1}{n} y^{\frac{1}{n}-1}$.

x	0		$+\infty$
$(g^{-1})'(x)$	∥	$+$	
g^{-1}	0	↗	$+\infty$

(Les courbes représentatives de g et g^{-1} sont symétriques par rapport à D : y = x).

2ème cas : n impair :

$f'(x) = n x^{n-1}$ avec n-1 pair donc $x^{n-1} > 0$.
La fonction f est impaire et strictement croissante sur **R**.

x	$-\infty$		0		$+\infty$
f'(x)		$+$	0	$+$	
f	$-\infty$			↗	$+\infty$

f étant continue et strictement croissante sur **R** réalise une bijection de **R** sur $f(\mathbf{R}) = \mathbf{R}$.

$$\begin{pmatrix} x \in \mathbf{R} \\ y = f(x) = x^n \end{pmatrix} \Leftrightarrow \begin{pmatrix} y \in \mathbf{R} \\ x = f^{-1}(y) = y^{1/n} \end{pmatrix}.$$

f^{-1} est la *fonction racine $n^{\text{ème}}$*. Sa courbe représentative est symétrique de celle de f par la symétrie d'axe D : $y = x$.

Puissances réelles :

Soit f la fonction définie sur $\mathbf{R}^{+*}$ par : $f(x) = x^\alpha$ avec $\alpha \in \mathbf{R}$.

. Si $\alpha \in \mathbf{Q}$, f est la composée d'une fonction puissance entière et d'une fonction racine :
$$x^{\frac{p}{q}} = (x^p)^{\frac{1}{q}} = \left(x^{\frac{1}{q}}\right)^p.$$
Les conditions de définition dépendent de la parité de p et q.

. Si $\alpha \in \mathbf{R} \setminus \mathbf{Q}$, $f(x) = x^\alpha = e^{\alpha \ln x}$.

f est définie, continue et dérivable sur $\mathbf{R}^{+*}$: $f'(x) = e^{\alpha \ln x} \times \dfrac{\alpha}{x} = \alpha x^{\alpha - 1}$ du signe de α.

Représentations graphiques des fonctions puissances $x \mapsto x^\alpha$ sur R^+ :

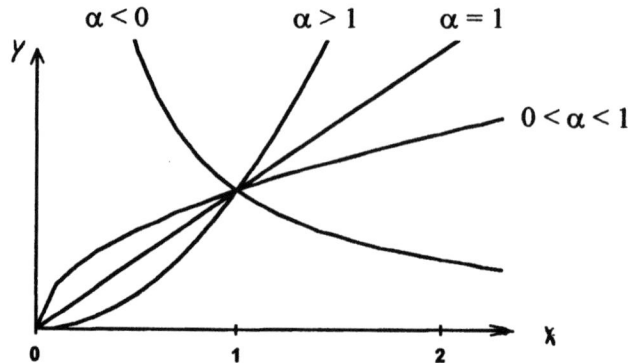

Remarques :

. On peut compléter la représentation graphique des fonctions puissances entières sur **R** :
  - par symétrie axiale d'axe (Oy) dans le cas d'une puissance paire;
  - par symétrie de centre O dans le cas d'une puissance impaire.

. Les courbes représentatives de $x \mapsto x^\alpha$ et $x \mapsto x^{1/\alpha}$ sont symétriques par rapport à la droite D d'équation : $y = x$.

2 DEVELOPPEMENTS LIMITES

2-1 Définitions

Définition : *Soit I un intervalle de **R** contenant le réel x_0 et soit f une fonction numérique définie sur l'intervalle I, sauf peut-être en x_0. On dit que f admet un **développement limité à l'ordre n** (noté DL_n) en x_0 s'il existe n réels $a_0, ..., a_n$ tels que :*
$$\forall x \in I, f(x) = a_0 + a_1(x-x_0) + a_2(x-x_0)^2 + ... + a_n(x-x_0)^n + (x-x_0)^n \varepsilon(x)$$
où ε est une fonction définie sur I telle que $\lim_{x \to x_0} \varepsilon(x) = 0$.

. L'expression $\sum_{i=0}^{n} a_i (x-x_0)^i$ s'appelle *partie régulière* du développement limité.

. $(x - x_0)^n \varepsilon(x)$ s'appelle le *reste* et se note aussi $o((x-x_0)^n)$: c'est ce terme qui indique l'ordre n du développement limité de f (et non le degré de la partie régulière de f).

Remarques :

. Un développement limité permet d'étudier le comportement d'une fonction au voisinage d'un point. La partie régulière est une somme de termes de plus en plus "petits", chaque terme étant négligeable devant celui qui le précède.

. Au voisinage de 0, l'existence d'un DL_n se traduit par :
$$f(x) = a_0 + a_1 x + ... + a_n x^n + o(x^n).$$

(f admet un DL_n en 0 s'il existe un polynôme $P_n \in R_n[X]$ tel que $f - P_n = o(x^n)$).

2-2 Propriétés

Unicité :

Théorème : *Lorsque f admet un développement limité à l'ordre n en x_0, ce développement est unique.*

Conséquences :

Proposition : *Soit f une fonction admettant un développement limité à l'ordre n en 0. Si f est paire, alors la partie régulière de ce développement est paire. Si f est impaire, alors la partie régulière est impaire.*

<u>Preuve</u> : Supposons f paire et $f(x) = a_0 + a_1 x + ... + a_n x^n + x^n \varepsilon(x)$ avec $\lim_{x \to 0} \varepsilon(x) = 0$.
Alors $f(-x) = f(x) = a_0 - a_1 x + ... + (-1)^n a_n x^n + (-x)^n \varepsilon(-x)$.
L'unicité du développement de $f(x)$ entraîne alors : $a_0 = a_0$, $a_1 = -a_1$, $a_2 = a_2$, $a_3 = -a_3$ et, plus généralement $a_k = -a_k$, c'est à dire $a_k = 0$, pour tout entier k impair.
Les termes d'indice impair étant nuls, la partie régulière du développement est paire.

Continuité et dérivabilité :

> **Proposition :** Soit f une fonction admettant un développement limité à l'ordre n ($n \geq 1$) en x_0, de la forme $f(x) = a_0 + a_1(x - x_0) + ... + a_n(x - x_0)^n + (x - x_0)^n \varepsilon(x)$.
> a) Si f est définie en x_0, alors $f(x_0) = a_0$ et f est continue en x_0.
> b) Si f n'est pas définie en x_0, on peut prolonger f par continuité en x_0 en posant $f(x_0) = a_0$.
> c) f (ou la fonction prolongée) est dérivable en x_0 et $f'(x_0) = a_1$.

Remarque : Si f admet un développement limité à l'ordre n ($n \geq 2$), on ne peut rien dire a priori sur les dérivées d'ordre supérieur à 1. Par exemple la fonction f définie sur **R** par $f(x) = 1 + x^2 + x^3 \sin(1/x)$ si $x \neq 0$ et $f(0) = 0$ admet un développement limité à l'ordre 2 en 0 donné par $f(x) = 1 + x^2 + x^2 \varepsilon(x)$ bien que f ne soit pas deux fois dérivable en 0.

Troncature :

> **Propriété :** Si f admet un développement limité à l'ordre n en x_0 alors f admet un développement limité à tout ordre $p \leq n$. Ce développement est obtenu en **tronquant** le développement à l'ordre n, c'est à dire en ne gardant que les termes de rang $\leq p$.

Si f admet un DL_n en x_0 : $f(x) = \sum_{i=0}^{n} a_i (x - x_0)^i + (x - x_0)^n \varepsilon(x)$ alors, pour tout $p \leq n$,

f admet un DL_p en x_0 : $f(x) = \sum_{i=0}^{p} a_i (x - x_0)^i + (x - x_0)^p \varepsilon(x)$.

2-3 Développements limités des fonctions usuelles

Formule de Taylor-Young :

> **Théorème :** Si f est une fonction de classe C^n sur un intervalle I de **R** contenant x_0, alors f admet un développement limité à l'ordre n en x_0. Ce développement s'écrit :
> $$f(x) = f(x_0) + (x - x_0)f'(x_0) + \frac{(x - x_0)^2}{2!} f''(x_0) + ... + \frac{(x - x_0)^n}{n!} f^{(n)}(x_0) + (x - x_0)^n \varepsilon(x)$$
> avec $\lim_{x \to x_0} \varepsilon(x) = 0$.

Cette formule sera démontrée au chapitre suivant dans le cas où f est de classe C^{n+1} sur I.

Remarque : Dans le cas particulier où $x_0 = 0$, on obtient :
$$f(x) = f(0) + xf'(0) + \frac{x^2}{2!} f''(0) + ... + \frac{x^n}{n!} f^{(n)}(0) + x^n \varepsilon(x)$$

Exemple : La fonction exponentielle est n fois dérivable en 0 et, pour tout $k \in \{0, ..., n\}$ on a : $\exp^{(n)}(0) = 1$. On en déduit un DL_n de exp en $x_0 = 0$:
$$e^x = 1 + x + x^2/2 + ... + x^n/n! + x^n \varepsilon(x).$$

On détermine ainsi les développements limités des fonctions usuelles au voisinage de 0 :

Au voisinage de 0 :

Pour tout entier $n \in \mathbf{N}$:

e^x	$1+x+\dfrac{x^2}{2!}+...+\dfrac{x^n}{n!}+x^n\varepsilon(x)$
$\ln(1+x)$	$x-\dfrac{x^2}{2}+\dfrac{x^3}{3}+...+(-1)^{n+1}\dfrac{x^n}{n}+x^n\varepsilon(x)$
$(1+x)^\alpha$ (α réel fixé)	$1+\alpha x+\dfrac{\alpha(\alpha-1)}{2!}x^2+...+\dfrac{\alpha(\alpha-1)...(\alpha-n+1)}{n!}x^n+x^n\varepsilon(x)$
$\dfrac{1}{1+x}$	$1-x+x^2+...+(-1)^n x^n+x^n\varepsilon(x)$
$\dfrac{1}{1-x}$	$1+x+x^2+...+x^n+x^n\varepsilon(x)$
$\sin x$	$x-\dfrac{x^3}{3!}+\dfrac{x^5}{5!}+...+(-1)^p\dfrac{x^{2p+1}}{(2p+1)!}+x^{2p+2}\varepsilon(x)$
$\cos x$	$1-\dfrac{x^2}{2!}+\dfrac{x^4}{4!}+...+(-1)^p\dfrac{x^{2p}}{(2p)!}+x^{2p+1}\varepsilon(x)$

Remarques : Ces développements sont à connaître par coeur. *Ils ne sont valables qu'au voisinage de 0.*

Au voisinage de x_0 :

Pour déterminer un développement limité en x_0, on se ramène à un développement limité en 0 en posant $h = x - x_0$.

Exemple : Ecrire un développement limité à l'ordre 3 de sin x en $x_0 = \pi/4$.
On pose : $h = x - \pi/4$ (h tend vers 0 quand x tend vers $\pi/4$).
sin x = sin (h + $\pi/4$) = $\sqrt{2}/2$ (sin h + cos h)
Or sin h + cos h = h - $h^3/6$ + $h^4\varepsilon$ (h) + 1 - $h^2/2$ + $h^3\varepsilon$ (h)
$\qquad\qquad$ = 1 + h - $h^2/2$ - $h^3/6$ + $h^3\varepsilon$ (h).
On en déduit le développement cherché sous la forme :
$\qquad$ sin x = $\sqrt{2}/2$ [1 + (x - $\pi/4$) - (x - $\pi/4$)^2 /2 - (x - $\pi/4$)^3 /6] + (x - $\pi/4$)^3 ε (x).

Remarque : On n'effectue pas les calculs. On laisse les termes sous la forme $(x - x_0)^p$.

Au voisinage de l'infini :

On peut étendre la notion de développement limité en x_0 aux cas où $x_0 = +\infty$ ou $x_0 = -\infty$.

Un tel développement s'écrit : $f(x) = a_0 + \dfrac{a_1}{x} + ... + \dfrac{a_n}{x^n} + \dfrac{1}{x^n}\varepsilon(x)$ avec $\lim\limits_{x\to\infty} \varepsilon(x) = 0$.

Pour déterminer un développement limité en $+\infty$ ou $-\infty$ (*développement généralisé* de f), on se ramène à un développement limité en 0 en posant $X = 1/x$.

Exemple : Développement limité de $f(x) = \sqrt[3]{x^3 + x^2} - x$ au voisinage de $+\infty$:
On pose $X = 1/x$. On a :
$$f(x) = \sqrt[3]{\frac{1}{X^3} + \frac{1}{X^2}} - \frac{1}{X} = \sqrt[3]{\frac{1}{X^3}(1+X)} - \frac{1}{X} = \frac{1}{X}\sqrt[3]{1+X} - \frac{1}{X}.$$
Lorsque x tend vers $+\infty$, X tend vers 0 et :
$$\sqrt[3]{1+X} = (1+X)^{1/3} = 1 + \frac{1}{3}X - \frac{1}{9}X^2 + \frac{5}{81}X^3 - \frac{10}{243}X^4 + X^4\varepsilon(X).$$
On en déduit : $f(x) = \frac{1}{X} + \frac{1}{3} - \frac{1}{9}X + \frac{5}{81}X^2 - \frac{10}{243}X^3 + X^3\varepsilon(X) - \frac{1}{X}$ et, en remplaçant X par $1/x$:
$$\boxed{f(x) = \frac{1}{3} - \frac{1}{9x} + \frac{5}{81x^2} - \frac{10}{243x^3} + \frac{1}{x^3}\varepsilon\left(\frac{1}{x}\right).}$$

2-4 Opérations sur les développements limités

Soit x_0 un élément de $\mathbb{R} \cup \{-\infty, +\infty\}$.

> **Somme** : Soient f et g deux fonctions admettant un développement limité au même ordre n en x_0. Alors $f + g$ admet un développement limité à l'ordre n en x_0 dont la partie régulière s'obtient en faisant la somme des parties régulières des DL_n de f et g.

Exemple : Un DL_5 de $f(x) = e^x - \sin x$ au voisinage de 0 est :
$$e^x - \sin x = 1 + x + \frac{x^2}{2} + \frac{x^3}{6} + \frac{x^4}{24} + \frac{x^5}{120} - \left(x - \frac{x^3}{6} + \frac{x^5}{120}\right) + x^5\varepsilon(x) = 1 + \frac{x^2}{2} + \frac{x^3}{3} + \frac{x^4}{24} + x^5\varepsilon(x)$$
avec $\lim_{x \to 0} \varepsilon(x) = 0$.

> **Produit** : Soient f et g deux fonctions admettant un développement limité au même ordre n en x_0. Alors fg admet un développement limité à l'ordre n en x_0 dont la partie régulière s'obtient en tronquant au degré n le produit des parties régulières des DL_n de f et g.

Exemple : Déterminons un DL_4 de $f(x) = \dfrac{\cos x}{1-x}$ au voisinage de 0 :
Un DL_4 de $x \mapsto \cos x$ est : $\cos x = 1 - \dfrac{x^2}{2} + \dfrac{x^4}{24} + x^4\varepsilon_1(x)$ avec $\lim_{x \to 0} \varepsilon_1(x) = 0$.
Un DL_4 de $x \mapsto \dfrac{1}{1-x}$ est : $\dfrac{1}{1-x} = 1 + x + x^2 + x^3 + x^4 + x^4\varepsilon_2(x)$ avec $\lim_{x \to 0} \varepsilon_2(x) = 0$.
Le produit des parties régulières s'écrit :
$$\left(1 - \frac{x^2}{2} + \frac{x^4}{24}\right)(1 + x + x^2 + x^3 + x^4) = 1 + x + \frac{x^2}{2} + \frac{x^3}{2} + \frac{13x^4}{24} - \frac{11x^5}{24} - \frac{11x^6}{24} + \frac{x^7}{24} + \frac{x^8}{24}$$
On en déduit : $f(x) = \dfrac{\cos x}{1-x} = 1 + x + \dfrac{x^2}{2} + \dfrac{x^3}{2} + \dfrac{13x^4}{24} + x^4\varepsilon(x)$ avec $\lim_{x \to 0} \varepsilon(x) = 0$.

3 APPLICATIONS DES D.L. A L'ETUDE LOCALE DES FONCTIONS

3-1 Recherche d'équivalents de f en x_0

Soit f une fonction admettant un développement limité de partie régulière non nulle en x_0, et soit p le plus petit entier tel que $a_p \neq 0$. On appelle *partie principale* du développement limité le terme $a_p (x - x_0)^p$ (premier terme non nul de la partie régulière).

> ***Proposition*** *: Si f admet un développement limité de partie régulière non nulle en x_0 alors, au voisinage de x_0, la fonction f est équivalente à la partie principale de son développement limité.*

Si $f(x) = \sum_{i=p}^{n} a_i (x - x_0)^i + (x - x_0)^n \varepsilon(x)$, avec $a_p \neq 0$, alors $f(x) \underset{x_0}{\sim} a_p (x - x_0)^p$.

(En particulier, si $a_0 \neq 0$, alors $f(x) \underset{x_0}{\sim} a_0$ et $\lim_{x \to x_0} f(x) = a_0$).

Exemple *: Déterminons la nature de la série de terme général* $u_n = \dfrac{1}{n} - \ln\left(1 + \dfrac{1}{n}\right)$.

Soit f la fonction définie sur $]-1, +\infty[$ par $f(x) = x - \ln(1 + x)$.
Nous savons qu'au voisinage de 0, $\ln(1 + x) = x - x^2/2 + o(x^2)$ donc $f(x) = x^2/2 + o(x^2)$.
Par la propriété précédente on a alors : $f(x) \sim x^2/2$.
Comme $\lim_{n \to +\infty} \dfrac{1}{n} = 0$ on en déduit : $u_n = \dfrac{1}{n} - \ln\left(1 + \dfrac{1}{n}\right) \sim \dfrac{1}{2n^2}$.

La série de terme général $\dfrac{1}{2n^2}$ étant une série positive convergente ($\sum \dfrac{1}{n^2}$ est une série de Riemann de paramètre $\alpha = 2 > 1$) on peut conclure, par la règle des équivalents pour les séries à termes positifs, que la série de terme général u_n converge.

3-2 Position par rapport aux tangentes

On suppose que f admet un développement limité d'ordre $n \geq 2$ en x_0 dont la partie régulière comporte au moins un terme a_i non nul, avec $i \geq 2$. En désignant par k le plus petit des entiers $i \geq 2$ tels que $a_i \neq 0$, on a donc :
$$f(x) = a_0 + a_1 (x - x_0) + a_k (x - x_0)^k + (x - x_0)^k \varepsilon(x).$$

Une équation de la tangente à la courbe représentative de f au point x_0 est alors :
$$y = a_0 + a_1 (x - x_0).$$

. *Si k est pair* : Le signe de a_k détermine la position de la courbe par rapport à sa tangente
  - si $a_k > 0$, alors la courbe est située au-dessus de sa tangente
  - si $a_k < 0$, alors la courbe est située au-dessous de sa tangente.

. *Si k est impair* : Le point M_0 d'abscisse x_0 de la courbe C_f est un point d'inflexion.

3-3 Recherche d'extrema locaux

On suppose que f admet un développement limité d'ordre n ≥ 2 dont la partie régulière n'a pas de terme de rang 1 mais comporte au moins un terme a_i non nul, avec i ≥ 2. En désignant par k le plus petit des entiers i ≥ 2 tels que $a_i \neq 0$, on a donc :
$$f(x) = a_0 + a_k (x - x_0)^k + (x - x_0)^k \varepsilon(x).$$

(Dans ce cas $a_1 = f'(x_0) = 0$ et la courbe C_f admet une tangente horizontale au point d'abscisse x_0).

• *Si k est pair* : f admet un extremum en x_0. Le signe de a_k détermine la nature de cet extremum.
     - si $a_k > 0$, alors a_0 est un minimum pour f
     - si $a_k < 0$, alors a_0 est un maximum pour f.

• *Si k est impair* : Le point M_0 d'abscisse x_0 de la courbe C_f est un point d'inflexion.

3-4 Etude des branches infinies

On suppose que f admet une limite infinie au voisinage de l'infini et que $\dfrac{f(x)}{x}$ admet un développement limité : $\dfrac{f(x)}{x} = a_0 + \dfrac{a_1}{x} + \ldots + \dfrac{a_n}{x^n} + \dfrac{1}{x^n}\varepsilon(x)$ avec $\lim\limits_{x \to \infty} \varepsilon(x) = 0$.

On a alors : $f(x) = a_0 x + a_1 + \dfrac{c}{x^p} + \dfrac{1}{x^p}\varepsilon(x)$ avec p ≥ 1 et $\lim\limits_{x \to \infty} \varepsilon(x) = 0$.

Dans ce cas la droite d'équation $y = a_0 x + a_1$ est asymptote à la courbe et le signe du terme $\dfrac{c}{x^p}$ donne la position de la courbe par rapport à son asymptote.

Exemple : *Etudions les branches infinies de la fonction* $f : x \mapsto x e^{\frac{2x}{x^2-1}}$.

On pose $X = \dfrac{1}{x}$ et on étudie la fonction $X \mapsto Xf\left(\dfrac{1}{X}\right)$ au voisinage de 0. On a :

$$Xf\left(\dfrac{1}{X}\right) = \exp\left(\dfrac{\frac{2}{X}}{\frac{1}{X^2} - 1}\right) = e^{\frac{2X}{1-X^2}}.$$

A l'ordre 2 on a : $\dfrac{2X}{1-X^2} = 2X + o(X^2)$ (car la fonction est impaire) et

$e^u = 1 + u + \dfrac{u^2}{2} + o(u^2)$. Par la règle de composition des d.l. on obtient :

$$e^{\frac{2X}{1-X^2}} = 1 + 2X + 2X^2 + o(X^2)$$

soit, en revenant à la variable x :

$$\dfrac{f(x)}{x} = 1 + \dfrac{2}{x} + \dfrac{2}{x^2} + o\left(\dfrac{1}{x^2}\right), \text{ ou encore } f(x) = x + 2 + \dfrac{2}{x} + o\left(\dfrac{1}{x}\right).$$

On en déduit que la droite D d'équation $y = x + 2$ est asymptote à la courbe C_f.

- EXERCICES -

Développements limités

1- Déterminer les développements limités à l'ordre 4 des fonctions suivantes au voisinage de 0 :

1°) $f(x) = e^x - \ln(1+x)$ 2°) $f(x) = \sqrt{1+x} + 3\sin x$ 3°) $f(x) = \cos 2x - \ln(1-x)$

4°) $f(x) = \dfrac{\sin x}{1+x}$ 5°) $f(x) = \dfrac{2\sin x - \ln(1+2x)}{\sqrt{1+x}}$ 6°) $f(x) = \dfrac{e^x \sin x^2}{(1-x)^3}$

2- Déterminer le développement limité a l'ordre 3 de :
1°) $f(x) = \sqrt{x}$ au voisinage de 1   2°) $f(x) = e^x$ au voisinage de 2
3°) $f(x) = \cos x$ au voisinage de $\pi/4$ 4°) $f(x) = \ln x$ au voisinage de 2.

3- A l'aide de la formule de Taylor-Young déterminer le développement limité à l'ordre 3 au voisinage de 0 de :

1°) $f(x) = \ln(\cos x)$ 2°) $f(x) = \text{Arc}\tan\left(\dfrac{1}{1+x}\right)$.

Recherche de limites

4- En utilisant les développements limités calculer les limites suivantes :

1°) $\lim\limits_{x \to 0} \dfrac{1 - \cos x}{x^2}$ 2°) $\lim\limits_{x \to 0} \dfrac{e^x - \sqrt{1+x}}{x}$ 3°) $\lim\limits_{x \to 0} \dfrac{x - \ln(1+x)}{x^2}$

4°) $\lim\limits_{x \to 0} \dfrac{e^x - \sin x - \cos x}{x^2}$ 5°) $\lim\limits_{x \to 0} \dfrac{2 + \ln(1+x) - 2\sqrt{1+x}}{x^2}$ 6°) $\lim\limits_{x \to 0} \dfrac{x\cos x - \sin x}{x^3}$

5- Déterminer : $\lim\limits_{x \to 1}\left(x - 2 + \sqrt{x^2+3}\right)^{1/(x-1)}$.

6- Montrer que les fonctions suivantes sont continues et dérivables sur leurs ensembles de définition.
1°) f définie par $f(x) = \sin x / x$ si $x \neq 0$ et $f(0) = 1$;
2°) g définie par $g(x) = (e^x - 1)/x$ si $x \neq 0$ et $g(0) = 1$.

7- Soit f la fonction définie sur $]0, +\infty[$ par :

$$\begin{cases} \forall x \in]0,1[\cup]1,+\infty[, \ f(x) = \dfrac{(x+2)(x-1)}{x \ln x} \\ f(1) = 3 \end{cases}$$

Montrer que f est continue et dérivable sur $]0, +\infty[$.

Au voisinage de l'infini :

8- Déterminer le développement limité à l'ordre 2 au voisinage de $+\infty$ de :
$$f(x) = \sqrt[3]{x^3+x^2} + \sqrt[3]{x^3-x^2}.$$

Applications des développements limités

9- Trouver un équivalent simple, au voisinage de 0, de la fonction f définie par :
$$1°) \ f(x) = \frac{2}{\sin x} - \frac{2}{\ln(1-x)} \qquad 2°) \ f(x) = \frac{\ln(\cos x)}{x}.$$

10- On considère la fonction f définie sur $]-1, +\infty[$ par : $\begin{cases} f(x) = \dfrac{\ln(1+x)}{x} \text{ si } x \neq 0 \\ f(0) = 1 \end{cases}$

En utilisant le développement limité d'ordre 2 de f au voisinage de 0 :
1°) Etudier la continuité et la dérivabilité de f.
2°) Donner l'équation de la tangente à la courbe représentative de f au point d'abscisse 0 et étudier la position de la courbe par rapport à cette tangente.

11- Préciser le comportement au voisinage de l'infini de la courbe représentative des fonctions suivantes. On indiquera, le cas échéant, la position de la courbe par rapport à son asymptote.

$$1°) f(x) = e^{1/x}\sqrt{x^2-5x+6} \qquad 2°) \ f(x) = x \exp\left(\frac{2x}{x+1}\right) \qquad 3°) \ f(x) = \sqrt[3]{\frac{x^4}{x-3}}.$$

12- On considère la fonction f définie sur $\mathbb{R}$ par : $\begin{cases} f(x) = \dfrac{x}{1+e^{1/x}} \text{ si } x \neq 0 \\ f(0) = 0 \end{cases}$

1°) Etudier la continuité et la dérivabilité de f en 0.
2°) Etudier les variations de f. Tracer la courbe représentative en précisant le comportement au voisinage de 0 et les branches infinies.

Etudes de fonctions

13- Etude et représentation graphique des fonctions suivantes :

1°) $f: x \mapsto |x - E(x) - 0{,}5|$ 	2°) $f: x \mapsto \sqrt{\dfrac{\ln x}{x}}$ 	3°) $f: x \mapsto \left(1+\dfrac{1}{x}\right)^x$

3°) $f: x \mapsto \ln(e^x + 2e^{-x})$ 	4°) $f: x \mapsto e^{\frac{\ln x}{\ln x - 1}}$ 	5°) $f: x \mapsto x^{\sqrt{x}-x}$

6°) $f: x \mapsto \sqrt{|x-1|} - \ln|x|$ 	7°) $f: x \mapsto \dfrac{x}{e^x-1}$ 	8°) $f: x \mapsto \dfrac{x^2}{x+1}.e^{1/x}$

9°) $f: x \mapsto e^{1/x}.\sqrt{x(x+2)}$ 	10) $f: x \mapsto x^2 \ln\left|1-\dfrac{1}{x}\right|$.

INTEGRATION

1 PRIMITIVES ET INTEGRALES

1-1 Primitive

Définition : *Soit f une fonction définie sur un intervalle I. F est une **primitive** de f sur I si F est une fonction définie et dérivable sur I telle que : $\forall x \in I, F'(x) = f(x)$.*

Remarque : Une primitive de f sur l'intervalle I est une fonction dérivable et donc continue sur I.

Proposition : *Si f admet une primitive F sur I alors f admet une infinité de primitives sur I qui se déduisent de F par addition d'une fonction constante sur I.*

<u>Preuve</u> : Si F désigne une primitive donnée de f sur I alors, pour toute primitive G de f on a : pour tout x appartenant à I, $G'(x) = F'(x) = f(x)$. On en déduit que $(G - F)'$ est la fonction nulle sur I et, par suite : G - F est une fonction constante sur I. D'où l'existence d'une fonction constante k sur I telle que : G = F + k.
Réciproquement toute fonction G = F + k vérifie : $G' = F' = f$.
f admet donc une infinité de primitives sur I qui s'écrivent : G = F + k.

Remarques : . Si I n'est pas un intervalle, le résultat précédent n'est plus valable :
Soit f la fonction définie sur $\mathbf{R}^*$ par $f(x) = 1/x$. Les fonctions F et G définies sur $\mathbf{R}^*$ par

$$F(x) = \ln|x| \text{ et } G(x) = \begin{cases} \ln(-x) + 1 \text{ si } x < 0 \\ \ln x + 2 \text{ si } x > 0 \end{cases}$$

sont des primitives de f sur $\mathbf{R}^*$ mais il n'existe pas de constante K telle que : $\forall x \in \mathbf{R}^*$, $G(x) = F(x) + K$.

. Si F est une primitive de f sur I, l'ensemble des primitives de f sur I est l'ensemble des fonctions : $x \mapsto F(x) + K$, $K \in \mathbf{R}$.

Corollaire : *Si f admet une primitive sur l'intervalle I, pour tout réel x_0 appartenant à I et tout réel y_0, il existe une unique primitive G de f sur I prenant la valeur y_0 en x_0.*

Preuve : Soit F une primitive de f sur I. D'après la proposition précédente, toute primitive G de f sur I s'écrit : G = F + k (k fonction constante sur I). La condition de l'énoncé se traduit par : $G(x_0) = F(x_0) + k = y_0$. On en déduit : $k = y_0 - F(x_0)$. La fonction G définie sur I par $G(x) = F(x) + y_0 - F(x_0)$ est l'unique primitive de f sur I prenant la valeur y_0 en x_0.

Remarque : Si f admet une primitive F sur I, il existe donc une unique primitive G de f sur I s'annulant en un point donné $x_0 \in I$. Elle est définie par : $G(x) = F(x) - F(x_0)$.

1-2 Existence

Théorème (de Darboux) : *Toute fonction continue sur un intervalle I admet au moins une primitive sur I.*

Remarque : Il existe des fonctions non continues qui admettent des primitives sur un intervalle :

La fonction f définie sur **R** par : $\begin{cases} f(x) = 2x\sin\dfrac{1}{x} - \cos\dfrac{1}{x} \text{ si } x \neq 0 \\ f(0) = 0 \end{cases}$ n'est pas continue en 0

mais admet pour primitive sur **R** la fonction F définie par : $\begin{cases} F(x) = x^2\sin\dfrac{1}{x} \text{ si } x \neq 0 \\ F(0) = 0 \end{cases}$

1-3 Tableaux des primitives usuelles

. Les formules suivantes sont valables sur tout intervalle I où la fonction f est continue.

. F désigne une primitive particulière de f sur I. Les autres s'en déduisent par l'addition d'une constante réelle.

$f(x)$	a	x^α ($\alpha \neq -1$)	$\dfrac{1}{\sqrt{x}}$	$\dfrac{1}{x^2}$	$\dfrac{1}{x}$	e^x	a^x
$F(x)$	ax	$\dfrac{x^{\alpha+1}}{\alpha+1}$	$2\sqrt{x}$	$-\dfrac{1}{x}$	$\ln|x|$	e^x	$\dfrac{a^x}{\ln a}$

$f(x)$	$\ln x$	$\sin(ax+b)$	$\cos(ax+b)$	$1 + \tan^2 x$ ($= 1/\cos^2 x$)	$\dfrac{1}{\sqrt{1-x^2}}$	$\dfrac{1}{1+x^2}$
$F(x)$	$x \ln x - x$	$-\dfrac{1}{a}\cos(ax+b)$	$\dfrac{1}{a}\sin(ax+b)$	$\tan x$	$\text{Arcsin } x$	$\text{Arctan } x$

Opérations :

f	$u' + v'$	$\lambda u'$	$u'v + uv'$	$\dfrac{u'v - uv'}{v^2}$	$(v' \circ u)\,u'$
F	$u + v$	λu	$u\,v$	u / v	$v \circ u$

f	$u'\,u^\alpha\,(\alpha \neq -1)$	$\dfrac{u'}{\sqrt{u}}$	$\dfrac{u'}{u^2}$	$\dfrac{u'}{u}$	$u'\,e^u$
F	$\dfrac{1}{\alpha+1}u^{\alpha+1}$	$2\sqrt{u}$	$-\dfrac{1}{u}$	$\ln|u|$	e^u

1-4 Intégrale d'une fonction continue sur un segment

Soit f une fonction continue sur un segment [a, b] et soit F une primitive de f sur ce segment. Pour toute primitive G de f sur [a, b] on a G = F + k (k : fonction constante) donc G (b) - G (a) = (F (b) + k) - (F (a) + k) = F (b) - F (a).

Le réel F (b) - F (a) est donc indépendant de la primitive F choisie.

On en déduit la définition :

Définition : *Soit f une fonction continue sur un segment [a, b] et F une primitive de f sur ce segment. Le réel F (b) - F (a) s'appelle **intégrale de f sur le segment [a, b]**.*
On le note : $F(b) - F(a) = \int_a^b f(t)dt = [F(t)]_a^b$.

Remarques :

. t est une *variable muette* : $\int_a^b f(t)dt = \int_a^b f(u)du$.

. $\int_a^b dt = b - a$.

. Si f est continue sur [a, b] alors, par définition de l'intégrale, $\int_a^b f(t)dt = -\int_b^a f(t)dt$.

. *Si la fonction f est définie en a*, on convient d'écrire : $\int_a^a f(t)dt = 0$.

Conséquence : écriture des primitives

Proposition : *Pour toute fonction f continue sur l'intervalle I et pour tout réel a appartenant à I, la fonction F définie sur I par* $F(x) = \int_a^x f(t)dt$ *est l'unique primitive de f s'annulant en a. Elle est dérivable sur I et, pour tout x appartenant à I, F '(x) = f(x).*

2 PROPRIETES

2-1 Linéarité

> **Proposition** : *L'application I définie sur C^0 ([a, b]) (ensemble des applications continues sur [a, b]) par I (f) = $\int_a^b f(t)dt$ est une forme linéaire sur l'espace vectoriel C^0 ([a, b], c'est à dire :*
> $$\forall (f,g) \in C^0([a,b]), \forall (\lambda,\mu) \in \mathbb{R}^2, \int_a^b (\lambda f + \mu g)(t)dt = \lambda \int_a^b f(t)dt + \mu \int_a^b g(t)dt.$$

En effet, avec des notations évidentes, $\lambda F + \mu G$ est une primitive de $\lambda f + \mu g$. On a donc :
$$\int_a^b (\lambda f + \mu g)(t)dt = (\lambda F + \mu G)(b) - (\lambda F + \mu G)(a) = \lambda(F(b) - F(a)) + \mu(G(b) - G(a)).$$
I est appelé *opérateur d'intégration* sur le segment [a, b].

2-2 Relation de Chasles

> **Proposition** : *Soit f une fonction continue sur un intervalle I contenant les réels a, b, c. On a alors :*
> $$\int_a^c f(t)dt = \int_a^b f(t)dt + \int_b^c f(t)dt.$$

Preuve : Soit F une primitive de f sur I. On a :
$$\int_a^c f(t)dt = F(c) - F(a) = (F(c) - F(b)) + (F(b) - F(a)) = \int_b^c f(t)dt + \int_a^b f(t)dt.$$

2-3 Intégrale et ordre

Soit $\int_a^b f(t)\,dt$ une intégrale. On dit que les bornes a et b sont ***dans le bon sens*** si $a \leq b$ et ***dans le mauvais sens*** si $a > b$.

Positivité :

> **Proposition 1** : *Soit f une fonction continue sur [a, b].*
> *Si f est positive sur [a, b] (c'est à dire : $\forall x \in [a, b], f(x) \geq 0$) et si les bornes a et b sont dans le bon sens, alors :*
> $$\int_a^b f(t)dt \geq 0.$$

Preuve : Soit F une primitive de f sur [a, b]. Si f est positive alors F est croissante (en effet F ' = f est positive) donc pour $a \leq b$ on a : $\int_a^b f(t)\,dt = F(b) - F(a) \geq 0$.

Remarque : Si $a \geq b$ alors $\int_a^b f(t)dt \leq 0$.

Conséquences : comparaisons d'intégrales

Proposition 2 : *Soient f et g deux fonctions continues sur [a, b] et soit* $M = \sup\limits_{t \in [a,b]} |f(t)|$.

(i) si $f \leq g$ *et* $a \leq b$ *alors* $\int_a^b f(t)\,dt \leq \int_a^b g(t)\,dt$

(ii) si $a \leq b$ *alors* $|\int_a^b f(t)\,dt| \leq \int_a^b |f(t)|\,dt \leq M(b-a)$.

<u>Preuve</u> : (i) $\forall\, t \in [a, b]$, $(g - f)(t) \geq 0$ donc $\int_a^b (g - f)(t)\,dt = \int_a^b g(t)\,dt - \int_a^b f(t)\,dt \geq 0$.

(ii) On a : $|f(t)| \geq f(t)$ donc, d'après (i), $\int_a^b |f(t)|\,dt \geq \int_a^b f(t)\,dt$.

De même $|f(t)| \geq -f(t)$ donc $\int_a^b |f(t)|\,dt \geq -\int_a^b f(t)\,dt$. Or l'un des deux réels $\int_a^b f(t)\,dt$ ou $-\int_a^b f(t)\,dt$ est égal à $|\int_a^b f(t)\,dt|$. On a donc vérifié : $\int_a^b |f(t)|\,dt \geq |\int_a^b f(t)\,dt|$.

La deuxième inégalité résulte du fait que la fonction $|f|$ est majorée par la fonction constante : $t \mapsto M$ sur $[a, b]$. D'après (i) on a alors : $\int_a^b |f(t)|\,dt \leq \int_a^b M\,dt = M(b-a)$.

Cas de nullité :

Proposition 3 : *Soit f une fonction continue sur [a, b] avec* $a \neq b$.
Si f a un signe constant sur [a, b] et si $\int_a^b f(t)\,dt = 0$ *alors f est nulle sur [a, b]*.

<u>Preuve</u> : Supposons f positive. Pour tout $t \in [a, b]$ on a : $F'(t) = f(t) \geq 0$ donc F est croissante sur $[a, b]$. Or $F(b) = F(a)$ car $\int_a^b f(t)\,dt = F(b) - F(a) = 0$. Par conséquent F est constante sur $[a, b]$ et, pour tout $t \in [a, b]$ on a : $F'(t) = f(t) = 0$.

Corollaire : *Si f est une fonction continue sur [a, b] avec* $a \neq b$, *de signe constant sur [a, b] et s'il existe un réel* $x_0 \in [a, b]$ *tel que* $f(x_0) \neq 0$ *alors* $\int_a^b f(t)\,dt \neq 0$.

2-4 Le théorème de la moyenne

Théorème : *Soit f une fonction continue sur [a, b]. Il existe un réel* $d \in [a, b]$ *tel que :*

$$\int_a^b f(t)\,dt = (b-a)\,f(d).$$

Si $a \neq b$, *le réel* $f(d) = \dfrac{1}{b-a} \int_a^b f(t)\,dt$ *est appelé* **valeur moyenne** *de f sur [a, b]*.

<u>Preuve</u> : Soit F une primitive de f sur $[a, b]$. Par le théorème des accroissements finis il existe $d \in [a, b]$ tel que : $\int_a^b f(t)\,dt = F(b) - F(a) = (b-a)\,F'(d) = (b-a)\,f(d)$.

3 SOMMES DE RIEMANN

3-1 Définition - Convergence

> **Définition :** Soit f une fonction numérique continue sur le segment $[a, b]$. On appelle **sommes de Riemann** attachées à f les suites (s_n) et (t_n) définies par :
> $$\forall n \in \mathbb{N}^*, \quad s_n = \frac{b-a}{n}\sum_{k=0}^{n-1} f\left(a+k\frac{b-a}{n}\right) \quad et \quad t_n = \frac{b-a}{n}\sum_{k=1}^{n} f\left(a+k\frac{b-a}{n}\right).$$

Remarque :

$$\forall n \in \mathbb{N}^*, \, t_n - s_n = \frac{b-a}{n}[f(b)-f(a)].$$

Nous allons établir que les suites (s_n) et (t_n) convergent vers $\int_a^b f(t)dt$:

> **Théorème :** Soit f une fonction continue sur le segment $[a, b]$. On a :
> $$\lim_{n \to +\infty} \frac{b-a}{n}\sum_{k=0}^{n-1} f\left(a+k\frac{b-a}{n}\right) = \int_a^b f(t)dt.$$

Preuve :
On justifie la propriété dans le cas particulier où f est de classe C^1 sur l'intervalle $[a, b]$ (elle sera admise si f est continue).
Si f est de classe C^1 sur $[a, b]$, f est dérivable et la fonction f' est continue donc bornée sur ce segment (propriété des fonctions continues, voir chapitre **14**). Il existe donc une constante réelle positive M telle que : $\forall x \in [a, b], |f'(x)| \leq M$.
Par l'inégalité des accroissements finis on aura alors, pour tous x, y appartenant à $[a, b]$:
(1) $|f(x) - f(y)| \leq M |x - y|$.

Posons $x_k = a + k\frac{b-a}{n}$ et étudions la différence : $D = \left|\frac{b-a}{n}\sum_{k=0}^{n-1} f(x_k) - \int_a^b f(t)dt\right|$.

$D = \left|\sum_{k=0}^{n-1}\frac{b-a}{n}f(x_k) - \int_a^b f(t)dt\right| = \left|\sum_{k=0}^{n-1}\frac{b-a}{n}f(x_k) - \sum_{k=0}^{n-1}\int_{x_k}^{x_{k+1}} f(t)dt\right|$ (relation de Chasles).

Or $\frac{b-a}{n}f(x_k) = \int_{x_k}^{x_{k+1}} f(x_k)dx \quad (\int_{x_k}^{x_{k+1}} f(x_k)dx = (x_{k+1}-x_k)f(x_k) = \frac{b-a}{n}f(x_k))$.

Donc $D = \left|\sum_{k=0}^{n-1}\int_{x_k}^{x_{k+1}} f(x_k)dt - \sum_{k=0}^{n-1}\int_{x_k}^{x_{k+1}} f(t)dt\right| \leq \sum_{k=0}^{n-1}\left|\int_{x_k}^{x_{k+1}} (f(x_k)-f(t))dt\right|$

$$\leq \sum_{k=0}^{n-1}\int_{x_k}^{x_{k+1}} |f(x_k)-f(t)|dt$$

Or, d'après l'inégalité (1) : $|f(x_k) - f(t)| \leq M |x_k - t| = M(t - x_k)$ car $t \in [x_k, x_{k+1}]$.

Donc : $D \leq M\sum_{k=0}^{n-1}\int_{x_k}^{x_{k+1}} (t-x_k)dt = M\sum_{k=0}^{n-1}\left[\frac{(t-x_k)^2}{2}\right]_{x_k}^{x_{k+1}} = M\sum_{k=0}^{n-1}\frac{(x_{k+1}-x_k)^2}{2}.$

La différence $x_{k+1} - x_k$ est constante égale à $(b-a)/n$ donc :

$$\boxed{\left|\frac{b-a}{n}\sum_{k=0}^{n-1}f(x_k)-\int_a^b f(t)dt\right|\leq M\frac{(b-a)^2}{2n}}$$

On en déduit le résultat par encadrement.

Remarques :

a) La suite (s_n) converge donc vers $\int_a^b f(t)dt$. D'autre part, la différence $s_n - t_n$ tendant vers 0, on a également : $\lim\limits_{n\to+\infty} s_n = \lim\limits_{n\to+\infty} t_n = \int_a^b f(t)dt$.

De même la suite de terme général $\dfrac{b-a}{n}\sum\limits_{k=0}^{n}f(a+k\dfrac{b-a}{n})$ converge vers $\int_a^b f(t)dt$.

b) Ne pas confondre ces sommes avec des séries : leurs termes dépendent de k et de n (dans le cas des séries le terme général dépend de k mais pas de n).

c) Dans le cas particulier (mais néanmoins très fréquent) où $a=0$ et $b=1$ le résultat s'énonce :

$$\boxed{\lim_{n\to+\infty}\frac{1}{n}\sum_{k=0}^{n-1}f\left(\frac{k}{n}\right)=\int_0^1 f(t)dt}$$

Exemple : $\lim\limits_{n\to+\infty}\dfrac{1}{n}\sum\limits_{k=0}^{n-1}\left(\dfrac{k}{n}\right)^2 = \int_0^1 t^2 dt = \left[\dfrac{t^3}{3}\right]_0^1 = \dfrac{1}{3}$.

3-2 Interprétation géométrique : méthode des rectangles

On munit le plan d'un repère orthogonal.
En partageant l'intervalle [a, b] en n intervalles de longueur $(b-a)/n$ on peut approcher la valeur de l'intégrale $\int_a^b f(t)dt$ par la somme algébrique des aires des rectangles de hauteur $f\left(a+k\dfrac{b-a}{n}\right)$.

(Les aires sont calculées en "unités d'aires", selon les unités choisies sur les axes).

Cette somme est égale à s_n lorsque k varie entre 0 et n-1 (la hauteur du rectangle est la valeur prise par f *à l'origine* de l'intervalle, voir figure) ou à t_n

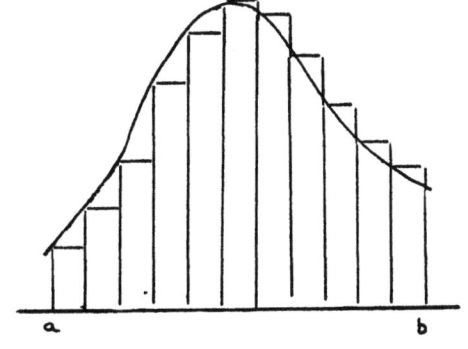

lorsque k décrit [1, n] (valeur de f prise *à l'extrémité* de l'intervalle).

Comme (s_n) et (t_n) convergent vers $\int_a^b f(t)dt$ lorsque n tend vers l'infini, on convient que le nombre $\int_a^b f(t)dt$ désigne *l'aire algébrique* du domaine plan limité par la courbe représentative de f, l'axe des abscisses et les droites verticales d'équations $x=a$ et $x=b$ (aire mesurée en unités d'aires dans un repère orthogonal).

4 METHODES DE CALCUL D'UNE INTEGRALE

4-1 Calcul direct à l'aide du tableau des primitives usuelles

Dans le cas où on reconnaît une primitive connue ou dans celui où on peut se ramener à une telle fonction par transformation d'écriture, on utilise la définition de l'intégrale :

$$\int_a^b f(t)dt = F(b) - F(a)$$

Exemple :

$$\int_0^{1/2} \frac{1}{t^2-1}dt = \int_0^{1/2} \frac{1}{2}\left(\frac{1}{t-1} - \frac{1}{t+1}\right)dt = \frac{1}{2}\Big[\ln|t-1| - \ln|t+1|\Big]_0^{1/2} = \frac{1}{2}\left(\ln\frac{1}{2} - \ln\frac{3}{2}\right) = -\frac{1}{2}\ln 3.$$

4-2 Intégration par parties

Théorème : *Si f et g sont deux fonctions de classe C^1 sur [a, b], alors :*
$$\int_a^b f'(t)g(t)dt = \Big[f(t)g(t)\Big]_a^b - \int_a^b f(t)g'(t)dt.$$

Preuve : f et g étant deux fonctions de classe C^1 sur l'intervalle [a, b], la fonction f g est dérivable sur cet intervalle et $(f\,g)' = f'\,g + f\,g'$.
Cette égalité s'écrit encore : $f'\,g = (f\,g)' - f\,g'$ et en intégrant chacun des membres sur l'intervalle [a, b] on obtient :

$$\int_a^b f'(t)g(t)dt = \int_a^b (fg)'(t)dt - \int_a^b f(t)g'(t)dt = \Big[f(t)g(t)\Big]_a^b - \int_a^b f(t)g'(t)dt$$

Remarques :

. Cette formule s'applique lorsque la fonction à intégrer s'écrit sous l'une des formes suivantes :
 - polynôme × fonction trigonométrique.
 - fonction × fonction logarithme.
 - polynôme × fonction exponentielle.
 - fonction trigonométrique × fonction exponentielle.
 - produit de fonctions trigonométriques.

. Bien poser : $\begin{cases} f'(t) = ... & f(t) = ... \\ g(t) = ... & g'(t) = ... \end{cases}$ et penser à dire que les fonctions sont de classe C^1.

Exemple : *Calculer* $\int_0^\pi t \sin t\, dt$.

On pose : $\begin{cases} f'(t) = \sin t & f(t) = -\cos t \\ g(t) = t & g'(t) = 1 \end{cases}$

Les fonctions f et g ainsi définies sont de classe C^1 sur $[0, \pi]$. Par la formule d'intégration par parties :

$$\int_0^\pi t \sin t\, dt = \Big[-t\cos t\Big]_0^\pi - \int_0^\pi -\cos t\, dt = \pi + \int_0^\pi \cos t\, dt = \pi + \Big[\sin t\Big]_0^\pi = \pi.$$

4-3 Changement de variable

Théorème : *Soient I et J deux intervalles de $\mathbb{R}$, φ une application de classe C^1 de I dans J, f une application continue de J dans $\mathbb{R}$. Alors, si $(a, b) \in I^2$, on a :*
$$\int_a^b (f \circ \varphi)(t)\varphi'(t)dt = \int_{\varphi(a)}^{\varphi(b)} f(u)du.$$
(Changement de variable $u = \varphi(t)$).

Preuve : Soit F une primitive de f sur J. Alors $(F \circ \varphi) \varphi' = (F' \circ \varphi) \varphi' = (F \circ \varphi)'$.
L'application $F \circ \varphi$ est donc de classe C^1 sur I, de dérivée $(f \circ \varphi) \varphi'$.
Par définition de l'intégrale, on a donc :
$$\int_a^b (f \circ \varphi)(t)\varphi'(t)dt = F \circ \varphi(b) - F \circ \varphi(a) = F[\varphi(b)] - F[\varphi(a)] = \int_{\varphi(a)}^{\varphi(b)} f(u)du.$$

Remarques :

. Dans la pratique, pour calculer $\int_\alpha^\beta f(u) \, du$, on pose $u = \varphi(t)$; du devient $\varphi'(t) \, dt$.
Les bornes α et β sont remplacées par les réels a et b tels que $\varphi(a) = \alpha$ et $\varphi(b) = \beta$. On s'assure que f et φ vérifient bien les hypothèses du théorème.

. Dans le cas où φ est strictement monotone sur [a, b] le changement de variable $u = \varphi(t)$ équivaut à $t = \varphi^{-1}(u)$, puisque φ est bijective. La formule peut alors se lire :
$$\int_\alpha^\beta f(u)du = \int_a^b f(\varphi(t))\varphi'(t)dt \text{ avec } a = \varphi^{-1}(\alpha) \text{ et } b = \varphi^{-1}(\beta).$$

Exemples :

1. *Calculer* $I = \int_0^{\pi/2} \cos^3 t . \sin t \, dt$ *à l'aide du changement de variable $u = \cos t$.*

L'application $\varphi : t \mapsto \cos t$ est de classe C^1 sur $\mathbb{R}$. En posant $f(t) = t^3$, on obtient :
$$\int_0^{\pi/2} \cos^3 t . \sin t \, dt = -\int_0^{\pi/2} f(\varphi(t))\varphi'(t)dt = -\int_{\varphi(0)}^{\varphi(\pi/2)} f(u)du = \int_0^1 u^3 du = \frac{1}{4}.$$

2. *Calculer* $I = \int_0^1 \sqrt{1-u^2}\,du$ *à l'aide du changement de variable $u = \sin t$.*

L'application $\varphi : t \mapsto \sin t$ est de classe C^1 sur $\mathbb{R}$.
On a : $du = \varphi'(t) \, dt = \cos t \, dt$.
Les bornes $\alpha = 0$ et $\beta = 1$ sont transformées respectivement en $a = 0$ (car $\sin 0 = 0$) et $b = \pi/2$ (car $\sin \pi/2 = 1$).
Donc $I = \int_0^1 \sqrt{1-u^2}\,du = \int_0^{\pi/2} \sqrt{1-\sin^2 t} \cos t \, dt = \int_0^{\pi/2} \cos^2 t \, dt$
$= \int_0^{\pi/2} \frac{1+\cos 2t}{2} dt = \left[\frac{t}{2} + \frac{\sin 2t}{4}\right]_0^{\pi/2} = \frac{\pi}{4}.$

4-4 Cas des fonctions périodiques ou présentant un élément de symétrie

Proposition :
(i) Soit f une fonction périodique de période T, définie et continue sur **R**. On a :
$$\forall a,b \in R, \forall n \in Z, \int_{a+nT}^{b+nT} f(t)dt = \int_a^b f(t)dt.$$

(ii) Soient $a \in R^+$ et f une fonction continue sur $[-a, a]$.

. Si f est paire on a : $\int_{-a}^0 f(t)dt = \int_0^a f(t)dt$ d'où $\int_{-a}^a f(t)dt = 2\int_0^a f(t)dt$.

. Si f est impaire on a : $\int_{-a}^0 f(t)dt = -\int_0^a f(t)dt$ d'où $\int_{-a}^a f(t)dt = 0$.

f est périodique :   *f est paire :*   *f est impaire :*

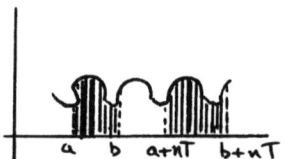  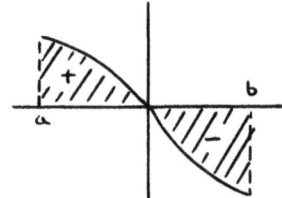

Preuve :
(i) La fonction $\varphi : t \mapsto t + nT$ est de classe C^1 sur **R** et donc, en particulier sur $[a, b]$. Par la formule de changement de variable (théorème précédent) :
$$\int_{a+nT}^{b+nT} f(u)du = \int_{\varphi(a)}^{\varphi(b)} f(u)du = \int_a^b f(\varphi(t))\varphi'(t)dt = \int_a^b f(t+nT)dt = \int_a^b f(t)dt.$$

(ii) La fonction $\varphi : t \mapsto -t$ est de classe C^1 sur **R** et donc, en particulier sur $[-a, 0]$. D'où :
$$\int_{-a}^0 f(u)du = \int_{\varphi(a)}^{\varphi(0)} f(u)du = \int_a^0 f(\varphi(t))\varphi'(t)dt = \int_0^a f(-t)dt.$$

4-5 Cas des fonctions continues par morceaux

Partage d'un segment : On appelle **partage** (ou **subdivision**) du segment $[a, b]$ toute suite $(x_0, ..., x_n)$ de points de $[a, b]$ tels que $x_0 = a$, $x_n = b$ et, pour tout $i \in \{0, ..., n-1\}$, $x_i < x_{i+1}$.

Fonctions en escalier :

Définition : Une fonction f est dite **fonction en escalier** sur le segment $[a, b]$ s'il existe un partage $(x_0, ..., x_n)$ de $[a, b]$ tel que :
  pour tout $i \in \{0, ..., n-1\}$, f est constante sur $]x_i, x_{i+1}[$.

Exemples :
. La fonction de répartition d'une variable aléatoire discrète est une fonction en escalier sur tout segment $[a, b]$ de **R**.
. La fonction *partie entière* associant à tout réel x le réel noté E(x) (ou [x], Ent(x)) défini comme le plus grand entier inférieur ou égal à x est une fonction en escalier sur tout segment $[a, b]$ de **R** : $\forall x \in [n, n+1[, E(x) = n$.

Fonctions continues par morceaux :

> **Définition :** *Une fonction f définie sur le segment [a, b] est dite* **continue par morceaux** *sur ce segment si :*
> . *f n'a qu'un nombre fini de points de discontinuité sur]a, b[;*
> . *f admet en chacun de ces points une limite à droite et une limite à gauche, ces limites étant finies.*

Exemples :
. Les fonctions en escalier, les fonctions continues sur un segment [a, b] sont continues par morceaux sur [a, b].
. La fonction f définie sur [-1, 1] par $f(x) = \sin(1/x)$ si $x \neq 0$ et $f(0) = 0$ n'est pas continue par morceaux sur ce segment car elle n'admet pas de limite à gauche et à droite de 0.

Intégrale d'une fonction continue par morceaux :

On peut étendre la notion de *fonction intégrable* au cas des fonctions continues par morceaux sur un segment [a, b] :

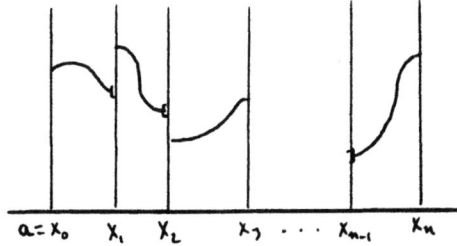

Soit $(x_0, x_1, ..., x_n)$ un partage du segment [a, b] associé à la fonction f.
Pour tout $i \in \{0, ..., n-1\}$, f est continue sur $]x_i, x_{i+1}[$ et admet une limite finie à droite de x_i et à gauche de x_{i+1}. La restriction f_i de f à l'intervalle $]x_i, x_{i+1}[$ est donc prolongeable par continuité en x_i et x_{i+1}.

Notons $\tilde{f}_i$ le prolongement par continuité de f_i sur le segment $[x_i, x_{i+1}]$. La fonction $\tilde{f}_i$ est continue donc intégrable sur le segment $[x_i, x_{i+1}]$. On définit alors l'intégrale de la fonction f sur l'intervalle [a, b] par :

$$\int_a^b f(t)dt = \int_{x_0}^{x_1} \tilde{f}_0(t)dt + ... + \int_{x_{n-1}}^{x_n} \tilde{f}_{n-1}(t)dt = \sum_{i=0}^{n-1} \int_{x_i}^{x_{i+1}} \tilde{f}_i(t)dt.$$

5 FORMULES DE TAYLOR

5-1 Formule de Taylor avec reste intégral

> **Théorème :** *Soit f une fonction de classe C^{n+1} ($n \in \mathbb{N}$) sur l'intervalle I et soit $(a,b) \in I^2$. On a :*
> $$f(b) = f(a) + (b-a)f'(a) + \frac{(b-a)^2}{2!}f''(a) + ... + \frac{(b-a)^n}{n!}f^{(n)}(a) + \int_a^b \frac{(b-t)^n}{n!}f^{(n+1)}(t)dt$$
> *c'est à dire :*
> $$f(b) = \sum_{k=0}^n \frac{(b-a)^k}{k!}f^{(k)}(a) + \int_a^b \frac{(b-t)^n}{n!}f^{(n+1)}(t)dt.$$

Preuve : Considérons la fonction g définie sur I par :

$$g(t) = f(b) - \left[f(t) + (b-t)f'(t) + \frac{(b-t)^2}{2!}f''(t) + \ldots + \frac{(b-t)^n}{n!}f^{(n)}(t) \right].$$

g est de classe C^1 sur I et g' est définie sur I par : $g'(t) = -\left[\frac{(b-t)^n}{n!}f^{n+1}(t)\right]$ (exercice).

On a alors : $\int_a^b g'(t)dt = -\int_a^b \frac{(b-t)^n}{n!}f^{(n+1)}(t)dt = g(b) - g(a)$. Or g(b) = 0 donc :

$$\int_a^b \frac{(b-t)^n}{n!}f^{(n+1)}(t)dt = g(a) = f(b) - f(a) - (b-a)f'(a) - \ldots - \frac{(b-a)^n}{n!}f^{(n)}(a)$$

ce qui est une autre écriture de l'égalité étudiée.

5-2 Majoration du reste, inégalité de Taylor-Lagrange

> ***Théorème*** : *Soit f une fonction de classe C^{n+1} ($n \in \mathbb{N}$) sur l'intervalle I et soit $(a,b) \in I^2$. Alors $f^{(n+1)}$ est bornée sur le segment d'extrémités a et b et, si M désigne un majorant de $|f^{(n+1)}|$ sur ce segment, on a :*
> $$\left| f(b) - \sum_{k=0}^n \frac{(b-a)^k}{k!}f^{(k)}(a) \right| \leq M \frac{|b-a|^{n+1}}{(n+1)!}.$$

Preuve : Supposons : a < b. f étant de classe C^{n+1} sur le segment [a, b], $f^{(n+1)}$ est continue donc bornée sur ce segment : $\forall\, t \in [a, b]$, $|f^{(n+1)}(t)| \leq M$.
Par la formule de Taylor avec reste intégral on a :

$$\left| f(b) - \sum_{k=0}^n \frac{(b-a)^k}{k!}f^{(k)}(a) \right| = \left| \int_a^b \frac{(b-t)^n}{n!}f^{(n+1)}(t)dt \right| \leq \frac{M}{n!}\int_a^b (b-t)^n dt.$$

Or $\int_a^b (b-t)^n dt = \left[-\frac{(b-t)^{n+1}}{(n+1)} \right]_a^b = \frac{(b-a)^{n+1}}{n+1}$.

On en déduit le résultat annoncé.

5-3 Formule de Taylor-Young

Nous avons déjà énoncé au chapitre précédent :

> ***Théorème (formule de Taylor-Young)*** : *Si f est une fonction de classe C^n sur un intervalle I de $\mathbb{R}$ contenant x_0 alors, pour tout x appartenant à I :*
> $$f(x) = f(x_0) + (x-x_0)f'(x_0) + \frac{(x-x_0)^2}{2!}f''(x_0) + \ldots + \frac{(x-x_0)^n}{n!}f^{(n)}(x_0) + (x-x_0)^n \varepsilon(x)$$
> *avec $\lim_{x \to x_0} \varepsilon(x) = 0$.*

Preuve : Démontrons ce résultat dans le cas où f est de classe C^{n+1} sur I. Le cas général (fonction de classe C^n) sera admis.
La fonction g définie sur I par :

(1) $g(x) = f(x) - \left[f(x_0) + (x - x_0)f'(x_0) + \frac{(x-x_0)^2}{2!}f''(x_0) + \ldots + \frac{(x-x_0)^n}{n!}f^{(n)}(x_0) \right]$

vérifie, d'après l'inégalité de Taylor-Lagrange : $|g(x)| \leq M \frac{|x-x_0|^{n+1}}{(n+1)!}$.

La fonction ε définie sur $I \setminus \{x_0\}$ par $\varepsilon(x) = \frac{g(x)}{(x-x_0)^n}$ vérifie donc : $|\varepsilon(x)| \leq M \frac{|x-x_0|}{(n+1)!}$.

On en déduit : $\lim_{x \to x_0} \varepsilon(x) = 0$.

En remplaçant $g(x)$ par $(x - x_0)^n \varepsilon(x)$ dans l'égalité (1) on obtient le résultat annoncé.

6 INTEGRALES GENERALISEES

6-1 Fonctions localement intégrables

Définition : *Soit f une fonction définie sur un intervalle I. On dit que f est **localement intégrable** sur I si f est intégrable sur tout segment [a, b] inclus dans I.*

En particulier, on a le résultat suivant :

Théorème : *Toute fonction continue ou continue par morceaux sur I est localement intégrable sur I.*

Exemples : . $f : x \mapsto \cos(x)$ est localement intégrable sur $\mathbb{R}$.
. $f : x \mapsto \ln|x - 1|$ est localement intégrable sur $]-\infty, 1[$ et $]1, +\infty[$.

6-2 Convergence des intégrales $\int_a^{+\infty} f(t)dt$

Définition : *Soit f une fonction localement intégrable sur $[a, +\infty[$. Si la fonction $x \mapsto \int_a^x f(t)dt$ (définie sur $[a, +\infty[$) a une limite finie en $+\infty$, on dit que l'**intégrale généralisée (ou impropre)** $\int_a^{+\infty} f(t)dt$ **converge** et on note :*
$$\int_a^{+\infty} f(t)dt = \lim_{x \to +\infty} \int_a^x f(t)dt.$$
*Sinon on dit que l'intégrale généralisée $\int_a^{+\infty} f(t)dt$ **diverge**.*

Exemple : La fonction $f : t \mapsto e^{-t}$ est continue donc localement intégrable sur l'intervalle $[0, +\infty[$. De plus : $\lim_{x \to +\infty} \int_0^x e^{-t}dt = \lim_{x \to +\infty} \left[-e^{-t} \right]_0^x = \lim_{x \to +\infty} \left(-e^{-x} + 1 \right) = 1$.

On en déduit que l'intégrale $\int_0^{+\infty} e^{-t}dt$ converge et $\int_0^{+\infty} e^{-t}dt = 1$.

Remarques :

. On définit de même la convergence de l'intégrale généralisée $\int_{-\infty}^{a} f(t)dt$ pour une fonction f localement intégrable sur $]-\infty, a]$.
Si cette intégrale converge, on note :
$$\boxed{\int_{-\infty}^{a} f(t)dt = \lim_{x \to -\infty} \int_{x}^{a} f(t)dt}.$$

. Soit f une fonction localement intégrable sur $[a, +\infty[$ et soit $b \in [a, +\infty[$. On a :
$\forall x \in [a, +\infty[, \int_{a}^{x} f(t)dt = \int_{a}^{b} f(t)dt + \int_{b}^{x} f(t)dt$ (relation de Chasles).

On en déduit que les intégrales $\int_{a}^{+\infty} f(t)dt$ et $\int_{b}^{+\infty} f(t)dt$ sont de même nature.

En particulier, si f a une intégrale généralisée convergente sur $[a, +\infty[$, alors pour tout $b \in [a, +\infty[$, f a une intégrale généralisée convergente sur $[b, +\infty[$ et :
$$\boxed{\int_{a}^{+\infty} f(t)dt = \int_{a}^{b} f(t)dt + \int_{b}^{+\infty} f(t)dt}.$$

De plus : $\lim_{b \to +\infty} \int_{b}^{+\infty} f(t)dt = 0$.

Intégrales de Riemann sur $[1, +\infty[$:

> **Proposition** : L'intégrale généralisée $\int_{1}^{+\infty} \frac{dt}{t^{\alpha}}$ converge si et seulement si $\alpha > 1$, et dans ce cas :
> $$\int_{1}^{+\infty} \frac{dt}{t^{\alpha}} = \frac{1}{\alpha - 1}.$$

<u>*Preuve*</u> : Pour tout $x \in [1, +\infty[$, on a : $\int_{1}^{x} \frac{dt}{t^{\alpha}} = \int_{1}^{x} t^{-\alpha} dt = \left[\frac{t^{-\alpha+1}}{-\alpha+1}\right]_{1}^{x} = \frac{1}{-\alpha+1}\left(\frac{1}{x^{\alpha-1}} - 1\right)$.

L'expression obtenue admet une limite finie quand x tend vers $+\infty$ dans le seul cas où $\alpha > 1$. On a alors $\lim_{x \to +\infty} \frac{1}{x^{\alpha-1}} = 0$ et $\int_{1}^{+\infty} \frac{dt}{t^{\alpha}} = \lim_{x \to +\infty} \frac{1}{-\alpha+1}\left(\frac{1}{x^{\alpha-1}} - 1\right) = \frac{1}{\alpha-1}$.

Remarque :

Plus généralement, pour tout $a > 0$, on a :

$$\int_{a}^{+\infty} \frac{1}{t^{\alpha}} dt \text{ converge si et seulement si } \alpha > 1.$$

Exemples :

- $\int_1^{+\infty} \dfrac{1}{t} dt$ et $\int_1^{+\infty} \dfrac{1}{\sqrt{t}} dt$ divergent;

- $\int_1^{+\infty} \dfrac{1}{t^3} dt = \dfrac{1}{3-1} = \dfrac{1}{2}$;

- $\int_2^{+\infty} \dfrac{1}{\sqrt{(t-1)^3}} dt = \int_2^{+\infty} (t-1)^{-3/2} dt = \lim\limits_{x \to +\infty} \left[\dfrac{(t-1)^{-1/2}}{-1/2} \right]_2^x = 2.$

6-3 Cas des fonctions localement intégrables sur [a, b[, b ∈ R

Dans tout le paragraphe a et b désignent deux réels tels que a < b.

Convergence des intégrales $\int_a^b f(t)dt$:

Définition : *Soit f une fonction localement intégrable sur [a, b[. Si la fonction* $x \mapsto \int_a^x f(t)dt$ *(définie sur [a, b[) a une limite à gauche finie en b, on dit que l'**intégrale généralisée** (ou impropre)* $\int_a^b f(t)dt$ *converge et on note* :
$$\int_a^b f(t)dt = \lim_{x \to b^-} \int_a^x f(t)dt.$$
Sinon on dit que l'intégrale généralisée $\int_a^b f(t)dt$ ***diverge**.*

Remarques :

. Si f a une intégrale généralisée convergente sur [a, b[, alors pour tout u ∈ [a, b[, f a une intégrale généralisée convergente sur [u, b[et
$$\lim_{u \to b^-} \int_u^b f(t)dt = 0.$$

. On définit de même la convergence de l'intégrale généralisée $\int_a^b f(t)dt$ pour une fonction f localement intégrable sur]a, b].
Si cette intégrale converge, on note : $\int_a^b f(t)dt = \lim\limits_{x \to a^+} \int_x^b f(t)dt$.

Cas particulier important :

Soit f une fonction définie et continue sur [a, b[. Si f admet une limite finie à gauche de b, f se prolonge par continuité sur cet intervalle. Soit $\tilde{f}$ la fonction ainsi prolongée ; $\tilde{f}$ est définie et continue sur [a, b]. Dans ce cas $\int_a^b f(t)dt$ converge et $\int_a^b f(t)dt = \int_a^b \tilde{f}(t)dt$.
On dit que l'intégrale $\int_a^b f(t)dt$ est *faussement généralisée*.

Exemple : L'intégrale $\int_0^1 t \ln t\, dt$ converge car la fonction $f : t \mapsto t \ln t$ est continue sur]0, 1] et prolongeable par continuité en 0 en posant : f (0) = 0.

Intégrales de Riemann sur]0, 1] :

> **Proposition** : *L'intégrale généralisée* $\int_0^1 \frac{dt}{t^\alpha}$ *converge si et seulement si* $\alpha < 1$, *et dans ce cas* : $\int_0^1 \frac{dt}{t^\alpha} = \frac{1}{1-\alpha}$.

Preuve :

Pour tout $x \in]0, 1]$, on a : $\int_x^1 \frac{dt}{t^\alpha} = \int_x^1 t^{-\alpha} dt = \left[\frac{t^{-\alpha+1}}{-\alpha+1}\right]_x^1 = \frac{1}{-\alpha+1}\left(1 - \frac{1}{x^{\alpha-1}}\right)$. L'expression obtenue admet une limite finie à droite de 0 dans le seul cas où $\alpha < 1$. On a alors $\lim_{x \to 0^+} \frac{1}{x^{\alpha-1}} = 0$ et $\int_0^1 \frac{dt}{t^\alpha} = \lim_{x \to 0^+} \frac{1}{-\alpha+1}\left(1 - \frac{1}{x^{\alpha-1}}\right) = \frac{1}{1-\alpha}$.

Remarque : Plus généralement, pour tout $a \in \mathbf{R}$ et pour tout $b > a$, on montre que :

$$\int_a^b \frac{1}{(t-a)^\alpha} dt \text{ converge si et seulement si } \alpha < 1.$$

Exemples :

- $\int_0^1 \frac{1}{t} dt$ et $\int_0^1 \frac{1}{t^2} dt$ divergent;

- $\int_0^1 \frac{1}{\sqrt[3]{t}} dt = \int_0^1 \frac{1}{t^{1/3}} dt = \frac{1}{1 - 1/3} = \frac{1}{2/3} = \frac{3}{2}$;

- $\int_1^2 \frac{1}{\sqrt[3]{(t-1)^2}} dt = \int_1^2 (t-1)^{-2/3} dt = \lim_{x \to 1^+} \left[\frac{(t-1)^{1/3}}{1/3}\right]_x^2 = 3.$

6-4 Intégrales généralisées aux deux bornes

Soient a et b deux éléments de $\mathbf{R} \cup \{-\infty, +\infty\}$ tels que :
- $a \in \mathbf{R} \cup \{-\infty\}$, $b \in \mathbf{R} \cup \{+\infty\}$;
- si $a, b \in \mathbf{R}$, alors $a < b$.

> **Définition** : *Soit f une fonction localement intégrable sur* $]a, b[$. *On dit que f admet une intégrale généralisée convergente sur* $]a, b[$ *si, pour tout* $c \in]a, b[$, *les intégrales généralisées* $\int_a^c f(t)dt$ *et* $\int_c^b f(t)dt$ *convergent. On a alors* :
> $$\int_a^b f(t)dt = \int_a^c f(t)dt + \int_c^b f(t)dt$$

Dans le cas de la convergence, cette dernière égalité est vérifiée pour tout réel c appartenant à $]a, b[$. Elle généralise la *relation de Chasles* énoncée au chapitre précédent pour les fonctions intégrables sur un segment $[a, b]$.

T.P. : FONCTIONS DEFINIES PAR UNE INTEGRALE

Problème : Soit f une fonction continue sur un intervalle I de $\mathbf{R}$, a, b, des fonctions réelles données. On se propose d'étudier la fonction $\Phi(x) = \int_{a(x)}^{b(x)} f(t)dt$.

. **Ensemble de définition :** Il est constitué par tous les réels x tels que [a(x), b(x)] soit inclus dans I :

$$D_\Phi = \{x \in \mathbf{R}; [a(x), b(x)] \subset I\}.$$

. **Continuité et dérivabilité :**
Soit F une primitive de la fonction f sur I (F existe car f continue sur I). F est continue, dérivable sur I et, pour tout x appartenant à I, F'(x) = f(x).
Par définition de l'intégrale : $\Phi(x) = F(b(x)) - F(a(x))$.
. *Si a et b sont continues sur D_Φ* alors Φ est continue sur D_Φ (composition et différence de fonctions continues).
. *Si a et b sont dérivables sur D_Φ* alors Φ est dérivable sur D_Φ et :

$$\Phi'(x) = F'(b(x))b'(x) - F'(a(x))a'(x) = f(b(x))b'(x) - f(a(x))a'(x).$$

Exemple : La fonction $\Phi(x) = \int_x^{x^2} \ln t\, dt$ est dérivable sur $D_\Phi =]0, +\infty[$ et :

$$\Phi'(x) = \ln(x^2).2x - \ln(x).1 = (4x-1)\ln x.$$

Exercice 1 :

On considère la fonction numérique Φ, d'une variable réelle x définie par :

$$\Phi(x) = \int_x^{2x} \frac{dt}{\sqrt{4+t^4}}.$$

1. Quel est l'ensemble de définition de Φ ?
2. Montrer que Φ est une fonction impaire.
3. Justifier la dérivabilité de Φ sur $\mathbf{R}$ et calculer $\Phi'(x)$.
4. Etablir, pour tout $x \in \mathbf{R}^+$: $\dfrac{x}{\sqrt{4+16x^4}} \le \Phi(x) \le \dfrac{x}{\sqrt{4+x^4}}$.
En déduire la limite de $\Phi(x)$ quand x tend vers $+\infty$.
5. Dresser le tableau de variations de Φ.
6. Déterminer, à l'aide de la méthode des rectangles, une valeur approchée de $\Phi(1)$.
7. Construire la courbe représentative de Φ.
8. Montrer que $\displaystyle\lim_{x\to+\infty} x\int_x^{2x}\left[\dfrac{1}{\sqrt{4+t^4}} - \dfrac{1}{t^2}\right]dt = 0$ et en déduire un équivalent de $\Phi(x)$ au voisinage de $+\infty$.

Exercice 2 :

1. On considère la fonction numérique f définie sur $]0, +\infty[$ par la relation :
$$f(x) = \frac{1}{\sqrt{1+x^2 \ln^2 x}}.$$

a) Calculer la dérivée de f et étudier son signe. En déduire la variation de f sur l'intervalle $]0, +\infty[$.

b) Montrer que la fonction f admet une limite finie a en 0. On pose $f(0) = a$. Montrer que la fonction f ainsi prolongée par continuité en 0 est dérivable à droite en ce point et donner la valeur de sa dérivée à droite.

2. On considère la fonction Φ définie sur l'intervalle $[0, +\infty[$ par la relation :
$$\Phi(x) = \int_0^x \frac{1}{\sqrt{1+t^2 \ln^2 t}} dt.$$

a) Déterminer une primitive de la fonction $x \mapsto \dfrac{1}{x \ln x}$ sur l'intervalle $]e, +\infty[$.

b) Montrer que, pour tout élément x de $]e, +\infty[$:
$$\frac{1}{\sqrt{2}} \ln(\ln x) \leq \int_e^x \frac{1}{\sqrt{1+t^2 \ln^2 t}} dt \leq \ln(\ln x).$$

c) En déduire les limites lorsque x tend vers $+\infty$ de $\Phi(x)$ et de $\dfrac{\Phi(x)}{x}$.

d) Représenter graphiquement la fonction Φ.

3. Soit m un nombre réel strictement positif. On considère l'équation d'inconnue x :
$$x - \Phi(x) = m.$$

a) Montrer que cette équation a une solution et une seule dans l'intervalle $]0, +\infty[$. On note $x(m)$ cette solution.

b) Montrer que, lorsque m tend vers $+\infty$, $x(m)$ tend vers $+\infty$.

c) Montrer l'équivalence $x(m) \sim m$ quand m tend vers $+\infty$.

d) Déterminer la limite, lorsque m tend vers $+\infty$, de $x(m) - m$.

- EXERCICES -

1- Déterminer les primitives des fonctions f définies par :

1°) $f(x) = (x+1)^2(x-3)$ 2°) $f(x) = (4x^3+x^2-1)^5(6x^2+x)$ 3°) $f(x) = \dfrac{x^2}{\sqrt{5+x^3}}$

4°) $f(x) = \dfrac{x^3+1}{(x^4+4x+1)^2}$ 5°) $f(x) = \dfrac{x^3+4x^2+6x+4}{(x+1)^2}$ 6°) $f(x) = \dfrac{x\cos x - \sin x}{x^2}$

7°) $f(x) = \cos x \cos 3x \cos 5x$ 8°) $f(x) = \dfrac{1}{1+\cos x} + \tan^2 x$

2- Soient I et J les intégrales définies par :
$$I = \int_0^{\pi/2} \dfrac{\sin x}{\sin x + \cos x} dx \text{ et } J = \int_0^{\pi/2} \dfrac{\cos x}{\sin x + \cos x} dx.$$
Calculer I + J et I - J. En déduire I et J.

3- A l'aide d'un changement de variable calculer les intégrales suivantes :

1°) $I = \int_{\sqrt{2}}^2 \dfrac{du}{u\sqrt{u^2-1}}$ 2°) $I = \int_0^{\pi/4} \dfrac{\sin t}{\cos^3 t} dt$ 3°) $I = \int_1^2 \dfrac{dx}{x(x^3+1)}$

(On pourra poser : 1°) $t = \sqrt{u^2-1}$; 2°) $u = \cos t$; 3°) $u = x^3+1$)

4- A l'aide d'un changement de variable, calculer les primitives des fonctions suivantes :

1°) $f(x) = \sin(\ln x)$ 2°) $f(x) = \dfrac{1}{\sin x}$

(on pourra poser : 1°) $u = \ln x$; 2°) $u = \tan(x/2)$)

5- Soit q un réel vérifiant $|q| < 1$. Montrer que la série de terme général $u_n = \dfrac{q^{n+1}}{n+1}$ converge et calculer sa somme.
(On pourra remarquer que $u_0 + u_1 + \ldots + u_n = \int_0^q (1+x+\ldots+x^n) dx$).

6- Trouver la limite des expressions suivantes quand n tend vers $+\infty$:

1°) $\dfrac{1}{n}\sum_{p=1}^n \left(\dfrac{p}{n}\right)^3$ 2°) $\dfrac{1}{n}\sum_{p=1}^n \cos\dfrac{p\pi}{n}$ 3°) $\sum_{k=0}^n \dfrac{\ln(1+k/n)}{k+n}$.

7- 1°) Etudier la fonction $f : x \mapsto \ln(1+x^2)$ et calculer $I = \int_0^1 f(t)dt$ (on utilisera une intégration par parties).

2°) Déterminer la limite de la suite de terme général : $u_n = \prod_{k=1}^n \left(1+\dfrac{k^2}{n^2}\right)^{1/n}$.

8- Montrer à l'aide de la formule de Taylor avec reste intégral que :

1°) $\forall x \in \left[0, \dfrac{\pi}{2}\right]$, $x - \dfrac{x^3}{6} \leq \sin x \leq x$.

2°) $\forall x \geq 0$, $x - \dfrac{x^2}{2} \leq \ln(1+x) \leq x$.

Intégrales généralisées

9- Calculer, lorsqu'elles convergent, les intégrales suivantes :

a) $\displaystyle\int_0^{+\infty} e^{-t} dt$ \quad b) $\displaystyle\int_3^{+\infty} \dfrac{1}{t\sqrt{\ln t}} dt$ \quad c) $\displaystyle\int_3^{+\infty} \dfrac{1}{t(\ln t)^2} dt$ \quad d) $\displaystyle\int_0^{+\infty} \dfrac{dt}{t^2+2}$

e) $\displaystyle\int_0^1 \dfrac{1}{\sqrt{1-t}} dt$ \quad f) $\displaystyle\int_0^1 \dfrac{1}{t \ln t} dt$ \quad g) $\displaystyle\int_0^1 t \ln t\, dt$ \quad h) $\displaystyle\int_0^2 \dfrac{1}{\sqrt{t(2-t)}} dt$

Fonctions et suites définies par une intégrale

10- Déterminer les fonctions dérivées des fonctions suivantes :

1°) $x \mapsto \displaystyle\int_0^x \dfrac{e^{-t}}{\sqrt{1+t}} dt$ \quad 2°) $x \mapsto \displaystyle\int_x^{x^2} e^{-t^2} dt$ \quad 3°) $x \mapsto \displaystyle\int_x^{x^2} \dfrac{1}{t \ln t} dt$

Que peut-on en dire de la fonction $h : x \mapsto \displaystyle\int_x^{x^2} \dfrac{1}{t \ln t} dt$ définie sur $]1, +\infty[$?

11- Soit $I_n(x) = \displaystyle\int_0^x \dfrac{1}{(1+t^3)^n} dt$. Trouver une relation de récurrence entre $I_n(x)$ et $I_{n+1}(x)$.

12- Soit, pour $n \in \mathbf{N}$, $I_n = \displaystyle\int_0^1 x^n \sqrt{1-x}\, dx$.

1°) Calculer I_0.
2°) Trouver une relation entre I_n et I_{n-1}, $n \in \mathbf{N}^*$.
3°) Calculer I_n.

13- Soit, pour $n \in \mathbf{N}$, $I_n = \displaystyle\int_0^1 \dfrac{t^n}{n!} e^{1-t} dt$.

1°) Etudier la limite de la suite (I_n) quand n tend vers $+\infty$.
2°) Trouver une relation de récurrence entre I_n et I_{n+1}. En déduire l'expression de I_n en fonction de n.
3°) Retrouver ainsi la somme $\displaystyle\sum_{n=0}^{+\infty} \dfrac{1}{n!}$.

STATISTIQUES ET APPROXIMATIONS

On se propose de donner ici quelques éléments de statistique : la première partie présente des méthodes simples d'analyse de données uni ou bidimensionnelles. Dans la seconde nous verrons comment on peut obtenir, à partir d'observations statistiques (fréquences, tests indépendants), des conclusions concernant les lois de probabilité des phénomènes étudiés (inférence ou induction statistique).

1 ANALYSE STATISTIQUE ELEMENTAIRE D'UNE VARIABLE

On se propose d'étudier quantitativement un *caractère* particulier d'une *population* donnée (par exemple la taille ou le poids des individus, les intentions de vote, le salaire mensuel des ouvriers d'une entreprise, leur âge, ou les résultats d'un devoir de mathématiques).

1-1 Généralités

*Définition : On appelle **statistique** toute application, notée X, d'un ensemble Ω fini quelconque, appelé **population**, dans un ensemble quelconque C, appelé **ensemble des valeurs du caractère**.*

(A chaque élément de Ω, appelé *individu*, on associe la valeur du caractère étudié, par exemple sa taille ou son intention de vote).

Dans tout ce paragraphe on considère $X : \Omega \to \mathbf{R}$ une statistique simple quelconque. Notons $X(\Omega) = \{(x_i)_{1 \leq i \leq p}\}$, avec la convention $x_1 < x_2 < ... < x_p$. $X(\Omega)$ est l'*échantillon* associé à la statistique X.

Sérié statistique discrète :

Pour tout $i \in \{1, ..., p\}$, on appelle :

- *effectif de la valeur x_i*, le cardinal noté n_i de l'ensemble $X^{-1}(\{x_i\})$: cela correspond au nombre d'individus dont la valeur du caractère associée est x_i;

- *effectif cumulé en x_i*, le nombre $\sum_{j=1}^{i} n_j$: cela correspond au nombre d'individus dont la valeur du caractère associée est inférieure ou égale à x_i;

- *effectif total*, le nombre $N = \sum_{j=1}^{p} n_j$;

- *fréquence de la valeur* x_i, le nombre $f_i = \dfrac{n_i}{N}$;

- *fréquence cumulée en* x_i, le nombre $\sum_{j=1}^{i} f_j$.

. La famille $(x_i, n_i)_{1 \leq i \leq p}$ ou $(x_i, f_i)_{1 \leq i \leq p}$ s'appelle *série statistique discrète* associée à la statistique X (ou *distribution* de X). On la représente souvent sous forme d'un tableau.

Exemple 1 : On a relevé les notes obtenues à un devoir de mathématiques par les 36 élèves de la classe de HEC_{1b} :

note x_i	4	5	6	7	8	9	10	11	12	13	14	15
effectif n_i	2	0	3	4	3	5	7	4	3	2	2	1
fréquence f_i (en %)	5,6	0	8,3	11,1	8,3	13,9	19,4	11,1	8,3	5,6	5,6	2,8
fréquence cumulée (en %)	5,6	5,6	13,9	25	33,3	47,2	66,6	77,7	86	91,6	97,2	100

(Ainsi 19,4% des élèves ont obtenu la note 10 ; 25% ont obtenu une note ≤ 7).

Série statistique groupée :

Dans certains cas il est plus simple d'étudier les données en les rangeant par intervalles appelés *classes*. Pour tout intervalle $[a, b[\subset \mathbf{R}$, on appelle :

- *effectif de la classe* $[a, b[$, le cardinal de l'ensemble $X^{-1}([a, b[)$: nombre d'individus dont la valeur du caractère associée appartient à la classe $[a, b[$;

- *effectif cumulé en* b, le nombre $X^{-1}(]-\infty, b])$: nombre d'individus dont la valeur du caractère associée est inférieure ou égale à b;

- *effectif total*, le cardinal de Ω ;

- *fréquence de la classe* $[a, b[$, le nombre $\dfrac{Card(X^{-1}([a,b[))}{Card(\Omega)}$;

- *fréquence cumulée en* b, le nombre $\dfrac{Card(X^{-1}(]-\infty,b]))}{Card(\Omega)}$.

. La famille $([a_i, a_{i+1}[, n_i)_{1 \leq i \leq p}$ ou $([a_i, a_{i+1}[, f_i)_{1 \leq i \leq p}$ s'appelle *série statistique groupée* ou *continue*..

Exemple 2 : On a relevé les âges des 150 ouvriers d'une entreprise en les *groupant* sous forme de classes :

classe d'âge	[20, 25[	[25, 30[	[30, 35[	[35, 40[	[40, 50[	[50, 60[
effectif	7	28	36	45	26	8
fréquence (en %)	4,7	18,7	24	30	17,3	5,3
fréquence cumulée (en %)	4,7	23,4	47,4	77,4	94,7	100

(Ainsi 30% des ouvriers ont entre 35 et 40 ans et 77,4% ont moins de 40 ans).

1-2 Représentations graphiques

Série statistique discrète :

Soit $(x_i, n_i)_{1 \leq i \leq p}$ une série statistique discrète :

- ***diagramme en bâtons des effectifs*** (ou des fréquences) : il s'agit de la figure obtenue en traçant, dans un repère cartésien du plan, des segments verticaux d'origine les points de coordonnées $(x_i, 0)$ et de longueur proportionnelle à l'effectif correspondant n_i (ou à la fréquence f_i).

- ***polygone des effectifs*** (ou des ***fréquences***) : ligne polygonale joignant les sommets des bâtons décrits précédemment.

Exemple : Avec les données de l'exemple 1 (notes à un devoir de mathématiques) le diagramme et le polygone des effectifs sont représentés par :

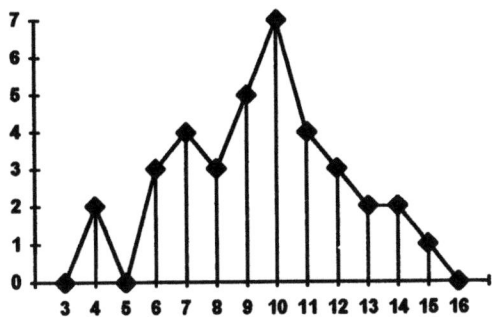

On définit également le diagrammes en bâtons des effectifs (ou des fréquences) cumulés ainsi que le polygone des effectifs (ou des fréquences) cumulés.

Série statistique groupée :

- ***histogrammes :*** rectangles dont *les aires sont proportionnelles aux effectifs* ou aux fréquences;

- polygone des effectifs (ou des fréquences);

- polygone des effectifs (ou des fréquences) cumulés.

Exemple : Avec les données de l'exemple 2 (âges des ouvriers) on obtient les représentations suivantes :

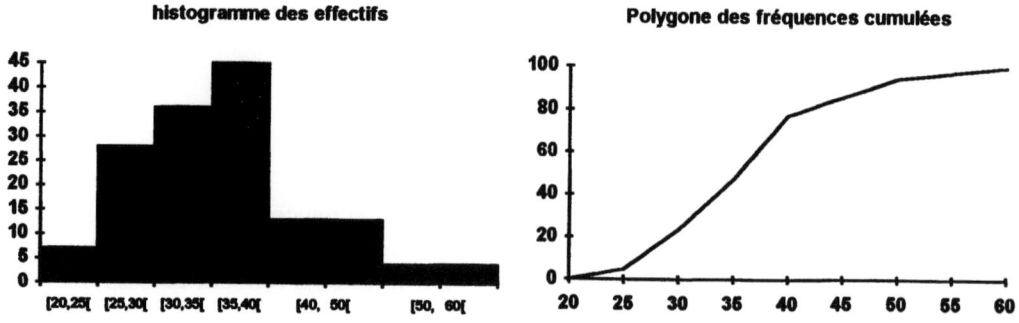

Remarques importantes :

. Dans la construction d'un histogramme ce sont les *aires* (*et non les hauteurs*) des rectangles qui représentent les effectifs. Ainsi, pour les deux dernières classes, les hauteurs des rectangles sont respectivement de 13 et 4 unités ce qui correspond à la moitié des effectifs des classes correspondantes. Cela est du au fait que les amplitudes de ces classes (bases des rectangles) sont doubles de celles des classes précédentes.

. Pour construire le polygone des effectifs (ou des fréquences) cumulés, ces effectifs (ou ces fréquences) sont représentés en ordonnées, aux points d'abscisses égales aux *extrémités* (*et non au centre*) des classes. Par exemple, la fréquence cumulée 77,4 correspondant à la classe [35, 40[, signifie que 77,4% des ouvriers appartiennent à cette classe ou à une des classes précédentes, donc que 77,4% des ouvriers ont moins de 40 ans. Le point représenté a pour coordonnées (40; 77,4).

1-3 Caractéristiques de position (ou de tendance centrale)

Moyenne (espérance) :

. Soit $(x_i, n_i)_{1 \leq i \leq p}$ une série statistique discrète. On appelle *moyenne* (ou *espérance*) de cette série le nombre $\bar{x}$ (ou $E(X)$) défini par $\bar{x} = E(X) = \dfrac{\sum_{i=1}^{p} n_i x_i}{N}$ avec $N = \sum_{i=1}^{p} n_i$.

. $E(aX + b) = a E(X) + b$.

Exemple 1 : La moyenne des notes se calcule sous la forme :
$$\bar{x} = \frac{2 \times 4 + 0 \times 5 + 3 \times 6 + ... + 1 \times 15}{36} = 9,5.$$

. <u>Si la série est groupée</u>, on se ramène à une série discrète en concentrant les effectifs au centre des classes.

Exemple 2 : L'âge moyen des ouvriers se calcule sous la forme :
$$\bar{x} = \frac{7 \times 22,5 + 28 \times 27,5 + 36 \times 32,5 + 45 \times 37,5 + 26 \times 45 + 8 \times 55}{150} \approx 36$$

Médiane :

On appelle *médiane* la valeur du caractère qui partage les fréquences, et donc les effectifs, en deux parties égales.

Cas d'une série statistique discrète :

On note $\Omega = \{\omega_1, \omega_2, ..., \omega_n\}$ avec $X(\omega_1) \leq X(\omega_2) \leq ... \leq X(\omega_n)$.
- si n est impair, la médiane est le nombre $X(\omega_{(n+1)/2})$;
- si n est pair, la médiane est le nombre $\frac{1}{2}\left[X(\omega_{n/2}) + X(\omega_{(n/2)+1})\right]$.

Exemple 1 : La note médiane est obtenue en calculant la moyenne des 18ème et 19ème notes (dans l'ordre croissant ou décroissant). Il y a 17 notes inférieures ou égales à 9 et 24 notes inférieures ou égales à 10. Les 18ème et 19ème notes sont donc égales à 10. La médiane est donc : $\mu = 10$.

Cas d'une série statistique groupée :

La médiane est le réel correspondant à une fréquence cumulée égale à 0,5 (c'est à dire à 50% de l'effectif total).

Exemple 2 : La fréquence cumulée 0,5 correspond à un effectif de 75 individus.
71 ouvriers ont moins de 35 ans et 116 moins de 40 ans. Pour évaluer l'âge du 75ème (nécessairement compris dans l'intervalle [35,40[) on effectue une *interpolation linéaire* :

L'âge recherché s'écrit sous la forme : $\mu = 35 + q \times 5$, où $q \in [0, 1[$.
q correspond au positionnement du 4ème individu (75 = 71 + 4) de la classe [35, 40[qui en compte 45. On en déduit : $q = \frac{4}{45}$ et $\mu = 35 + \frac{4}{45} \times 5 \approx 35,44$.

Mode, classe modale :

. Soit $(x_i, n_i)_{1 \leq i \leq p}$ une série statistique discrète. On appelle *mode* de cette série la valeur x_i d'effectif maximal.

Exemple 1 : La note modale (ou mode) est : 10 (effectif maximum).

. Soit $([a_i, a_{i+1}[, n_i)_{1 \leq i \leq p}$ une série statistique groupée. On appelle *classe modale* de cette série toute classe de densité maximale (la *densité* d'une classe étant mesurée par le rapport de l'effectif sur l'amplitude de la classe). Elle correspond à un rectangle de hauteur maximale sur l'histogramme.

Exemple 2 : La classe modale est : [35, 40[.

1-4 Caractéristiques de dispersion

Variance et écart-type :

. Soit $(x_i, n_i)_{1 \le i \le p}$ une série statistique discrète. On appelle *variance* de cette série le nombre V (X) défini par : $V(X) = \dfrac{\sum_{i=1}^{p} n_i (x_i - \bar{x})^2}{N}$ avec $N = \sum_{i=1}^{p} n_i$.

En définissant $E(X^2) = \dfrac{\sum_{i=1}^{p} n_i x_i^2}{N}$ on a également : $V(X) = E(X^2) - E(X)^2$.

. On appelle *écart-type* le nombre $\sigma(X)$ (souvent noté σ_X) défini par :
$$\sigma(X) = \sigma_X = \sqrt{V(X)}.$$

. On a : $V(aX + b) = a^2 V(X)$ et $\sigma(aX + b) = |a| \sigma(X)$.

Exemple 1 : $V(X) = \dfrac{2 \times 4^2 + 0 \times 5^2 + 3 \times 6^2 + \ldots + 1 \times 15^2}{36} - 9,5^2 = 7,0833\ldots$
$$\sigma_X = \sqrt{V(X)} \approx 2,66.$$

. <u>Si la série est groupée</u>, on se ramène à une série discrète en prenant le centre des classes.

Exemple 2 :
$$V(X) = \dfrac{7 \times 22,5^2 + 28 \times 27,5^2 + 36 \times 32,5^2 + 45 \times 37,5^2 + 26 \times 45^2 + 8 \times 55^2}{150} - \bar{x}^2 \approx 58,90$$
$$\sigma_X = \sqrt{V(X)} \approx 7,67.$$

Quartiles, déciles :

. On appelle $k^{\text{ème}}$ *quartile* ($k \in \{1, 2, 3\}$) d'une statistique la valeur q_k du caractère correspondant à une fréquence cumulée égale à $0,25.k$ (c'est à dire à $k \times 25\%$ de l'effectif total).
L'intervalle $[q_1, q_3]$ s'appelle *intervalle interquartile* : il représente l'ensemble des valeurs du caractère associées à 50% de la population étudiée, en éliminant les individus "non significatifs", c'est à dire les 25% de la population prenant une valeur inférieure à q_1 et les 25% de la population prenant une valeur supérieure à q_3.
Le réel $e = q_3 - q_1$ s'appelle *écart interquartile*.

. On appelle $k^{\text{ème}}$ *décile* ($k \in \{1, \ldots, 9\}$) d'une statistique tout réel correspondant à une fréquence cumulée égale à $0,10.k$ (c'est à dire à $k \times 10\%$ de l'effectif total).

Remarque : Le deuxième quartile et le cinquième décile correspondent à la médiane de la série.

2 ANALYSE STATISTIQUE ELEMENTAIRE DE DEUX VARIABLES

On se propose d'étudier simultanément deux caractères quantitatifs liés aux individus d'une population Ω.

2-1 Généralités

Définitions :

. Soient X et Y deux statistiques simples. Le couple (X, Y) est appelé *statistique double*.

. Si $X(\Omega) = \{x_1, ..., x_p\}$, $Y(\Omega) = \{y_1, ..., y_q\}$. On appelle :

- *effectif du couple* (x_i, y_j) le nombre n_{ij} défini par :
$$n_{ij} = Card(\{\omega \in \Omega; X(\omega) = x_i \text{ et } Y(\omega) = y_j\}).$$
- *effectif marginal* de x_i le nombre $n_{i.}$ défini par : $n_{i.} = \sum_{j=1}^{q} n_{ij}$.

L'*effectif total* est alors défini par : $N = Card(\Omega) = \sum_{i=1}^{p}\sum_{j=1}^{q} n_{ij}$.

. La famille $\left((x_i, y_j), n_{ij}\right)_{\substack{1 \leq i \leq p \\ 1 \leq j \leq q}}$ s'appelle *série statistique double*.

. La famille $(x_i, n_{i.})_{1 \leq i \leq p}$ (resp. $(y_j, n_{.j})_{1 \leq j \leq q}$) s'appelle *première* (resp. *seconde*) *série marginale*.

Fréquences :

- *fréquence du couple* (x_i, y_j) : $f_{ij} = \dfrac{n_{ij}}{N}$.

- *fréquence marginale* de x_i : $f_{i.} = \sum_{j=1}^{q} f_{ij}$.

- *fréquence conditionnelle* de x_i sachant que Y vaut y_j : $\dfrac{n_{ij}}{n_{.j}}$.

- *fréquence conditionnelle* de y_j sachant que X vaut x_i : $\dfrac{n_{ij}}{n_{i.}}$.

Exemple 1 :

On étudie la taille X (en cm) et le poids Y (en kg) de 12 jeunes femmes :

individu i	1	2	3	4	5	6	7	8	9	10	11	12
taille x_i	160	158	162	163	159	166	171	161	163	157	155	165
poids y_i	55	47	56	55	50	59	65	60	50	50	53	58

A chaque individu est associé un couple (x_i, y_i) distinct. Les effectifs de chaque couple sont tous égaux à 1. La série statistique $((x_i, y_i), 1)_{1 \leq i \leq 12}$ est dite *équipondérée*.

Exemple 2 (cas de séries groupées) :

On relève les notes obtenues aux deux épreuves de mathématiques d'un concours d'entrée à une école de commerce par un groupe de 100 élèves. On note X (resp. Y) la statistique associée aux résultats de la première épreuve (resp. de la deuxième épreuve) et on regroupe les résultats par classes de 4 points :

X \ Y	[0, 4[	[4, 8[	[8, 12[	[12, 16[	[16, 20]	$n_{i.}$
[0, 4[	2	2	1	0	0	*5*
[4, 8[	1	10	12	3	0	*26*
[8, 12[	0	5	28	10	2	*45*
[12, 16[	0	1	3	12	5	*21*
[16, 20]	0	0	0	1	2	*3*
$n_{.j}$	*3*	*18*	*44*	*26*	*9*	*100*

Le tableau donne les effectifs n_{ij} correspondant au nombre d'individus ω vérifiant :
$$X(\omega) \in C_i \text{ et } Y(\omega) \in C_j$$
(en notant $C_1, \ldots, C_5$ les cinq classes de notes).

- $n_{i.}$ correspond à l'effectif de la classe C_i pour la statistique X. On a : $n_{i.} = \sum_{j=1}^{q} n_{ij}$.

- $n_{.j}$ correspond à l'effectif de la classe C_j pour la statistique Y. On a : $n_{.j} = \sum_{i=1}^{p} n_{ij}$.

2-2 Représentations graphiques

Soit (X, Y) une statistique double. On suppose d'abord que les couples de valeurs des caractères associés à deux individus distincts sont distincts. Cette statistique peut donc être représentée par le ***nuage de points*** $(x_k, y_k)_{1 \leq k \leq N}$, chaque point (x_k, y_k) étant associé à un individu donné ω_k. Les N points sont distincts et de même pondération $n_{ij} = 1$ (cas d'une *série équipondérée*).
Le point G $(\bar{x}, \bar{y})$ est appelé *point moyen* du nuage $(M_k)_{1 \leq k \leq N}$.

Exemple 1 (tailles et poids) :

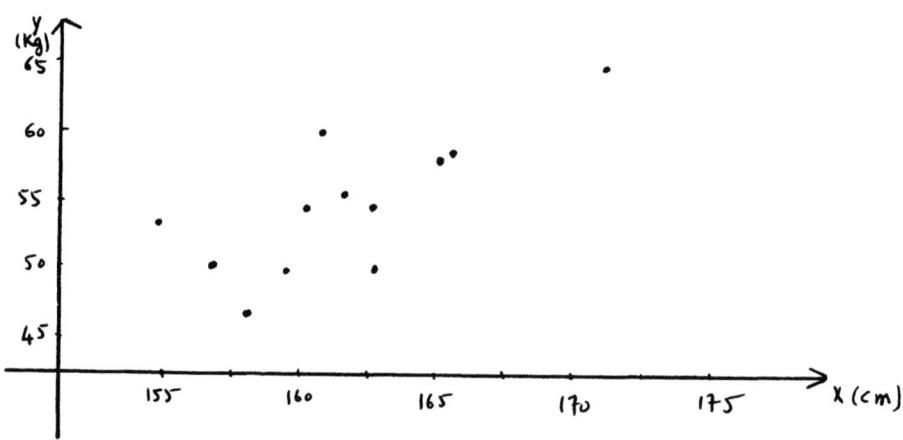

Remarque : On constate que les points sont regroupés autour d'une droite. Cette droite est appelée *droite d'ajustement* du nuage de points. Il existe plusieurs méthodes de détermination d'une telle droite, la plus connue étant la *méthode des moindres carrés* développée dans le tome 2.

Cas général : Dans le cas d'une série statistique double $((x_i, y_j), n_{ij})$ pour laquelle les effectifs n_{ij} ne sont plus tous identiques (*exemple 2*, par. 2-1), cette série peut encore être représentée à l'aide d'un nuage de points mais chaque point (x_i, y_j) sera pondéré par le coefficient n_{ij} représentant le nombre d'individus dont les valeurs des caractères associées sont respectivement x_i et y_j.

2-3 Covariance - Coefficient de corrélation linéaire

Définitions : Soit $((x_i, y_j), n_{ij})_{\substack{1 \leq i \leq n \\ 1 \leq j \leq p}}$ une série statistique double associée au couple (X, Y).

. Le réel $cov(X, Y) = \sigma_{xy} = \dfrac{1}{N}\sum_{i=1}^{n}\sum_{j=1}^{p} n_{ij}x_i y_j - \overline{x}\overline{y} = \dfrac{1}{N}\sum_{i=1}^{n}\sum_{j=1}^{p} n_{ij}(x_i - \overline{x})(y_j - \overline{y})$ s'appelle *covariance du couple (X, Y)*.

. Si $\sigma_x \neq 0$ et $\sigma_y \neq 0$ le réel $\rho_{xy} = \dfrac{\sigma_{xy}}{\sigma_x \sigma_y}$ s'appelle *coefficient de corrélation linéaire du couple (X, Y)*.

Les propriétés de la covariance et du coefficient de corrélation linéaire sont les mêmes que celles rencontrées en probabilités. En particulier :

$|\rho_{xy}| \leq 1$ et $|\rho_{xy}| = 1$ si et seulement s'il existe $a \in \mathbb{R}^*$ et $b \in \mathbb{R}$ tels que $Y = aX + b$

Remarque : Le coefficient de corrélation $\rho_{xy} = \dfrac{\sigma_{xy}}{\sigma_x \sigma_y}$ permet d'évaluer la validité de l'*ajustement affine* (c'est à dire : ajustement par une droite du plan affine) du nuage de points. Plus la valeur absolue du coefficient ρ_{xy} est proche de 1, plus l'ajustement du nuage par une droite est justifié. Par contre, un coefficient faible (en valeur absolue) indiquera le peu de fiabilité d'un tel ajustement.

En pratique on admet qu'un ajustement affine est acceptable lorsque $|\rho_{xy}| \geq 0,75$.

Exemple 1 : Reprenons les données de l'exemple 1 du début de ce paragraphe (tailles et poids). Un ajustement affine est-il justifié ?

On présente les calculs intermédiaires en complétant le tableau des données :

i	1	2	3	4	5	6	7	8	9	10	11	12	Totaux
x_i	160	158	162	163	159	166	171	161	163	157	155	165	1940
y_i	55	47	56	55	50	59	65	60	50	50	53	58	658
x_i^2	25600	24964	26244	26569	25281	27556	29241	25921	26569	24649	24025	27225	313844
y_i^2	3025	2209	3136	3025	2500	3481	4225	3600	2500	2500	2809	3364	36374
$x_i y_i$	8800	7426	9072	8965	7950	9794	11115	9660	8150	7850	8215	9570	106567

La population est constituée de $N = 12$ individus et tous les coefficients n_{ij} sont égaux à 1 (série équipondérée). On a :

$$\overline{x} = \frac{1940}{12} \approx 161,67 \, , \, \overline{y} = \frac{658}{12} \approx 54,83 \, , \, \sigma_x = \sqrt{\frac{313844}{12} - \overline{x}^2} \approx 4,19 \, , \, \sigma_y = \sqrt{\frac{36374}{12} - \overline{y}^2} \approx 4,95$$

et $\sigma_{xy} = \dfrac{106567}{12} - \overline{x}\,\overline{y} \approx 15,86$.

On en déduit la valeur du coefficient de corrélation linéaire :

$$\rho_{xy} = \frac{\sigma_{xy}}{\sigma_x \sigma_y} \approx 0,77.$$

Ce coefficient n'est pas un bon coefficient de corrélation linéaire mais il permet cependant de valider un ajustement affine des données.

Exemple 2 : *Reprenons les données de l'exemple 2 du début de ce paragraphe (notes obtenues à deux épreuves de mathématiques). Un ajustement affine est-il justifié ?*

Les données sont rapportées au centre des classes :

y_j \ x_i	2	6	10	14	18	$n_{i.}$	$n_{i.}\,x_i$	$n_{i.}\,x_i^2$
2	2 *(8)*	2 *(24)*	1 *(20)*	0	0	5	10	20
6	1 *(12)*	10 *(360)*	12 *(720)*	3 *(252)*	0	26	156	936
10	0	5 *(300)*	28 *(2800)*	10 *(1400)*	2 *(360)*	45	450	4500
14	0	1 *(84)*	3 *(420)*	12 *(2352)*	5 *(1260)*	21	294	4116
18	0	0	0	1 *(252)*	2 *(648)*	3	54	972
$n_{.j}$	3	18	44	26	9	100	964	10544
$n_{.j}\,y_j$	6	108	440	364	162	1080		
$n_{.j}\,y_j^2$	12	648	4400	5096	2916	13072		

Les nombres indiqués entre parenthèses correspondent aux termes $n_{ij}\,x_i\,y_j$. On a :

$$\overline{x} = \frac{964}{100} = 9,64 \, , \, \overline{y} = \frac{1080}{100} = 10,8 \, , \, \sigma_x^2 = 105,44 - 9,64^2 = 12,5104 \, , \, \sigma_y^2 = 130,72 - 10,8^2 = 14,08$$

$$\sigma_{xy} = \frac{8 + 24 + 20 + \ldots + 252 + 648}{100} - 9,64 \times 10,8 = 8,608$$

On en déduit le coefficient de corrélation linéaire :

$$\rho_{xy} = \frac{\sigma_{xy}}{\sigma_x \sigma_y} = \frac{8,608}{\sqrt{14,08 \times 12,5104}} \approx 0,65.$$

Ce coefficient étant relativement médiocre, un ajustement affine ne semble pas justifié.

3 CONVERGENCES ET APPROXIMATIONS

On donne dans ce paragraphe quelques résultats concernant la convergence des suites de variables aléatoires. Ces résultats seront utilisés en statistique pour approcher les distributions des statistiques rencontrées (par exemple approximations des distributions binomiales).

3-1 Convergence en probabilité - Loi faible des grands nombres

Définition *: Soit $(X_n)_{n \in N}$ une suite de variables aléatoires réelles définies sur un même espace probabilisé $(\Omega, \mathcal{B}, P)$.*
Soit X une variable aléatoire réelle également définie sur $(\Omega, \mathcal{B}, P)$.
*On dit que $(X_n)_{n \in N}$ **converge en probabilité** vers X si :*
$$\forall \varepsilon > 0, \lim_{n \to +\infty} P(|X_n - X| \geq \varepsilon) = 0.$$

Remarque *:* La condition précédente s'écrit de manière équivalente :
$$\forall \varepsilon > 0, \lim_{n \to +\infty} P(|X_n - X| < \varepsilon) = 1.$$

Loi faible des grands nombres (cas d'une suite de variables de Bernoulli) *:*

Théorème *: Soit $(X_n)_{n \geq 1}$ une suite de variables aléatoires de Bernoulli deux à deux indépendantes, de même paramètre p. On pose $Z_n = \dfrac{X_1 + ... + X_n}{n}$.*
Alors, $(Z_n)_{n \geq 1}$ converge en probabilité vers la variable aléatoire certaine égale à p.
Plus précisément : $\forall \varepsilon > 0, P(|Z_n - p| \geq \varepsilon) \leq \dfrac{p(1-p)}{n\varepsilon^2} \leq \dfrac{1}{4n\varepsilon^2}.$

<u>Preuve</u> : Déterminons l'espérance et la variance de la variable Z_n :

$$E(Z_n) = E\left(\frac{X_1 + ... + X_n}{n}\right) = \frac{1}{n} E\left(\sum_{i=1}^{n} X_i\right) = \frac{1}{n} \sum_{i=1}^{n} E(X_i) = \frac{1}{n} \cdot np = p;$$

$$V(Z_n) = V\left(\frac{X_1 + ... + X_n}{n}\right) = \frac{1}{n^2} V\left(\sum_{i=1}^{n} X_i\right) = \frac{1}{n^2} \sum_{i=1}^{n} V(X_i) = \frac{1}{n^2} \cdot np(1-p) = \frac{p(1-p)}{n}.$$

(On peut aussi constater que la variable $S_n = X_1 + ... + X_n$ suit la loi binomiale de paramètres n et p).

Appliquons l'inégalité de Bienaymé-Tchebychev (voir chapitre **13**) à la variable Z_n :

$$\forall \varepsilon > 0, P(|Z_n - p| \geq \varepsilon) \leq \frac{p(1-p)}{n\varepsilon^2} \leq \frac{1}{4n\varepsilon^2}.$$

(La dernière inégalité résulte du fait que, pour $p \in [0, 1]$, $p(1-p) \leq 1/4$).

Or $\lim_{n\to+\infty} \dfrac{1}{4n\varepsilon^2} = 0$. On en déduit, par le théorème d'encadrement :

$$\forall \varepsilon > 0, \ \lim_{n\to+\infty} P(|Z_n - p| \geq \varepsilon) = 0.$$

Ceci justifie la convergence en probabilité de la suite des variables Z_n vers la variable certaine égale à p.

Interprétation :

Z_n représente la fréquence de réalisation d'un événement A (succès) lors de la succession de n épreuves de Bernoulli indépendantes. Cette fréquence converge, en probabilité, vers $p = P(A)$. Ainsi se trouve justifiée, *a posteriori*, la notion intuitive de probabilité d'un événement comme limite d'une fréquence.

3-2 Convergence en loi - Approximations des lois discrètes usuelles

> **Définition :** *Soient $(X_n)_{n \in \mathbb{N}}$, une suite de variables aléatoires réelles, et X une variable aléatoire réelle, toutes définies sur un même espace probabilisé $(\Omega, \mathcal{B}, P)$, et prenant leurs valeurs dans $\mathbb{N}$. On dit que $(X_n)_{n \in \mathbb{N}}$ converge en loi vers X si :*
> $$\forall k \in \mathbb{N} : \lim_{n \to +\infty} P(X_n = k) = P(X = k).$$

Approximation de la loi hypergéométrique par la loi binomiale :

On effectue un tirage *sans remise* de n individus dans une population de cardinal N comportant une proportion p d'individus de type 1.
Le nombre X d'individus de type 1 obtenus à l'issue du tirage suit la loi hypergéométrique $\mathcal{H}(N, n, p)$. Lorsque N devient très grand tout se passe comme si les tirages des n individus s'effectuaient *avec remise* (en effet il y a peu de chances de tirer 2 fois le même individu). On peut donc approcher la loi de X par la loi $\mathcal{B}(n, p)$. Plus précisément :

> **Proposition :** *Soient $(X_N)_{N \in \mathbb{N}}$, une suite de variables aléatoires réelles définies sur un même espace probabilisé $(\Omega, \mathcal{B}, P)$.*
> *On suppose qu'il existe deux entiers fixés n et p tels que, pour tout $N \in \mathbb{N}$, X_N suit la loi $\mathcal{H}(N, n, p)$. Notons S l'ensemble des entiers N tels que Np soit entier.*
> *Alors $(X_N)_{N \in S}$ converge en loi vers une variable aléatoire réelle X qui suit la loi binomiale $\mathcal{B}(n, p)$.*

Preuve : Il faut montrer :

$$\forall k \in \{0,...,n\}, \ \lim_{N\to+\infty} P(X_N = k) = \lim_{N\to+\infty} \frac{C_{Np}^k C_{Nq}^{n-k}}{C_N^n} = C_n^k p^k q^{n-k}.$$

$$C_{Np}^k = \frac{Np(Np-1)...(Np-k+1)}{k!} \underset{N\to+\infty}{\sim} \frac{(Np)^k}{k!}.$$

De même : $C_{Nq}^{n-k} \underset{N\to+\infty}{\sim} \dfrac{(Nq)^{n-k}}{(n-k)!}$ et $C_N^n \underset{N\to+\infty}{\sim} \dfrac{N^n}{n!}$.

On en déduit que :
$$\forall k \in \{0,...,n\}, P(X_N = k) = \dfrac{C_{Np}^k C_{Nq}^{n-k}}{C_N^n} \underset{N\to+\infty}{\sim} \dfrac{n!}{k!(n-k)!} \dfrac{(Np)^k(Nq)^{n-k}}{N^n} = C_n^k p^k q^{n-k}.$$

Ceci justifie bien le résultat annoncé.

> Dans la pratique on considère que pour $N \geq 10n$, on peut approcher la loi hypergéométrique $\mathcal{H}$ (N, n, p) par la loi binomiale $\mathcal{B}$ (n, p).

Approximation de la loi binomiale par la loi de Poisson :

> **Proposition :** *Soient $(X_n)_{n \in \mathbb{N}}$ une suite de variables aléatoires réelles définies sur un même espace probabilisé $(\Omega, \mathcal{B}, P)$.*
>
> *On suppose que X_n suit la loi $\mathcal{B}$ (n, p_n), et que $\underset{n\to+\infty}{\lim} n.p_n = \lambda$, $\lambda > 0$.*
>
> *Alors $(X_n)_{n \in \mathbb{N}}$ converge en loi vers une variable aléatoire réelle X qui suit une loi de Poisson de paramètre λ.*

Preuve : Il faut montrer :
$$\forall k \in \mathbb{N}, \underset{n\to+\infty}{\lim} P(X_n = k) = \underset{n\to+\infty}{\lim} C_n^k p_n^k (1-p_n)^{n-k} = e^{-\lambda} \dfrac{\lambda^k}{k!}.$$

Remarquons déjà que $p_n \underset{n\to+\infty}{\sim} \dfrac{\lambda}{n}$ et $\underset{n\to+\infty}{\lim} p_n = 0$.

On a : $C_n^k \underset{n\to+\infty}{\sim} \dfrac{n^k}{k!}$ et $p_n^k \underset{n\to+\infty}{\sim} \left(\dfrac{\lambda}{n}\right)^k$.

D'autre part : $(1-p_n)^{n-k} = e^{(n-k)\ln(1-p_n)}$ et $(n-k)\ln(1-p_n) \underset{n\to+\infty}{\sim} n.(-p_n)$ (car (p_n) tend vers 0). Or $\underset{n\to+\infty}{\lim} -np_n = -\lambda$ donc $\underset{n\to+\infty}{\lim} (1-p_n)^{n-k} = \underset{n\to+\infty}{\lim} e^{-np_n} = e^{-\lambda}$.

Finalement :
$$\forall k \in \mathbb{N}, \underset{n\to+\infty}{\lim} P(X_n = k) = \underset{n\to+\infty}{\lim} C_n^k p_n^k (1-p_n)^{n-k} = \underset{n\to+\infty}{\lim} \dfrac{n^k}{k!} \cdot \dfrac{\lambda^k}{n^k} \cdot e^{-\lambda} = e^{-\lambda} \dfrac{\lambda^k}{k!}.$$

> Dans la pratique on considère que, pour $n > 30$, $np < 15$ et $p < 0,1$, on peut approcher la loi binomiale $\mathcal{B}$ (n, p) par la loi de Poisson $\mathcal{P}$ (np).

Exemple : Soit X une variable aléatoire suivant la loi $\mathcal{B}$ (40 ; 0,05). On a :
$P(X = 3) = C_{40}^3 (0,05)^3 (0,95)^{37} \approx 0,185$.
En approchant la loi de X par la loi de Poisson de paramètre $40 \times 0,05 = 2$ on obtient :
$P(X = 3) \approx e^{-2} \dfrac{2^3}{3!} \approx 0,180$.

T. P. : APPROXIMATION D'UNE SERIE STATISTIQUE PAR UNE DISTRIBUTION DE GAUSS

Considérons une série statistique (x_i, f_i) ou $(]a_i, a_{i+1}], f_i)$. Il se peut que son histogramme soit proche d'une courbe en cloche :

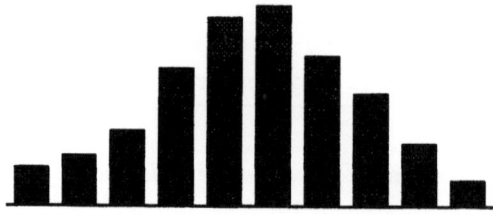

Dans ce cas on peut approcher cette série par une distribution de Gauss dont les fréquences cumulées se calculent par la formule : $F(t) = \dfrac{1}{\sigma\sqrt{2\pi}} \int_{-\infty}^{t} e^{-\frac{1}{2}\left(\frac{x-m}{\sigma}\right)^2} dt$, formule valable pour tout réel t (F est la fonction de répartition d'une variable aléatoire continue suivant une loi normale de paramètres m et σ, notée $\mathcal{N}(m ; \sigma)$, voir tome 2).

L'intérêt de cette approximation est de pouvoir faire des hypothèses sur des valeurs n'appartenant pas à l'échantillon étudié (il s'agit d'une interpolation non linéaire).

Lorsque m et σ (moyenne et écart-type de la série) ne sont pas connus ils peuvent se déterminer graphiquement à l'aide de *papier gausso-arithmétique* : sur celui-ci on trace le nuage de points $(x_i, 10^4 . \sum_{j \leq i} f_j)$ ou $(a_{i+1}, 10^4 . \sum_{j \leq i} f_j)$ et on cherche une droite approchant au mieux ces points. Cette droite est appelée *droite de Henry* :
. m est l'abscisse du point d'intersection de la droite de Henry avec l'axe des abscisses.
. m + σ est l'abscisse du point d'ordonnée $10^4 . \Phi(1) = 8413$

(Φ désignant la fonction de répartition de la loi normale centrée réduite définie sur **R** par

$$\Phi(t) = \dfrac{1}{\sqrt{2\pi}} \int_{-\infty}^{t} e^{-\frac{x^2}{2}} dt).$$

Pour les calculs on se ramène à cette loi normale centrée réduite en utilisant la variable centrée réduite $X^* = \dfrac{X - m}{\sigma}$ associée à la statistique X étudiée. On dispose alors de la table de Laplace-Gauss donnant les valeurs prises par Φ (voir en fin de volume).

Ainsi la fréquence cumulée relative à un réel donné a se calcule sous la forme :

$$P\left(X^* \leq \dfrac{a - m}{\sigma}\right) = \Phi\left(\dfrac{a - m}{\sigma}\right)$$

(*voir exercice 7 p. 292*)

- EXERCICES -

1- Les notes obtenues à une épreuve de mathématiques sont relevées dans un tableau :

Note :	3	4	5	6	7	8	9	10	11	12	13	14	15	16	17	18	19	20	Total
effectif :	3	3	6	6	6	14	9	6	6	14	5	5	6	5	6	5	2	2	109

1°) Tracer sur une même figure le diagramme en bâtons et le polygone des effectifs de cette série.
2°) Calculer la moyenne et l'écart-type des notes obtenues. En déterminer également la médiane et les modes.

2- On a évalué la demi-durée de vie de déchets radioactifs d'un réacteur atomique.
Les résultats sont consignés dans le tableau suivant (les durées sont exprimées en centaines d'années) :

Durées t_i	]0, 1]	]1, 2]	]2, 4]	]4, 12]
Fréquences f_i	0,30	0,20	0,25	0,25

1°) Tracer l'histogramme de cette série statistique.
2°) Déterminer sa moyenne et son écart-type.
3°) Calculer la médiane et l'écart-interquartile de cette série.
4°) On considère que la demi-durée de vie de ces déchets suit une loi exponentielle d'espérance égale à la moyenne de cette série. Déterminer le pourcentage théorique d'éléments ayant une demi-durée de vie supérieure ou égale à 500 ans.

3- Une grande entreprise de vente par correspondance reçoit chaque jour une importante quantité de courrier, dont une grande partie de commandes à honorer.
Pour faciliter le planning d'exécution des commandes (vérification, recherche des articles en stock, facturation, etc.), la direction cherche un moyen de déterminer aussitôt que possible le volume des commandes. Elle a envisagé une liaison entre le poids x_i du courrier reçu chaque jour (exprimé en centaines de kg) et le nombre y_i correspondant de commandes (exprimé en milliers). Une étude effectuée pendant 12 jours a donné les résultats suivants :

x_i	0,9	2,1	1,2	2,5	2,9	1,8	1,9	3,6	2,0	3,4	2,4	1,7
y_i	7,5	14,2	7,6	16,2	18,5	13,5	12,2	24,1	12,9	20,4	17,1	12,8

1°) Représenter le nuage de points M_i (x_i, y_i).
2°) Former le tableau des calculs nécessaires à la détermination du coefficient de corrélation linéaire entre x et y et calculer ce coefficient à 0,01 près au plus proche.
Un ajustement affine est-il justifié ?
3°) On admettra que l'équation de la droite d'ajustement par la méthode des moindres carrés est : $y = ax + b$ avec $a = \dfrac{\sigma_{xy}}{\sigma_x^2}$ et $b = \bar{y} - a\bar{x}$. Déterminer les coefficients a et b (arrondis à 0,01 près au plus proche) et tracer cette droite sur le graphique du 1°).
4°) Un certain jour l'entreprise reçoit 310 kg de courrier. Combien de commandes peut-elle prévoir ?

Convergence et approximations

4- Soit $(X_n)_{n \geq 1}$ une suite de variables aléatoires réelles de Bernoulli indépendantes de paramètre p. On pose $Y_n = X_n \cdot X_{n+1}$ et $S_n = \dfrac{Y_1 + Y_2 + \ldots + Y_n}{n}$ ($n \in \mathbb{N}^*$).
Montrer que la suite des variables S_n converge *en probabilité* vers la variable certaine égale à p^2.

5- Une maladie atteint 0,07% des individus d'une population. Quelle est la probabilité pour qu'il y ait moins de 10 malades dans un échantillon aléatoire de 10 000 individus ?

6- Dix chevaux sont au départ d'une course. Il y a 3600 parieurs, chacun faisant son tiercé indépendamment des autres et au hasard. Soit X le nombre aléatoire de gagnants dans l'ordre. Quelle est la loi de X ? Quelle est la probabilité qu'il y ait moins de 10 gagnants ?

Problème :

7- Une société de location de voitures a calculé que la probabilité qu'une de ses voitures louées ait un accident dans une journée est 0,0004. (La probabilité qu'une voiture louée ait plus d'un accident par jour est supposée nulle).
Les accidents sont supposés indépendants les uns des autres.
Chaque jour, 10 000 voitures de la société sont en circulation.

1°) Soit N la variable aléatoire définie par le nombre de voitures de location de la société ayant un accident dans une journée.
a) Définir la loi de probabilité de la variable N. Calculer l'espérance et la variance de N.
b) Montrer que la loi de N peut être approchée par une loi de Poisson.
c) A l'aide de cette approximation, calculer la probabilité des événements suivants :
  - Le nombre des accidents en une journée est égal à 4.
  - Le nombre des accidents en une journée est au plus égal à 5 sachant qu'il est au moins égal à 2.
Déterminer le plus petit entier k tel que : $P(N > k) \leq 0,01$.

2°) Le tableau ci-dessous représente les pourcentages cumulés croissants F_i relatifs au coût de réparation d'une voiture accidentée (exprimé en milliers de francs).

coût	[0,2]	]2,3]	]3,4]	]4,5]	]5,6]	]6,7]	]7,8]	]8,9]	]9,10]	]10;12,5]
F_i	3	6	18	29	52	67	84	93	98	100

a) Déterminer les fréquences de chaque classe et construire l'histogramme de cette série statistique. Calculer la moyenne, la médiane et l'écart-type.
b) On note C la variable aléatoire définie par le coût de réparation (en milliers de francs) d'une voiture accidentée et on admet que C suit la loi normale $\mathcal{N}(6 ; 2)$.
  - Calculer la probabilité des événements suivants : $(C > 10)$ et $(4,5 \leq C \leq 8,5)$
  - Déterminer le plus petit entier C_0 tel que : $P(C > C_0) < 0,1$.

MEMENTO
TURBO-PASCAL

1 LES CONCEPTS DE BASE

1-1 Le langage TURBO-PASCAL

Le langage TURBO-PASCAL est constitué de mots séparés par des blancs (appelés "espaces"). Ces mots, formés à partir de l'alphabet TURBO-PASCAL, répondent à une syntaxe précise.

L'alphabet se compose :

- des 26 lettres A, B, C, ..., Z (sans accent, majuscules ou minuscules indifférenciées);
- des chiffres de 0 à 9 ;
- des symboles spéciaux :
  ' , ; : . + - * / = < > $ # ( ) [ ] { } ^ _   (plus l'espace).

Les mots sont :

- soit des *identificateurs*, formés à partir des lettres, des chiffres et du symbole _ (appelé "souligné"), sans espace :
  Exemples : VAR, BEGIN, REAL, SIN, calcul_racines.
  On classe ces identificateurs en trois groupes :

  - les *mots réservés* ou *mots-clés* :
    ARRAY, BEGIN, DIV, DO, ELSE, END, FOR, FUNCTION, IF, MOD, OF, OR, PROCEDURE, PROGRAM, THEN, TO, TYPE, VAR, WHILE, ...

  - les identificateurs standards (ou pré définis) :
    Exemples : INTEGER, REAL, BOOLEAN, CHAR, ARRAY, STRING,...
    Ils peuvent être redéfinis par l'utilisateur ;

  - les identificateurs définis par l'utilisateur (ne pas dépasser 127 caractères !).

- soit des symboles, appelés *délimiteurs*, formés à partir des symboles spéciaux de l'alphabet et placés entre les identificateurs :
  Exemples :   <>   :=   (;   <=   +

1-2 Les objets manipulés

Les variables
En TURBO-PASCAL une variable est constituée de trois éléments :
- un *identificateur* (nom de la variable) ;
- le *type* de la variable ;
- la *valeur* (rangée dans une *adresse-mémoire*).

Le *type* d'une variable définit d'une part l'ensemble des valeurs que peut prendre cette variable et, d'autre part, les opérations qu'elle va pouvoir subir.
On distingue les types scalaires et les types structurés :

types scalaires				*types structurés*	
BOOLEAN logique valeur : True ou False	**INTEGER** entier de - 32768 à 32767	**REAL** réel	**CHAR** caractère ASCII	**STRING** chaîne de caractères	**ARRAY** tableau

Les expressions
Les expressions sont des ensembles de mots qui forment une unité syntaxique à laquelle on peut attribuer une valeur.

Exemples : . a + b - z + 3 * x / cos (y)   (expression réelle) ;
. a >= b   (expression booléenne) ;
. ' tarte ' + ' à ' + ' la ' + ' crème '   (expression de type chaîne).

Les constantes
Les constantes sont des variables dont la valeur est fixée au début du programme et ne pourra pas être modifiée ensuite.

1-3 La notion d'instruction

Un programme en TURBO-PASCAL manipule des objets, en l'occurrence ceux définis au paragraphe précédent. Chaque manipulation est effectuée au cours d'une *instruction*. On distingue les *instructions simples* (affectations, appels de procédure) et les *instructions structurées* (conditionnelles ou répétitives) que nous étudierons plus loin.

L'affectation (:=)
On attribue à la variable à gauche du symbole la valeur de l'expression à droite du symbole, à condition que les types respectifs soient compatibles.

Syntaxe : identificateur (nom) de la variable := expression ;
Exemples : deg := 10 ; D := b*b - 4*a*c ; S := S + 1/n ;

Les instructions d'entrée / sortie

Les instructions **WRITE** et **WRITELN** permettent d'*afficher* des données (dialogues, instructions, résultats de calculs).
    Syntaxe : **WRITE (*donnée 1, donnée 2, ...*) ;**

Les données (dialogues) placées *entre apostrophes* sont affichées telles quelles.
Les données (expressions) *sans apostrophes* sont remplacées, à l'affichage, par leurs valeurs. Ainsi l'instruction WRITE (' Discriminant = ' , discriminant) donnera par exemple à l'affichage : Discriminant = 47.

WRITELN écrit les données, puis va à la ligne et laisse le curseur au début de la ligne suivante. WRITELN seul envoie le curseur à la ligne.

Exemples :

instructions	affichage
WRITE (' bonjour ') ;	bonjour
a := 3 ; WRITE(a∗a) ;	9
a := 23 ; WRITE(' l'entier a vaut : ', a) ;	l'entier a vaut : 23
a :=4 ; b := 7; WRITE(' a + b = ', a + b);	a + b = 11

Les instructions **READ** et **READLN** permettent de lire une donnée introduite au clavier et de l'affecter aux variables concernées.
    Syntaxe : **READ (*donnée 1, donnée 2, ...) ;**
Pour faire une entrée commentée il faut donc utiliser WRITE et READ. Par exemple:
        WRITE (' Entrez les entiers a et b ') ;
        READ (a , b) ;

READLN(a) a le même effet que les deux instructions READ(a) ; WRITELN.

Bloc d'instructions

Un *bloc d'instructions* est une suite d'instructions séparées par des " ; ", précédée de " BEGIN ", suivie de " END; ".

Exemple :   BEGIN
           READLN (A, B, C) ;
           WRITE (' le discriminant de P est ', b∗b - 4∗a∗c) ;
        END;

Pour l'entrée de a = 3, b = 4, c = -7 (a, b, c de type INTEGER) l'affichage sera :
        le discriminant de P est 100

Remarque : Pour le compilateur TURBO-PASCAL, un bloc d'instructions est traité de la même façon qu'une instruction simple ou structurée. C'est pourquoi on l'appelle parfois *instruction composée.*

1-4 Le programme

Il se compose de deux parties :

La partie déclarative
On y déclare le programme et les objets manipulés dans l'ordre suivant :

- *L'en-tête du programme*
On utilise le mot réservé PROGRAM :
>   *Syntaxe* : **PROGRAM** *nom du programme* ;
>   *Exemple* : PROGRAM equation ;

- *Les constantes*
Elles sont déclarées sous la rubrique CONST :
>   *Syntaxe* : **CONST** *nom de la constante = valeur* ;
>   *Exemple* : CONST max = 50 ; pi = 3.1415926535 ;

- *Les types*
En dehors des types pré définis (voir paragraphe 1-2) on peut déclarer de nouveaux types :
>   *Syntaxe* : **TYPE** *nom du type = définition du type* ;
>   *Exemple* : TYPE   polynome = ARRAY [0 .. 10] OF REAL ;

- *Les variables*
Dans un programme les variables sont déclarées sous la rubrique VAR. On regroupe les variables d'un même type en les séparant par des virgules.
>   *Syntaxe* : **VAR** *nom1, nom2, ... : type des variables* ;
>   *Exemple* : VAR n , i , j : INTEGER ;
>   P : polynome ;

- *Les procédures et fonctions*

La partie exécution

Elle comprend les différentes instructions à exécuter dans l'ordre d'exécution.
Elle débute par **"BEGIN"** et finit par **"END."**.

Dans chaque partie on peut ajouter des commentaires qui seront placés entre deux accolades : {...}. Le compilateur du TURBO-PASCAL ne tient pas compte de ces remarques.

Une fois le programme écrit (dans l'*Editeur* du TURBO-PASCAL, option **EDIT** du menu principal) il doit être *compilé* (option **COMPILE** du menu principal), c'est à dire traduit en langage machine, corrigé le cas échéant, et lancé par la commande **RUN** : parfois le programme s'exécute alors normalement !...

2 TYPES ET STRUCTURES DE BASE

2-1 Les types scalaires

Le type INTEGER :

Ce type regroupe les *nombres entiers relatifs* compris entre - 32768 et + 32767, c'est à dire entre -2^{15} et $+2^{15} - 1$.
Si l'on affecte à une variable de type INTEGER une valeur n'appartenant pas à cet intervalle, elle sera convertie en un entier de l'intervalle [-32768,32767] et cela ne se traduira pas par une erreur (mais les résultats des calculs seront aberrants!). Pour travailler sur des entiers plus grand on utilisera le type LONGINT (*entier long*) permettant de représenter tous les entiers de l'intervalle [$-2^{31}, 2^{31}-1$].
Un nombre de type INTEGER occupe 2 octets en mémoire, c'est à dire un ensemble de 16 chiffres 0 ou 1 appelés *bits* : on peut donc représenter 2^{16} entiers.
L'écriture d'une constante de type INTEGER ne contient que des chiffres (éventuellement précédés d'un signe + ou -) sans aucun espace.
Exemples : 6439 ; -435 ; +7648.

Le type REAL :

Ce type regroupe des *nombres réels* (ou plus exactement des nombres décimaux) compris entre 10^{-38} et 10^{38}. Tout nombre REAL est formé d'un chiffre non nul suivi du point décimal "." et d'une partie décimale de 11 chiffres, le tout précédant un exposant de 2 chiffres (puissance de 10).
Exemples : 3637,34 s'écrit : 3.63734000000E+03 ;
    -0,0006745 s'écrit : 6.74500000000E-04.

Ecriture formatée : Pour obtenir une écriture plus agréable (suppression de décimales ou de l'exposant par exemple) on pourra utiliser l'une des instructions : WRITE (x : a) ou WRITE (x : a : b), a et b désignant des entiers.
Un espace de a caractères sera alors réservé pour l'écriture du réel x et, dans le second cas, x sera de plus écrit sans exposant, avec b chiffres après la virgule.
Exemples : Si X = 56,7521 et Y = 8057,4 les instructions :
WRITELN ('Valeur de X : ', X : 8 : 2) ; WRITE ('Valeur de Y : ', Y : 8 : 2)
donneront à l'écran : Valeur de X :   12.35   {3 espaces avant le nombre}
            Valeur de Y : 8057.40   {1 espace avant le nombre}.

Le type BOOLEAN :
Ce type n'a que deux valeurs : ***TRUE*** et ***FALSE***.
Il permet de manipuler des *expressions booléennes*, c'est à dire des conditions formées à partir des opérateurs relationnels = <> < > <= >=.
Exemples : a <=2 ; a + b > x .

Le type CHAR :

Ce type permet de manipuler des *caractères* typographiques : lettres, chiffres, symboles spéciaux.

Pour définir un caractère, par exemple A, on peut :
. soit mettre celui-ci entre apostrophes : 'A' ;
. soit le définir par son numéro de code ASCII, précédé du symbole # : # 65.

Les variables de type CHAR serviront essentiellement à des opérations de lecture de réponses (O ou N).

Exemple : VAR Rep : CHAR ;

2-2 Le type ARRAY

Le type ARRAY permet d'indexer un ensemble de variables d'un type donné.

La déclaration d'une variable de type ARRAY (tableau) comportera le ou les intervalles de variations des indices suivis du type des variables indexées.

Pour les tableaux *à une dimension* (suites, polynômes) :

   Syntaxe : VAR ***nom*** : ARRAY[***min . . max***] of ***type des variables*** ;
   Exemple : VAR U : ARRAY [0..20] of REAL ;

Pour les tableaux *à deux dimensions* (matrices) :

   Syntaxe : VAR ***nom*** : ARRAY[$i_1..i_2$, $j_1..j_2$] of ***type des variables*** ;
   Exemple : VAR Matrice : ARRAY[1..10,1..10] of REAL ;

Remarque : *Les limites des indices du tableau sont nécessairement des constantes.*

Pour accéder (lecture, affectation, écriture, ...) aux éléments d'un tableau on écrit : x[i], t[i, j] etc.

Exemples :

1- Pour déterminer la somme des n premiers termes de la suite (u_n) déclarée sous forme de tableau :
   FOR i:=1 TO n DO READ(U[i]);   {entrée des n premiers termes de U}
   S := 0;   {initialisation de la somme S}
   FOR i:=1 TO n DO S := S + U[i];   {calcul de S}
   WRITE (S : 8: 2);   {affichage formaté de S}

2- Pour lire une matrice M à n lignes et p colonnes (ligne par ligne) :
   FOR i:= 1 TO n DO
       FOR j := 1 TO p DO READ(M[i, j]);

Opérations : On ne peut effectuer aucune des opérations usuelles (+, -, x,...) sur un tableau pris globalement. Seule l'*affectation* est possible.

2-3 Les opérations élémentaires

Les opérations de comparaison :

Les opérateurs sont les suivants : = , > , < , >= , <= , <> correspondant respectivement aux opérateurs usuels : = , > , < , $\geq$, $\leq$, $\neq$.

Une expression formée à partir de variables et d'opérateurs de comparaison est une *expression booléenne* (condition) :

Exemples : . a <> 0
          . IF (b*b < 4*a*c) ...

Le résultat d'une comparaison est booléen (valeur : *True* ou *False*).

Les opérations de calcul :

- Sur les réels : + , - , * , /
- Sur les entiers : + , - , * , div , mod

Les deux dernières opérations sont définies ainsi :
c := a div b signifie : c est le quotient de la division euclidienne de a par b.
d := a mod b signifie : d est le reste de la division euclidienne de a par b;

Exemple : 13 div 5 = 2 ; 13 mod 5 = 3.

Remarque : On peut utiliser l'opération " / " avec des variables de type INTEGER mais le résultat sera de type REAL.

Exemple : 210 / 6 = 3.50000000000E+01.

2-4 Les instructions structurées

La partie exécution de tout programme est composée d' instructions structurées. Trois structures sont à connaître :

La structure séquentielle :

Les instructions sont exécutées dans l'ordre d'écriture, une seule fois : c'est le cas
 . des *instructions simples* qui se suivent, séparées par des " ; "
 . des *instructions composées* (ou *blocs d'instructions*) étudiées au paragraphe 1-3.

La structure conditionnelle :

Les instructions sont exécutées si une certaine condition est réalisée. Il existe deux formulations :

IF *expression booléenne* **THEN** *instruction1* ;
(L'instruction 1 n'est exécutée que si l'expression booléenne est vraie).

IF *expression booléenne* **THEN** *instruction1*
                               ELSE *instruction2* ;
(L'instruction 1 est exécutée si l'expression booléenne est vraie, et l'instruction 2 est exécutée si l'expression booléenne est fausse).

Remarques :
. Jamais de point virgule avant THEN ou ELSE ;
. Les instructions peuvent être des instructions simples ou des blocs d'instructions encadrés par "BEGIN" et "END;".
. Lorsque plusieurs IF sont imbriqués la règle est que ELSE se rapporte à la dernière instruction IF sans clause ELSE.

La structure répétitive :

Les instructions sont répétées un certain nombre de fois.

<u>Si le nombre est précisément établi</u>, on utilise :

FOR *variable entière* := *valeur entière 1* **TO** *valeur entière 2* **DO** *instruction* ;

Ici, la variable est un compteur qui commence l'exécution de l'instruction à la " *valeur entière 1* ", la termine à la " *valeur entière 2* ". A chaque exécution la variable entière est *incrémentée* d'une unité.

Ici encore, " *instruction* " peut être une instruction simple ou composée (encadrée par "BEGIN" et "END;").

Une variante est :

FOR *variable entière* := *valeur entière1* **DOWNTO** *valeur entière2* **DO** *instruction* ;
(dans le cas où *valeur entière1* ≥ *valeur entière2*).

<u>Si le nombre d'itérations n'est pas précisément établi</u>, on utilise :

WHILE *condition (expression booléenne)* **DO** *instruction* ;

Ici, l'*instruction* (ou le *bloc d'instructions*) sera exécutée *tant que* la *condition* est vérifiée. Si elle ne l'est jamais il n'y aura pas d'exécution.

3 PROCEDURES ET FONCTIONS

3-1 Notion de procédure

Les procédures sont des sous-programmes qui effectuent une partie donnée du programme. Elles contiennent une partie déclarative avec leurs propres variables, constantes, types, éventuellement "sous-procédures", et une partie exécution encadrée par "BEGIN" et "END ;".

La déclaration d'une procédure se fait dans la partie déclarative du programme principal à l'aide du mot clé PROCEDURE, suivi de son nom et éventuellement de ses paramètres (*en-tête* de la procédure) :

Exemple 1 (procédure sans paramètre) :

```
PROCEDURE compte ;
  VAR i : INTEGER ;
  BEGIN FOR i := 1 TO 100 DO WRITE (i : 4) ; END ;
```

On *appelle* la procédure, dans le programme principal, en écrivant son nom. Cet appel sera considéré comme une instruction.
Ici : **BEGIN compte ; END.**
(Le résultat sera l'affichage de tous les entiers ≤ 100).

Exemple 2 (procédure avec paramètres d'entrée) :

```
PROCEDURE compte (debut, fin : INTEGER) ;
  VAR i : INTEGER ;
  BEGIN FOR i := debut TO fin DO WRITE (i : 4) ; END ;
```

L'appel de la procédure nécessitera ici l'entrée de deux *valeurs* (c'est pourquoi on parle dans ce cas de *passage de paramètre en valeur*). Par exemple :
BEGIN compte (5, 70) ; END.
(Ce programme affichera tous les entiers compris entre 5 et 70).

Exemple 3 (procédure avec paramètres d'entrée-sortie) :

```
PROCEDURE echange (VAR x, y : real) ;
  VAR z : real ;
  BEGIN z := x ; x := y ; y := z ; END ;
```

Les paramètres d'entrée-sortie sont repérés par le mot réservé VAR placé avant le nom des variables. Ils permettent de renvoyer des valeurs au programme principal affectées aux variables d'appel (on parle de *passage de paramètres en variable*).

Ainsi, dans le programme principal, **echange (a, b)** échangera les valeurs des variables a et b.

Exemple 4 (procédure avec paramètres d'entrée et d'entrée-sortie) :

```
PROCEDURE somme ( n : INTEGER ; VAR s : INTEGER ) ;
  VAR i : INTEGER ;
  BEGIN s := 0 ; FOR i := 1 TO n DO s := s + i ; END ;
```

n est un paramètre d'entrée, s un paramètre d'entrée-sortie (VAR placé devant). Dans le programme principal : **somme (100, x)** affectera à la variable x la somme des 100 premiers entiers naturels non nuls.

On utilise ici un *passage de paramètre en valeur* (n := 100) et un *passage de paramètre en variable* (x := s).

3-2 Variables et paramètres

. Une ***variable locale*** à une procédure est une variable définie dans la partie déclarative de cette procédure ou dans l'en-tête dans le cas d'un passage par valeur. Elle n'est utilisée qu'à l'intérieur de la procédure et est ignorée dans le programme principal :

Exemples : . i est une variable locale pour les procédures des exemples 1, 3 et 4 ;
        . *debut* et *fin* sont des variables locales pour la procédure de l'exemple 2 ;
        . z est une variable locale pour la procédure *echange* ;
        . n est une variable locale pour la procédure *somme*.

. Une ***variable globale*** pour une procédure est une variable déclarée en dehors de la procédure, dans le programme principal.

. Un ***paramètre d'entrée*** permet de transmettre une valeur à la procédure (***passage en valeur***) ; il n'y aura pas de valeur retournée à la fin de la procédure.

Exemples :
        . *début* et *fin* sont des paramètres d'entrée pour la deuxième procédure.
        . n est un paramètre d'entrée pour la procédure *somme*.

. Un ***paramètre d'entrée-sortie***, nécessairement précédé du mot réservé VAR dans l'en-tête de la procédure, affectera à la variable d'appel la valeur du paramètre obtenue à la fin de la procédure (***passage en variable***).

Exemple : s est un paramètre d'entrée-sortie appelé par la variable x dans la procédure *somme* décrite plus haut..

3-3 Fonctions

Une fonction est identique en tous points à une procédure, à ceci près qu'elle retourne une valeur représentée par son identificateur (nom) lui-même.
Cet identificateur pourra alors être utilisé dans une expression comme n'importe quelle autre fonction pré définie (abs, sin, exp, ...).

Exemple :

```
PROGRAM exemple_fonction

 VAR k : INTEGER ;

 FUNCTION fact ( n : INTEGER ) : real ;
   VAR i : INTEGER ;
       f : real ;
   BEGIN f := 1 ;
        FOR i := 1 TO n DO f := f * i ;
        fact := f ;
   END ;

 BEGIN WRITE ( ' k = ' ) ; readln ( k ) ;
       writeln ( k , ' ! = ' , fact ( k ) ) ;
 END.
```

Remarques importantes :

. L'en-tête d'une fonction diffère de celui d'une procédure : après la déclaration des variables et de leur type on indique nécessairement le type du résultat :
***FUNCTION** identificateur (x, y, z, ... : type des var) : type du résultat ;*

. La déclaration d'une fonction se termine nécessairement par :
    *identificateur := ... ; **END** ;*
Attention l'identificateur (nom de la fonction) n'est suivi d'aucun paramètre.

. Une fonction peut s'appeler elle-même : c'est le principe de la *récursivité* :

Exemple : FUNCTION *fact (n : INTEGER) : real ;*
    BEGIN IF n < = 1 THEN fact := 1 ELSE fact := n fact (n-1); END;*

Principales fonctions prédéfinies par TURBO-PASCAL :

ABS (valeur absolue); **ARCTAN**; **CHR** (CHR(n) donne le caractère ASCII de rang n);
COS; **EXP**; **INT** (partie entière); **LN**; **RANDOM** (réel aléatoire de [0, 1[); **SIN**;
SQR (élévation au carré); **SQRT** (racine carrée); **TRUNC** (TRUNC(x) convertit le réel x en entier par troncature).

4 EXEMPLES DE PROGRAMMES

Equation du second degré	*Calcul de $\sum_{i=1}^{n}\frac{1}{i^2}$*
```PROGRAM equa_2 ;``` ``VAR a, b, c ,d, pr, pim : real;`` ``BEGIN`` ``writeln ('Donnez a, b, c'); readln (a, b, c);`` ``d := b*b - 4*a*c;`` ``IF d < 0 THEN`` ``writeln ('pas de solution dans R');`` ``IF d = 0 THEN`` ``writeln (' x = ' , -b/2/a : 6 : 2);`` ``IF d > 0 THEN`` ``begin`` ``writeln ('x1 = ', (-b+sqrt(d))/2/a :6:2);`` ``writeln ('x2 = ', (-b-sqrt(d))/2/a :6:2);`` ``end;`` ``END.``	``PROGRAM somme ;`` ``VAR i, n : integer ; S : real ;`` ``BEGIN`` ``writeln('donnez n'); readln(n) ;`` ``S := 0 ;`` ``FOR i :=1 TO n DO`` ``S := S + 1/ (i*i) ;`` ``writeln (' S = ', S : 8 :2) ;`` ``END.``
Algorithme de Hörner	*Produit de deux matrices*
``PROGRAM horner ;`` ``CONST max = 20 ;`` ``VAR P : array [0 .. max] of real ;`` ``x, y : real ; i, d : integer ;`` ``BEGIN`` ``write('Donnez le degré de P :');read(d);`` ``writeln('Donnez les coeff. de P : ') ;`` ``FOR i := 0 TO d DO read (P[i]) ;`` ``write('Donnez x : '); readln (x) ;`` ``y := P[max] ;`` ``FOR i := max - 1 DOWNTO 0 DO`` ``y := y*x + P[i] ;`` ``write ('P(',x:6:2,') = ',y:8:2) ;`` ``END.``	``PROGRAM prod_mat`` ``TYPE matrice = array[1..10,1..10] of real;`` ``VAR A, B, C : matrice ;`` ``la, ca, cb, i, j, k : integer ;`` ``BEGIN`` ``write('nbre lignes de A: ');readln(la);`` ``write('nbre colonnes de A: ');readln(ca);`` ``FOR i := 1 TO la DO`` ``FOR j := 1 TO ca DO read(A[i,j]);`` ``write('nbre colonnes de B: ');readln(cb);`` ``FOR i := 1 TO ca DO`` ``FOR j := 1 TO cb DO read(B[i,j]);`` ``FOR i := 1 TO la DO`` ``FOR j := 1 TO cb DO begin`` ``C[i,j] := 0; for k := 1 TO ca do`` ``C[i,j] := C[i,j] + A[i,k]*B[k,j]; end;`` ``FOR i := 1 TO la DO begin`` ``for j := 1 to cb do write (C[i,j]:8:2);`` ``writeln; end;`` ``END.``
Calcul d'integrales (trapèzes)	*Résolution dichotomique*
``PROGRAM trapeze ;`` ``VAR a, b, s : real; n, i : integer;`` ``FUNCTION f(x : real) : real;`` ``begin f := ... ; end ;`` ``PROCEDURE integr(a,b:real;n:integer; var s:real);`` ``begin`` ``s:= 0 ; for i := 0 to n-1 do`` ``s:=s+ (f(a+i*(b-a)/n)+f(a+(i+1)*(b-a)/n))/2;`` ``end;`` ``BEGIN`` ``write('Donnez l''intervalle [a,b] et le nombre de pas n :'); readln(a,b,n);`` ``integr(a,b,n,s);`` ``write ('I = ', s : 8 : 2);`` ``END.``	``PROGRAM dicho ;`` ``VAR a, b, e : real ;`` ``FUNCTION f (x : real) : real;`` ``begin f := ... ; end ;`` ``PROCEDURE resou (a,b,e : real; var x : real);`` ``begin`` ``while b-a > e do`` ``begin`` ``c := (a+b)/2 ;`` ``if f(a)*f(c) <= 0 then b := c else a:=c;`` ``end;`` ``x := a;`` ``end;`` ``BEGIN`` ``write ('Donnez l'intervalle [a,b] et la précision e : '); readln (a, b, e);`` ``resou (a, b, e, x) ;`` ``write (' x = ', x : 8 : 2 );`` ``END.``

EXERCICES : INDICATIONS ET RESULTATS

CHAPITRE 1

EXERCICE 1

☞ *On a l'équivalence : $(x \in A) \Leftrightarrow (\varphi_A(x) = 1)$.*

1°) Pour la réciproque, on peut montrer l'équivalence : $(x \in A) \Leftrightarrow (x \in B)$.
2°) Montrer que $(1 - \varphi_A)(x) = 1 \Leftrightarrow x \in \overline{A}$ et $(\varphi_A \cdot \varphi_B)(x) = 1 \Leftrightarrow x \in A \cap B$.
$\varphi_{A \setminus B} = \varphi_A(1 - \varphi_B)$; $\varphi_{A \cup B} = \varphi_A + \varphi_B - \varphi_A \varphi_B$; $\varphi_{A \Delta B} = \varphi_A + \varphi_B - 2\varphi_A \varphi_B$.
3°) Il suffit de vérifier l'égalité des applications caractéristiques des ensembles à comparer.
- $\varphi_{(A \cap B) \cup (A \cap C)} = \varphi_{A \cap (B \cup C)} = \varphi_A(\varphi_B + \varphi_C - \varphi_B \varphi_C)$
- $\varphi_{A \cup (B \cap C)} = \varphi_{(A \cup B) \cap (A \cup C)} = \varphi_A + \varphi_B \varphi_C - \varphi_A \varphi_B \varphi_C$
- $\varphi_{(A \Delta B) \Delta C} = \varphi_{A \Delta (B \Delta C)} = \varphi_A + \varphi_B + \varphi_C - 2\varphi_B \varphi_C - 2\varphi_A \varphi_B - 2\varphi_A \varphi_C + 4\varphi_A \varphi_B \varphi_C$

EXERCICE 2

☞ *On rappelle que les notations $f(A)$ et $f^{-1}(B)$ sont respectivement définies par :*
$$f(A) = \{ y \in F;\ \exists x \in A,\ y = f(x) \} \subset F ;$$
$$f^{-1}(B) = \{ x \in E; f(x) \in B \} \subset E.$$
En particulier : $(x \in f^{-1}(B)) \Leftrightarrow (f(x) \in B)$.

EXERCICE 3

☞ *Soit φ une application de E dans F. On rappelle que :*
φ *est injective si et seulement si : $\forall (x,y) \in E^2, (\varphi(x) = \varphi(y)) \Rightarrow (x = y)$;*
φ *est surjective si et seulement si : $\forall y \in F, \exists x \in E, y = \varphi(x)$.*

EXERCICE 4

1°) L'égalité au rang $n + 1$ s'écrit : $2 \times 6 \times \ldots \times (4n-2)(4n+2) = (n+2)\ldots 2n(2n+1)(2n+2)$.
2°) Si à un certain rang n : $3 \times 5^{2n-1} + 2^{3n-2} = 17 k$ ($k \in \mathbb{N}$) alors $3 \times 5^{2n+1} + 2^{3n+1} = ?$
3°) $\sum_{i=1}^{n+1} i(i!) = \sum_{i=1}^{n} i(i!) + (n+1)(n+1)! = (n+1)! - 1 + (n+1)(n+1)! = (n+1)!(n+2) - 1$.

EXERCICE 5

1°) $f'(x) = \sum_{i=1}^{n} i x^{i-1} = 1 + 2x + \ldots + nx^{n-1}$; $f(x) = \dfrac{1-x^{n+1}}{1-x}$ et $f'(x) = \dfrac{nx^{n+1}-(n+1)x^n+1}{(1-x)^2}$.

2°) Si $x \neq 1$: $\sum_{i=1}^{n} i x^{i-1} = f'(x) = \dfrac{nx^{n+1}-(n+1)x^n+1}{(1-x)^2}$; $\sum_{i=1}^{n} i x^i = x \sum_{i=1}^{n} i x^{i-1} = x \dfrac{nx^{n+1}-(n+1)x^n+1}{(1-x)^2}$.

3°) Si $x \neq 1$: $\sum_{i=2}^{n} i(i-1) x^{i-2} = f''(x) = \dfrac{(1-n)nx^{n+1}+2(n^2-1)x^n - n(n+1)x^{n-1}+2}{(1-x)^3}$.

EXERCICE 6

1°) $r = \dfrac{1}{3}$; $u_n = u_0 + nr = 1 + \dfrac{n}{3}$; $S_n = (n+1)\dfrac{u_0+u_n}{2} = \dfrac{(n+1)(n+6)}{6}$.

2°) $q = -\dfrac{1}{5}$; $u_n = q^{n-3} u_3 = \left(-\dfrac{1}{5}\right)^{n-7}$; $S_n = u_0 \dfrac{1-q^{n+1}}{1-q} = -\dfrac{5^8}{6}\left[1 - \left(-\dfrac{1}{5}\right)^{n+1}\right]$.

3°) $\ell = \dfrac{1}{3}$; $u_n = (-2)^n (u_0 - \ell) + \ell = \dfrac{2}{3}(-2)^n + \dfrac{1}{3}$; $S_n = \dfrac{2}{3}\left[\dfrac{1-(-2)^{n+1}}{3}\right] + \dfrac{n+1}{3}$.

4°) $x_1 = -1, x_2 = 2$; $u_n = \alpha(-1)^n + \beta 2^n = \dfrac{1}{3}(-1)^n + \dfrac{2}{3} 2^n$; $S_n = \cdots = \dfrac{2^{n+2}}{3} + \dfrac{(-1)^n}{6} - \dfrac{1}{2}$.

5°) $x_1 = 2$; $u_n = (\alpha + \beta n) 2^n = \left(1 - \dfrac{1}{2}n\right) 2^n$; $S_n = \sum_{k=0}^{n} 2^k - \sum_{k=0}^{n} k 2^{k-1} = \cdots = (3-n) 2^n - 2$.

EXERCICE 7

1°) $\displaystyle\sum_{0 \leq i \leq j \leq n} \dfrac{i}{j+1} = \sum_{j=0}^{n} \sum_{i=0}^{j} \dfrac{i}{j+1} = \sum_{j=0}^{n} \left(\dfrac{1}{j+1} \sum_{i=0}^{j} i\right) = \sum_{j=0}^{n} \left(\dfrac{1}{j+1} \cdot \dfrac{j(j+1)}{2}\right) = \dfrac{1}{2} \sum_{j=0}^{n} j = \dfrac{n(n+1)}{4}$

2°) $\displaystyle\sum_{i=1}^{n} \sum_{j=i}^{n} ij = \sum_{j=1}^{n} \sum_{i=1}^{j} ij = \sum_{j=1}^{n} \left(j \sum_{i=1}^{j} i\right) = \sum_{j=1}^{n} j \dfrac{j(j+1)}{2} = \dfrac{1}{2}\left(\sum_{j=1}^{n} j^3 + \sum_{j=1}^{n} j^2\right) = \dfrac{n(n+1)(n+2)(3n+1)}{24}$

3°) $\displaystyle\sum_{i=1}^{n} \sum_{j=0}^{i} x^{i-j} = \sum_{i=1}^{n} \sum_{k=0}^{i} x^k = \sum_{i=1}^{n} \dfrac{1-x^{i+1}}{1-x} = \dfrac{1}{1-x}\left(n - x^2 \dfrac{1-x^n}{1-x}\right)$

EXERCICE 8

Soit $x = \overline{a_{k-1}a_{k-2}\ldots a_1 a_0}$, où $a_{k-1} \neq 0$.

On a : $x = \sum_{i=0}^{k-1} a_i b^i$ avec $1 \leq a_{k-1} \leq b-1$ et, pour tout $i \in \{0, \ldots, k-2\}$: $0 \leq a_i \leq b-1$.

On en déduit : $1.b^{k-1} \leq x \leq \sum_{i=0}^{k-1}(b-1)b^i = (b-1)\dfrac{1-b^k}{1-b}$, c'est à dire : $\boxed{b^{k-1} \leq x \leq b^k - 1}$.

EXERCICE 9

1°) $10^5 = \overline{11000011010100000}$

2°) $\overline{101010\ldots0101} = 1.2^0 + 0.2^1 + 1.2^2 + \ldots + 0.2^{2n-1} + 1.2^{2n} = \sum_{i=0}^{n} 2^{2i} = \sum_{i=0}^{n} 4^i = \dfrac{4^{n+1}-1}{3}$.

EXERCICE 10

Soit k le nombre de chiffres dans l'écriture binaire du nombre 10^n. D'après l'**exercice 8**, on a : $2^{k-1} \leq 10^n < 2^k$. En utilisant la croissance stricte de la fonction ln sur $\mathbf{R}^{+*}$, on en déduit : $(k-1)\ln 2 \leq n \ln 10 < k \ln 2$.

Cela nous donne un encadrement de k : $n\dfrac{\ln 10}{\ln 2} < k \leq n\dfrac{\ln 10}{\ln 2} + 1$.

Le seul entier k appartenant à l'intervalle d'amplitude 1 défini par ces inégalités est :

$$\boxed{k = E\left(n\dfrac{\ln 10}{\ln 2}\right) + 1}$$

EXERCICE 11

```
U := 1;
WRITELN ('U0 = ', U);
FOR I := 1 TO N-1 DO
   BEGIN
      u := (u+1)/(3u+1);
      WRITELN ('U', I, ' = ', U);
   END;
```

```
A := 1; B := 1;
WRITELN ('U0 = ', A, ' U1 = ', B);
FOR I := 2 TO N-1 DO
   BEGIN
      C := A + B;
      WRITELN ('U', I, ' = ', C);
      A := B; B := C;
   END;
```

EXERCICE 12

S := 0;
for k := 1 to n do
S := S + 1/(k∗k +1);
write (S);
	S := 0; sg := 1;
	for k := 1 to n do
	begin
	sg = -sg;
	S := S + sg/(k∗k∗k);
	end;
	write (S);
		S := 0; F := 1;
		for k := 1 to n do
		begin
		F := F ∗ k;
		S := S + 1 / F;
		end;
		write (S);
			S := 0;
			for k := 1 to n do
			S := S + ln (1+ k/n);
			S := S / n;
			write (S);

EXERCICE 13

1°) L' ensemble des solutions de l'équation est l'ensemble des couples (n - py, y) lorsque y décrit $[0, n / p] \cap \mathbb{N}$. Il y a $E(n / p) + 1$ solutions.

2°) For y := 0 to trunc (n / p) do writeln ('x = ', n - py, ' y = ', y);

3°) L'équation proposée admet $\sum_{k=0}^{n}\left[E\left(\dfrac{n-k}{3}\right)+1\right] = \sum_{i=0}^{n} E\left(\dfrac{i}{3}\right)+n+1$ solutions.

CHAPITRE 2

EXERCICE 1

☞ *Penser au cas particulier de la formule du binôme* $\sum_{k=0}^{n} C_n^k x^k = (1+x)^n$ *et aux formules* $C_n^k = \dfrac{n}{k} C_{n-1}^{k-1} = \dfrac{n(n-1)}{k(k-1)} C_{n-2}^{k-2}$.

a) $\sum_{k=0}^{n} C_n^k = 2^n$; b) $\sum_{k=0}^{n}(-1)^k C_n^k = 0$; c) $\sum_{0 \leq 2k \leq n} C_n^{2k} = \sum_{0 \leq 2k+1 \leq n} C_n^{2k+1} = 2^{n-1}$ (calculer $S_1 + S_2$ et $S_1 - S_2$) ; d) $\sum_{k=0}^{n} k C_n^k = n 2^{n-1}$; e) $\sum_{k=0}^{n} k^2 C_n^k = n(n+1) 2^{n-2}$; f) $\sum_{k=0}^{n} \dfrac{C_n^k}{k+1} = \dfrac{2^{n+1}-1}{n+1}$.

EXERCICE 2

. Un nombre formé de trois chiffres différents est un arrangement d'ordre 3 de l'ensemble des 10 chiffres : {0, 1, 2, 3, 4, 5, 6, 7, 8, 9}. **Il y en a $A_{10}^3 = 720$.**

. Parmi ces 720 nombres, 72 se termineront par 0, 72 par 1, ..., 72 par 9. La somme des chiffres des unités sera donc égale à 72 x (0+1+2+...+9) = 72 x 45 = 3240.

De même pour la somme des chiffres des dizaines et celle des centaines.

La somme de ces nombres sera donc égale à 3240 x (100 + 10 + 1) = 359 640.

EXERCICE 3

1°) Il existe $C_8^1 \times C_7^2 \times C_5^3 \times C_2^1 \times C_1^1 = 3360$ numéros composés à l'aide de ces chiffres.

2°) Il y a $A_{10}^8 = 1\,814\,400$ possibilités.

3°) Il y a $C_8^2 \cdot 9^6 = 14\,880\,348$ numéros comportant exactement deux chiffres 6.

EXERCICE 4

1°) Un comité est composé :
- Soit de deux hommes et trois femmes : $C_{12}^2 \times C_8^3 = 3696$ possibilités;
- Soit de trois hommes et deux femmes : $C_{12}^3 \times C_8^2 = 6160$ possibilités.

On peut constituer 9856 comités.

2°) Dénombrons les comités où siègent M. X et Mme Y.

Parmi ceux constitués de deux hommes et trois femmes : $C_{11}^1 \times C_7^2 = 231$ possibilités;

Parmi ceux constituée de trois hommes et deux femmes : $C_{11}^2 \times C_7^1 = 385$ possibilités.

616 comités sont prêts à accueillir M. X et Mme Y. Mais ceux-ci ne le souhaitant pas :
On peut constituer 9856 - 616 = 9240 comités où M. X et Mme Y ne siègent pas ensemble.

EXERCICE 5

1°) a) Les tirages étant *simultanés* l'ordre n'intervient pas. Il y a C_n^p possibilités.

  b) - <u>toutes les boules ont un numéro inférieur ou égal à k</u> : Il y a C_k^p possibilités.
   - <u>le plus grand numéro obtenu est k</u> : Il y a C_{k-1}^{p-1} possibilités.

  c) L'ensemble des tirages possibles est la réunion des ensembles des tirages de plus grand numéro égal à k lorsque k décrit [p, n].

2°) a) Il y a A_n^p possibilités.

  b) Il y a A_{n-1}^{p-1} possibilités.

3°) a) Il y a n^p tirages possibles. Parmi ceux-ci $\dfrac{n(n-1)}{2} n^{p-2} = \dfrac{(n-1)n^{p-1}}{2}$ tirages sont tels que le premier numéro obtenu soit strictement inférieur au dernier.

  b) Il existe $p + \dfrac{p(p-1)}{2} = \dfrac{p(p+1)}{2}$ façons de tirer les p boules de sorte que la somme des numéros obtenus soit égale à p+2.

  c) Il existe donc $C_n^2(2^p - 2) = n(n-1)(2^{p-1} - 1)$ façons d'obtenir un tirage pour lequel deux numéros exactement sont apparus.

EXERCICE 6

1°) Il existe donc $\dfrac{2^n - 2}{2} = 2^{n-1} - 1$ partitions de E en deux parties.

2°) Il existe $\sum_{k=0}^{n} C_n^k 2^k = 3^n$ couples (X, Y) de parties de E telles que : $X \cup Y = E$.

3°) Il y a 7^n possibilités.

EXERCICE 7

☞ *Penser à la formule du crible* : $\operatorname{card}(F) = \sum_{j=1}^{n}\left[(-1)^{j+1} \sum_{1 \leq i_1 < i_2 < ... < i_j \leq n} \operatorname{card}\left(\bigcap_{k=1}^{j} F_{i_k}\right)\right]$

1°) Le nombre de permutations f de E vérifiant f (i) = i est (n-1)!.

2°) Le nombre de permutations admettant au moins un point fixe est :

$\operatorname{\mathbf{card}(F)} = \sum_{j=1}^{n}(-1)^{j+1} C_n^j (n-j)! = n! \sum_{j=1}^{n} \dfrac{(-1)^{j+1}}{j!}$. L'ensemble D des dérangements de E est

le complémentaire de F dans $S_n(E)$. Donc : $\operatorname{card}(D) = n! - n! \sum_{j=1}^{n} \dfrac{(-1)^{j+1}}{j!} = n! \sum_{j=0}^{n} \dfrac{(-1)^j}{j!}$.

3°) a) Le nombre de cas favorables est card (F) = $n! \sum_{j=1}^{n} \dfrac{(-1)^{j+1}}{j!}$.

b) Le nombre de cas favorables est card (D) = $n! \sum_{j=0}^{n} \dfrac{(-1)^j}{j!}$.

EXERCICE 8

1°) Si card (E) = n et card (F) = 2, le nombre d'applications de E dans F est : 2^n. Parmi celles-ci deux ne sont pas surjectives : les deux applications constantes associant à tout élément de E un même élément de F. D'où : $S_{n,2} = 2^n - 2$.

2°) Considérer la restriction de f à E' = E \ {a}, a élément donné de E.

3°)

n \ k	1	2	3	4	5
1	1	0	0	0	0
2	1	2	0	0	0
3	1	6	6	0	0
4	1	14	36	24	0
5	1	30	150	240	120

4°) Désignons par $b_1, b_2, ..., b_k$ les éléments de F et par S_i l'ensemble des applications de E dans F telles que $b_i \notin f(E)$. L'ensemble des applications non surjectives de E dans F peut s'écrire : $\bigcup_{i=1}^{k} S_i$. A l'aide de la formule du crible : $\operatorname{card}\left(\bigcup_{i=1}^{k} S_i\right) = \sum_{j=1}^{k}\left[(-1)^{j+1} C_k^j (k-j)^n\right]$

On en déduit : $S_{n,k} = k^n - \sum_{j=1}^{k}(-1)^{j+1} C_k^j (k-j)^n = \sum_{j=0}^{k}(-1)^j C_k^j (k-j)^n$.

EXERCICE 9

1°) Pour N = 10 000 on obtient le couple (130, 12).
2°) Avec s donné, $r \in \{(1, s-1), (2, s-2), ..., (s-1, 1)\}$.
Il y a s-1 couples r correspondant à la valeur s.
3°) En notant s = p + q : il y a $\dfrac{(s-2)(s-1)}{2}$ couples avant la classe de r.

Si nous allons jusqu'à la fin de la classe de r il y a $\dfrac{(s-1)s}{2}$ couples.

4°) Le rang de r = (p, q) est $n = \dfrac{(p+q-2)(p+q-1)}{2} + p$.

Le rang de (10, 36) est : $\dfrac{44 \times 45}{2} + 10 = 1000$; celui de (11, 36) : $\dfrac{45 \times 46}{2} + 11 = 1046$.

5°) $s = E\left(\dfrac{3+\sqrt{1+8n}}{2}\right)$ puis $p = n - \dfrac{(s-2)(s-1)}{2}$ et $q = s - p$.

Application numérique :

n	s	p	q	r
10 000	142	130	12	(130, 12)
100 000	448	319	129	(319, 129)

CHAPITRE 3

EXERCICE 1

1°) - un au moins des trois événements : $A \cup B \cup C$;
 - un et un seul des événements : $[A-(B\cup C)]\cup[B-(A\cup C)]\cup[C-(A\cup B)]$;
 - deux au moins des événements : $(A\cap B)\cup(A\cap C)\cup(B\cap C)$;
 - deux des événements exactement : $[(A\cap B)\cup(A\cap C)\cup(B\cap C)]-A\cap B\cap C$.

2°) L'incompatibilité des événements A et $\overline{B}\cup C$ se traduit par : $A\cap(\overline{B}\cup C) = \varnothing$. Elle signifie que $A \subset \overline{\overline{B}\cup C} = B\cap\overline{C}$ soit : **la réalisation de A entraîne celle de B et de $\overline{C}$.**

EXERCICE 2

☞ *L'univers Ω associé à l'expérience est l'ensemble des listes de 8 éléments non nécessairement distincts de l'ensemble E des 10 chiffres : 0, 1, 2, 3, 4, 5, 6, 7, 8, 9.*

$P(A) = \dfrac{A_{10}^8}{10^8} = \dfrac{18144}{10^6}$ (A est l'ensemble des arrangements d'ordre 8 des éléments de E).

$P(B) = \dfrac{10^8 - 6^8}{10^8} = 1 - (0,6)^8$ (le numéro comporte au moins l'un des chiffres 0, 3, 6, 9).

$P(C) = \dfrac{C_{10}^8}{10^8} = \dfrac{45}{10^8}$ (C_{10}^8 applications strictement croissantes de $\{1,2,3,4,5,6,7,8\}$ dans E).

$P(D) = \dfrac{2C_{17}^8 - 10}{10^8} = \dfrac{4861}{10^7}$ ($\Gamma_{10}^8 = C_{17}^8$ applications croissantes de $\{1,2,...,8\}$ dans E).

EXERCICE 3

☞ *L'ordre des numéros n'intervenant pas l'univers Ω associé à l'expérience est l'ensemble des parties à 6 éléments de l'ensemble des 49 numéros. Ω est fini, de cardinal C_{49}^6. Nous sommes en situation d'équiprobabilité. Les probabilités des événements se calculent sous la forme : $P(A) = \dfrac{\text{card}(A)}{\text{card}(\Omega)}$.*

$P(A) = \dfrac{C_{45}^6}{C_{49}^6} \approx 0,582$ (A est l'ensemble des parties à 6 éléments de l'intervalle [1, 45]).

$P(B) = 1 - \dfrac{C_{43}^6 + C_6^1 C_{43}^5 + C_6^2 C_{43}^4}{C_{49}^6} \approx 0,019$ (étudier l'événement contraire).

$P(C) = \dfrac{C_{25}^1 C_{24}^5 + C_{25}^3 C_{24}^3 + C_{25}^5 C_{24}^1}{C_{49}^6} \approx 0,500$ (25 numéros impairs et 24 numéros pairs).

$P(D) = \dfrac{C_{44}^6}{C_{49}^6} \approx 0,505$ (comment associer à un tirage 6 entiers de l'intervalle [1, 44] ?).

EXERCICE 4

☞ *L'univers associé à l'expérience est $\Omega = \mathcal{P}(E) \times \mathcal{P}(E)$. Ω est un ensemble fini de cardinal $2^n \times 2^n = 4^n$. On munit $(\Omega, \mathcal{P}(\Omega))$ de la probabilité uniforme.*

1°) $P(A \cap B = \varnothing) = \dfrac{3^n}{4^n} = \left(\dfrac{3}{4}\right)^n$ ($C_n^k 2^{n-k}$ couples (A, B) tels que card (A) = k et $B \subset \overline{A}$)

2°) $P(A \cup B = E) = \dfrac{3^n}{4^n} = \left(\dfrac{3}{4}\right)^n$ (voir exercice 6, chap. 2).

EXERCICE 5

☞ *L'univers Ω associé à l'expérience est l'ensemble des parties de X : $\Omega = \mathcal{P}(X)$. Ω est un ensemble fini de cardinal 2^n. Nous sommes en situation d'équiprobabilité. Les probabilités des événements se calculent alors sous la forme : $P(A) = \dfrac{\text{card}(A)}{\text{card}(\Omega)}$.*

1°) $P(B = A) = \dfrac{1}{2^n}$ (une seule *poignée* B convient : c'est la poignée B = A).

2°) $P(B \subset A) = \dfrac{2^k}{2^n} = \dfrac{1}{2^{n-k}}$. $P(A \subset B) = \dfrac{2^{n-k}}{2^n} = \dfrac{1}{2^k}$. $P(A \cap B = \varnothing) = \dfrac{2^{n-k}}{2^n} = \dfrac{1}{2^k}$

3°) $(B \subset A)$ et $(A \subset B)$ **sont indépendants** $(P(A = B) = P(B \subset A).P(A \subset B) = \dfrac{1}{2^n})$.

EXERCICE 6

☞ *L'univers Ω associé à l'expérience est l'ensemble des permutations de $E = \{1, ..., n\}$. Ω est un ensemble fini de cardinal $n!$. On munit $(\Omega, \mathcal{P}(\Omega))$ de la probabilité uniforme.*

On peut assimiler les réponses à des bijections de l'ensemble $E = \{1, ..., n\}$ sur lui-même (permutations de E). D'après l'exercice 7 chap. 2, le nombre des permutations de S_n admettant au moins un point fixe est : $n! \sum_{j=1}^{n} \dfrac{(-1)^{j+1}}{j!}$.

On en déduit : $P(G) = \dfrac{1}{n!} \times \left(n! \sum_{j=1}^{n} \dfrac{(-1)^{j+1}}{j!} \right) = \sum_{j=1}^{n} \dfrac{(-1)^{j+1}}{j!}$.

Dans le cas $n = 5$: $P(G) = \sum_{j=1}^{5} \dfrac{(-1)^{j+1}}{j!} \approx \mathbf{0{,}633}$.

EXERCICE 7

Pour la réciproque on écrit $P(A) = P(A \cap \overline{B}) + P(A \cap B)$ et $P(B) = P(\overline{A} \cap B) + P(A \cap B)$ et on développe : $P(A) P(B) = P(A \cap B).[P(\overline{A} \cap \overline{B}) + P(A \cap \overline{B}) + P(\overline{A} \cap B) + P(A \cap B)]$.

Or $\overline{A} \cap \overline{B}$, $A \cap \overline{B}$, $\overline{A} \cap B$ et $A \cap B$ sont 4 événements incompatibles de réunion Ω.

EXERCICE 8

Soit T_i : " la boule blanche est obtenue au $i^{\text{ème}}$ tirage ". On cherche $P(T) = p(\bigcup_{i=1}^{n} T_i)$.

$T_i = R_1 \cap ... \cap R_{i-1} \cap B_i \cap R_{i+1} \cap ... \cap R_n$ et, par la formule des probabilités composées

$P(T_i) = P(R_1)...P(R_{i-1} / R_1 \cap ... \cap R_{i-2}) P(B_i / R_1 \cap ... \cap R_{i-1})...P(R_n / R_1 \cap ... \cap B_i \cap ... \cap R_{n-1})$

$$P(T) = \sum_{i=1}^{n} P(T_i) = \sum_{i=1}^{n}\left[\left(\frac{r}{b+r}\right)^{i-1}\frac{b}{b+r}\left(\frac{r}{b+r-1}\right)^{n-i}\right] = b\left(\frac{r}{b+r-1}\right)^{n-1}\left[1-\left(\frac{b+r-1}{b+r}\right)^{n}\right]$$

EXERCICE 9

☞ *On applique la **formule des probabilités totales** à l'événement B : " on tire deux boules blanches ". On obtient :* $P(B) = \sum_{k=1}^{n} P(U_k \cap B) = \sum_{k=1}^{n} P(U_k)P(B/U_k)$.

1°) $P(B) = \sum_{k=1}^{n}\left(\frac{1}{n} \times \frac{k^2}{n^2}\right) = \frac{1}{n^3}\sum_{k=1}^{n} k^2 = \frac{(n+1)(2n+1)}{6n^2}$.

2°) $P(B) = \sum_{k=1}^{n}\left(\frac{1}{n} \times \frac{k(k-1)}{n(n-1)}\right) = \frac{1}{n^2(n-1)}\sum_{k=1}^{n}(k^2-k) = \ldots = \frac{n+1}{3n}$.

EXERCICE 10

1°) Soit S l'événement : " on obtient 6 " et T l'événement : " le dé lancé est le dé pipé ".

$$P(T/S) = \frac{P(S/T)P(T)}{P(S/T)P(T) + P(S/\overline{T})P(\overline{T})} = \frac{\frac{1}{2} \times \frac{1}{10}}{\frac{1}{2} \times \frac{1}{10} + \frac{1}{6} \times \frac{9}{10}} = \frac{1}{4}.$$

2°) Soit F l'événement : " l'individu est un fumeur " et H : " l'individu est un homme ".

$$P(H/F) = \frac{P(F/H)P(H)}{P(F/H)P(H) + P(F/\overline{H})P(\overline{H})} = \frac{0,5 \times 0,4}{0,5 \times 0,4 + 0,3 \times 0,6} = \frac{10}{19}.$$

3°) Soit T l'événement : " l'individu a un test positif " et M : " l'individu est malade ".

$$P(M/T) = \frac{P(T/M)P(M)}{P(T/M)P(M) + P(T/\overline{M})P(\overline{M})} = \frac{0,9995 \times 0,001}{0,9995 \times 0,001 + 0,0002 \times 0,999} \approx 0,833$$

EXERCICE 11

1°) $p_{n+1} = \frac{a}{a+b}p_n + \frac{b}{a+b}(1-p_n) = \frac{a-b}{a+b}p_n + \frac{b}{a+b}$.

2°) Premier tirage dans U : $p_1 = \frac{a}{a+b}$ et $p_n = \frac{1}{2}\left[1+\left(\frac{a-b}{a+b}\right)^n\right]$ et $\lim_{n\to+\infty} p_n = \frac{1}{2}$.

Premier tirage dans V : $p_1 = \frac{b}{a+b}$ et $p_n = \frac{1}{2}\left[1-\left(\frac{a-b}{a+b}\right)^n\right]$ et $\lim_{n\to+\infty} p_n = \frac{1}{2}$.

CHAPITRE 4

EXERCICE 1

☞ *On utilise les formules :* $\sum_{k=0}^{n} C_n^k = 2^n$; $\sum_{k=0}^{n} k C_n^k = n2^{n-1}$; $\sum_{k=0}^{n} k^2 C_n^k = n(n+1)2^{n-2}$ *démontrées en dénombrement (exercice 1, chap. 2).*

1°) $a = \dfrac{1}{2^n}$; $E(X) = \dfrac{n2^{n-1}}{2^n} = \dfrac{n}{2}$; $V(X) = E(X^2) - E(X)^2 = \dfrac{n(n+1)}{4} - \dfrac{n^2}{4}$ soit : $V(X) = \dfrac{n}{4}$

2°) **X suit une loi binomiale de paramètres n et p = 1/2**.

EXERCICE 2

Rep : $E(Y) = \dfrac{1}{p(n+1)} \left[(p+q)^{n+1} - q^{n+1} \right] = \dfrac{1 - q^{n+1}}{p(n+1)}$

EXERCICE 3

La loi de X est définie par : . $X(\Omega) = [2, n]$;
 . Pour tout $k \in [2, n]$, $P(X = k) = \dfrac{2(k-1)}{n(n-1)}$.

$E(X) = \dfrac{2(n+1)}{(n-1)} \times \dfrac{2n-2}{6} = \dfrac{2(n+1)}{3}$

La loi de Y est définie par : . $Y(\Omega) = [1, n-1]$;
 . Pour tout $k \in [1, n-1]$, $P(Y = k) = \dfrac{2(n-k)}{n(n-1)}$.

$E(Y) = \dfrac{2(n+1)}{(n-1)} \times \dfrac{n-1}{6} = \dfrac{(n+1)}{3}$

EXERCICE 4

☞ *L'univers Ω associé à l'expérience est l'ensemble des parties à p éléments de l'ensemble des n jetons : card (Ω) = C_n^p. Tous les tirages sont équiprobables.*

1°) La loi de X_k est définie par : . $X_k(\Omega) = \{0, k\}$;
 . $P(X = k) = \dfrac{p}{n}$ et $P(X = 0) = 1 - \dfrac{p}{n}$.

$E(X_k) = 0 \cdot P(X = 0) + k \cdot P(X = k) = k \dfrac{p}{n}$.

2°) $E(S) = \sum_{k=1}^{n} k \dfrac{p}{n} = \dfrac{p}{n} \sum_{k=1}^{n} k = \dfrac{p}{n} \dfrac{n(n+1)}{2} = \dfrac{(n+1)p}{2}$.

E (S) représente la *valeur moyenne* de la somme des numéros tirés.

EXERCICE 5

☞ *Les tirages étant simultanés, l'univers Ω associé à l'expérience est l'ensemble des parties à p éléments de l'ensemble des p boules : card $(\Omega) = C_n^p$.*
Tous les tirages sont équiprobables.

1°) La fonction F, constante sur tout intervalle [k, k+1[$\subset$ [p, n], est définie sur **R** par :
- $\forall x \in]-\infty, p[, F(x) = 0$
- pour tout $k \in \{p, ..., n-1\} : \forall x \in [k, k+1[, F(x) = \dfrac{C_k^p}{C_n^p}$
- $\forall x \in [n, +\infty[, F(x) = 1$

La loi de X est définie par : $\cdot X(\Omega) = [p, n] \cap \mathbf{N}$;
$\cdot \forall k \in X(\Omega), P(X=k) = F(k) - F(k-1) = \dfrac{C_{k-1}^{p-1}}{C_n^p}$.

2°) $E(X) = p \dfrac{C_{n+1}^{p+1}}{C_n^p} = \dfrac{p(n+1)}{p+1}$.

EXERCICE 6

☞ *Pour le calcul de E (X) utiliser :* $\sum_{k=1}^{n} \sum_{i=k}^{n} ... = \sum_{i=1}^{n} \sum_{k=1}^{i} ...$

$P(X=k) = \sum_{i=k}^{n} P[(X=k) \cap (U=i)] = \sum_{i=k}^{n} P(U=i)P[(X=k)/(U=i)]$

La loi de X est définie par : $\cdot X(\Omega) = [1, n] \cap \mathbf{N}$;
$\cdot \forall k \in X(\Omega), P(X=k) = \dfrac{1}{n} \sum_{i=k}^{n} \dfrac{1}{i}$.

$E(X) = \dfrac{n+3}{4}$.

EXERCICE 7

1°) $E(X) = \sum_{k=0}^{n} kP(X=k) = \sum_{k=0}^{n} [k(P(X \geq k) - P(X \geq k+1))] = \sum_{k=0}^{n} kP(X \geq k) - \sum_{k=0}^{n} kP(X \geq k+1)$.

Puis on effectue le changement de variable : i = k+1 dans la deuxième somme.

2°) $X(\Omega) = [2, n+1] \cap \mathbb{N}$ et, d'après 1°) : $E(X) = \sum_{k=1}^{n+1} P(X \geq k)$ (en effet X est à valeurs dans $\{0, .., n+1\}$ et non pas $\{0, ..., n\}$). On a facilement : $P(X \geq k) = \dfrac{C_n^{k-1}}{n^{k-1}}$.

On en déduit : $E(X) = \sum_{k=1}^{n+1} \dfrac{C_n^{k-1}}{n^{k-1}} = \sum_{i=0}^{n} \dfrac{C_n^i}{n^i} = \sum_{i=0}^{n} C_n^i \left(\dfrac{1}{n}\right)^i$ et, par la formule du binôme :

$$E(X) = \left(1 + \dfrac{1}{n}\right)^n.$$

EXERCICE 8

1°) La loi de X est définie par : · $X(\Omega) = [0, n] \cap \mathbb{N}$;
· $\forall k \in X(\Omega), P(X = k) = \dfrac{1}{k!} \sum_{j=0}^{n-k} \dfrac{(-1)^j}{j!}$.

On a donc : $P(X = n-1) = 0$. Ce résultat était prévisible puisque une permutation admettant n-1 points invariants en admet exactement n.

2°) On montre ce résultat par récurrence sur n, $n \geq 2$.

EXERCICE 9

1°) $P(S) = 1 - P(\overline{S}) = 1 - \alpha^n$.
2°) La loi de X est définie par :
  · $X(\Omega) = [1, n] \cap \mathbb{N}$;
  · $\forall k \in [1, n-1] \cap \mathbb{N}, P(X = k) = \alpha^{k-1}(1 - \alpha)$ et $P(X = n) = \alpha^{n-1}$.
3°) $E(X) = \dfrac{(n-1)\alpha^n - n\alpha^{n-1} + 1}{1 - \alpha} + n\alpha^{n-1} = \dfrac{1 - \alpha^n}{1 - \alpha}$.

EXERCICE 10

1°) Considérons un groupe donné. L'événement A "le groupe est positif" est réalisé avec la probabilité $p(A) = 1 - (1-p)^n$. On s'intéresse à la variable X associée au nombre de réalisations de l'événement A lors des tests indépendants des g groupes.
La variable X suit la loi binomiale de paramètres g et $P(A) = 1 - (1-p)^n$.

2°) $Y = g + nX$ donc $E(Y) = g + n E(X) = \dfrac{N}{n} + ng[1 - (1-p)^n] = N\left[1 + \dfrac{1}{n} - (1-p)^n\right]$.

3°) Par la méthode A : 1000 analyses ;
Par la méthode B : la valeur moyenne du nombre d'analyses effectuées est $E(Y) \approx 644$.
La méthode B économise le nombre de tests à effectuer.

CHAPITRE 5

EXERCICE 1

☞ *Attention : cov (X, Y) = 0 n'entraîne pas l'indépendance de X et Y !*

1°) Il faut : $a \geq 0$ et $a + 11a + a + 6a + 5a + 6a = 1$. On en déduit : **a = 1 / 30**.

j \ i	0	1	2	P (Y = j)
0	1 / 30	11 / 30	1 / 30	13 / 30
1	6 / 30	5 / 30	6 / 30	17 / 30
P (X = i)	7 / 30	16 / 30	7 / 30	Total = 1

2°) $E(XY) = \sum_{i=0}^{2} \sum_{j=0}^{1} ij\, p_{ij} = 17/30$ et $\text{cov}(X, Y) = E(XY) - E(X)E(Y) = \dfrac{17}{30} - \dfrac{17}{30} = 0$.

3°) $P(X = 0 \cap Y = 0) \neq P(X = 0) P(Y = 0)$ donc **X et Y ne sont pas indépendantes.**

EXERCICE 2

1°)

s_i	0	1	2
$P(S = s_i)$	$(1-p)^2$	$2p(1-p)$	p^2

d_j	-1	0	1
$P(D = d_j)$	$p(1-p)$	$p^2 + (1-p)^2$	$p(1-p)$

2°)

D \ S	0	1	2
-1	0	$(1-p)p$	0
0	$(1-p)^2$	0	p^2
1	0	$p(1-p)$	0

$\text{cov}(S, D) = E(SD) - E(S)E(D) = 0$.

3°) $P(S = 0 \cap D = -1) \neq P(S = 0) P(D = -1)$ donc **S et D ne sont pas indépendantes bien que cov (S, D) = 0.**

EXERCICE 3

1°) $E(XY) = \sum_{i=0}^{1} \sum_{j=0}^{1} ij\, P(X = i \cap Y = j) = 1 \times 1 \times P(X = 1 \cap Y = 1) = P(X = 1 \cap Y = 1)$.

$$E(XY) = P[(X = 1) \cap (Y = 1)].$$

2°) Pour la réciproque on utilise :

$\text{cov}(X, Y) = E(XY) - E(X)E(Y) = P[(X = 1) \cap (Y = 1)] - P(X = 1) P(Y = 1)$.

EXERCICE 4

☞ *Les tirages s'effectuant simultanément Ω est l'ensemble des parties à 2 éléments (paires) de $\{1, ..., n\}$. Les C_n^2 paires ainsi obtenues sont équiprobables.*

1°) La loi du couple (X, Y) est définie par :
. $X(\Omega) = [1, n-1] \cap \mathbb{N}$; $Y(\Omega) = [2, n] \cap \mathbb{N}$.
. Pour tout couple $(i, j) \in$ de $X(\Omega) \times Y(\Omega)$: $\begin{cases} \text{si } i \geq j, \ P[(X=i) \cap (Y=j)] = 0 \\ \text{si } i < j, \ P[(X=i) \cap (Y=j)] = \dfrac{2}{n(n-1)} \end{cases}$

2°) La loi de X est définie par :
. $X(\Omega) = [1, n-1] \cap \mathbb{N}$
. Pour tout $i \in X(\Omega)$: $P(X=i) = \sum_{j=i+1}^{n} P[(X=i) \cap (Y=j)] = \sum_{j=i+1}^{n} \dfrac{2}{n(n-1)} = \dfrac{2(n-i)}{n(n-1)}$.

La loi de Y est définie par :
. $Y(\Omega) = [2, n] \cap \mathbb{N}$
. Pour tout $j \in Y(\Omega)$: $P(Y=j) = \sum_{i=1}^{j} P[(X=i) \cap (Y=j)] = \sum_{i=1}^{j-1} \dfrac{2}{n(n-1)} = \dfrac{2(j-1)}{n(n-1)}$.

3°) $P(X = 2 \cap Y = 1) = 0 \neq P(X=2).P(Y=1)$ donc **X et Y ne sont pas indépendantes**.

$$\text{cov}(X, Y) = E(XY) - E(X)E(Y) = \frac{(n+1)(3n+2)}{12} - \frac{2(n+1)^2}{9} = \frac{(n+1)(n-2)}{36}.$$

EXERCICE 5

1°) $((i,j), p_{ij})_{(i,j) \in [1,...,n]^2}$ définit la loi de probabilité d'un couple de v.a.r. si et seulement si

$$\alpha = \frac{4}{[n(n+1)]^2}$$

2°) Les lois de X et Y sont définies par :
$X(\Omega) = Y(\Omega) = [1, n] \cap \mathbb{N}$;
Pour tout $i \in [1, n] \cap \mathbb{N}$: $P(X=i) = P(Y=i) = \dfrac{2i}{n(n+1)}$.

$\forall (i, j) \in [1,n]^2$: $P(X=i \cap Y=j) = P(X=i) P(Y=j)$. X et Y sont indépendantes.

3°) $\text{cov}(X, Y) = 0$ et $E(XY) = E(X) E(Y) = [E(X)]^2 = \dfrac{(2n+1)^2}{9}$.

EXERCICE 6

1°) $S = X + Y$ suit la loi binomiale de paramètres $n + m$ et p.

2°) La loi de X conditionnée par l'événement (S = s) est la **loi hypergéométrique de paramètres : n + m, s et $p = \dfrac{n}{n+m}$**.

EXERCICE 7

$$P(Y=k) = \sum_{x=0}^{n} P(Y=k/X=x)P(X=x) = \sum_{x=0}^{n-k} C_{n-x}^{k} p^{k} q^{n-x-k} C_{n}^{x} p^{x} q^{n-x} = \sum_{x=0}^{n-k} C_{n-x}^{k} C_{n}^{x} p^{x+k} q^{2n-2x-k}.$$

En constatant que $C_{n-x}^{k} C_{n}^{x} = C_{n}^{k} C_{n-k}^{x}$ et $q^{2n-2x-k} = q^{k}.(q^{2})^{n-x-k}$ on peut utiliser la formule du binôme. Finalement : **Y suit la loi binomiale de paramètres n et pq = p(1-p)**.

EXERCICE 8

1°) X_i suit la loi de Bernoulli de paramètre $p = (n-1)!/n! = 1/n$. $E(X_i) = p = 1/n$.
2°) $E(X_i X_j) = P(X_i = 1 \cap X_j = 1) = (n-2)!/n! = 1/[n(n-1)]$;
cov$(X_i, X_j) = E(X_i X_j) - p^2 = 1/[n^2(n-1)]$.
3°) $X = X_1 + ... + X_n$; $E(X) = V(X) = 1$ (variance d'une somme).

EXERCICE 9

1°) Y_n suit la loi de Bernoulli de paramètre p^2.
2°) Les variables Y_n et Y_{n+1} ne sont pas indépendantes (cov$(Y_n, Y_{n+1}) = p^3 - p^4 \neq 0$).
3°) $E(S_n) = n.p^2$ et $V(S_n) = p^2 (1-p)(n + 3np - 2p)$.

EXERCICE 10

1°) Désignons par R la variable aléatoire égale au résultat du lancer;
$\forall i \in \{1, 2, 3, 4, 5, 6\}$, $P(R=i) = \alpha \times i$ et $\sum_{i=1}^{6} P(R=i) = \sum_{i=1}^{6} \alpha \times i = 1$.

$$\sum_{i=1}^{6} \alpha \times i = \alpha \sum_{i=1}^{6} i = 21\alpha \text{ donc } \alpha = \dfrac{1}{21} \text{ et } P(R=6) = \dfrac{6}{21} = \dfrac{2}{7}.$$

2°) **X suit la loi binomiale de paramètres n et $p = P(R=6) = \dfrac{2}{7}$**.

On a alors : $E(X) = n \times \dfrac{2}{7} = \dfrac{2n}{7}$ et $V(X) = n \times \dfrac{2}{7} \times \dfrac{5}{7} = \dfrac{10n}{49}$.

3°) a) **Pour $0 \leq i \leq k$, $P(Y=i/X=k) = C_k^i \left(\dfrac{2}{7}\right)^i \left(\dfrac{5}{7}\right)^{k-i}$**.

b) Pour $i \in [0, n]$, $P(Y=i) = \sum_{k=0}^{n} P(Y=i/X=k) P(X=k) = \sum_{k=i}^{n} C_k^i \left(\dfrac{2}{7}\right)^i \left(\dfrac{5}{7}\right)^{k-i} C_n^k \left(\dfrac{2}{7}\right)^k \left(\dfrac{5}{7}\right)^{n-k}$.

$C_k^i C_n^k = C_n^i C_{n-i}^{k-i}$ donc $P(Y=i) = \left(\dfrac{5}{7}\right)^{n-i} \left(\dfrac{2}{7}\right)^{2i} C_n^i \sum_{k=i}^{n} C_{n-i}^{k-i} \left(\dfrac{2}{7}\right)^{k-i} = \left(\dfrac{5}{7}\right)^{n-i} \left(\dfrac{2}{7}\right)^{2i} C_n^i \sum_{j=0}^{n-i} C_{n-i}^{j} \left(\dfrac{2}{7}\right)^{j}$.

Par la formule du binôme : $P(Y=i) = C_n^i \left(\frac{5}{7}\right)^{n-i} \left(\frac{4}{49}\right)^i \left(\frac{9}{7}\right)^{n-i} = C_n^i \left(\frac{4}{49}\right)^i \left(\frac{45}{49}\right)^{n-i}$.

On en déduit : **Y suit la loi binomiale de paramètres n et** $\dfrac{4}{49} = \left(\dfrac{2}{7}\right)^2$.

CHAPITRE 6

EXERCICE 1

Soit $Z = \dfrac{1-i\tan\alpha}{1+i\tan\alpha} = \dfrac{1-i\frac{\sin\alpha}{\cos\alpha}}{1+i\frac{\sin\alpha}{\cos\alpha}} = \dfrac{\cos\alpha - i\sin\alpha}{\cos\alpha + i\sin\alpha} = \dfrac{e^{-i\alpha}}{e^{i\alpha}} = e^{-2i\alpha}$. Donc $z = Z^n = e^{-2ni\alpha}$.

On en déduit : **Re(z) = cos(-2nα) = cos(2nα) et Im(z) = sin(-2nα) = - sin(2nα)**.

EXERCICE 2

A l'aide des formules d'Euler et du binôme : $\sin^5\theta = \dfrac{1}{16}(10\sin\theta - 5\sin 3\theta + \sin 5\theta)$.

EXERCICE 3

L'équation admet 2n solutions définies par :
$$z = -i\cotan\left[\frac{\pi}{4n}(2k+1)\right], \quad k \in [0, 2n-1] \cap \mathbb{N}$$

EXERCICE 4

L'équation proposée s'écrit de manière équivalente $(1+z)^n = (e^{2ia})^n$. On en déduit :
$$1+z = e^{2ia} \times e^{\frac{2ik\pi}{n}}, \ 0 \le k \le n-1 \Leftrightarrow z = z_k = e^{i(a+\frac{k\pi}{n})} \times 2i\sin\left(a+\frac{k\pi}{n}\right), \ 0 \le k \le n-1$$

En calculant de 2 façons le produit des racines on obtient : $P = \dfrac{\sin na}{2^{n-1}}$.

EXERCICE 5

$P(0) = P(-1) = P(-1/2) = 0$.
0, -1 et -1/2 sont racines de P donc P est divisible par $X(X+1)(X+1/2)$.

EXERCICE 6

Soit $P = X^3 + a X^2 + b X + c$. On doit avoir $P(-1) = P(1) = P(2) = 3$.
Le polynôme cherché est : $P = X^3 - 2X^2 - X + 5$.

EXERCICE 7

Division euclidienne de P par $(X - a)^2$: $P = (X - a)^2 Q + R$ avec $R = \alpha X + \beta$. On en déduit $P(a) = R(a)$ et $P'(a) = R'(a)$ puis **$R = \alpha X + \beta = (n a^{n-1} + 1) X + (1 - n) a^n + b$.**

EXERCICE 8

$R_1 = \sin n\theta \, X + \cos n\theta$ (on remplace x par i et -i dans l'égalité $P(x) = (x^2 + 1)Q + ax + b$)
R_2 est un polynôme de degré 3. Penser à dériver l'égalité obtenue.

$$R_2 = \frac{\sin n\theta - n\sin\theta\cos(n-1)\theta}{2}X^3 + \frac{n\sin\theta\sin(n-1)\theta}{2}X^2 + \frac{3\sin n\theta - n\sin\theta\cos(n-1)\theta}{2}X + \cos\theta + \frac{n\sin\theta\sin(n-1)\theta}{2}$$

EXERCICE 9

Il suffit de vérifier que 1 est racine de P, P' et P'' et non racine de P'''.

EXERCICE 10

Les racines de $X^2 + X + 1$ sont $j = e^{2i\pi/3}$ et $\bar{j} = e^{-2i\pi/3}$. $P = (X + 1)^n - X^n - 1$ est divisible par $X^2 + X + 1$ si et seulement si $P(j) = 0$. On obtient : **$n = 6k \pm 1$.**

EXERCICE 11

Etudier les variations de la fonction : $x \mapsto 2n x^{2n-1} + a$ sur $\mathbb{R}$. En déduire le signe de P' puis les variations de la fonction : $x \mapsto P(x)$. Soit $\alpha_n = \left(\frac{-a}{2n}\right)^{1/(2n-1)}$; le nombre de racines de P dépend du signe de $P(\alpha_n) = \alpha_n^{2n} + a\alpha_n + b = -\frac{a}{2n}\alpha_n + a\alpha_n + b = a\alpha_n\left(1 - \frac{1}{2n}\right) + b$.
Discuter suivant α_n.

EXERCICE 12

Sur $\mathbb{C}$: $P = (X - e^{2i\pi/5})(X - e^{4i\pi/5})(X - e^{6i\pi/5})(X - e^{8i\pi/5})$.

Sur $\mathbf{R}$: $P = \left(X^2 - 2\cos\dfrac{2\pi}{5}X + 1\right)\left(X^2 - 2\cos\dfrac{4\pi}{5}X + 1\right)$.

$\cos\dfrac{2\pi}{5} = \dfrac{\sqrt{5}-1}{4}$ et $\sin\dfrac{2\pi}{5} = \dfrac{\sqrt{10+2\sqrt{5}}}{4}$

EXERCICE 13

1°) Par récurrence. On constate que : $x^{n+1} + \dfrac{1}{x^{n+1}} = \left(x^n + \dfrac{1}{x^n}\right)\left(x + \dfrac{1}{x}\right) - \left(x^{n-1} + \dfrac{1}{x^{n-1}}\right)$.

Donc, si P_n existe, le polynôme $P_{n+1} = X P_n - P_{n-1}$ convient au rang $n+1$.

2°) $h_n = n$ (par récurrence en utilisant la relation précédente).

3°) $P_n = X^n + 0.X^{n-1} - n X^{n-2} + \ldots$

EXERCICE 14

☞ *Les relations entre coefficients et racines obtenues au 3°) sont à connaître.*

1°) $P = a_n (X - x_1) \ldots (X - x_n)$.

2°) $P = a_n\left(X^n - \displaystyle\sum_{1\le i \le n} x_i X^{n-1} + \ldots + (-1)^k \displaystyle\sum_{1\le i_1<\ldots<i_k\le n} x_{i_1}\ldots x_{i_k} X^{n-k} + \ldots + (-1)^n x_1\ldots x_n\right)$

Le coefficient de X^{n-k} est donc : $a_{n-k} = (-1)^k a_n \displaystyle\sum_{1\le i_1<\ldots<i_k\le n} x_{i_1}\ldots x_{i_k}$.

3°) Ecrire les coefficients de X^{n-1}, X^{n-2} et X^0.

4°) $(x_1 + \ldots + x_n)^2 = \displaystyle\sum_{i=1}^n x_i^2 + 2\sum_{1\le i<j\le n} x_i x_j$ donc $\displaystyle\sum_{i=1}^n x_i^2 = \left(\dfrac{a_{n-1}}{a_n}\right)^2 - 2\dfrac{a_{n-2}}{a_n}$.

EXERCICE 15

☞ *Si le nombre de racines d'un polynôme est supérieur à son degré alors ce polynôme est le polynôme nul.*

1°) a) $\deg L_j = n-1$; ensemble des racines : $\{x_1, \ldots, x_n\} \setminus \{x_j\}$.
   b) $L_j(x_j) = 1$.

2°) a) si $k \ne j$, $L_j(x_k) = 0$ et, si $k = j$, $L_j(x_k) = 1$; donc $Q(x_k) = P(x_k)$.
   b) $P - Q$ est un polynôme de $\mathbf{R}_{n-1}[X]$ admettant n racines : $x_1,\ldots, x_n$. Donc $P - Q = 0$.

3°) Le polynôme Q défini par : $\forall x \in R, Q(x) = \displaystyle\sum_{j=1}^n f(x_j) L_j(x)$ convient. C'est le seul : en effet si P vérifie la propriété alors, comme au 2°) b), P - Q est un polynôme de $\mathbf{R}_{n-1}[X]$ admettant n racines : $x_1,\ldots, x_n$. Donc P - Q = 0.

CHAPITRE 7

EXERCICE 1

1°) et 2°) La loi $*$ est commutative, associative, admet 0 pour élément neutre et tout réel $a \neq -1$ est symétrisable. $G = \mathbf{R} \setminus \{-1\}$ est donc un groupe abélien.

3°) Par récurrence : $a^{(n)} = (a+1)^n - 1$.

EXERCICE 2

☞ *F est un sous-espace vectoriel de E si et seulement si F est une partie non vide de E stable pour + et . : pour tout $(f, g) \in E^2$ et pour tout $(\alpha, \beta) \in \mathbf{R}^2$, $\alpha f + \beta g \in E$.*

1°) 2°) F est un sous-espace vectoriel de E.

3°) Le vecteur nul de E (fonction nulle) n'appartient pas à F donc F n'est pas un sev de E.

4°) Si f est croissante sur $\mathbf{R}$ alors $-f$ est décroissante. F n'est pas un sev de E.

5°) Si f et g appartiennent à F il existe $(a, b) \in (\mathbf{R}^{+*})^2$ tel que : $\forall x \in [-a, a], f(x) = 0$ et $\forall x \in [-b, b], g(x) = 0$. Si $c = \min(a, b)$: $\forall x \in [-c, c], (\alpha f + \beta g)(x) = 0$. F sev de E.

EXERCICE 3

1°) ☞ *Il s'agit d'écrire F et G sous la forme : Vect $(u_1, ...)$ et vérifier que la famille de vecteurs obtenue est une famille libre de $\mathbf{R}^4$.*

    a) $F = \text{Vect}(u_1, u_2)$ avec $u_1 = (1,-2,0,-1)$ et $u_2 = (0,0,1,3)$.

    b) $G = \text{Vect}(v_1, v_2, v_3)$ avec $v_1 = (1,0,0,-1)$, $v_2 = (0,1,0,-2)$ et $v_3 = (0,0,1,-3)$.

2°) $F \cap G$ est la droite vectorielle engendrée par $u = (3,-6,2,3)$.

EXERCICE 4

$P \in F$ ssi il existe $(a, b) \in \mathbf{R}^2$ tel que $P = a(X^4 + X) + bX$. Donc $F = \text{Vect}(P_1, P_2)$ avec $P_1 = X^4 + X$ et $P_2 = X$. De plus (P_1, P_2) est libre car échelonnée en degrés.

EXERCICE 5

F est non vide et si $(P, Q) \in F^2$, $(\alpha P + \beta Q)(1) = \alpha P(1) + \beta Q(1) = 0$.

Une base de F est constituée par les n polynômes : $P_i = (X-1) X^i$, $0 \leq i \leq n-1$.

EXERCICE 6

La famille est libre : $\alpha_1 a_1 + \alpha_2(a_1 + a_2) + ... + \alpha_{i+1}(a_i + a_{i+1}) + ... + \alpha_n(a_{n-1} + a_n) = 0 \Rightarrow (\alpha_1 + \alpha_2) a_1 + ... + (\alpha_{n-1} + \alpha_n) a_{n-1} + \alpha_n a_n = 0 \Rightarrow \alpha_n = \alpha_{n-1} = ... = \alpha_1 = 0$.

EXERCICE 7

(x_1, y_1) est une base de F, (x_2, y_2) une base de G (il suffit de vérifier l'indépendance).
Si $a = 1$, $F \cap G = \text{Vect}(u_1)$ avec $u_1 = (3, 1, 1, 1)$; si $a = -2$, $F \cap G = \text{Vect}(u_2)$ avec $u_2 = (6, 1, -2, -2)$ et si $a \in \mathbf{R} \setminus \{1, -2\}$, $F \cap G = \{0_{\mathbf{R}^4}\}$.

EXERCICE 8

Si $a = 1$, $x = y = z = (1, 1, 1)$ et $F = \text{Vect}(x, y, z) = \text{Vect}(x)$: $\dim F = 1$.
Si $a = -2$, $z = -x - y$ et $\text{Vect}(x, y, z) = \text{Vect}(x, y)$: $\dim F = 2$.
Si $a \in \mathbf{R} \setminus \{1, -2\}$, $\dim F = 3$.

EXERCICE 9

Existe-t-il des réels a et b tels que $f_3 = a f_1 + b f_2$?
$f_3(x) = \cos x \cos \gamma - \sin x \sin \gamma$;
$(a f_1 + b f_2)(x) = (a \cos \alpha + b \cos \beta) \cos x - (a \sin \alpha + b \sin \beta) \sin x$.
Par identification : $f_3(x) = \dfrac{\sin(\beta - \gamma)}{\sin(\beta - \alpha)} f_1(x) + \dfrac{\sin(\gamma - \alpha)}{\sin(\beta - \alpha)} f_2(x)$. Donc (f_1, f_2, f_3) est liée et $\dim \text{Vect}(f_1, f_2, f_3) = 2$.

EXERCICE 10

Montrons par récurrence P(n) : " Si $\alpha_1, \ldots, \alpha_n$ sont n réels distincts les n fonctions $f_i : x \mapsto e^{\alpha_i x}$ forment une famille libre de $\mathcal{A}(\mathbf{R}, \mathbf{R})$ ".
Toute famille (f_1) est libre car $f_1 \neq 0$. Supposons P(n) vérifiée à un certain rang n.
$a_1 f_1 + \ldots + a_{n+1} f_{n+1} = 0 \Rightarrow \forall x \in \mathbf{R},\ e^{\alpha_1 x}(a_1 + a_2 e^{(\alpha_2 - \alpha_1)x} + \ldots + a_{n+1} e^{(\alpha_{n+1} - \alpha_1)x}) = 0$
$\Rightarrow \forall x \in \mathbf{R},\ a_1 + a_2 e^{(\alpha_2 - \alpha_1)x} + \ldots + a_{n+1} e^{(\alpha_{n+1} - \alpha_1)x} = 0$
En dérivant : $\forall x \in \mathbf{R},\ a_2(\alpha_2 - \alpha_1) e^{(\alpha_2 - \alpha_1)x} + \ldots + a_{n+1}(\alpha_{n+1} - \alpha_1) e^{(\alpha_{n+1} - \alpha_1)x} = 0$
Les n réels $\alpha_2 - \alpha_1, \ldots, \alpha_{n+1} - \alpha_1$ étant tous distincts on peut utiliser P(n) pour conclure.

EXERCICE 11

La famille est libre car échelonnée en degrés.
Elle est génératrice : $\forall k \in \{0, \ldots, n\}$, $X^k = [(X - a) + a]^k = \sum_{i=0}^{k} C_k^i a^{k-i} (X - a)^i$.

EXERCICE 12

Famille génératrice : décomposer X^k sous la forme $(1 + X - X)^k$.

EXERCICE 13

Rép : dim $(E_1 \cap E_2) = 2$ (utiliser la formule donnant dim $(E_1 + E_2)$).

EXERCICE 14

dim $F = 3$; un sous-espace supplémentaire de F dans $\mathbf{R}^4$ est une droite vectorielle engendrée par un vecteur n'appartenant pas à F. Par exemple : $G = \text{Vect}(u)$ avec $u = (1,1,1,1)$.

EXERCICE 15

Si f se décompose sous la forme $f = f_1 + f_2$, $f_1 \in P$ et $f_2 \in I$, alors $f(x) = f_1(x) + f_2(x)$ et $f(-x) = f_1(x) - f_2(x)$. On en déduit f_1 et f_2 (unicité). Vérifier (existence).

EXERCICE 16

E_2 n'est pas un sous-espace vectoriel de E puisque la fonction nulle n'appartient pas à cet ensemble. L'ensemble $F = \{f \in E ; \forall x \in \mathbf{R} \setminus \{1\}, f(x) = 0\}$ est un sous-espace supplémentaire de E_1 dans E.

EXERCICE 17

F est un sev de E (F est non vide et stable pour + et .). Tout polynôme A de E s'écrit de manière unique : $A = QB + R$ avec deg $R <$ deg Q (division euclidienne de A par Q). $P = QB \in F$ et $R \in \mathbf{R}_{q-1}[X]$ (si $q =$ deg Q). F et $\mathbf{R}_{q-1}[X]$ sont supplémentaires dans E. F est le sous-espace de dimension $n - q + 1$ engendré par : $Q, QX, ..., QX^{n-q}$.

EXERCICE 18

1°) F_A est non vide et stable pour + et . : c'est un sev de $E = \mathcal{A}(\mathbf{R}, \mathbf{R})$.
2°) $F_A \cap F_B = F_{A \cup B}$.
3°) $F_{A \cap B} = F_A + F_B$.
4°) $F_A \cap F_B = \{0_E\} \Leftrightarrow F_{A \cup B} = \{0_E\} \Leftrightarrow A \cup B = \mathbf{R}$.
5°) $F_A + F_B = E \Leftrightarrow F_{A \cap B} = E \Leftrightarrow A \cap B = \emptyset$.
Donc F_A et F_B sont supplémentaires dans E si et seulement si $A \cup B = \mathbf{R}$ et $A \cap B = \emptyset$ (A et B forment une partition de $\mathbf{R}$).

CHAPITRE 8

EXERCICE 1

1°) $u = (x, y, z)$; $v = (x', y', z')$; on montre que $f(\lambda.u + \mu.v) = \lambda.f(u) + \mu.f(v)$.
2°) Im $f = \mathbf{R}^2$ et Ker $f =$ Vect (u) avec $u = (1, 2, -2)$ ($x \in$ Ker $f \Leftrightarrow y = 2x$ et $z = -2x$).

EXERCICE 2

1°) $u = (x, y, z)$; $v = (x', y', z')$; on montre que $f(\lambda.u + \mu.v) = \lambda.f(u) + \mu.f(v)$.
2°) $u = (x, y, z) \in$ Ker $f \Leftrightarrow u = (x, y, -2x-y) \Leftrightarrow u = x(1,0,-2) + y(0,1,-1)$. dim Ker $f = 2$.
3°) $v = (x', y', z') \in$ Im $f \Leftrightarrow v = (x', x', x') \Leftrightarrow v = x'(1, 1, 1)$. dim Im $f = 1$.
4°) dim $\mathbf{R}^3 = 3 =$ dim Ker $f +$ dim Im f.

EXERCICE 3

1°) On vérifie : $(\lambda.P + \mu.Q)' = \lambda.P' + \mu.Q'$ et $X(\lambda.P + \mu.Q) = \lambda.XP + \mu.XQ$.
2°) $(f \circ g)(P) = f(XP) = P + XP'$; $(g \circ f)(P) = g(P') = XP'$; $f \circ g - g \circ f = id_{\mathbf{R}[X]}$.

EXERCICE 4

1°) On vérifie que $f(P) \in \mathbf{R}_2[X]$ et $f(\lambda.P + \mu.Q) = \lambda.f(P) + \mu.f(Q)$.
2°) Il faut que Ker $f = \{0_{\mathbf{R}[X]}\}$. On obtient : $m \neq 0$.

EXERCICE 5

1°) Ecrire $P = a_n X^n + ... + a_0$ et déterminer le coefficient de X^n du polynôme Q.
2°) Ker $f = \mathbf{R}_0[X]$. Par la formule du rang : rg$(f) = n$ donc Im $f = \mathbf{R}_{n-1}[X]$.

EXERCICE 6

f est un endomorphisme de $\mathbf{R}_n[X]$ tel que Ker $f = \{0_{\mathbf{R}[X]}\}$: c'est un automorphisme de $\mathbf{R}_n[X]$. f^{-1} est défini sur $\mathbf{R}_n[X]$ par : $f^{-1}(Q) = Q + Q' + ... + Q^{(n)}$.

EXERCICE 7

On vérifie que f est un endomorphisme de $\mathbf{R}_n[X]$. $f \in GL(\mathbf{R}_n[X]) \Leftrightarrow$ Ker $f = \{0_{\mathbf{R}[X]}\}$.
$P = a_n X^n + ... + a_0 \in$ Ker $f \Leftrightarrow \alpha P = XP' \Leftrightarrow \forall i \in [0, n], \alpha a_i = i a_i$.
Ker $f = \{0_{\mathbf{R}[X]}\} \Leftrightarrow \alpha \notin \{0, ..., n\}$

EXERCICE 8

$x \in f(\text{Ker } gof) \Leftrightarrow \exists\, t \in \text{Ker } gof,\ x = f(t) \Leftrightarrow \exists\, t \in E,\ gof(t) = 0_E \text{ et } x = f(t)$
$\Leftrightarrow \exists\, t \in E,\ g(x) = 0_E \text{ et } x = f(t) \Leftrightarrow g(x) = 0_E \text{ et } x \in \text{Im } f \Leftrightarrow x \in \text{Ker } g \text{ et } x \in \text{Im } f.$

EXERCICE 9

On a : $\text{Im } f^2 \subset \text{Im } f$. Il faut donc établir : $\text{Im } f \subset \text{Im } f^2 \Leftrightarrow E = \text{Ker } f + \text{Im } f$.

• $\text{Im } f \subset \text{Im } f^2 \Rightarrow \forall\, x \in E,\ f(x) \in \text{Im } f^2 \Rightarrow \forall\, x \in E,\ \exists\, t \in E,\ f(x) = f^2(t)$
$\Rightarrow \forall\, x \in E,\ \exists\, t \in E,\ f(x - f(t)) = 0_E \Rightarrow \forall\, x \in E,\ \exists\, t \in E,\ x - f(t) \in \text{Ker } f$
$\Rightarrow \forall\, x \in E,\ \exists\, t \in E,\ x = (x - f(t)) + f(t) \text{ avec } x - f(t) \in \text{Ker } f \text{ et } f(t) \in \text{Im } f$
$\Rightarrow \forall\, x \in E,\ x \in \text{Ker } f + \text{Im } f \Rightarrow E = \text{Ker } f + \text{Im } f.$

• Supposons : $E = \text{Ker } f + \text{Im } f$.
$y \in \text{Im } f \Rightarrow \exists\, x \in E,\ y = f(x) \Rightarrow \exists\, u \in \text{Ker } f,\ \exists\, v \in \text{Im } f,\ y = f(u + v) = f(v) \in \text{Im } f^2.$

EXERCICE 10

☞ *La condition $f \circ f = 0$ se traduit par : $\text{Im } f \subset \text{Ker } f$.*

1°) $f \neq 0 \Rightarrow rg(f) = \dim \text{Im } f \neq 0 \Rightarrow \dim \text{Im}(f) \geq 1$. Par la formule du rang : $\dim \text{Im } f + \dim \text{Ker } f = 2$ avec $1 \leq \dim \text{Im } f \leq \dim \text{Ker } f$ (car $\text{Im } f \subset \text{Ker } f$). La seule possibilité esr : $rg(f) = \dim(\text{Im } f) = 1$ (et $\dim \text{Ker } f = 1$).

2°) Si $rg(f) = 1$ alors $\dim \text{Ker } f = 1$ (formule du rang). $\text{Im } f$ est un sev de $\text{Ker } f$ (car $\text{Im } f \subset \text{Ker } f$) de même dimension que $\text{Ker } f$ donc $\text{Im } f = \text{Ker } f$.

EXERCICE 11

1°) $f^{n+1}(u) = f[f^n(u)] = 0_E$.

2°) Si f^n n'est pas l'application nulle, il existe un vecteur u de E tel que $f^n(u) \neq 0_E$. On a alors $f^{n-1}(u) \neq 0_E$ (sinon $f^n(u) = f[f^{n-1}(u)] = 0_E$) et, par une récurrence simple : $f^n(u),\ f^{n-1}(u),\ \ldots,\ f(u),\ u$ sont non nuls. Montrons que cette famille est libre : si $a_0 u + a_1 f(u) + \ldots + a_n f^n(u) = 0_E$ alors, en composant par f^n : $a_0 f^n(u) = 0_E$ (en effet, si $f^{n+1} = 0$ alors, pour tout $i \geq 1$, $f^{n+i} = 0$). On en déduit $a_0 = 0$. De même en composant les deux membres de l'égalité $a_1 f(u) + \ldots + a_n f^n(u) = 0_E$ par f^{n-1} on obtient $a_1 = 0$. On itère le procédé pour obtenir finalement $a_0 = a_1 = \ldots = a_n = 0$.
On a ainsi construit une famille libre de $n + 1$ éléments de l'espace vectoriel K^n de dimension n : contradiction. On en déduit que f^n est l'application nulle.

3°) Se déduit de 1°) et 2°).

CHAPITRE 9

EXERCICE 1

$A+B = \begin{pmatrix} 0 & 4 & 2 \\ 7 & -2 & 7 \end{pmatrix}$; $A-B = \begin{pmatrix} 4 & 2 & -6 \\ 1 & 6 & 3 \end{pmatrix}$; $2A-3B = \begin{pmatrix} 10 & 3 & -16 \\ -1 & 16 & 4 \end{pmatrix}$

EXERCICE 2

1°) $\begin{pmatrix} 4 & 0 \\ 7 & 0 \end{pmatrix}$; 2°) $\begin{pmatrix} 9 \\ 6 \end{pmatrix}$; 3°) $\begin{pmatrix} -2 & 12 \\ 21 & 0 \end{pmatrix}$; 4°) $\begin{pmatrix} 6 & 0 & 0 \\ 12 & 0 & 0 \\ 8 & 0 & 9 \end{pmatrix}$; 5°) $(-6 \quad 15)$

EXERCICE 3

Soit $M = \begin{pmatrix} a & b \\ c & d \end{pmatrix}$. AM = MA si et seulement si b = -2c et d = a + 2c c'est à dire :

$M = \begin{pmatrix} a & -2c \\ c & a+2c \end{pmatrix} = a\begin{pmatrix} 1 & 0 \\ 0 & 1 \end{pmatrix} + c\begin{pmatrix} 0 & -2 \\ 1 & 2 \end{pmatrix}$. On en déduit : E = Vect (I, J) avec

$I = \begin{pmatrix} 1 & 0 \\ 0 & 1 \end{pmatrix}$ et $J = \begin{pmatrix} 0 & -2 \\ 1 & 2 \end{pmatrix}$. On vérifie que I et J ne sont pas liées.

EXERCICE 4

Soient u = (x, y, z) et v = (x', y', z') deux vecteurs de $\mathbf{R}^3$.
On vérifie que $f(\alpha u + \beta v) = \alpha f(u) + \beta f(v)$ et $g(\alpha u + \beta v) = \alpha g(u) + \beta g(v)$.

Les matrices de f et g sont définies par : $M(f) = \begin{pmatrix} 2 & 1 & 0 \\ 0 & 1 & 1 \end{pmatrix}$ et $M(g) = \begin{pmatrix} 1 & 0 & 0 \\ 0 & 1 & -3 \\ 0 & -1 & 1 \end{pmatrix}$.

Les rangs sont respectivement égaux à 2 et 3 (nombre de vecteurs colonnes linéairement indépendants ou constater que dim Ker f = 1 et dim Ker g = 0 puis formule du rang).

EXERCICE 5

1°) On vérifie que φ est linéaire et deg Q ≤ deg P.

2°) On détermine $\varphi(1)$, $\varphi(X)$, $\varphi(X^2)$, $\varphi(X^3)$: $M(\varphi) = \begin{pmatrix} 3 & 3 & 4 & 0 \\ 0 & 2 & 4 & 12 \\ 0 & 0 & 7 & 3 \\ 0 & 0 & 0 & 18 \end{pmatrix}$.

3°) Analytiquement : Ker $\varphi = \{0_E\}$. Par la formule du rang : dim Im φ = rg (φ) = 4 et Im $\varphi = \mathbf{R}_3[X]$. φ est donc un automorphisme de $\mathbf{R}_3[X]$.

EXERCICE 6

1°) On vérifie que f est linéaire et $f(M) \in E$. E étant de dimension 4, la matrice de f dans $\mathcal{B}$ est une matrice de $M_4(\mathbf{R})$ définie par les composantes des vecteurs $f(E_{11})$, $f(E_{12})$, $f(E_{21})$, $f(E_{22})$ dans cette base : $\begin{pmatrix} -1 & 0 & 2 & 0 \\ 0 & -1 & 0 & 2 \\ 2 & 0 & -4 & 0 \\ 0 & 2 & 0 & -4 \end{pmatrix}$.

2°) $f(M) = (0) \Leftrightarrow M = x\,E_{11} + y\,E_{12} + z\,E_{21} + t\,E_{22}$ avec $x = 2z$ et $y = 2t$ donc Ker f = Vect (M_1, M_2) où $M_1 = 2\,E_{11} + E_{21}$ et $M_2 = 2\,E_{12} + E_{22}$. Par la formule du rang on a alors : dim Im f = rg (f) = 2. $M' = x'\,E_{11} + y'\,E_{12} + z'\,E_{21} + t'\,E_{22} \in$ Im $f \Leftrightarrow z' = -2\,x'$ et $t' = -2\,y'$. Donc Im f = Vect (M_3, M_4) avec $M_3 = E_{11} - 2\,E_{21}$ et $M_4 = E_{12} - 2\,E_{22}$.

3°) On vérifie : dim Ker f + dim Im f = 4 et Ker f $\cap$ Im f = $\{(0)\}$.

EXERCICE 7

$M = M_1 + M_2$ avec $M_1 = \dfrac{1}{2}(M+{}^tM) = \begin{pmatrix} 1 & 3 & 5 \\ 3 & 5 & 7 \\ 5 & 7 & 9 \end{pmatrix}$ et $M_2 = \dfrac{1}{2}(M-{}^tM) = \begin{pmatrix} 0 & -1 & -2 \\ 1 & 0 & -1 \\ 2 & 1 & 0 \end{pmatrix}$.

EXERCICE 8

Il suffit de vérifier que : $(I - M) \times (I + M + M^2 + \ldots + M^{n-1}) = I$.

$A = I - M$ avec $M = \begin{pmatrix} 0 & -2 & -3 & -4 \\ 0 & 0 & -2 & -3 \\ 0 & 0 & 0 & -2 \\ 0 & 0 & 0 & 0 \end{pmatrix}$; $A^{-1} = I + M + M^2 + M^3 = \begin{pmatrix} 1 & -2 & 1 & 0 \\ 0 & 1 & -2 & 1 \\ 0 & 0 & 1 & -2 \\ 0 & 0 & 0 & 1 \end{pmatrix}$

EXERCICE 9

1°) $T^2 = \begin{pmatrix} -b^2-c^2 & ab & ac \\ ab & -a^2-c^2 & bc \\ ac & bc & -a^2-b^2 \end{pmatrix}$ et $T^3 = -T$.

2°) rg (T) = 2 : si $c \neq 0$, $\begin{pmatrix} -b \\ a \\ 0 \end{pmatrix} = -\frac{a}{c}\begin{pmatrix} 0 \\ -c \\ b \end{pmatrix} - \frac{b}{c}\begin{pmatrix} c \\ 0 \\ -a \end{pmatrix}$.

3°) $(T + kI)(\alpha I + \beta T + \gamma T^2) = (\beta + k\gamma)T^2 + (\alpha + k\beta - \gamma)T + k\alpha I$.

$(T + kI)(\alpha I + \beta T + \gamma T^2) = I \Leftrightarrow \alpha = \frac{1}{k}, \beta = -\frac{1}{k^2+1}, \gamma = \frac{1}{k(k^2+1)}$.

EXERCICE 10

Par récurrence : $a_0 = b_0 = 0$; si $A^n = \begin{pmatrix} 1 & a_n & b_n \\ 0 & 1 & a_n \\ 0 & 0 & 1 \end{pmatrix}$ alors $A^{n+1} = A^n \times A = \begin{pmatrix} 1 & a_{n+1} & b_{n+1} \\ 0 & 1 & a_{n+1} \\ 0 & 0 & 1 \end{pmatrix}$

avec $\begin{cases} a_{n+1} = a_n + 1 \\ b_{n+1} = a_n + b_n \end{cases}$. On en déduit : $a_n = n$ et $b_n = a_{n-1} + a_{n-2} + \ldots + a_0 = \frac{n(n-1)}{2}$.

EXERCICE 11

1°) $\begin{pmatrix} u_{n+1} \\ v_{n+1} \end{pmatrix} = \begin{pmatrix} 6 & -1 \\ 1 & 4 \end{pmatrix}\begin{pmatrix} u_n \\ v_n \end{pmatrix}$.

2°) $A = 5I + J$ avec $J = \begin{pmatrix} 1 & -1 \\ 1 & -1 \end{pmatrix}$. On vérifie que, pour tout $i \geq 2 : J^i = (0)$. Par la formule

du binôme : $A^n = \sum_{i=0}^{n} C_n^i J^i (5I)^{n-i} = \sum_{i=0}^{1} C_n^i 5^{n-i} J^i = 5^n I + n 5^{n-1} J = 5^{n-1}\begin{pmatrix} 5+n & -n \\ n & 5-n \end{pmatrix}$.

3°) Par récurrence : $\begin{pmatrix} u_n \\ v_n \end{pmatrix} = A^n \begin{pmatrix} u_0 \\ v_0 \end{pmatrix} = 5^{n-1}\begin{pmatrix} 5+n & -n \\ n & 5-n \end{pmatrix}\begin{pmatrix} u_0 \\ v_0 \end{pmatrix} = \begin{pmatrix} 5^{n-1}((5+n)u_0 - nv_0) \\ 5^{n-1}(nu_0 + (5-n)v_0) \end{pmatrix}$.

EXERCICE 12

1°) $f(1) = 1$; $f(X) = 1 + X$; ... ; $f(X^i) = \sum_{k=0}^{i} C_i^k X^k = (1+X)^i$; $f(X^n) = (1+X)^n$.

On en déduit que, pour tout $P \in \mathbf{R}_n[X]$, $f(P) = Q$ avec $Q(X) = P(X+1)$.

2°) L'endomorphisme g de $\mathbf{R}_n[X]$ défini par : $g(P) = Q$ avec $Q(X) = P(X-1)$ vérifie : $g \circ f = f \circ g = \text{id}_{\mathbf{R}_n[X]}$. On en déduit que f est bijective (donc A inversible) et d'endomorphisme réciproque g.

Les images des vecteurs X^i sont définies par : $g(X^i) = (X-1)^i$. On en déduit A^{-1} :

$$A^{-1} = \begin{pmatrix} 1 & -1 & 1 & -1 & \cdots & (-1)^n \\ & 1 & -2 & 3 & \cdots & (-1)^{n-1}C_n^1 \\ & & 1 & -3 & \cdots & (-1)^{n-2}C_n^2 \\ & & & 1 & \cdots & (-1)^{n-3}C_n^3 \\ & (0) & & & \ddots & \vdots \\ & & & & & C_n^n \end{pmatrix}.$$

CHAPITRE 10

EXERCICE 1

☞ *On peut utiliser une présentation matricielle ; éviter les coefficients fractionnaires.*

a) $(x, y, z, t) = (8, -2, -2, 5)$;   b) le système n'admet pas de solution.

EXERCICE 2

☞ *Choisir des pivots ne dépendant pas de λ afin d'éviter des études de cas inutiles.*

a) • Si $\lambda = 1$: $S_{\mathbb{R}^3} = \{(a, b, 1-a-b) ; (a, b) \in \mathbb{R}^2\}$;
   • Si $\lambda = -2$: $S_{\mathbb{R}^3} = \varnothing$;
   • Si $\lambda \in \mathbb{R} \setminus \{1, -2\}$: $S_{\mathbb{R}^3} = \left\{ \left(-\dfrac{(\lambda+1)^3}{\lambda+2}, \dfrac{(\lambda+1)^2}{\lambda+2}, \dfrac{2\lambda^2+4\lambda+1}{\lambda+2} \right) \right\}$.

b) • Si $\lambda = 0$: $S_{\mathbb{R}^3}$ = Vect (u_1) avec $u_1 = (3, -1, 1)$;
   • Si $\lambda = -3$: $S_{\mathbb{R}^3}$ = Vect (u_2) avec $u_2 = (3, -5, 2)$;
   • Si $\lambda \in \mathbb{R} \setminus \{0, -3\}$: $S_{\mathbb{R}^3} = \{(0, 0, 0)\}$.

EXERCICE 3

☞ *Par la méthode du pivot en deux étapes : 1°) transformation de A en I à l'aide des opérations élémentaires (inversibilité); 2°) recherche de A^{-1} en partant de I (voir cours)*

$A^{-1} = \begin{pmatrix} 1 & -2 & 7 \\ 0 & 1 & -2 \\ 0 & 0 & 1 \end{pmatrix}$; $B^{-1} = \begin{pmatrix} 2 & 2 & 3 \\ 1 & -1 & 0 \\ -1 & 2 & 1 \end{pmatrix}$; $C^{-1} = \begin{pmatrix} 1 & 1 & 1 & 1 \\ 0 & 1/2 & 1/8 & 7/16 \\ 0 & 0 & 1/4 & -1/8 \\ 0 & 0 & 0 & 1/8 \end{pmatrix}$; $D^{-1} = \dfrac{1}{4}\begin{pmatrix} 1 & 1 & 1 & 1 \\ 1 & 1 & -1 & -1 \\ 1 & -1 & 1 & -1 \\ 1 & -1 & -1 & 1 \end{pmatrix}$; $E^{-1} = \begin{pmatrix} 1 & -a & 0 & \cdots & 0 \\ 0 & 1 & -a & \ddots & \vdots \\ 0 & 0 & 1 & \ddots & 0 \\ \vdots & \vdots & \ddots & \ddots & -a \\ 0 & 0 & \cdots & 0 & 1 \end{pmatrix}$

EXERCICE 4

B existe si et seulement si C est inversible. On a alors : $B = A\,C^{-1}$.

$$C^{-1} = \begin{pmatrix} 0 & 1 & 2 \\ 1 & 1 & 2 \\ 0 & 2 & 3 \end{pmatrix} \quad \text{et} \quad B = \begin{pmatrix} -3 & 2 & 1 \\ 1 & -1 & 0 \\ 4 & 1 & 2 \end{pmatrix} \begin{pmatrix} 0 & 1 & 2 \\ 1 & 1 & 2 \\ 0 & 2 & 3 \end{pmatrix} = \begin{pmatrix} 2 & 1 & 1 \\ -1 & 0 & 0 \\ 1 & 9 & 16 \end{pmatrix}.$$

EXERCICE 5

☞ *$(v_1, v_2, ..., v_n)$ est une base de K^n si et seulement si la matrice formée par les vecteurs colonnes V_i est inversible.*

$$u = (d_1, d_2, d_3, d_4) = x_1 a + x_2 b + x_3 c + x_4 d \Leftrightarrow \begin{pmatrix} d_1 \\ d_2 \\ d_3 \\ d_4 \end{pmatrix} = \begin{pmatrix} 1 & 2 & 1 & 1 \\ 2 & 3 & 3 & 2 \\ -1 & 0 & -1 & 1 \\ -2 & -1 & 0 & 4 \end{pmatrix} \begin{pmatrix} x_1 \\ x_2 \\ x_3 \\ x_4 \end{pmatrix}.$$

u admet une unique décomposition suivant (a, b, c, d) si et seulement si la matrice A obtenue est inversible. Dans ce cas (a, b, c, d) est une base de $\mathbf{R}^4$ et :

$$\begin{pmatrix} x_1 \\ x_2 \\ x_3 \\ x_4 \end{pmatrix} = A^{-1} \begin{pmatrix} d_1 \\ d_2 \\ d_3 \\ d_4 \end{pmatrix} = \begin{pmatrix} 17/2 & -5 & -13/2 & 2 \\ -3 & 2 & 3 & -1 \\ -5 & 3 & 3 & -1 \\ 7/2 & -2 & -5/2 & 1 \end{pmatrix} \begin{pmatrix} d_1 \\ d_2 \\ d_3 \\ d_4 \end{pmatrix}.$$

Pour $u = (d_1, d_2, d_3, d_4) = (0, 3, -4, -5)$ on obtient : $u = a - b + 2c - d$.

EXERCICE 6

On résoud le système $A \begin{pmatrix} x_1 \\ \vdots \\ x_n \end{pmatrix} = \begin{pmatrix} y_1 \\ \vdots \\ y_n \end{pmatrix} \Leftrightarrow \begin{cases} x_2 + \ldots + x_n = y_1 \\ x_1 + x_3 + \ldots + x_n = y_2 \\ \ldots\ldots\ldots\ldots\ldots\ldots\ldots\ldots\ldots \\ x_1 + \ldots + x_{n-1} = y_n \end{cases}$.

Par addition : $S_n = x_1 + \ldots + x_n = (y_1 + \ldots + y_n)/(n-1)$. On en déduit :
$x_1 = S_n - (x_2 + \ldots + x_n) = (y_1 + \ldots + y_n)/(n-1) - y_1 = [(2-n)y_1 + \ldots + y_n]/(n-1)$.

$$A^{-1} = \frac{1}{n-1} \begin{pmatrix} 2-n & 1 & \cdots & 1 \\ 1 & \ddots & \ddots & \vdots \\ \vdots & \ddots & \ddots & 1 \\ 1 & \cdots & 1 & 2-n \end{pmatrix}.$$

EXERCICE 7

$$A = \begin{pmatrix} 1 & -1 & & (0) \\ & \ddots & \ddots & \\ & & 1 & -1 \\ (0) & & & 1 \end{pmatrix} \quad B = \begin{pmatrix} 1 & -1 & 2! & -3! & \cdots & \cdots & (-1)^n n! \\ & 1 & -2 & 2\times 3 & & & \vdots \\ & & 1 & -3 & 3\times 4 & & \vdots \\ & & & \ddots & \ddots & \ddots & \vdots \\ & & & & 1 & -(n-1) & (n-1)n \\ (0) & & & & & 1 & -n \\ & & & & & & 1 \end{pmatrix} \quad C = \begin{pmatrix} (0) & & 1/a_1 \\ & \cdot^{\cdot^{\cdot}} & \\ 1/a_n & & (0) \end{pmatrix} \quad D = \begin{pmatrix} 1 & & -a_1/a_k & & (0) \\ & \ddots & \vdots & & \\ & & 1 & -a_{k-1}/a_k & \\ & & & 1/a_k & \\ & & & -a_{k+1}/a_k & 1 & \\ (0) & & \vdots & & \ddots \\ & & -a_n/a_k & & & 1 \end{pmatrix}$$

CHAPITRE 11

EXERCICE 1

$\mathbf{R}^4$ est de dimension 4; il suffit de montrer que la famille (e'_1, e'_2, e'_3, e'_4) est libre.
Pour exprimer la matrice de u dans cette nouvelle base on détermine $u(e'_1)$, $u(e'_2)$, $u(e'_3)$ et $u(e'_4)$ en fonction de e'_1, e'_2, e'_3, e'_4 (vecteurs colonnes). La matrice obtenue est identique à M.

EXERCICE 2

. A admet 2 valeurs propres distinctes : $\lambda_1 = 3 + 2\sqrt{2}$ et $\lambda_2 = 3 - 2\sqrt{2}$. A est donc diagonalisable.
. B admet 1 valeur propre : $\lambda = 5$. L'espace propre associé est la droite vectorielle engendrée par $u = (1, -1)$. Par conséquent il n'existe pas de base de $\mathbf{R}^2$ formée de vecteurs propres : B n'est pas diagonalisable.
. C admet 1 valeur propre réelle : $\lambda = 2$. L'espace propre associé dans $\mathbf{R}^3$ est la droite vectorielle engendrée par $u = (1, 0, 0)$. C n'est pas diagonalisable dans $M_3(\mathbf{R})$.
C admet 3 valeurs propres complexes : $\lambda_1 = 2$, $\lambda_2 = i$, $\lambda_3 = -i$. C est diagonalisable dans $M_3(\mathbf{C})$.
. D admet 3 valeurs propres distinctes : $\lambda_1 = 2$, $\lambda_2 = i$, $\lambda_3 = -i$. D est donc diagonalisable.

EXERCICE 3

T admet 2 valeurs propres $\lambda_1 = -1$, $\lambda_2 = 2$. Les sous-espaces propres associés sont respectivement le plan vectoriel d'équation : $x + y + z = 0$ et la droite vectorielle engendrée par $u = (1, 1, 1)$. Les vecteurs $u = (1, 1, 1)$, $v = (1, -1, 0)$ et $w = (1, 0, -1)$ forment alors une base de $\mathbf{R}^3$ formée de vecteurs propres : T est diagonalisable.

On a alors : $T = P D P^{-1}$ avec $P = \begin{pmatrix} 1 & 1 & 1 \\ 1 & -1 & 0 \\ 1 & 0 & -1 \end{pmatrix}$ et $D = \begin{pmatrix} 2 & 0 & 0 \\ 0 & -1 & 0 \\ 0 & 0 & -1 \end{pmatrix}$.

On en déduit : $T^n = P D^n P^{-1} = \dfrac{1}{3}\begin{pmatrix} 2^n+2(-1)^n & 2^n+(-1)^{n+1} & 2^n+(-1)^{n+1} \\ 2^n+(-1)^{n+1} & 2^n+2(-1)^n & 2^n+(-1)^{n+1} \\ 2^n+(-1)^{n+1} & 2^n+(-1)^{n+1} & 2^n+2(-1)^n \end{pmatrix}.$

EXERCICE 4

1°) A admet une unique valeur propre : $\lambda = 1$. Le sous-espace propre associé est le plan vectoriel P d'équation : $y + z = 0$. Il n'existe donc pas de base de $\mathbf{R}^3$ formée de vecteurs propres : A n'est pas diagonalisable.

2°) Soit f l'endomorphisme canoniquement associé à A. On cherche une base (e_1, e_2, e_3) de $\mathbf{R}^3$ telle que : $f(e_1) = e_1$, $f(e_2) = e_2$ et $f(e_3) = e_2 + e_3$. Les vecteurs e_1 et e_2 sont des vecteurs propres de f associés à la valeur propre 1 : ils appartiennent à P.

Choisissons : $e_1 = (1, 0, 0)$ et $e_2 = (0, 1, -1)$. On complète par $e_3 = (0, -1, 0)$ (recherche à détailler). On vérifie que (e_1, e_2, e_3) est une base de $\mathbf{R}^3$ ($e_3 \notin P$). Dans cette base la matrice de f est A'. Par conséquent A est semblable à A'.

$A^n = P A'^n P^{-1} = \begin{pmatrix} 1 & 0 & 0 \\ 0 & 1 & -1 \\ 0 & -1 & 0 \end{pmatrix}\begin{pmatrix} 1 & 0 & 0 \\ 0 & 1 & n \\ 0 & 0 & 1 \end{pmatrix}\begin{pmatrix} 1 & 0 & 0 \\ 0 & 0 & -1 \\ 0 & -1 & -1 \end{pmatrix} = \begin{pmatrix} 1 & 0 & 0 \\ 0 & -n+1 & -n \\ 0 & n & n+1 \end{pmatrix}.$

EXERCICE 5

A admet 3 valeurs propres distinctes : 0, $\sqrt{a^2+b^2}$, $-\sqrt{a^2+b^2}$. A est diagonalisable.

Une base de vecteurs propres est constituée par $u_1 = (0, b, -a)$, $u_2 = (\sqrt{a^2+b^2}, a, b)$, $u_3 = (-\sqrt{a^2+b^2}, a, b)$.

$A^n = \dfrac{1}{2(a^2+b^2)}\begin{pmatrix} 0 & \sqrt{a^2+b^2} & -\sqrt{a^2+b^2} \\ b & a & a \\ -a & b & b \end{pmatrix}\begin{pmatrix} 0 & 0 & 0 \\ 0 & (\sqrt{a^2+b^2})^n & 0 \\ 0 & 0 & (-\sqrt{a^2+b^2})^n \end{pmatrix}\begin{pmatrix} 0 & 2b & -2a \\ \sqrt{a^2+b^2} & a & b \\ -\sqrt{a^2+b^2} & a & b \end{pmatrix}$

$= \dfrac{\sqrt{a^2+b^2}^{n-2}}{2}\begin{pmatrix} (a^2+b^2)(1+(-1)^n) & a\sqrt{a^2+b^2}(1+(-1)^{n+1}) & b\sqrt{a^2+b^2}(1+(-1)^{n+1}) \\ a\sqrt{a^2+b^2}(1+(-1)^{n+1}) & a^2(1+(-1)^n) & ab(1+(-1)^n) \\ b\sqrt{a^2+b^2}(1+(-1)^{n+1}) & ab(1+(-1)^n) & b^2(1+(-1)^n) \end{pmatrix}$

EXERCICE 6

1°) A admet pour valeurs propres : $-\sqrt{ad}, \sqrt{ad}, -\sqrt{bc}, \sqrt{bc}$.

2°) . Si $ad \neq bc$ A admet 4 valeurs propres distinctes : elle est diagonalisable.

. Si $ad = bc$ A admet 2 valeurs propres distinctes : $\sqrt{ad}$ et $-\sqrt{ad}$. Les sous-espaces propres associés sont les plans vectoriels engendrés respectivement par :

$$u_1 = \left(1, 0, 0, \sqrt{\frac{a}{d}}\right) \text{ et } u_2 = \left(0, 1, \sqrt{\frac{b}{c}}, 0\right), u_3 = \left(1, 0, 0, -\sqrt{\frac{a}{d}}\right) \text{ et } u_4 = \left(0, 1, -\sqrt{\frac{b}{c}}, 0\right)$$

(u_1, u_2, u_3, u_4) est alors une base de $\mathbb{R}^4$ et A est diagonalisable.

EXERCICE 7

On a : $\begin{pmatrix} u_n \\ v_n \\ w_n \end{pmatrix} = A \begin{pmatrix} u_{n-1} \\ v_{n-1} \\ w_{n-1} \end{pmatrix}$ avec $A = \begin{pmatrix} 2 & 0 & 4 \\ 3 & -4 & 12 \\ 1 & -2 & 5 \end{pmatrix}$ Par itération : $\begin{pmatrix} u_n \\ v_n \\ w_n \end{pmatrix} = A^n \begin{pmatrix} u_0 \\ v_0 \\ w_0 \end{pmatrix}$.

Après diagonalisation :

$$A^n = \frac{1}{2} \begin{pmatrix} -4 & -4 & 2 \\ 3 & 0 & 1 \\ 2 & 1 & 0 \end{pmatrix} \begin{pmatrix} 0 & 0 & 0 \\ 0 & 1 & 0 \\ 0 & 0 & 2^n \end{pmatrix} \begin{pmatrix} -1 & 2 & -4 \\ 2 & -4 & 10 \\ 3 & -4 & 12 \end{pmatrix} = \begin{pmatrix} 3 \times 2^n - 4 & 4(2-2^n) & 12 \times 2^n - 20 \\ 3 \times 2^{n-1} & -2^{n+1} & 6 \times 2^n \\ 1 & -2 & 5 \end{pmatrix}.$$

On en déduit : $\begin{cases} u_n = 2^n(3u_0 - 4v_0 + 12w_0) - 4u_0 + 8v_0 - 20w_0 \\ v_n = 2^{n-1}(3u_0 - 4v_0 + 12w_0) \\ w_n = u_0 - 2v_0 + 5w_0 \end{cases}$

EXERCICE 8

1°) f est linéaire et on vérifie que $\deg[f(P)] \leq \deg P$.

2°) On a : $(X^2 - 1) P' = (2nX + \lambda) P$. Si α est une racine d'ordre k de P distincte de 1 et - 1 alors α est racine d'ordre k de P '. Contradiction.

3°) On calcule P ' et on remplace dans l'égalité $(X^2 - 1) P' = (2nX + \lambda) P$. On obtient après simplification par P : $(p + q) X + p - q = 2n X + \lambda$.
On en déduit : $p + q = 2n$ et $p - q = \lambda$; soit : $p = n + \lambda/2$, $q = n - \lambda/2$.

4°) f admet $2n + 1$ valeurs propres : $\lambda_i = 2n - 2i$, $0 \leq i \leq 2n$. f est donc diagonalisable.

EXERCICE 9

1°) $\text{tr}(\alpha A + \beta B) = \sum_{i=1}^{n}(\alpha a_{ii} + \beta b_{ii}) = \alpha \sum_{i=1}^{n} a_{ii} + \beta \sum_{i=1}^{n} b_{ii} = \alpha \, \text{tr}(A) + \beta \, \text{tr}(B)$.

2°) $\text{tr}(BA) = \sum_{i=1}^{n}\left(\sum_{k=1}^{n} b_{ik} a_{ki}\right) = \sum_{k=1}^{n}\left(\sum_{i=1}^{n} b_{ik} a_{ki}\right) = \sum_{k=1}^{n}\left(\sum_{i=1}^{n} a_{ki} b_{ik}\right) = \text{tr}(AB)$.

$AB - BA = I_n \Rightarrow \text{tr}(AB - BA) = \text{tr}(I_n) \Rightarrow \text{tr}(AB) - \text{tr}(BA) = \text{tr}(I_n)$. Or $\text{tr}(I_n) = n \neq 0$.
Il n'existe pas de matrices $A, B \in M_n(K)$ telles que : $AB - BA = I_n$.

3°) Si A et B sont semblables, il existe $P \in GL_n(K)$ telle que $B = P^{-1}AP$.
On a alors : $\text{tr}(B) = \text{tr}(P^{-1}AP) = \text{tr}[(P^{-1}A)P] = \text{tr}[P(P^{-1}A)] = \text{tr}(A)$.

4°) Si A est diagonalisable A est semblable à la matrice diagonale D de coefficients diagonaux λ_i. D'après 3°) $\text{tr}(D) = \sum_{i=1}^{n} \lambda_i = \text{tr}(A)$.

De plus A^2 est semblable à D^2 (en effet : si $A = PDP^{-1}$ alors $A^2 = PD^2P^{-1}$).

Donc $\text{tr}(D^2) = \text{tr}(A^2)$ ce qui se traduit par : $\sum_{i=1}^{n} \lambda_i^2 = \sum_{i=1}^{n}\sum_{j=1}^{n} a_{ij} a_{ji}$.

CHAPITRE 12

EXERCICE 1

☞ *Rechercher un équivalent simple de u_n.*

a) $\lim_{n \to +\infty} u_n = 0$; b) $\lim_{n \to +\infty} u_n = 0$; c) $\lim_{n \to +\infty} u_n = 0$; d) (u_n) n'admet pas de limite ;
e) (u_n) n'admet pas de limite ; f) $\lim_{n \to +\infty} u_n = \dfrac{1}{3}$; g) $\lim_{n \to +\infty} u_n = e^{-1}$; h) $\lim_{n \to +\infty} u_n = e^x$.

EXERCICE 2

☞ *Suite définie par une relation de la forme : $u_n = f(u_{n-1})$; étudier la fonction f.*

1°) Par récurrence sur $n \in \mathbb{N}$: a) $u_n < u_{n+1}$; b) $u_n \leq 2$.
2°) Ce nombre est la limite de (u_n). Il vérifie $\ell = \sqrt{2+\ell}$ et $\ell \geq 0$: $\ell = 2$.

EXERCICE 3

1°) $u_n = \sqrt{n+1} - \sqrt{n} = \dfrac{1}{\sqrt{n+1} + \sqrt{n}} \underset{n \to +\infty}{\sim} \dfrac{1}{2\sqrt{n}}$.

2°) $v_n = \dfrac{1}{n}\left[1 + (\sqrt{2}-1) + (\sqrt{3}-\sqrt{2}) + \ldots + (\sqrt{n}-\sqrt{n-1})\right] = \dfrac{\sqrt{n}}{n} = \dfrac{1}{\sqrt{n}}$; $\lim_{n \to +\infty} v_n = 0$.

EXERCICE 4

1°) Par récurrence.

2°) $v_{n+1} = (v_n)^2$. Par récurrence : $v_n = v_0^{(2^n)} = \left(-\dfrac{1}{3}\right)^{(2^n)}$; $\lim\limits_{n \to +\infty} v_n = 0$ car $\left|-\dfrac{1}{3}\right| < 1$.

$u_n = \dfrac{1+v_n}{1-v_n} \Rightarrow \lim\limits_{n \to +\infty} u_n = 1$.

EXERCICE 5

$v_0 = 0$, $v_1 = \ln 2$ et, $\forall n \in \mathbb{N}$: $v_{n+2} = \ln \sqrt{u_{n+1}u_n} = \dfrac{1}{2}\ln u_{n+1} + \dfrac{1}{2}\ln u_n = \dfrac{1}{2}v_{n+1} + \dfrac{1}{2}v_n$.

(v_n) est une suite récurrente linéaire d'ordre 2 de terme général $v_n = \dfrac{2}{3}\ln 2\left(1 - \left(-\dfrac{1}{2}\right)^n\right)$.

D'où : $\lim\limits_{n \to +\infty} v_n = \dfrac{2}{3}\ln 2$ et $\lim\limits_{n \to +\infty} u_n = e^{\frac{2}{3}\ln 2} = \sqrt[3]{4}$.

EXERCICE 6

☞ *L'une est croissante, l'autre décroissante et $\lim\limits_{n \to +\infty} (u_n - v_n) = 0$.*

. (u_n) est croissante et (v_n) décroissante : $\forall n \geq 1$, $v_{n+1} - v_n = \dfrac{2}{(n+1)!} - \dfrac{1}{n!} = \dfrac{1-n}{(n+1)!} \leq 0$.

De plus : $v_n - u_n = 1/n!$ donc $\lim\limits_{n \to +\infty} (u_n - v_n) = 0$.

. (u_n) et (v_n) étant adjacentes elles convergent donc $u_n = \Sigma\, 1/n!$ converge.

EXERCICE 7

☞ *Cette suite a été étudiée dès le XIIIème siècle par Léonard de Pise dit Fibonacci. C'est une suite récurrente linéaire d'ordre 2.*

1°) Par récurrence : $u_n \geq 0$. On a alors, pour $n \geq 1$: $u_{n+1} - u_n = u_{n-1} \geq 0$.

2°) Par récurrence. On en déduit que (u_n) tend vers $+\infty$.

3°) $u_{n+1}^2 - u_{n+2}.u_n = u_{n+1}^2 - (u_{n+1} + u_n).u_n = u_{n+1}(u_{n+1} - u_n) - u_n^2 = -u_n^2 + u_{n+1}.u_{n-1}$.

On en déduit que la suite de terme général $u_n^2 - u_{n+1}.u_{n-1}$ est géométrique de raison -1.

4°) On vérifie que (v_{2p}) est croissante, (v_{2p+1}) est décroissante et $\lim\limits_{p \to +\infty}\left(v_{2p} - v_{2p+1}\right) = 0$.

On en déduit que ces deux suites sont adjacentes donc convergentes.

5°) Les suites extraites (v_{2p}) et (v_{2p+1}) convergeant vers la même limite ℓ, (v_n) converge vers ℓ. On a $v_n = \dfrac{u_n + u_{n-1}}{u_n} = 1 + \dfrac{u_{n-1}}{u_n} = 1 + \dfrac{1}{v_{n-1}}$ et, en passant à la limite : $\ell = 1 + 1/\ell$. On en déduit : $\ell = (1+\sqrt{5})/2$.

EXERCICE 8

$$\rho_{n+1} e^{i\theta_{n+1}} = \frac{1}{2}\rho_n\left(e^{i\theta_n}+1\right) = \frac{1}{2}\rho_n e^{i\frac{\theta_n}{2}}\left(2\cos\frac{\theta_n}{2}\right) = \rho_n \cos\frac{\theta_n}{2} e^{i\frac{\theta_n}{2}}.$$

On en déduit : $\rho_{n+1} = \rho_n\left|\cos\dfrac{\theta_n}{2}\right|$ et $\theta_{n+1} = \dfrac{\theta_n}{2}$ $\left(\text{ou } \theta_{n+1} = \dfrac{\theta_n}{2}+\pi\right)$

Puis : $\rho_n = \left|\cos\dfrac{\theta_{n-1}}{2}\cos\dfrac{\theta_{n-2}}{2}\cdots\cos\dfrac{\theta_0}{2}\right|\rho_0 = \left|\cos\dfrac{\theta_0}{2^n}\cos\dfrac{\theta_0}{2^{n-1}}\cdots\cos\dfrac{\theta_0}{2}\right|\rho_0 = \left|\dfrac{\left(\dfrac{1}{2}\right)^n \sin\theta_0}{\sin\left(\dfrac{\theta_0}{2^n}\right)}\right|\rho_0$

$$\lim_{n\to+\infty} z_n = \left|\frac{\sin\theta_0}{\theta_0}\right|\rho_0.$$

EXERCICE 9

a) $u_n \sim 1/n^2 \Rightarrow \sum u_n$ cv ; b) $u_n \sim 1/n^{3/4} \Rightarrow \sum u_n$ div ; c) $u_n \sim 1/n^2 \Rightarrow \sum u_n$ cv ;

d) $u_n \sim 1/(n-2)! \Rightarrow \sum u_n$ cv ; e) $u_n \sim \dfrac{1}{2n^{3/2}} \Rightarrow \sum u_n$ cv ; f) $\lim u_n = +\infty \Rightarrow \sum u_n$ div ;

g) $u_n \sim \dfrac{\ln n}{n^{3/2}}$ et $\lim_{n\to+\infty} n^{5/4}\dfrac{\ln n}{n^{3/2}} = \lim_{n\to+\infty}\dfrac{\ln n}{n^{1/4}} = 0 \Rightarrow u_n = o\left(\dfrac{1}{n^{5/4}}\right) \Rightarrow \sum u_n$ cv.

EXERCICE 10

Toutes ces séries sont convergentes.

a) $\sum\limits_{n=1}^{+\infty} u_n = 1$; b) $\sum\limits_{n=3}^{+\infty} u_n = \dfrac{89}{96}$; c) $\sum\limits_{n=2}^{+\infty} u_n = -\ln 2$; d) $\sum\limits_{n=1}^{+\infty} u_n = 9$;

e) $\sum\limits_{n=0}^{+\infty} u_n = -2$; f) $\sum\limits_{n=0}^{+\infty} u_n = 10$; g) $\sum\limits_{n=1}^{+\infty} u_n = 9e$

EXERCICE 11

1°) Pour $x \neq 1$: $1-x+x^2+\ldots+(-1)^{n-1}x^{n-1} = \sum\limits_{i=0}^{n-1}(-x)^i = \dfrac{1-(-x)^n}{1+x} = \dfrac{1}{1+x} - (-1)^n\dfrac{x^n}{1+x}$.

2°) $\int_0^1 \frac{1}{1+x}dx = [\ln|1+x|]_0^1 = \ln 2$; $\int_0^1 \left(\sum_{i=0}^{n-1}(-x)^i\right)dx = \sum_{i=0}^{n-1}\left(\int_0^1 (-x)^i dx\right) = \sum_{i=0}^{n-1}\frac{(-1)^i}{i+1} = -S_n$.

Donc : $\ln 2 = -S_n + (-1)^n \int_0^1 \frac{x^n}{1+x}dx$ avec $0 \le \int_0^1 \frac{x^n}{1+x}dx \le \int_0^1 x^n dx = \frac{1}{n+1}$.

On en déduit : $\lim_{n \to +\infty} \int_0^1 \frac{x^n}{1+x}dx = 0$ et $\lim_{n \to +\infty} S_n = -\ln 2$.

EXERCICE 12

1°) Etude de fonctions (ou inégalité des accroissements finis, voir chapitre dérivation).
2°) Appliquer les inégalités du 1°) à $x = 1$, $x = 2$, ..., $x = n$. Ajouter.
3°) Utiliser 2°) (seconde inégalité en ajoutant $1/n$).
4°) Simplifier $v_{n+1} - v_n$ et utiliser 1°).
5°) (v_n) est décroissante et minorée par 0.
6°) $\gamma \approx 0{,}5775$ (il faut prendre n assez grand !).
7°) $S_n = \ln n + v_n$ donc (S_n) tend vers $+\infty$. De plus : $\frac{S_n}{\ln n} = 1 + \frac{v_n}{\ln n}$ donc $\lim_{n \to +\infty} \frac{S_n}{\ln n} = 1$.

CHAPITRE 13

EXERCICE 1

1°) $P(A \text{ gagne}) = \sum_{k=0}^{+\infty}\left(\frac{5}{6}\right)^{2k}\frac{1}{6} = \frac{1}{6} \cdot \frac{1}{1-25/36} = \frac{6}{11}$; $P(B \text{ gagne}) = \sum_{k=0}^{+\infty}\left(\frac{5}{6}\right)^{2k+1}\frac{1}{6} = \frac{5}{36} \cdot \frac{1}{1-25/36} = \frac{5}{11}$

2°) 2°) $P(X < 20) = 1 - P(X \ge 20) = 1 - \left(\frac{5}{6}\right)^{19} \approx 0{,}9687$.

EXERCICE 2

1°) $P(S) = 1/8$ et $\underline{p_i} = P(E_i) = (7/8)^{i-1} \cdot (1/8)$.
2°) L'événement $\overline{F_i}$ est défini par : "on a obtenu aucun succès lors des i premiers lancers". $P(\overline{F_i}) = (7/8)^i$ et $q_i = P(F_i) = 1 - P(\overline{F_i}) = 1 - (7/8)^i$.
3°) $\lim_{i \to +\infty} p_i = 0$ et $\lim_{i \to +\infty} q_i = 1$. Le jeu a presque sûrement un terme.

EXERCICE 3

1°) $p = P(S) = 2C_n^1\left(\frac{1}{2}\right)^n = \frac{n}{2^{n-1}}$.

2°) L'événement "on obtient un perdant pour la première fois à la $k^{ème}$ partie" correspond à la succession de k-1 échecs et d'un succès : $p(k) = (1-p)^{k-1}p$.

3°) Série dérivée de série géométrique convergente car $|q| = 1/2 < 1$.

$$\sum_{k=1}^{+\infty} p(k) = p\sum_{k=1}^{+\infty}(1-p)^{k-1} = p\frac{1}{1-(1-p)} = 1 \text{ et } \forall j \in \mathbb{N}^*, \sum_{k=1}^{j} p(k) < 1.$$

On n'est jamais quasiment certain d'avoir un perdant.

EXERCICE 4

1°) Famille libre (car échelonnée en degrés) de 4 polynômes dans l'espace vectoriel $R_3[X]$ de dimension 4.

2°)   i) $\forall k \in \mathbb{N}, P(X=k) \geq 0$ ssi $\alpha \geq 0$;

ii) $\sum_{k=0}^{+\infty} P(X=k) = \alpha \sum_{k=0}^{+\infty} \frac{k^3+1}{k!} = \alpha \sum_{k=0}^{+\infty} \frac{k(k-1)(k-2)+3k(k-1)+k+1}{k!} = 6\alpha e.$

Il faut donc : $\alpha = 1/(6e)$.

3°) $E(X) = \sum_{k=0}^{+\infty} kP(X=k) = \alpha\sum_{k=0}^{+\infty}\frac{k^3+1}{(k-1)!} = \alpha\sum_{k=0}^{+\infty}\frac{(k-1)(k-2)(k-3)+6(k-1)(k-2)+7(k-1)+2}{(k-1)!} = 16\alpha e = \frac{8}{3}$

EXERCICE 5

1°) . $X(\Omega) = [k, +\infty[\cap \mathbb{N}$;
. $\forall i \in X(\Omega) : P(X=i) = C_{i-1}^{k-1}p^k(1-p)^{i-k}$.

2°) $E(X) = \sum_{i=2}^{+\infty} i(i-1)p^2(1-p)^{i-2} = p^2\frac{2}{(1-(1-p))^3} = \frac{2}{p}$.

EXERCICE 6

$F(q) = 3/4 = P(X \leq q) = 1 - P(X > q) \geq 1 - \frac{E(X)}{q}$.

$3/4 \geq 1 - \frac{E(X)}{q} \Leftrightarrow \frac{E(X)}{q} \geq 1/4 \Leftrightarrow q \leq 4E(X) = 4m$.

EXERCICE 7

On associe à chaque bulletin la variable de Bernoulli X_i vérifiant $X_i = 1$ ssi le bulletin est favorable à A. La fréquence des bulletins favorables à A lors du dépouillement des n premiers bulletins est $F_n = \frac{X_1+...+X_n}{n}$. On a : $E(F_n) = 0{,}6$ et $V(F_n) = 0{,}24/n$.

On cherche n tel que : $P(|F_n - 0,6| < 0,02) \geq 0,95$. D'après l'inégalité de Bienaymé-Tchebychev, il suffit de choisir n tel que : $1 - 1 - \dfrac{0,24/n}{(0,02)^2} \geq 0,95$. On trouve : $n \geq 12000$.

EXERCICE 8

X suit la loi géométrique de paramètre 1/6. $E(X) = 6$ et $V(X) = 30$.

EXERCICE 9

Probabilité de réussir au moins un concours une année donnée : $p = 1 - 8/27 = 19/27$.
X suit la loi géométrique de raison $p = 19/27$.

EXERCICE 10

$Z(\Omega) = \mathbb{N}^*$;

$\forall k \in \mathbb{N}^*, P(Z \leq k) = P(X \leq k \cap Y \leq k) = P(X \leq k) P(Y \leq k) = [1 - (1-p)^k]^2$.

$P(Z = k) = P(Z \leq k) - P(Z \leq k-1) = pq^{k-1}[2 - q^{k-1}(1+q)]$ en notant $q = 1 - p$.

$E(Z) = \displaystyle\sum_{k=1}^{+\infty} kP(Z=k) = \dfrac{1+2q}{1-q^2} = \dfrac{3-2p}{p(2-p)}$.

EXERCICE 11

• $Y(\Omega) = \mathbb{N}$;

• $P(Y = 0) = \displaystyle\sum_{k=0}^{+\infty} P(X = 2k+1) = \sum_{k=0}^{+\infty}(1-p)^{2k}p = p\dfrac{1}{1-(1-p)^2} = \dfrac{1}{2-p}$;

• $\forall k \in \mathbb{N}^*, P(Y = k) = P(X = 2k) = (1-p)^{2k-1}p$.

$E(Y) = \displaystyle\sum_{k=0}^{+\infty} kP(Y=k) = \sum_{k=1}^{+\infty} k(1-p)^{2k-1}p = \dfrac{1-p}{p(2-p)^2}$;

$E(Y^2) = \displaystyle\sum_{k=1}^{+\infty} k^2(1-p)^{2k-1}p = \dfrac{q(q^2+1)}{p^2(1+q)^3}$ et $V(Y) = E(Y^2) - E(Y)^2 = \dfrac{q(1+q^2+q^3)}{p^2(1+q)^4}$.

EXERCICE 12

$E(Y) = E\left(\dfrac{1}{1+X}\right) = \displaystyle\sum_{k=0}^{+\infty} \dfrac{1}{1+k} e^{-\lambda} \dfrac{\lambda^k}{k!} = \dfrac{e^{-\lambda}}{\lambda} \sum_{k=0}^{+\infty} \dfrac{\lambda^{k+1}}{(k+1)!} = \dfrac{e^{-\lambda}}{\lambda}(e^\lambda - 1) = \dfrac{1 - e^{-\lambda}}{\lambda}$.

EXERCICE 13

$$\forall k \in \mathbb{N}, P(Y=k) = \sum_{n=0}^{+\infty} P(Y=k/X=n)P(X=n) = \sum_{n=k}^{+\infty} C_n^k p^k q^{n-k} e^{-\lambda} \frac{\lambda^n}{n!} = \frac{p^k e^{-\lambda}}{k!} \sum_{n=k}^{+\infty} \frac{q^{n-k}\lambda^n}{(n-k)!}$$

$$= \frac{(\lambda p)^k e^{-\lambda}}{k!} \sum_{n=k}^{+\infty} \frac{q^{n-k}\lambda^{n-k}}{(n-k)!} = \frac{(\lambda p)^k e^{-\lambda}}{k!} \sum_{i=0}^{+\infty} \frac{q^i \lambda^i}{i!} = \frac{(\lambda p)^k e^{-\lambda+q\lambda}}{k!} = (\lambda p)^k \frac{e^{-p\lambda}}{k!}$$

On en déduit que Y suit la loi de Poisson de paramètre λp.

EXERCICE 14

Application de l'exercice précédent : soit T la variable associée au nombre d'oeufs pondus, T suit la loi de Poisson de paramètre λ et X / (T = n) suit la loi binomiale de paramètres n et p. Donc X suivra la loi de Poisson de paramètre λp et $E(X) = \lambda p$.

EXERCICE 15.

. $Y(\Omega) = \mathbb{N}$;

Notons $S_1 = P(Y = 0) = \sum_{k=0}^{+\infty} P(X = 2k+1) = \sum_{k=0}^{+\infty} e^{-\lambda} \frac{\lambda^{2k+1}}{(2k+1)!}$ et $S_2 = P(Y \neq 0) = \sum_{k=0}^{+\infty} e^{-\lambda} \frac{\lambda^{2k}}{(2k)!}$.

$S_1 + S_2 = 1$ et $S_2 - S_1 = e^{-\lambda} \sum_{k=0}^{+\infty} \frac{(-\lambda)^k}{k!} = e^{-2\lambda}$. On en déduit : $P(Y = 0) = S_1 = \frac{1-e^{-2\lambda}}{2}$.

. $\forall k \in \mathbb{N}^*, P(Y = k) = P(X = 2k) = e^{-\lambda} \frac{\lambda^{2k}}{(2k)!}$.

CHAPITRE 14

EXERCICE 1

1°) $\lim_{x \to 1/2} \frac{6x^2+5x-4}{2x-1} = \frac{11}{2}$ 2°) $\lim_{x \to 2} \frac{x^3-x^2-x-2}{(x^2-4)^2} = \begin{cases} \text{pas de limite :} \\ +\infty \text{ si } x \to 2^+ \\ -\infty \text{ si } x \to 2^- \end{cases}$ 3°) $\lim_{x \to 1} \left(\frac{1}{(x-1)^2} - \frac{ax}{(x^2-1)^2} \right) = \begin{cases} +\infty \text{ si } a < 4 \\ 1/4 \text{ si } a = 4 \\ -\infty \text{ si } a > 4 \end{cases}$

4°) $\lim_{x \to 3} \frac{x^2-3x}{x-1-\sqrt{x+1}} = 4$ 5°) $\lim_{x \to 1} \frac{\sqrt[3]{x+7}-2}{\sqrt[3]{x}-1} = \lim_{x \to 1} \frac{(x+7-8)(x^{2/3}+x^{1/3}+1)}{(x-1)((x+7)^{2/3}+2(x+7)^{1/3}+4)} = \frac{1}{4}$ 6°) $\lim_{x \to 0} x E\left(\frac{1}{x}\right) = 1$

EXERCICE 2

1°) $\begin{cases} \tilde{f}(x) = f(x) \text{ si } x \in]1, +\infty[\\ \tilde{f}(1) = \lim_{x \to 1} f(x) = -\ln 2 \end{cases}$ 2°) $\begin{cases} \tilde{f}(x) = f(x) \text{ si } x \in \mathbf{R}^+ - \{2\} \\ \tilde{f}(2) = \lim_{x \to 2} f(x) = 3 \end{cases}$

EXERCICE 3

1°) $\lim_{x \to +\infty} f(x) = \lim_{x \to +\infty} \dfrac{3x-1}{\sqrt{x^2+3x}+\sqrt{x^2+1}} = \dfrac{3}{2}$ 2°) $\lim_{x \to +\infty} f(x) = \lim_{x \to +\infty} \dfrac{1}{x}\ln\dfrac{e^x}{x} = 1$ 3°) $\lim_{x \to +\infty} f(x) = +\infty$

EXERCICE 4

1°) $\ell = 0$; 2°) $\ell = 0$; 3°) $\ell = 0$; 4°) $\ell = 0$; 5°) $\ell = +\infty$; 6°) $\ell = 0$; 7°) $\ell = 0$; 8°) $\ell = 1$;
9°) $\ell = +\infty$; 10°) $\ell = +\infty$; 11°) $\ell = +\infty$; 12°) $\ell = 1$; 13°) $\ell = 1$; 14°) $\ell = 3/5$;
15°) $\ell = 1/2$; 16°) $\ell = 2\sqrt{2}$; 17°) $\ell = -1$; 18°) $\ell = 1$.

EXERCICE 5

1°) f est continue sur $D_f = \mathbf{R}$.
2°) f n'est pas continue en $x_0 = -1/2$: $\lim_{x \to -1/2} f(x) = -3/2 \neq f(-1/2)$.
3°) f est continue sur $\mathbf{R}^*$ et à gauche de 0.

EXERCICE 6

f est continue sur $\mathbf{R}$; en particulier :
$$\lim_{x \to n^-} f(x) = \lim_{x \to n^-} ((n-1) + (x-n+1)^2) = n = f(n) = \lim_{x \to n^+} f(x).$$

EXERCICE 7

Soit g la fonction définie sur [0, 1] par : g(x) = f(x) - x. g est continue sur ce segment et g(0) = f(0) ≥ 0, g(1) = f(1) - 1 ≤ 0 car f(1) ∈ [0, 1]. Par le théorème des valeurs intermédiaires il existe c ∈ [0, 1] tel que g(c) = 0, c'est à dire : f(c) = c.

EXERCICE 8

1°) 2 asymptotes verticales : x = 1 et x = -1 ; 1 asymptote oblique (+ ∞ et - ∞) : y = x - 2.
2°) Au voisinage de + ∞ : y = x + 1 ; au voisinage de - ∞ : y = - x + 1.
3°) 2 asymptotes horizontales : y = 1 (+ ∞) et y = -1 (- ∞) ; 1 asymptote verticale : x = -1.
4°) Au voisinage de + ∞ : y = 2x ; 1 asymptote horizontale au voisinage de - ∞ : y = 0.

5°) 1 branche parabolique de direction (Oy) (au vois. de +∞) ; au voisinage de -∞ : y = x.
6°) 2 asymptotes horizontales: y=-1/3 (+∞) et y=2 (-∞); 1 asymptote verticale: x = -ln3.

EXERCICE 9

1°) $f_a(x) \underset{x \to 0}{\sim} \dfrac{xe^{ax}}{x} = e^{ax}$ donc $\lim\limits_{x \to 0} f_a(x) = 1$. On pose : $f_a(0) = 1$.

2°) Pour tout $x \in \mathbb{R}^*$, $f_a(x) = f_{1-a}(-x)$. Donc C_a et C_{1-a} sont symétriques par rapport à (Oy) (faire un dessin).

3°) . <u>Au voisinage de $-\infty$</u> : 1 asymptote horizontale y = 0 (C_a au-dessus de l'asymptote) ;

. <u>Au voisinage de $+\infty$</u> : $f_a(x) \underset{x \to +\infty}{\sim} \dfrac{xe^{ax}}{e^x} = xe^{(a-1)x}$;

- Si $a < 1$, $\lim\limits_{x \to +\infty} f_a(x) = 0$: 1 asymptote horizontale d'équation y = 0 (C_a au-dessus) ;

- Si $a = 1$, $\lim\limits_{x \to +\infty} f_a(x)/x = 1$ et $\lim\limits_{x \to +\infty} (f_a(x) - x) = 0$: 1 asymptote y = x (C_a au-dessus) ;

- Si $a > 1$, $\lim\limits_{x \to +\infty} f_a(x)/x = +\infty$: branche parabolique de direction (Oy).

EXERCICE 10

1°)   a) $f'(t) = \dfrac{1}{1+t} + \dfrac{2t}{(1+t^2)^2} \geq 0$.

   b) $\lim\limits_{t \to +\infty} \dfrac{f(t)}{t} = 0$: branche parabolique de direction (Ox).

2°)   a) b) Utiliser le théorème de bijection ; $\alpha_1 \approx 0{,}82$ et $\alpha_2 \approx 0{,}42$; (α_n) décroît.

   c) $\lim\limits_{t \to 0^+} \dfrac{f(t)}{t} = 1$; $\lim\limits_{n \to +\infty} n\alpha_n = \lim\limits_{n \to +\infty} \dfrac{\alpha_n}{1/n} = \lim\limits_{n \to +\infty} \dfrac{\alpha_n}{f(\alpha_n)} = \lim\limits_{t \to 0^+} \dfrac{t}{f(t)} = 1$.

Donc $\alpha_n \underset{n \to +\infty}{\sim} \dfrac{1}{n}$.

CHAPITRE 15

EXERCICE 1

La fonction $g : x \mapsto f(-x)$ est égale à f donc $g' = f'$: $\forall x \in D_f$, $g'(x) = -f'(-x) = f'(x)$.
On en déduit : $\forall x \in D_f$, $f'(-x) = -f'(x)$. Par conséquent : f' est impaire.
De manière analogue : si f est impaire alors f' est paire.

EXERCICE 2

$$\lim_{x\to a}\frac{g(x)f(a)-g(a)f(x)}{x-a}=\lim_{x\to a}\left[f(a)\frac{g(x)-g(a)}{x-a}-g(a)\frac{f(x)-f(a)}{x-a}\right]=f(a)g'(a)-g(a)f'(a)$$

EXERCICE 3

- $|f(x)|\le x^2 \Rightarrow \lim_{x\to 0} f(x)=0$; f est prolongeable par continuité en 0 en posant $f(0)=0$.
- $\lim_{x\to 0}\frac{f(x)-f(0)}{x}=\lim_{x\to 0} x\sin\frac{1}{x}=0$ car $\left|x\sin\frac{1}{x}\right|\le x$; f est dérivable en 0 et $f'(0)=0$.
- Sur $\mathbf{R}^*$, $f'(x)=2x\sin\frac{1}{x}-\cos\frac{1}{x}$ et $\lim_{x\to 0} f'(x)$ n'existe pas ; f n'est pas de classe C^1 sur $\mathbf{R}$.

EXERCICE 4

1°) Utiliser le théorème de bijection : f est continue et strictement croissante sur $\mathbf{R}$.

2°) Pour tous $x, y \in \mathbf{R}$, $f'(x)\ne 0$ et $g'(y)=\dfrac{1}{f'(g(y))}=\dfrac{1}{3(g(y))^2+1}$; $g'=1/(3g^2+1)$.

EXERCICE 5

1°) $f(x)=\dfrac{1/2}{x-1}+\dfrac{-1/2}{x+1}$;

2°) $f^{(n)}(x)=\dfrac{(-1)^n n!}{2}\left(\dfrac{1}{(x-1)^{n+1}}-\dfrac{1}{(x+1)^{n+1}}\right)$.

EXERCICE 6

1°) Par récurrence.

2°) a) $f^{(n)}(x)=C_n^0 x^2 e^x + C_n^1 2x e^x + C_n^2 2 e^x = (x^2+2nx+n(n-1))e^x$;

b) $f^{(n)}(x)=e^{\sqrt{3}x}\,\text{Im}\left(\sum_{k=0}^n C_n^k e^{i(x+k\pi/2)}\sqrt{3}^{n-k}\right)=\ldots = 2^n e^{\sqrt{3}x}\sin\left(x+n\dfrac{\pi}{6}\right)$.

EXERCICE 7

A l'aide du théorème de Rolle, on montre par récurrence sur $i \in [0,\,p-1]\cap \mathbf{N}$ que : $f^{(i)}$ admet au moins $p-i$ racines dans I.

EXERCICE 8

Appliquer le théorème de Rolle à la fonction g prolongée par continuité en a en posant : $g(a) = f'(a) = 0$.

Interprétation graphique : Soit $A(a, f(a))$; il existe un point C de la courbe représentative de f sur [a, b] tel que (AC) soit la tangente à la courbe en ce point C (faire un dessin).

EXERCICE 9

Appliquer la formule des accroissements finis à la fonction exp sur $[1/(1+x), 1/x]$: il existe $c_x \in \,]1/(1+x), 1/x[$ tel que $e^{1/x} - e^{1/(1+x)} = e^{c_x}\left(\dfrac{1}{x} - \dfrac{1}{1+x}\right) = \dfrac{e^{c_x}}{x(1+x)} \underset{x \to +\infty}{\sim} \dfrac{1}{x^2}$.

On en déduit : $\lim\limits_{x \to +\infty} \left(e^{1/x} - e^{1/(1+x)}\right)x^2 = 1$.

EXERCICE 10

Soit $h = f - g$; h' est décroissante sur [a, b] (car $h'' = f'' - g'' \leq 0$). D'autre part h est continue et dérivable sur [a, b] et vérifie $h(a) = h(b) = 0$. Par le théorème de Rolle, il existe $c \in \,]a, b[$ tel que $h'(c) = 0$. h' étant décroissante : $h'(x) \geq 0$ pour tout $x \in [a, c]$ et $h'(x) \leq 0$ pour tout $x \in [c, b]$. h est croissante sur [a, c] et décroissante sur [c, b] (faire un tableau). Donc, pour tout $x \in [a, b]$, $h(x) = f(x) - g(x) \geq h(a) = 0$.

EXERCICE 11

☞ f est de classe C^2 sur **R**.

$f''(x) = 2(2x^2 - 1)e^{-x^2}$; $f''(x) \geq 0 \Leftrightarrow x \in \,]-\infty, -\sqrt{2}] \cup [\sqrt{2}, +\infty[$ (f convexe) ;
$f''(x) \leq 0 \Leftrightarrow x \in [-\sqrt{2}, \sqrt{2}]$ (f concave) ; 2 points d'inflexion d'abscisses $-\sqrt{2}$ et $\sqrt{2}$.

Tangentes : $T_1 : y = e^{-2}(2\sqrt{2}x + 5)$ et $T_2 : y = e^{-2}(-2\sqrt{2}x + 5)$.

EXERCICE 12

☞ f est de classe C^2 sur $]0, +\infty[$.

f est convexe sur $]0, 1/e]$ et concave sur $[1/e, +\infty[$. f'' s'annule en changeant de signe en $x_0 = 1/e$; équation de la tangente au point d'inflexion $M_0(1/e, 0)$: $y = 2(x - 1/e)$.

EXERCICE 13

Soit $f : x \mapsto e^{\sqrt{x}}$. Pour tout $x \in [1, +\infty[$: $f''(x) = \dfrac{e^{\sqrt{x}}(\sqrt{x}-1)}{4x^{3/2}} \geq 0$ donc f est convexe sur cet intervalle et $f\left(\dfrac{2}{5}x + \dfrac{3}{5}x^2\right) \leq \dfrac{2}{5}f(x) + \dfrac{3}{5}f(x^2)$.

EXERCICE 14

☞ *Méthode classique d'étude d'une suite définie par une relation de la forme $u_{n+1} = f(u_n)$ à l'aide de l'inégalité des accroissements finis.*

1°) f décroissante sur $]0,1]$, croissante sur $[1,+\infty[$, convexe sur $]0,3]$, concave sur $[3,+\infty[$.

2°) f' est croissante sur $]0,3]$, décroissante sur $[3,+\infty[$ donc majorée sur $[1,+\infty[$ par $M = f'(3) = 1/(6\sqrt{3})$.

3°) On constate que $f(D_f) = [1,+\infty[\subset D_f$ et $u_0 = 3 \in [1,+\infty[$. On montre alors par récurrence sur $n \in \mathbb{N}$ que : u_n existe et appartient à $[1,+\infty[$.

4°) On passe à la limite dans l'égalité $u_{n+1} = f(u_n)$ (f est continue sur $[1,+\infty[$).
$f(\ell) = \ell \Leftrightarrow \dfrac{1+\ell}{2\sqrt{\ell}} = \ell \Leftrightarrow 1+\ell = 2\ell\sqrt{\ell} \Leftrightarrow 1+\ell^2+2\ell = 4\ell^3 \Leftrightarrow (\ell-1)(4\ell^2+3\ell+1) = 0 \Leftrightarrow \ell = 1$

5°) u_{n-1} et ℓ appartiennent à $[1,+\infty[$ et f' est majorée par M sur cet intervalle donc :
$\forall n \in \mathbb{N}^*, |u_n - \ell| = |f(u_{n-1}) - f(\ell)| \leq M|u_{n-1} - \ell| \leq \ldots \leq M^n|u_0 - \ell|$.
$|M| < 1$ donc $\lim\limits_{n \to +\infty} M^n = 0$ et, par encadrement, $\lim\limits_{n \to +\infty} |u_n - \ell| = 0$, soit : $\lim\limits_{n \to +\infty} u_n = \ell = 1$.

CHAPITRE 16

EXERCICE 1

☞ *Utiliser les développements limités des fonctions usuelles et les règles concernant les opérations sur ces développements.*

1°) $f(x) = 1 + x^2 - \dfrac{1}{6}x^3 + \dfrac{7}{24}x^4 + x^4\varepsilon(x)$; 2°) $f(x) = 1 + \dfrac{7}{2}x - \dfrac{1}{8}x^2 - \dfrac{7}{16}x^3 - \dfrac{5}{128}x^4 + x^4\varepsilon(x)$

3°) $f(x) = 1 + x - \dfrac{5}{2}x^2 + \dfrac{1}{3}x^3 + \dfrac{5}{12}x^4 + x^4\varepsilon(x)$; 4°) $f(x) = x - x^2 + \dfrac{5}{6}x^3 - \dfrac{5}{6}x^4 + x^4\varepsilon(x)$

5°) $f(x) = 2x^2 - 4x^3 + \dfrac{25}{4}x^4 + x^4\varepsilon(x)$; 6°) $f(x) = x^2 + 4x^3 + \dfrac{19}{2}x^4 + x^4\varepsilon(x)$

EXERCICE 2

1°) $\sqrt{x} = 1 + \frac{1}{2}(x-1) - \frac{1}{8}(x-1)^2 + \frac{1}{16}(x-1)^3 + (x-1)^3 \varepsilon(x)$, $\lim_{x \to 1} \varepsilon(x) = 0$;

2°) $e^x = e^2 \left[1 + (x-2) + \frac{1}{2}(x-2)^2 + \frac{1}{6}(x-2)^3 \right] + (x-2)^3 \varepsilon(x)$, $\lim_{x \to 2} \varepsilon(x) = 0$;

3°) $\cos x = \frac{\sqrt{2}}{2} \left[1 - (x - \pi/4) - \frac{1}{2}(x - \pi/4)^2 + \frac{1}{6}(x - \pi/4)^3 \right] + (x - \pi/4)^3 \varepsilon(x)$, $\lim_{x \to \pi/4} \varepsilon(x) = 0$;

4°) $\ln x = \ln 2 + (x-2) - \frac{1}{8}(x-2)^2 + \frac{1}{24}(x-2)^3 + (x-2)^3 \varepsilon(x)$, $\lim_{x \to 2} \varepsilon(x) = 0$.

EXERCICE 3

1°) $\ln(\cos x) = -\frac{1}{2}x^2 + x^3 \varepsilon(x)$; 2°) $\operatorname{Arctan}\left(\frac{1}{1+x}\right) = \frac{\pi}{4} - \frac{1}{2}x + \frac{1}{4}x^2 - \frac{1}{12}x^3 + x^3 \varepsilon(x)$.

EXERCICE 4

1°) $\lim_{x \to 0} \frac{1 - \cos x}{x^2} = \frac{1}{2}$; 2°) $\lim_{x \to 0} \frac{e^x - \sqrt{1+x}}{x} = \frac{1}{2}$; 3°) $\lim_{x \to 0} \frac{x - \ln(1+x)}{x^2} = \frac{1}{2}$

4°) $\lim_{x \to 0} \frac{e^x - \sin x - \cos x}{x^2} = 1$; 5°) $\lim_{x \to 0} \frac{2 + \ln(1+x) - 2\sqrt{1+x}}{x^2} = -\frac{1}{4}$; 6°) $\lim_{x \to 0} \frac{x \cos x - \sin x}{x^3} = -\frac{1}{3}$.

EXERCICE 5

$\lim_{x \to 1} \left(x - 2 + \sqrt{x^2 + 3} \right)^{1/(x-1)} = \ldots = \lim_{h \to 0} e^{\frac{1}{h} \ln\left(h - 1 + 2\sqrt{1 + \frac{h}{2} + \frac{h^2}{4}} \right)} = \ldots = e^{3/2} \left(\text{car } \sqrt{1 + \frac{h}{2} + \frac{h^2}{4}} = 1 + \frac{1}{4}h + o(h) \right)$

EXERCICE 6

1°) $\lim_{x \to 0} \frac{\sin x}{x} = 1 = f(0)$; $\lim_{x \to 0} \frac{f(x) - 1}{x - 0} = \lim_{x \to 0} \frac{\sin x - x}{x^2} = \lim_{x \to 0} \frac{-x^3/6}{x^2} = 0 = f'(0)$

2°) $\lim_{x \to 0} \frac{e^x - 1}{x} = 1 = f(0)$; $\lim_{x \to 0} \frac{f(x) - 1}{x - 0} = \lim_{x \to 0} \frac{e^x - 1 - x}{x^2} = \lim_{x \to 0} \frac{x^2/2}{x^2} = \frac{1}{2} = f'(0)$

EXERCICE 7

f est continue et dérivable sur chacun des intervalles]0, 1[et]1, + ∞[comme quotient de fonctions continues et dérivables dont le dénominateur ne s'annule pas.

$$\lim_{x\to 1} f(x) = \lim_{h\to 0}\frac{(3+h)h}{(1+h)\ln(1+h)} = \lim_{h\to 0}\frac{(3+h)h}{(1+h)h} = 3 = f(1) \text{ donc } f \text{ est continue en } x_0 = 1.$$

$$\lim_{x\to 1}\frac{f(x)-f(1)}{x-1} = \lim_{h\to 0}\frac{h(3+h)-3(1+h)\ln(1+h)}{h(1+h)\ln(1+h)} = \lim_{h\to 0}\frac{3h+h^2-3(1+h)(h-h^2/2+o(h^2))}{h^2} = \lim_{h\to 0}\frac{-h^2/2}{h^2} = -\frac{1}{2}.$$

EXERCICE 8

On pose $X = \frac{1}{x}$: $f(x) = \frac{1}{X}(1+X)^{1/3} + \frac{1}{X}(1-X)^{1/3} = \frac{2}{X} - \frac{2}{9}X + X^2\varepsilon(X)$

$$f(x) = 2x - \frac{2}{9}\frac{1}{x} + \frac{1}{x^2}\varepsilon\left(\frac{1}{x}\right) \quad , \quad \lim_{X\to 0}\varepsilon(X) = 0.$$

EXERCICE 9

1°) $f(x) = 2\dfrac{\ln(1-x)-\sin x}{\sin x \ln(1-x)} \underset{x\to 0}{\sim} 2\dfrac{-2x}{-x^2} = \dfrac{4}{x}$; 2°) $f(x) \underset{x\to 0}{\sim} \dfrac{-x^2/2}{x} = -\dfrac{x}{2}$

EXERCICE 10

Au voisinage de 0 : $f(x) = 1 - \frac{1}{2}x + \frac{1}{3}x^2 + x^2\varepsilon(x)$, $\lim_{x\to 0}\varepsilon(x) = 0$.

1°) On étudie les coefficients a_0 et a_1 : f est continue et dérivable en 0 et f'(0) = -1/2.
2°) Une équation de la tangente à C_f au point d'abscisse 0 est : y = 1 - x/2.
$a_2 = 1/3 > 0$ donc la courbe est située au-dessus de sa tangente.

EXERCICE 11

1°) $f(x) = x - \dfrac{3}{2} - \dfrac{17}{8x} + o\left(\dfrac{1}{x}\right)$; courbe au-dessous de D : $y = x - \dfrac{3}{2}$; (en $+\infty$)

2°) $f(x) = e^2\left(x - 2 + \dfrac{4}{x}\right) + o\left(\dfrac{1}{x}\right)$; courbe au-dessus de D : $y = e^2(x-2)$; (en $+\infty$)

3°) $f(x) = x + 1 + \dfrac{2}{x} + o\left(\dfrac{1}{x}\right)$; courbe au-dessus de D : $y = x+1$; (en $+\infty$)

EXERCICE 12

1°) $\lim_{x\to 0^+} f(x) = \lim_{x\to 0^-} f(x) = f(0) = 0$; f est continue en 0.

$\lim_{x\to 0^+}\dfrac{f(x)-f(0)}{x} = 0$ et $\lim_{x\to 0^-}\dfrac{f(x)-f(0)}{x} = 1$; f n'est pas dérivable en 0.

2°) Pour le signe de f' on étudie $g : x \mapsto 1 + e^{1/x} + \dfrac{1}{x}e^{1/x}$; f est croissante sur $D_f = \mathbb{R}$.

2 demi-tangentes de pentes 1 et 0 au point O ; 1 asymptote oblique D : $y = \dfrac{1}{2}x - \dfrac{1}{4}$.

CHAPITRE 17

EXERCICE 1

Les primitives F sont données à l'addition d'une constante près :

1°) $F(x) = \dfrac{x^4}{4} - \dfrac{x^3}{3} - 5\dfrac{x^2}{2} - 3x$; 2°) $F(x) = \dfrac{1}{12}(4x^3 + x^2 - 1)^6$; 3°) $F(x) = \dfrac{2}{3}\sqrt{5+x^3}$

4°) $F(x) = -\dfrac{1}{4}\dfrac{1}{x^4+4x+1}$; 5°) $F(x) = \dfrac{x^2}{2} + 2x + \ln(1+x) - \dfrac{1}{1+x}$; 6°) $F(x) = \dfrac{\sin x}{x}$

7°) $F(x) = \dfrac{1}{4}\left(\sin x + \dfrac{1}{3}\sin 3x + \dfrac{1}{7}\sin 7x + \dfrac{1}{9}\sin 9x\right)$; 8°) $F(x) = \dfrac{1-\cos x}{\sin x} + \tan x - x$

EXERCICE 2

$I + J = \pi/2$ et $I - J = [-\ln|\sin x + \cos x|]_0^{\pi/2} = 0 \Rightarrow I = J = \pi/4$.

EXERCICE 3

1°) $I = \displaystyle\int_1^{\sqrt{3}} \dfrac{1}{\sqrt{1+t^2} \times t} \times \dfrac{t}{\sqrt{1+t^2}} dt = \int_1^{\sqrt{3}} \dfrac{1}{1+t^2} dt = [\text{Arctan}\, t]_1^{\sqrt{3}} = \dfrac{\pi}{3} - \dfrac{\pi}{4} = \dfrac{\pi}{12}$;

2°) $I = \displaystyle\int_1^{\sqrt{2}/2} \dfrac{\sqrt{1-u^2}}{u^3} \times \dfrac{-1}{\sqrt{1-u^2}} du = \int_{\sqrt{2}/2}^{1} \dfrac{1}{u^3} du = \left[\dfrac{-1}{2u^2}\right]_{\sqrt{2}/2}^{1} = -\dfrac{1}{2} + 1 = \dfrac{1}{2}$;

3°) $I = \displaystyle\int_2^9 \dfrac{1}{(u-1)^{1/3} \times u} \times \dfrac{1}{3}\dfrac{1}{(u-1)^{2/3}} du = \dfrac{1}{3}\int_2^9 \dfrac{1}{u(u-1)} du = \dfrac{1}{3}[\ln|u-1| - \ln|u|]_2^9 = \dfrac{2}{3}\ln\dfrac{4}{3}$.

EXERCICE 4

1°) $F(t) = \displaystyle\int_\alpha^t \sin(\ln x)dx = \int_\beta^{\ln t} \sin u \exp u\, du = \ldots = \dfrac{t}{2}(\sin \ln t - \cos \ln t) + k$

2°) $F(t) = \displaystyle\int_\alpha^t \dfrac{1}{\sin x}dx = \int_\beta^{\tan t/2} \dfrac{1+u^2}{2u} \times \dfrac{2}{1+u^2} du = \ln\left|\tan\dfrac{t}{2}\right| + k$

EXERCICE 5

$|u_n| \leq q^{n+1}$; la série de terme général $v_n = q^{n+1}$ est convergente (série géométrique de raison q, $|q| < 1$) donc, par la règle de comparaison Σu_n est absolument convergente.

$$\sum_{k=0}^{n} u_k = \int_0^q (1+x+\ldots+x^n) dx = \int_0^q \frac{1-x^{n+1}}{1-x} dx = -\ln(1-q) - \int_0^q \frac{x^{n+1}}{1-x} dx$$

$$\left| \int_0^q \frac{x^{n+1}}{1-x} dx \right| \leq q^{n+1} |\ln(1-q)| \Rightarrow \lim_{n \to +\infty} \int_0^q \frac{x^{n+1}}{1-x} dx = 0 \Rightarrow \sum_{k=0}^{+\infty} u_k = -\ln(1-q)$$

EXERCICE 6

Ces sommes sont des sommes de Riemann :

1°) $\lim\limits_{n \to +\infty} \dfrac{1}{n} \sum\limits_{p=1}^{n} \left(\dfrac{p}{n}\right)^3 = \int_0^1 x^3 dx = \dfrac{1}{4}$; 2°) $\lim\limits_{n \to +\infty} \dfrac{1}{n} \sum\limits_{p=1}^{n} \cos\dfrac{p\pi}{n} = \int_0^1 \cos\pi x \, dx = 0$; 3°) $\lim\limits_{n \to +\infty} \dfrac{1}{n} \sum\limits_{k=0}^{n} \dfrac{\ln\left(1+\dfrac{k}{n}\right)}{1+k/n} = \int_1^2 \dfrac{\ln x}{x} dx = \dfrac{(\ln 2)^2}{2}$

EXERCICE 7

1°) $\int_0^1 \ln(1+t^2) dt = \left[t \ln(1+t^2)\right]_0^1 - \int_0^1 \dfrac{2t^2}{1+t^2} dt = \ln 2 - 2\int_0^1 \left(1 - \dfrac{1}{1+t^2}\right) = \ln 2 - 2 + \dfrac{\pi}{2}$.

2°) $v_n = \ln u_n = \dfrac{1}{n} \sum\limits_{k=1}^{n} \ln\left(1 + \dfrac{k^2}{n^2}\right)$; $\lim\limits_{n \to +\infty} v_n = \int_0^1 \ln(1+x^2) = \ln 2 - 2 + \dfrac{\pi}{2}$ et $\lim\limits_{n \to +\infty} u_n = 2\exp\left(\dfrac{\pi}{2} - 2\right)$

EXERCICE 8

1°) $\sin x = x - \int_0^x (x-t) \sin t \, dt \leq x$; $\sin x = x - \dfrac{x^3}{6} + \int_0^x \dfrac{(x-t)^3}{6} \sin t \, dt \geq x - \dfrac{x^3}{6}$.

2°) $\ln(1+x) = x - \int_0^x \dfrac{x-t}{(1+t)^2} dt \leq x$; $\ln(1+x) = x - \dfrac{x^2}{2} + \int_0^x \dfrac{(x-t)^2}{(1+t)^3} dt \geq x - \dfrac{x^2}{2}$.

EXERCICE 9

a) $\int_0^{+\infty} e^{-t} dt = \lim\limits_{A \to +\infty} \left[-e^{-t}\right]_0^A = 1$ b) $\lim\limits_{A \to +\infty} \int_3^A \dfrac{1}{t\sqrt{\ln t}} dt = \lim\limits_{A \to +\infty} \left[2\sqrt{\ln t}\right]_3^A = +\infty$ c) $\int_3^{+\infty} \dfrac{1}{t(\ln t)^2} dt = \lim\limits_{A \to +\infty} \left[\dfrac{-1}{\ln t}\right]_3^{+\infty} = \dfrac{1}{\ln 3}$

d) $\int_0^{+\infty} \dfrac{dt}{t^2 + 2} = \lim\limits_{A \to +\infty} \dfrac{1}{\sqrt{2}} \int_0^A \dfrac{du}{u^2 + 1} = \dfrac{\pi\sqrt{2}}{4}$ e) $\int_0^1 \dfrac{1}{\sqrt{1-t}} dt = \lim\limits_{x \to 1} \left[-2\sqrt{1-t}\right]_0^x = 2$ f) $\lim\limits_{\varepsilon \to 0^+} \int_\varepsilon^{1/2} \dfrac{1}{t \ln t} dt = \lim\limits_{\varepsilon \to 0^+} \left[\ln|\ln t|\right]_\varepsilon^{1/2} = -\infty$

g) $\int_0^1 t \ln t \, dt = \lim\limits_{\varepsilon \to 0^+} \left(\left[\dfrac{t^2}{2} \ln t\right]_\varepsilon^1 - \int_\varepsilon^1 \dfrac{t}{2} dt\right) = -\dfrac{1}{4}$ h) $\int_0^2 \dfrac{1}{\sqrt{t(2-t)}} dt = 2\lim\limits_{x \to 1} \int_0^x \dfrac{du}{\sqrt{1-u^2}} = 2\lim\limits_{x \to 1} \left[\text{Arcsin } u\right]_0^x = \pi$

EXERCICE 10

1°) $f'(x) = \dfrac{e^{-x}}{\sqrt{1+x}}$ sur $]-1, +\infty[$ 2°) $g'(x) = 2xe^{-x^4} - e^{-x^2}$ sur $\mathbb{R}$ 3°) $h'(x) = 0$ sur $]0, 1[\cup]1, +\infty[$

h est constante sur chacun des intervalles $]0, 1[$ et $]1, +\infty[$: $h(x) = \ln 2$.

EXERCICE 11

On intègre $I_n(x)$ par parties en posant : $u'(t) = 1$ et $v(t) = 1/(1+t^3)^n$.

$$I_n(x) = \frac{x}{(1+x^3)^n} + 3n\int_0^x \frac{t^3}{(1+t^3)^{n+1}} = \frac{x}{(1+x^3)^n} + 3n(I_n(x) - I_{n+1}(x)) ;$$

$$(1-3n)I_n(x) + 3nI_{n+1}(x) = \frac{x}{(1+x^3)^n}.$$

EXERCICE 12

1°) et 2°) $I_0 = 2/3$ et, en intégrant par parties :

$$I_n = \frac{2n}{3}\int_0^1 x^{n-1}(1-x)^{3/2}dx = \frac{2n}{3}\int_0^1 x^{n-1}(1-x)\sqrt{1-x}\,dx = \frac{2n}{3}(I_{n-1} - I_n) \Rightarrow I_n = \frac{2n}{2n+3}I_{n-1}$$

3°) $I_n = \dfrac{(2n)(2n-2)\ldots 2}{(2n+3)(2n+1)\ldots 5}I_0 = \dfrac{2^{n+1}n!}{(2n+3)(2n+1)\ldots 5\times 3} = \ldots = \dfrac{4^{n+1}n!(n+1)!}{(2n+3)!}.$

EXERCICE 13

1°) $0 \leq I_n \leq \dfrac{1}{n!}\int_0^1 e^{1-t}dt$ donc par encadrement $\lim\limits_{n\to+\infty} I_n = 0.$

2°) On intègre par parties : $I_{n+1} = \dfrac{-1}{(n+1)!} + I_n.$

On en déduit (récurrence) : $I_n = -\sum_{i=1}^{n}\dfrac{1}{i!} + I_0 = -\sum_{i=0}^{n}\dfrac{1}{i!} + e.$

3°) En passant à la limite dans l'égalité précédente : $\sum_{n=0}^{+\infty}\dfrac{1}{n!} = e.$

CHAPITRE 18

EXERCICE 1

$\overline{x} = \dfrac{3\times 3 + 3\times 4 + \ldots + 2\times 20}{109} \approx 10{,}93$; $\sigma_x = \sqrt{\dfrac{3\times 3^2 + 3\times 4^2 + \ldots + 2\times 20^2}{109} - \overline{x}^2} \approx 4{,}30.$

médiane : $\mu = 11$; modes : 8 et 12.

EXERCICE 2

1°) Faites, faites... Attention, les fréquences sont représentées par les aires des rectangles.

2°) $\overline{x} = 0{,}3\times 0{,}5 + 0{,}2\times 1{,}5 + 0{,}25\times 3 + 0{,}25\times 8 = 3{,}2$; $\sigma_x = \sqrt{0{,}3\times 0{,}5^2 + 0{,}2\times 1{,}5^2 + 0{,}25\times 3^2 + 0{,}25\times 8^2 - 3{,}2^2} \approx 2{,}92$

3°) $q_1 = 0{,}25/0{,}30 \approx 0{,}83$; $\mu = 2$; $q_3 = 4$; $e = q_3 - q_1 \approx 3{,}17$.
4°) Soit X la variable aléatoire associée à la demi-durée de vie des déchets. On considère que X suit la loi exponentielle de paramètre $\lambda = 1/3{,}2$. On a : $P(X \geq 5) = e^{-5\lambda} \approx 0{,}21$. 21% des éléments ont une demi-durée de vie supérieure ou égale à 500 ans.

EXERCICE 3

2°) $\bar{x} = \dfrac{26{,}4}{12} = 2{,}2$; $\bar{y} = \dfrac{177}{12} = 14{,}75$; $o_{xy} = \dfrac{432{,}04}{12} - 2{,}2 \times 14{,}75 \approx 3{,}55$

$o_x = \sqrt{\dfrac{65{,}34}{12} - 2{,}2^2} \approx 0{,}78$; $o_y = \sqrt{\dfrac{2871{,}06}{12} - 14{,}75^2} \approx 4{,}66$; $\rho_{xy} = \dfrac{o_{xy}}{o_x o_y} \approx 0{,}98$.

ρ_{xy} est très proche de 1 ; un ajustement affine est parfaitement justifié.

3°) Equation de la *droite de régression de y en x* : $y = 5{,}87x + 1{,}83$.
4°) Pour $x = 3{,}1$ on obtient $y \approx 20{,}027$. On peut prévoir 20000 commandes.

EXERCICE 4

$E(Y_n) = p^2$; $V(Y_n) = p^2(1-p^2)$; $E(S_n) = np^2/n = p^2$.

$V(S_n) = \dfrac{1}{n^2}\left(\sum_{i=1}^{n} V(Y_i) + 2\sum_{i=1}^{n-1} \mathrm{cov}(Y_i, Y_{i+1})\right) = \dfrac{1}{n^2}\left(np^2(1-p^2) + 2(n-1)(p^3 - p^4)\right)$.

D'après Bienaymé-Tchebychev : $\forall \varepsilon > 0$, $0 \leq P(|S_n - p^2| \geq \varepsilon) \leq V(S_n)/\varepsilon^2$.
Or $\lim\limits_{n \to +\infty} V(S_n) = 0$. On en déduit, par encadrement : $\forall \varepsilon > 0$, $\lim\limits_{n \to +\infty} P(|S_n - p^2| \geq \varepsilon) = 0$.

EXERCICE 5

Soit X le nombre aléatoire de malades dans l'échantillon. On peut approcher la loi de X par la loi de Poisson de paramètre $\lambda = 7$; $P(X \leq 10) \approx 0{,}9015$ (voir tables).

EXERCICE 6

X suit la loi binomiale de paramètres $n = 3600$ et $p = \dfrac{1}{A_{10}^3} = \dfrac{1}{720}$. On peut approcher la loi de X par la loi de Poisson de paramètre $\lambda = np = 5$. $P(X \leq 10) \approx 0{,}9863$ (voir tables).

EXERCICE 7

1°) a) N suit la loi binomiale de paramètres n = 10000 et p = 0,0004.
E (N) = 4 et V (N) = 3,9984.
b) n > 30, np < 15 et p < 0,1 : on peut approcher la loi de X par la loi de Poisson de paramètre $\lambda = 4$.
c) $P(N = 4) = e^{-4} \dfrac{4^4}{4!} \approx 0{,}195$; $P(N \leq 5 / N \geq 2) = \dfrac{P(2 \leq N \leq 5)}{P(N \geq 2)} = \dfrac{P(N \leq 5) - P(N \leq 1)}{1 - P(N \leq 1)} \approx 0{,}763$

On cherche k tel que $P(N \leq k) \geq 0{,}99$; les tables donnent : k = 9.

2°) a) Tableau des fréquences :

coût	[0,2]	]2,3]	]3,4]	]4,5]	]5,6]	]6,7]	]7,8]	]8,9]	]9,10]	]10;12,5]
f_i	3	3	12	11	23	15	17	9	5	2

m = 6 ; $\mu = 5 + 21/23 \approx 5{,}913$; $\sigma \approx 2{,}078$.

b) Soit $C^* = (C - 6000) / 2000$; C^* suit la loi normale centrée réduite.
$P(C > 10000) = P(C^* > 2) = 1 - P(C^* \leq 2) = 1 - \Phi(2) \approx 0{,}0228$.

$P(4500 \leq C \leq 8500) = P(-0{,}75 \leq C^* \leq 1{,}25) = \Phi(1{,}25) - \Phi(-0{,}75) \approx 0{,}8944 - 0{,}2266$
$P(4500 \leq C \leq 8500) \approx 0{,}6678$.

$P(C > C_0) = P[C^* > (C_0 - 6000)/2000] = 1 - \Phi[(C_0 - 6000)/2000]$.
$P(C > C_0) < 0{,}1 \Leftrightarrow \Phi[(C_0 - 6000)/2000] > 0{,}9 \Leftrightarrow (C_0 - 6000)/2000 \geq 1{,}29$
$P(C > C_0) < 0{,}1 \Leftrightarrow C_0 \geq 8580$.

TABLES ET TABLEAUX

Trigonométrie :

Formules d'addition	**Formules de transformation**
$\cos(a+b) = \cos a \cos b - \sin a \sin b$ $\cos(a-b) = \cos a \cos b + \sin a \sin b$ $\sin(a+b) = \sin a \cos b + \cos a \sin b$ $\sin(a-b) = \sin a \cos b - \cos a \sin b$ $\tan(a+b) = \dfrac{\tan a + \tan b}{1 - \tan a \tan b}$; $\tan(a-b) = \dfrac{\tan a - \tan b}{1 + \tan a \tan b}$ $\cos 2a = \cos^2 a - \sin^2 a = 2\cos^2 a - 1 = 1 - 2\sin^2 a$ $\sin 2a = 2 \sin a \cos a$ $\cos^2 a = \dfrac{1}{2}(1 + \cos 2a)$; $\sin^2 a = \dfrac{1}{2}(1 - \cos 2a)$ si $t = \tan \dfrac{a}{2}$: $\cos a = \dfrac{1-t^2}{1+t^2}$; $\sin a = \dfrac{2t}{1+t^2}$; $\tan a = \dfrac{2t}{1-t^2}$	$\cos a \cos b = \dfrac{1}{2}[\cos(a+b) + \cos(a-b)]$ $\sin a \sin b = \dfrac{1}{2}[\cos(a-b) - \cos(a+b)]$ $\sin a \cos b = \dfrac{1}{2}[\sin(a+b) + \sin(a-b)]$ $\cos p + \cos q = 2 \cos \dfrac{p+q}{2} \cos \dfrac{p-q}{2}$ $\cos p - \cos q = -2 \sin \dfrac{p+q}{2} \sin \dfrac{p-q}{2}$ $\sin p + \sin q = 2 \sin \dfrac{p+q}{2} \cos \dfrac{p-q}{2}$ $\sin p - \sin q = 2 \sin \dfrac{p-q}{2} \cos \dfrac{p+q}{2}$

Valeurs remarquables :

	0	π/6	π/4	π/3	π/2	π
sin	0	1/2	$\sqrt{2}/2$	$\sqrt{3}/2$	1	0
cos	1	$\sqrt{3}/2$	$\sqrt{2}/2$	1/2	0	-1
tan	0	$\sqrt{3}/3$	1	$\sqrt{3}$	/////	0

Nombres complexes :

Conjugué $\bar{z}$:	*Module et argument d'un produit, d'un quotient :*
$z = x + iy = \rho e^{i\theta}$; $\bar{z} = x - iy = \rho e^{-i\theta}$ $x = \dfrac{1}{2}(z + \bar{z})$; $y = \dfrac{1}{2i}(z - \bar{z})$ $\overline{z+z'} = \bar{z} + \bar{z'}$; $\overline{zz'} = \bar{z}\bar{z'}$ $z\bar{z} = x^2 + y^2 = |z|^2$ $\dfrac{1}{z} = \dfrac{\bar{z}}{z\bar{z}} = \dfrac{x}{x^2+y^2} + i\dfrac{-y}{x^2+y^2} = \dfrac{1}{\rho}e^{-i\theta}$	$zz' = (\rho e^{i\theta})(\rho' e^{i\theta'}) = \rho\rho' e^{i(\theta+\theta')}$ $|zz'| = |z||z'|$ $\dfrac{z}{z'} = \dfrac{\rho e^{i\theta}}{\rho' e^{i\theta'}} = \dfrac{\rho}{\rho'} e^{i(\theta-\theta')}$ $\left|\dfrac{z}{z'}\right| = \dfrac{|z|}{|z'|}$ $z^n = (\rho e^{i\theta})^n = \rho^n e^{in\theta}, n \in Z$

Sommes usuelles :

$\sum_{n=0}^{+\infty} q^n = \dfrac{1}{1-q}$ $(|q|<1)$	$\sum_{n=0}^{+\infty} \dfrac{x^n}{n!} = e^x$ $(x \in R)$	$\sum_{n=1}^{+\infty} \dfrac{1}{n^2} = \dfrac{\pi^2}{6}$	$\sum_{n=1}^{+\infty} \dfrac{(-1)^n}{n} = -\ln 2$
$\sum_{n=1}^{+\infty} nq^{n-1} = \dfrac{1}{(1-q)^2}$ $(|q|<1)$	$\sum_{n=0}^{+\infty} nq^n = \dfrac{q}{(1-q)^2}$ $(|q|<1)$	$\sum_{n=2}^{+\infty} n(n-1)q^{n-2} = \dfrac{2}{(1-q)^3}$ $(|q|<1)$	$\sum_{n=0}^{+\infty} n^2 q^n = \dfrac{q(q+1)}{(1-q)^3}$ $(|q|<1)$
$S_n = \sum_{i=1}^{n} \dfrac{1}{i} = 1 + \dfrac{1}{2} + \ldots + \dfrac{1}{n} \sim \ln n$			

Lois discrètes usuelles :

NOM	X(Ω)	Loi	E(X)	V(X)
Loi uniforme $X \hookrightarrow \mathcal{U}(\{1,\ldots,n\})$	$\{1, \ldots, n\}$	$P(X=k) = \dfrac{1}{n}$	$\dfrac{n+1}{2}$	$\dfrac{n^2-1}{12}$
(*modèle :* Tirage d'un objet au hasard parmi n. X est le numéro de l'objet obtenu).				
Loi de Bernoulli $X \hookrightarrow \mathcal{B}(p)$	$\{0, 1\}$	$P(X=0) = 1-p$ $P(X=1) = p$	p	$p(1-p)$
(*modèle :* Réalisation d'une expérience à deux issues : succès ou échec. p est la probabilité d'un succès).				
Loi binomiale $X \hookrightarrow \mathcal{B}(n, p)$	$\{0, \ldots, n\}$	$P(X=k) = C_n^k p^k (1-p)^{n-k}$	np	$np(1-p)$
(*modèle :* Réalisation de n essais indépendants d'une expérience à deux issues : succès ou échec. X est le nombre de succès).				
Loi hypergéométrique $X \hookrightarrow \mathcal{H}(N, n, p)$	inclus dans $\{0, \ldots, n\}$	$P(X=k) = \dfrac{C_{Np}^k C_{Nq}^{n-k}}{C_N^n}$	np	$np(1-p)\dfrac{N-n}{N-1}$
(*modèle :* Tirage simultané de n individus dans une population d'effectif N comportant une proportion p d'individus de type 1. X est le nombre d'individus de type 1 obtenus).				
Loi géométrique $X \hookrightarrow G(p)$	$\mathbb{N}^*$	$P(X=k) = (1-p)^{k-1} p$	$\dfrac{1}{p}$	$\dfrac{1-p}{p^2}$
(*modèle :* Réalisation d'essais indépendants d'une expérience à deux issues. X est le rang d'apparition du premier succès (temps d'attente)).				
Loi de Poisson $X \hookrightarrow \mathcal{P}(\lambda)$	$\mathbb{N}$	$P(X=k) = e^{-\lambda} \dfrac{\lambda^k}{k!}$	λ	λ
(Pas de modèle simple. Etudes de flux d'individus pendant une durée T).				

Négligeabilités usuelles :

Négligeabilités au voisinage de $+\infty$	*Négligeabilités au voisinage de 0*
$\ln x = o(x)$, $x = o(e^x)$ *Plus généralement :* $\forall \alpha > 0, \ln x = o(x^\alpha)$ $\forall \alpha > 0, \forall \beta \in R, (\ln x)^\beta = o(x^\alpha)$ $\forall a > 1, x = o(a^x)$ $\forall a > 1, \forall \beta \in R, x^\beta = o(a^x)$	$\ln x = o\left(\dfrac{1}{x}\right)$ *Plus généralement :* $\forall \alpha > 0, \forall \beta \in R, \left|\ln x\right|^\beta = o\left(\dfrac{1}{x^\alpha}\right)$

Fonctions dérivées des fonctions usuelles :

fonction f	*fonction f '*
fonction constante $f = a$	fonction nulle $f' = 0$
$f(x) = x^n$ ($n \in \mathbf{Z}^*$)	$f'(x) = n\, x^{n-1}$
$f(x) = \sqrt{x}$ ($D_f = \mathbf{R}^+$)	$f'(x) = 1/2\sqrt{x}$ sur $D_{f'} = \mathbf{R}^{+*}$
$f(x) = x^r$ ($r \in \mathbf{R}^*$) ($D_f = \mathbf{R}^{+*}$)	$f'(x) = r\, x^{r-1}$ sur $D_{f'} = D_f$
$f(x) = \sin x$	$f'(x) = \cos x$
$f(x) = \cos x$	$f'(x) = -\sin x$
$f(x) = \tan x$	$f'(x) = 1 + \tan^2 x = 1/\cos^2 x$
$f(x) = \text{Arctan } x$	$f'(x) = 1/(1+x^2)$
$f(x) = \exp x$	$f'(x) = \exp x$
$f(x) = a^x$ ($a \in \mathbf{R}^{+*}$)	$f'(x) = (\ln a)\, a^x$
$f(x) = \ln |x|$ ($D_f = \mathbf{R}^*$)	$f'(x) = 1/x$ sur $D_{f'} = D_f$

Tableau des opérations sur les fonctions dérivées :

Sur tout intervalle I où les fonctions f suivantes sont dérivables :

f	u + v	λ u	u v	u / v	u o v	u^{-1}
f '	u' + v'	λ u'	u'v + u v'	$\dfrac{u'v - uv'}{v^2}$	(u' o v) v'	$\dfrac{1}{u' o u^{-1}}$

Développements limités (au voisinage de 0) :

e^x	$1+x+\dfrac{x^2}{2!}+\ldots+\dfrac{x^n}{n!}+x^n\varepsilon(x)$
$\ln(1+x)$	$x-\dfrac{x^2}{2}+\dfrac{x^3}{3}+\ldots+(-1)^{n+1}\dfrac{x^n}{n}+x^n\varepsilon(x)$
$(1+x)^\alpha$ (α réel fixé)	$1+\alpha x+\dfrac{\alpha(\alpha-1)}{2!}x^2+\ldots+\dfrac{\alpha(\alpha-1)\ldots(\alpha-n+1)}{n!}x^n+x^n\varepsilon(x)$
$\dfrac{1}{1+x}$	$1-x+x^2+\ldots+(-1)^n x^n+x^n\varepsilon(x)$
$\dfrac{1}{1-x}$	$1+x+x^2+\ldots+x^n+x^n\varepsilon(x)$
$\sin x$	$x-\dfrac{x^3}{3!}+\dfrac{x^5}{5!}+\ldots+(-1)^p\dfrac{x^{2p+1}}{(2p+1)!}+x^{2p+2}\varepsilon(x)$
$\cos x$	$1-\dfrac{x^2}{2!}+\dfrac{x^4}{4!}+\ldots+(-1)^p\dfrac{x^{2p}}{(2p)!}+x^{2p+1}\varepsilon(x)$

Primitives usuelles :

F désigne une primitive particulière de f sur I. Les autres s'en déduisent par l'addition d'une constante réelle.

$f(x)$	a	x^α ($\alpha\neq-1$)	$\dfrac{1}{\sqrt{x}}$	$\dfrac{1}{x^2}$	$\dfrac{1}{x}$	e^x	a^x
$F(x)$	ax	$\dfrac{x^{\alpha+1}}{\alpha+1}$	$2\sqrt{x}$	$-\dfrac{1}{x}$	$\ln|x|$	e^x	$\dfrac{a^x}{\ln a}$

$f(x)$	$\ln x$	$\sin(ax+b)$	$\cos(ax+b)$	$1+\tan^2 x$ $(=1/\cos^2 x)$	$\dfrac{1}{\sqrt{1-x^2}}$	$\dfrac{1}{1+x^2}$
$F(x)$	$x\ln x - x$	$-\dfrac{1}{a}\cos(ax+b)$	$\dfrac{1}{a}\sin(ax+b)$	$\tan x$	$\text{Arcsin } x$	$\text{Arctan } x$

Opérations :

f	$u'+v'$	$\lambda u'$	$u'v+uv'$	$\dfrac{u'v-uv'}{v^2}$	$(v'\circ u)\,u'$
F	$u+v$	λu	uv	u/v	$v\circ u$

f	$u'u^\alpha$ ($\alpha\neq-1$)	$\dfrac{u'}{\sqrt{u}}$	$\dfrac{u'}{u^2}$	$\dfrac{u'}{u}$	$u'e^u$
F	$\dfrac{1}{\alpha+1}u^{\alpha+1}$	$2\sqrt{u}$	$-\dfrac{1}{u}$	$\ln|u|$	e^u

FONCTION DE RÉPARTITION DE LA LOI DE POISSON

Table des valeurs cumulées : $P(X \leq k) = \sum_{i=0}^{k} e^{-\lambda} \dfrac{\lambda^i}{i!}$.

Pour $0{,}1 \leq \lambda \leq 0{,}9$

k \ λ	0,1	0,2	0,3	0,4	0,5	0,6	0,7	0,8	0,9
0	0.9048	0.8187	0.7408	0.6703	0.6065	0.5488	0.4966	0.4493	0.4066
1	0.9953	0.9825	0.9631	0.9384	0.9098	0.8781	0.8442	0.8088	0.7725
2	0.9998	0.9989	0.9964	0.9921	0.9856	0.9769	0.9659	0.9526	0.9371
3	1.0000	0.9999	0.9997	0.9992	0.9982	0.9966	0.9942	0.9909	0.9865
4		1.0000	1.0000	0.9999	0.9998	0.9996	0.9992	0.9986	0.9977
5				1.0000	1.0000	1.0000	0.9999	0.9998	0.9997
6							1.0000	1.0000	1.0000

Pour $1 \leq \lambda \leq 9$

k \ λ	1	2	3	4	5	6	7	8	9
0	0.3679	0.1353	0.0498	0.0183	0.0067	0.0025	0.0009	0.0003	0.0001
1	0.7358	0.4060	0.1991	0.0916	0.0404	0.0174	0.0073	0.0030	0.0012
2	0.9197	0.6767	0.4232	0.2381	0.1247	0.0620	0.0296	0.0138	0.0062
3	0.9810	0.8571	0.6472	0.4335	0.2650	0.1512	0.0818	0.0424	0.0212
4	0.9963	0.9473	0.8153	0.6288	0.4405	0.2851	0.1730	0.0996	0.0550
5	0.9994	0.9834	0.9161	0.7851	0.6160	0.4457	0.3007	0.1912	0.1157
6	0.9999	0.9955	0.9665	0.8893	0.7622	0.6063	0.4497	0.3134	0.2068
7	1.0000	0.9989	0.9881	0.9489	0.8686	0.7440	0.5987	0.4530	0.3239
8		0.9998	0.9962	0.9786	0.9319	0.8472	0.7291	0.5925	0.4557
9		1.0000	0.9989	0.9919	0.9682	0.9161	0.8305	0.7166	0.5874
10			0.9997	0.9972	0.9863	0.9574	0.9015	0.8159	0.7060
11			0.9999	0.9991	0.9945	0.9799	0.9467	0.8881	0.8030
12			1.0000	0.9997	0.9980	0.9912	0.9730	0.9362	0.8758
13				0.9999	0.9993	0.9964	0.9872	0.9658	0.9261
14				1.0000	0.9998	0.9986	0.9943	0.9827	0.9585
15					0.9999	0.9995	0.9976	0.9918	0.9780
16					1.0000	0.9998	0.9990	0.9963	0.9889
17						0.9999	0.9996	0.9984	0.9947
18						1.0000	0.9999	0.9993	0.9976
19							1.0000	0.9997	0.9989
20								0.9999	0.9996
21								1.0000	0.9998

TABLE DE LAPLACE - GAUSS

Table des valeurs de : $\Phi(t) = \dfrac{1}{\sqrt{2\pi}} \displaystyle\int_{-\infty}^{t} e^{-\frac{x^2}{2}} dx$.

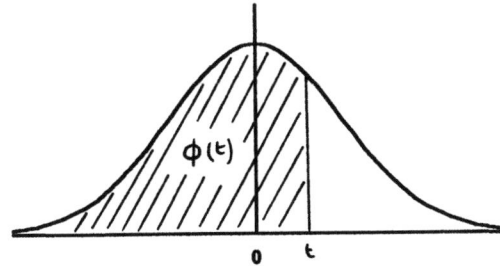

(Pour $t < 0$: $\Phi(t) = 1 - \Phi(-t)$).

t	.,.0	.,.1	.,.2	.,.3	.,.4	.,.5	.,.6	.,.7	.,.8	.,.9
0,0.	0.5000	0.5040	0.5080	0.5120	0.5160	0.5199	0.5239	0.5279	0.5319	0.5359
0,1.	0.5398	0.5438	0.5478	0.5517	0.5557	0.5596	0.5636	0.5675	0.5714	0.5754
0,2.	0.5793	0.5832	0.5871	0.5910	0.5948	0.5987	0.6026	0.6064	0.6103	0.6141
0,3.	0.6179	0.6217	0.6255	0.6293	0.6331	0.6368	0.6406	0.6443	0.6480	0.6517
0,4.	0.6554	0.6591	0.6628	0.6664	0.6700	0.6736	0.6772	0.6808	0.6844	0.6879
0,5.	0.6915	0.6950	0.6985	0.7019	0.7024	0.7088	0.7123	0.7157	0.7190	0.7224
0,6.	0.7258	0.7291	0.7324	0.7357	0.7389	0.7422	0.7454	0.7486	0.7518	0.7549
0,7.	0.7580	0.7612	0.7642	0.7673	0.7704	0.7734	0.7764	0.7794	0.7823	0.7852
0,8.	0.7881	0.7910	0.7939	0.7967	0.7996	0.8023	0.8051	0.8078	0.8106	0.8133
0,9.	0.8159	0.8186	0.8212	0.8238	0.8264	0.8289	0.8315	0.8340	0.8365	0.8389
1,0.	0.8413	0.8438	0.8461	0.8485	0.8508	0.8531	0.8554	0.8577	0.8599	0.8621
1,1.	0.8643	0.8665	0.8686	0.8708	0.8729	0.8749	0.8770	0.8790	0.8810	0.8830
1,2.	0.8849	0.8869	0.8888	0.8907	0.8925	0.8944	0.8962	0.8980	0.8997	0.9015
1,3.	0.9032	0.9049	0.9066	0.9082	0.9099	0.9115	0.9131	0.9147	0.9162	0.9177
1,4.	0.9192	0.9207	0.9222	0.9236	0.9251	0.9265	0.9279	0.9292	0.9306	0.9319
1,5.	0.9332	0.9345	0.9357	0.9370	0.9382	0.9394	0.9406	0.9418	0.9429	0.9441
1,6.	0.9452	0.9463	0.9474	0.9484	0.9495	0.9505	0.9515	0.9525	0.9535	0.9545
1,7.	0.9554	0.9564	0.9573	0.9582	0.9591	0.9599	0.9608	0.9616	0.9625	0.9633
1,8.	0.9641	0.9649	0.9656	0.9664	0.9671	0.9678	0.9686	0.9693	0.9699	0.9706
1,9.	0.9713	0.9719	0.9726	0.9732	0.9738	0.9744	0.9750	0.9756	0.9761	0.9767
2,0.	0.9772	0.9778	0.9783	0.9788	0.9793	0.9798	0.9803	0.9808	0.9812	0.9817
2,1.	0.9821	0.9826	0.9830	0.9834	0.9838	0.9842	0.9846	0.9850	0.9854	0.9857
2,2.	0.9861	0.9864	0.9868	0.9871	0.9875	0.9878	0.9881	0.9884	0.9887	0.9890
2,3.	0.9893	0.9896	0.9898	0.9901	0.9904	0.9906	0.9909	0.9911	0.9913	0.9916
2,4.	0.9918	0.9920	0.9922	0.9925	0.9927	0.9929	0.9931	0.9932	0.9934	0.9936
2,5.	0.9938	0.9940	0.9941	0.9943	0.9945	0.9946	0.9948	0.9949	0.9951	0.9952
2,6.	0.9953	0.9955	0.9956	0.9957	0.9959	0.9960	0.9961	0.9962	0.9963	0.9964
2,7.	0.9965	0.9966	0.9967	0.9968	0.9969	0.9970	0.9971	0.9972	0.9973	0.9974
2,8.	0.9974	0.9975	0.9976	0.9977	0.9977	0.9978	0.9979	0.9979	0.9980	0.9981
2,9.	0.9981	0.9982	0.9982	0.9983	0.9984	0.9984	0.9985	0.9985	0.9986	0.9986

Index

Accroissements finis	233
affectation	294
ajustement affine	285
algorithme	25
algorithme de Hörner	102
antécédent	17
application	17
application caractéristique	27
application composée	17
application identique	18
application linéaire	123
application réciproque	19
arccosinus	223
arcsinus	223
arctangente	223
argument	92
arrangement	32
array	298
associativité	108
automorphisme	128
Base	116
base canonique	116
bijective	19
binôme de Newton	36
boolean	297
Cardinal	29
changement de variable	265
char	298
classe C^p	231
codimension	120
coefficient de corrélation	85,285
coefficient dominant	95
combinaison	34
combinaison avec répétition	38
combinaison linéaire	110
commutativité	108
complémentaire	15
complexité	26
conjugué	92
continue par morceaux	267
convergence absolue	194
convergence en loi	288
convergence en probabilité	287
coordonnées	116
covariance	82,285
Degré	95
délimiteur	293
dénombrable	29
dérivée	227
dérivées successives	231
développements limités	249
diagramme en bâtons	279
dichotomie	239
différence d'ensembles	16
différence symétrique	16
dimension	117
dimension finie	117
distribution	278
distribution de Gauss	290
division euclidienne	96
droite de Henry	290
Ecart-type	204,282
échantillon	277
effectif	277
effectif cumulé	277
élément neutre	108
elément symétrisable	108
endomorphisme	128
endom. diagonalisable	176
ensemble d'arrivée	17
ensemble de départ	17
ensemble fini	29
équiprobabilité	49
espace probabilisable	200
espace probabilisé	201
espace vectoriel	109
espérance	204
événement	46
événement certain	46
événement contraire	46

événement élémentaire	46
événement impossible	46
événements incompatibles	46
événements indépendants	54
éventualité	45
expérience aléatoire	45
exponentielles (fonctions)	246
extremum	232
Famille génératrice	114
famille libre	115
famille liée	115
fonction bornée	220
fonction continue	213
fonction convexe	236
fonction de répartition	63, 203
fonction dérivable	227
fonction dérivée	229
fonction(s) équivalente(s)	218
fonction en escalier	266
fonction génératrice	73
fonction majorée	220
fonction minorée	220
fonction monotone	220
fonction négligeable	218
fonction périodique	220
fonctions Turbo-Pascal	303
forme algébrique	92
forme linéaire	127
forme trigonométrique	92
formule de Bayes	53, 202
formule du crible	30, 47
formule(s) d'Euler	93
formule de Leibniz	231
formule de Moivre	93
formule de Pascal	35
formule prob. composées	51
formule des prob. totales	52, 202
formule du rang	132
formule(s) de Taylor	101, 267
formule de Vandermonde	37
for ... to ... do ...	300
fréquence	278
fréquence cumulée	278
Groupe	108
groupe abélien	108
groupe linéaire	130, 149
Histogramme	279
homothétie vectorielle	173
Identificateur	293
if ... then ...	300
image	17, 18, 125
image réciproque	18
inclusion	15
indépendance	54, 67
inégalité de Bienaymé-Tch.	205
inégalité de Cauchy-Schwarz	84
inégalité de Markov	204
inégalité de Taylor-Lagrange	268
injection canonique	18
injective	18
integer	297
intégrale	259
intégrale de Riemann	270
intégrale généralisée	269
intégration par parties	264
intersection	15
isomorphisme	128
Limite d'une suite	183
limites	213
linéairement (in)dépendants	115
localement intégrable	269
logarithmes (fonctions)	244
loi de Bernoulli	69
loi binomiale	70
loi de composition externe	108
loi de composition interne	107
loi conditionnelle	79

loi conjointe	77, 206	Parité	220
loi faible des gds nombres	287	partage	266
loi géométrique	207	permutation	33
loi hypergéométrique	71	p-liste	31
loi marginale	78	point d'accumulation	213
loi de Poisson	208	point d'inflexion	238
loi de probabilité	62, 203	polygone des effectifs	279
loi uniforme discrète	72	polynôme	94
		polynôme dérivé	101
Matrice	139	polynôme irréductible	97
matrice antisymétrique	152	polynôme unitaire	95
matrice carrée	140	population	277
matrice colonne	140	primitive	257
matrice de passage	169	probabilité	47, 201
matrice diagonale	159	probabilité conditionnelle	50
matrice diagonalisable	177	procédure	301
matrice élémentaire	142	produit cartésien	16
matrice inversible	149	projecteur	129
matrice ligne	140	projection	129
matrice scalaire	140	prolongement	17
matrice(s) semblable(s)	172	prolongement par continuité	213
matrice symétrique	151	puissance (fonction)	247
matrice transposée	150		
matrice triangulaire	159	**Quartile**	282
matrice unité	140	quasi-certain	202
maximum	232	quasi-impossible	202
médiane	281		
méthode de Lagrange	240	**Racine d'un polynôme**	98
méthode de Newton	240	racine n-ième	93
méthode du pivot de Gauss	162	rang	132, 148
méthode des rectangles	263	read, readln	295
minimum	232	real	297
mode, classe modale	281	réduite de Gauss	162
module	92	restriction	17
moment d'une v.a.r.	67	réunion	15
moyenne	280		
		Scalaire	109
Noyau	125	série	190
		série exponentielle	192
Opérations élémentaires	112, 153	série géométrique	191
ordre de multiplicité	99	série harmonique	190

série harmonique alternée	194
série de Riemann	193
somme directe	113
somme partielle	190
somme de Riemann	262
somme de s.e.v.	112
sous-espace propre	174
sous-espace vectoriel	110
s.e.v. engendré	111
s.e.v. supplémentaires	114
sous-groupe	108
spectre	173
statistique	277
suite(s) adjacente(s)	187
suite arithmético-géométrique	22
suite arithmétique	21
suite bornée	20
suite convergente	183
suite divergente	183
suite dominée	188
suite(s) équivalente(s)	189
suite extraite	185
suite géométrique	21
suite majorée, minorée	20
suite monotone	20
suite négligeable	188
suite numérique	20
suite récurrente d'ordre 2	22
surjective	18
système complet d'événemts	46,200
système de Cramer	159
système échelonné	161

Théorème de d'Alembert	100
théor. de la base incomplète	118
théorème de Darboux	258
théorème de la dimension	117
théorème d'encadrement	186,217
théorème de la moyenne	261
théorème de Rolle	232
théor. valeurs intermédiaires	222
trace d'une matrice carrée	182
triangle de Pascal	35
tribu	199
Univers	45,200
Valeur moyenne	261
valeur propre	173
valuation	96
variable aléatoire discrète	203
variable aléatoire réelle	61,203
v.a.r. centrée réduite	67
v.a.r. indépendantes	67
variable indicatrice	61
variance	66,204
variance statistique	282
vecteur	109
vecteur aléatoire	85
vecteur propre	173
While ... do ...	300
write, writeln	295

Dépôt légal janvier 1996